“十四五”职业教育国家规划教材

高等职业教育数字艺术设计
新形态一体化教材

Illustrator CC 2021 中文版案例教程（第3版）

Illustrator CC 2021 Zhongwenban Anli Jiaocheng

李　涛　　组　编
肖　静　王紫微　吴宝辉　　主　编
魏三强　孙　铭　赵中芳　陈辉江　·副主编

中国教育出版传媒集团
高等教育出版社·北京

内容提要

本书为“十四五”职业教育国家规划教材，也是高等职业教育数字艺术设计新形态一体化教材。

本书详细介绍了Illustrator CC 2021的基础知识及其在平面设计各个领域中的应用。首先在基础知识部分介绍了Illustrator软件中各功能模块的使用方法，然后通过多个经典案例详细剖析了Illustrator软件在字体设计、标志设计、海报设计、包装设计、图书封面设计、产品造型设计、UI设计、插画设计等领域中的应用，同时在案例中整合了工具详解、行业知识、设计师经验等模块，旨在培养和提升读者的综合设计能力，使之尽快成为一名合格的设计者。

本书配有微课视频、授课用PPT、案例素材、习题答案等丰富的数字化学习资源。与本书配套的数字课程“Illustrator中文版案例教程”在“智慧职教”平台（www.icve.com.cn）上线，学习者可登录平台进行在线学习，授课教师可调用本课程构建符合自身教学特色的SPOC课程，详见“智慧职教”服务指南。教师也可发邮件至编辑邮箱1548103297@qq.com获取相关教学资源。

本书可作为高等职业院校艺术设计类和计算机类专业相关课程的教材，也可作为相关培训机构的教学用书或平面设计爱好者的自学用书。

图书在版编目（CIP）数据

Illustrator CC 2021中文版案例教程 / 李涛组编；肖静，王紫微，吴宝辉主编. -- 3版. -- 北京 ：高等教育出版社，2023.4

ISBN 978-7-04-057881-2

Ⅰ. ①I… Ⅱ. ①李… ②肖… ③王… ④吴… Ⅲ. ①图形软件-高等职业教育-教材 Ⅳ. ①TP391.412

中国版本图书馆CIP数据核字（2022）第019405号

策划编辑 刘子峰　　责任编辑 许兴瑜　　封面设计 杨立新
版式设计 李彩丽　　责任校对 刘丽娴　　责任印制 存　怡

出版发行	高等教育出版社	网　　址	http://www.hep.edu.cn
社　　址	北京市西城区德外大街4号		http://www.hep.com.cn
邮政编码	100120	网上订购	http://www.hepmall.com.cn
印　　刷	北京市密东印刷有限公司		http://www.hepmall.com
开　　本	850mm×1168mm 1/16		http://www.hepmall.cn
印　　张	17.5	版　　次	2015年1月第1版
字　　数	430千字		2023年4月第3版
购书热线	010-58581118	印　　次	2023年11月第2次印刷
咨询电话	400-810-0598	定　　价	59.80元

物 料 号　57881-A0

“智慧职教”服务指南

“智慧职教”（www.icve.com.cn）是由高等教育出版社建设和运营的职业教育数字教学资源共建共享平台和在线课程教学服务平台，与教材配套课程相关的部分包括资源库平台、职教云平台和App等。用户通过平台注册，登录即可使用该平台。

● 资源库平台：为学习者提供本教材配套课程及资源的浏览服务。

登录“智慧职教”平台，在首页搜索框中搜索“Illustrator中文版案例教程”，找到对应作者主持的课程，加入课程参加学习，即可浏览课程资源。

● 职教云平台：帮助任课教师对本教材配套课程进行引用、修改，再发布为个性化课程（SPOC）。

1. 登录职教云平台，在首页单击“新增课程”按钮，根据提示设置要构建的个性化课程的基本信息。

2. 进入课程编辑页面设置教学班级后，在“教学管理”的“教学设计”中“导入”教材配套课程，可根据教学需要进行修改，再发布为个性化课程。

●App：帮助任课教师和学生基于新构建的个性化课程开展线上线下混合式、智能化教与学。

1. 在应用市场搜索“智慧职教icve”App，下载安装。

2. 登录App，任课教师指导学生加入个性化课程，并利用App提供的各类功能，开展课前、课中、课后的教学互动，构建智慧课堂。

“智慧职教”使用帮助及常见问题解答请访问help.icve.com.cn。

系列教材序言——奔赴未来

一件好的作品，技术决定下限，审美决定上限。技能的训练如铁杵磨针，日久方见功力；美感的培养则需要博观约取，厚积才能薄发。优秀的作品哪怕表面上只有寥寥几笔，背后却蕴藏着创作者的眼界、见地和训练的积累。而正是艺术和技术的结合，让人脱颖而出。

身处数字时代，职业技能的学习掌握是生存的基本条件之一。图像表达既需要艺术的体验，也需要技术的习得。技能起到的支撑作用，可以让创意得以实现，是谓从心所欲而不逾矩。如何打造一套数字艺术设计新形态一体化系列教材，让学习者达到艺技双得心手双畅的程度，是这套教材的构思初心。

如何围绕典型工作任务进行分析，将工作领域转换为学习领域，从而构建科学实用的理实一体化教学过程，继而设计出具有科学性职业性的学习情境，既是培养学生工作能力的前提，也是职业教育改革关注的难点。

我们从行业、产业以及头部企业对专业人才的需求入手，对相应岗位群所需进行调研分析，经过历次研讨，明确了技能与专业的职业领域，分析了对应工作岗位的工作任务。按照学生认知规律，将具有教学价值的典型工作任务设计为教学技能包，通过专业课程体系、工作情境再现等方式，完成了从工作任务到技能提取再到教学实践的三重转换。

在过程中，我们避免软件说明或案例罗列式的旧形态，在技能梳理上秉承“少即多，多则惑”的理念，力求更加简洁、准确，将传授“方法”和获取“技能”作为本套教材的核心，最终“磨”出了这套教材。希望教材的最终呈现能够符合构思它的初衷。

这是个充满机会的世界，作为数字艺术设计类学科的莘莘学子，用面向未来的技能武装自己，做一个丰沛热情的人、敢于实践的人，你将永远不会缺少舞台。为了帮助学习者更好地掌握数字艺术相关技能，我们建立了“良知塾”课证融通教育平台，希望能从更丰富的角度帮到大家，共同精进。

阿尔文·托夫勒曾说过：21世纪的文盲，将不再是不识字的人，而是那些不学习、不肯清空自己、不愿重新学习的人。愿大家摈弃浮躁，脚踏实地，带着开放的心，做一个新时代的水手，乘风破浪，奔赴未知的码头，构建全新的未来。

系列教材主编　李涛

于北京

前言

本书介绍

本书为“十四五”职业教育国家规划教材，因其案例式编写思想以及“教、学、做”一体化的模式而获得了广大数字艺术设计爱好者的一致好评。全书从理论到案例都进行了较详尽的叙述，内容由浅入深，全面覆盖了目前在商业及艺术领域应用非常广泛的平面设计软件——Illustrator 的基础知识及其在相关各行业中的应用技术。10 多个精彩设计案例融入了作者丰富的设计经验和教学心得，旨在帮助读者全方位了解行业规范、设计原则和表现手法，提高实战能力，以灵活应对不同的工作需求。整个学习流程联系紧密、环环相扣、一气呵成，让读者在轻松的学习过程中享受成功的乐趣。

主要修订内容

随着软件版本及相关技术的不断更新和设计内容的不断丰富，为了满足数字艺术设计应用型人才培养需求，加快推进党的二十大精神进教材、进课堂、进头脑，同时能及时反映产业升级和行业发展动态，编者紧跟设计行业理念、技术发展，并结合目前最新的数字艺术类课程教改成果，从以下几个方面对教材内容进行了修订更新：

1. 软件版本升级为 Illustrator CC 2021，增加部分新功能讲解，更新并优化了案例的操作步骤介绍，同步录制了更加精致、清晰的微课视频，手机扫描二维码即可随扫随学。

2. 在各章现有学习要求的基础上，深入挖掘平面设计师应当具备的核心能力与素质，在章首页通过二维码的形式进行教学指引，重点培养学生的基本美学鉴赏与表达能力、艺术创新创作思维、设计师职业道德与职业操守、民族文化自信与文化传承精神等基本职业素养，落实新时代德才兼备的高素质艺术设计类人才培养要求。

3. 在各章案例赏析、行业知识等模块中更新或补充了大量具有中国元素或者能体现中式传统及现在美学特色的经典设计作品，如卡通熊猫形象案例、航天梦想和故宫文物宣传海报案例、中国经典名著封面设计案例等，通过兴文化、展形象等方式提炼展示中华文明的精神标识和文化精髓，增强学生的文化自信与美学修为，并激发其文化创新创造活力，为推动我国文化事业和文化产业的繁荣发展打下坚实基础。

4. 在附录部分补充了与平面设计相关的 1+X 职业技能等级标准及证书的简要介绍，突出书证融通特色，也方便教师按照章节结构灵活安排课时，强化职业技能培养在当代文化文艺人才队伍建设中的关键作用，并体现高质量技能型人才的自主培养特色。

5. 丰富了配套实训和课后练习，新增了更多教学资源并同步更新在线数字课程，推动现代信息技术与教育教学的深度融合，落实国家文化数字化战略要求。

配套教学资源

本书提供了立体化教学资源，包括教学课件（PPT）、高质量教学视频、案例和拓展训练的素材及源文件、课后练习答案等。教学微课以二维码形式在书中相应位置出现，随扫随学，以强化学习效果。通过众多的配套资源，希望能为广大师生在“教”与“学”之间铺垫出一条更加平坦的道路，力求使每一位读者通过本书的学习均可达到一定的职业技能水平。

本书由李涛组编，肖静、王紫微、吴宝辉担任主编，魏三强、孙铭、赵中芳、陈辉江担任副主编，参与编写的还有刘继升。

由于时间仓促，疏漏之处在所难免，恳请广大读者批评指正。

编　者

2023 年 6 月

案例教学设计

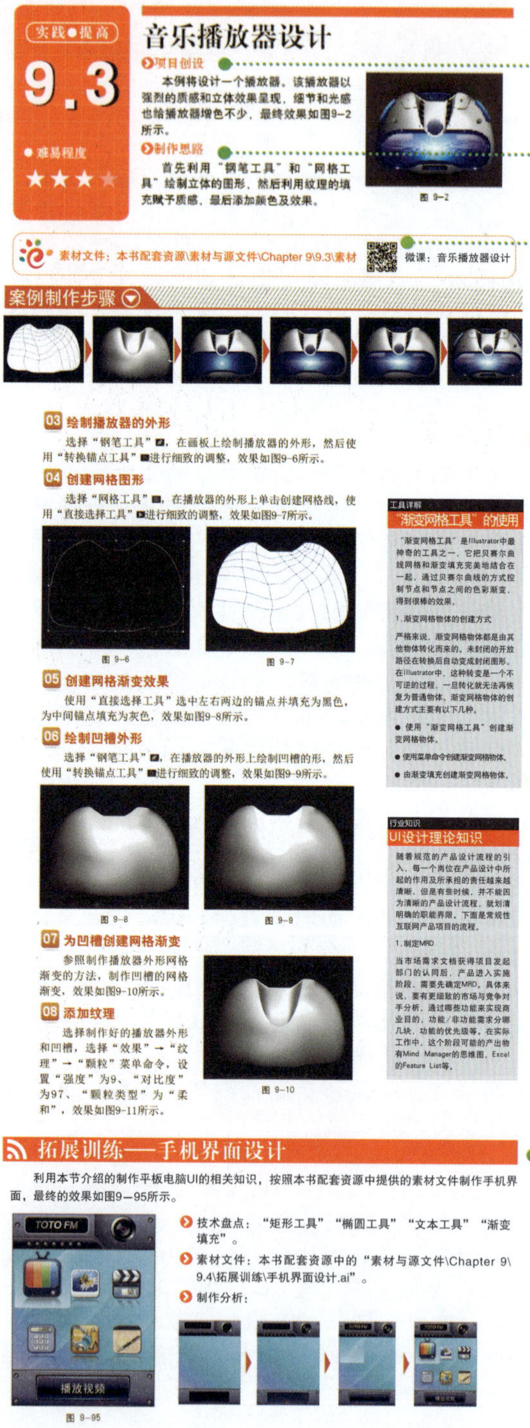

实践●提高

9.3

音乐播放器设计

项目创设

本例将设计一个播放器。该播放器以强烈的质感和立体效果呈现，细节和光感也给播放器增色不少，最终效果如图9–2所示。

制作思路

首先利用“钢笔工具”和“网格工具”绘制立体的图形，然后利用纹理的填充赋予质感，最后添加颜色及效果。

图 9–2

● 难易程度 ★★★★

素材文件：本书配套资源\素材与源文件\Chapter 9\9.3\素材

微课：音乐播放器设计

案例制作步骤

03 绘制播放器的外形

选择“钢笔工具”，在画板上绘制播放器的外形，然后使用“转换锚点工具”进行细致的调整，效果如图9-6所示。

04 创建网格图形

选择“网格工具”，在播放器的外形上单击创建网格线，使用“直接选择工具”进行细致的调整，效果如图9-7所示。

图 9–6　图 9–7

05 创建网格渐变效果

使用“直接选择工具”选中左右两边的锚点并填充为黑色，为中间锚点填充为灰色，效果如图9-8所示。

06 绘制凹槽外形

选择“钢笔工具”，在播放器的外形上绘制凹槽的形，然后使用“转换锚点工具”进行细致的调整，效果如图9-9所示。

图 9–8　图 9–9

07 为凹槽创建网格渐变

参照制作播放器外形网格渐变的方法，制作凹槽的网格渐变，效果如图9-10所示。

08 添加纹理

选择制作好的播放器外形和凹槽，选择“效果”→“纹理”→“颗粒”菜单命令，设置“强度”为9、“对比度”为97、“颗粒类型”为“柔和”，效果如图9-11所示。

图 9–10

工具详解

“渐变网格工具”的使用

“渐变网格工具”是Illustrator中最神奇的工具之一，它把贝赛尔曲线网格和渐变填充完美地结合在一起，通过贝赛尔曲线的方式控制节点和节点之间的色彩渐变，得到很棒的效果。

1.渐变网格物体的创建方式

严格来说，渐变网格物体都是由其他物体转化而来的。未封闭的开放路径在转换后自动变成封闭图形。在Illustrator中，这种转变是一个不可逆的过程，一旦转化就无法再恢复为普通物体。渐变网格物体的创建方式主要有以下几种。

● 使用“渐变网格工具”创建渐变网格物体。

● 使用菜单命令创建渐变网格物体。

● 由渐变填充创建渐变网格物体。

行业知识

UI设计理论知识

随着规范的产品设计流程的引入，每一个岗位在产品设计中所起的作用及所承担的责任越来越清晰，但是有些时候，并不能因为清晰的产品设计流程，就划清明确的职能界限。下面是常规性互联网产品项目的流程。

1.制定MRD

当市场需求文档获得项目发起部门的认同后，产品进入实施阶段，需要先确定MRD。具体来说，要有更细致的市场与竞争对手分析，通过哪些功能来实现商业目的，功能/非功能需求分哪几块，功能的优先级等。在实际工作中，这个阶段可能的产出物有Mind Manager的思维图、Excel的Feature List等。

拓展训练——手机界面设计

利用本节介绍的制作平板电脑UI的相关知识，按照本书配套资源中提供的素材文件制作手机界面，最终的效果如图9—95所示。

图 9–95

- 技术盘点：“矩形工具”“椭圆工具”“文本工具”“渐变填充”。
- 素材文件：本书配套资源中的“素材与源文件\Chapter 9\9.4\拓展训练\手机界面设计.ai”。
- 制作分析：

［项目创设］描述工作情境，明确项目应达到的能力目标，并进行项目分析

［随扫随学］本教材配套微课视频，以二维码方式呈现

［制作思路］进行任务分解，提炼出制作的重点步骤

［资源介绍］向读者指明案例的素材文件和教学视频文件在资源网站中的位置

［图解步骤］通过图片方式展示项目的制作步骤，使读者对项目有更直观的认识

［工具详解］针对一些重要工具进行深入的介绍，使读者能更全面地掌握该工具的使用方法和技巧

［行业知识］紧扣项目制作流程，介绍相关行业中的一些常识和经验，让读者增加对行业的了解

［拓展训练］让读者自己动手进行职场操练，以此来巩固和提高学习效果

Chapter 1 初识Illustrator CC 2021

Chapter 2 Illustrator CC 2021 中的图形绘制

Chapter 3 字体设计

Chapter 4 标志设计

HUAWEI

CASC

Chapter 5 海报设计

Chapter 6 包装设计

Chapter 7 图书封面设计

Chapter 8 产品造型设计

Chapter 9 UI设计

Chapter 10 插画设计

Chapter 1

初识Illustrator CC 2021

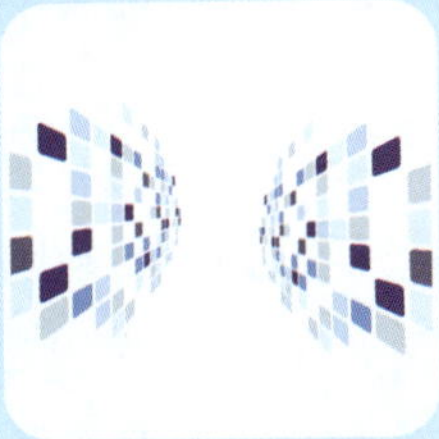

Illustrator CC 2021是一款优秀的图形设计软件，具有强大的图形绘制与编辑功能，在UI设计、平面广告设计、产品包装设计、印刷品排版设计、插画设计、工业造型设计和网页制作等方面的应用非常广泛。本章主要针对Illustrator CC 2021的工作界面、文档的基本操作及文件输出等方面进行详细的介绍。

学习要求	知识点	学习目标			
		了解	掌握	应用	重点知识
	Illustrator CC 2021的特点	☺			
	Illustrator CC 2021的新增功能	☺			
	Illustrator CC 2021的工作界面	☺			
	文档的基本操作		☺		
	对象的编辑与变换				☺
	文件输出格式		☺		
	输出图片的技巧			☺	
	印刷的相关知识		☺		

能力与素质目标

1.1 Illustrator CC 2021概述

Illustrator是Adobe公司开发的专门用于矢量图形绘画设计的软件，是当今世界非常流行的矢量图形设计软件之一，被广泛应用于平面设计、网页制作、出版印刷等领域。随着Illustrator的不断改进和完善，其在功能上提供了更多的创造性和选择性，已经成为设计师、插画师最喜爱的软件。Illustrator CC 2021是目前最新的版本。

1.1.1 软件特点

Illustrator的最大特点在于贝赛尔曲线的使用，使得操作简单、功能强大的矢量绘图成为可能。现在，它还集成了文字处理、上色等功能，在插图制作、印刷制品（如广告传单、小册子）设计制作方面有着广泛的应用，已经成为事实上的桌面出版（Desktop Publishing，DTP）业界的默认标准。

所谓的贝赛尔曲线方法，在这个软件中就是通过“钢笔工具”设置“锚点”和“方向线”实现的。用户在一开始使用的时候会感到不太习惯，需要一定时间的练习，但是一旦掌握，就能够随心所欲地绘制出各种线条。

Illustrator作为Adobe公司的创意软件套装Adobe Creative Suite的重要组成部分，与兄弟软件——位图图像处理软件Photoshop有类似的界面，并能共享一些插件和功能，实现无缝链接。同时，它也可以将文件输出为Flash格式。

1.1.2 新增功能

Illustrator CC 2021在软件的各个方面都做了不同程度的更新和升级，下面是Illustrator CC 2021带来的全新的特性和功能。

1. “GPU性能”功能

GPU即“图形处理器”（Graphics Processing Unit），是一种位于显示系统中视频卡上的专业处理器，可以快速执行与图像的操作和显示相关的命令。通过GPU加速后的计算能力可在各种设计、动画和视频应用中获得更高的性能。这意味着软件将实现巨大的性能提升：Illustrator CC 2021的运行比以往任何版本都更快且更顺畅。

“GPU性能”是在Illustrator CC 2014中引入的，实验性地面向借助精选的兼容nVIDIA图形处理器运行Windows的计算机。对于Illustrator CC 2021，“GPU性能”对Mac OS和Windows均适用，并且支持各种GPU。

2. 增强的 Creative Cloud Libraries

使用Illustrator CC 2021可以搜索整个库和Adobe Stock中的资源。通过导入颜色色板和颜色组，可以使用现有或以前的颜色。此外，库中还改进了对段落和字符样式的支持，从而对用户的文本提供更具创意的控制。

3. 文件安全与恢复

如果Illustrator崩溃、操作系统错误或断电，发生此类错误时，即使没有保存，只需重新启动Illustrator，即可恢复用户的工作。如果错误的原因在于损坏的字体或者不兼容的驱动程序或增效工具，则Illustrator会为用户提供相关选项来诊断该问题并修复任何错误。

4．缩放比率增加到64 000%

Illustrator CC 2021可以放大图稿的倍率高达64 000%（从上一代的6400%提高到此），让用户能够更精准地进行创作及编辑。

5．新的实时形状（矩形和圆角矩形）

所有矩形和圆角矩形都有可修改转角。每个角都可以有独立半径值，即使在缩放或旋转矩形时也会保留所有属性。矩形和圆角矩形现在会记住所有修改操作，如宽度、高度、旋转、转角处理。此功能意味着用户可以始终返回到对象的原始形状。

6．Shaper工具

Shaper工具可以将自由流畅的自然手势转换成完美的几何形状。然后，像使用常规形状一样，对它们执行合并、删除、填充和变换操作，以创建可编辑的设计。无论是在传统的工作区，还是在优化了触控功能的触控工作区，用户都可以使用Shaper工具。

7．动态符号

现在，符号可以共享一个主形状，但是需要经过修改才能呈现不同的外观，如描边、填充和不透明度。用户无须中断与父符号的链接，即可对它们执行缩放、旋转、镜像和倾斜操作。

8．智能参考线

使用Illustrator CC 2021中增强的智能参考线，可以对齐并分隔对象。通过查看新的提示，可以在不使用控制键和修改键的情况下，绘制像正方形和圆形一样的完美形状。

9．新的SVG导出选项

新的SVG导出工作流程（“文件”→“导出”→“SVG”）可以为用户的Web和屏幕设计工作流程导出针对Web优化的SVG文件。此外，用户还可以选择导出各个对象，而不是整个画板。

1.2 Illustrator CC 2021的基本操作

在使用Illustrator CC 2021绘制图形之前，首先要对Illustrator 2021的一些基本设置和操作有一个初步的了解。本节将围绕工作界面、文件管理、输出格式及对象的基本操作等方面详细讲解Illustrator CC 2021的基本操作。

1.2.1 工作界面

Illustrator CC 2021的出现，使该软件在绘图、设计制作、编辑合成、输入输出、网页制作和发布等领域占据了更加重要的位置。Illustrator CC 2021的工作界面主要由菜单栏、工具箱、标尺、文档窗口、面板、状态栏等组成，如图1-1所示。

菜单栏：由“文件”“编辑”“对象”“文字”“选择”“效果”“视图”“窗口”“帮助”9个菜单组成，包含了操作时要使用的所有命令。要使用菜单中的命令，只需将鼠标指针指向某个菜单并单击，此时将显示相应的下拉菜单，在下拉菜单中选择所需要的命令即可。

工具箱：第一次启动该软件时，工具箱会出现在屏幕左侧。用户可以通过拖动其标签来移动工具箱，也可以通过选择“窗口”→“工具”菜单命令来显示或隐藏工具箱。单击工具按钮或按键可以使用工具进行创建、选择或处理对象等操作。有的工具右下角有扩展按钮，说明它是一个工具组，将鼠标指针指向该工具按钮并按住左键不放即可展开工具组，单击相应的工具按钮即可选择该工具。

标尺：用于度量图形的尺寸并对图形进行定位，是工作中不可缺少的辅助工具。

文档窗口：是Illustrator中绘制图形的区域，该区域中显示的图形能够被打印出来。

面板：可帮助用户监视和修改所做的工作。用户可以使用下列方式来定义面板的排列：要显示或隐藏面板，从“窗口”下拉菜单中选择面板名称，面板名称旁边的复选标记表示当前是打开的；要隐藏或显示所有面板（包括工具箱和“控制”面板），可按【Tab】键；要隐藏或显示所有面板（不包括工具箱和“控制”面板），可按【Shift+Tab】组合键；要显示面板菜单，将指针指向面板右上角的三角形上并单击即可。

状态栏：处于最大屏幕模式时，状态栏位于文档窗口的左下方。它显示当前缩放级别以及如下信息中的一种：当前使用的工具、日期和时间、可用还原和重做次数、文档颜色配置文件或所管理的文件的状态。

图 1-1

1.2.2 文档的基本操作

Illustrator的主要功能就是绘制图稿，因此掌握图稿文档的基本操作非常重要。图稿文档的基本操作包括新建、保存、打开和关闭等，下面来学习这方面的知识。

微课：新建与打开Illustrator文档

1. 新建文档

选择“文件”→“新建”菜单命令或按【Ctrl+N】组合键，在打开的如图1–2所示的“新建文档”对话框中设置文件的名称、画板数量、大小等参数后，单击“确定”按钮，即可新建Illustrator文档，如图1–3所示。

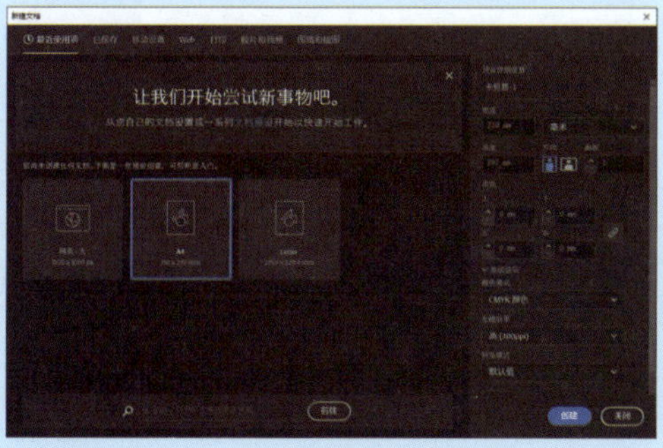

图 1–2

图 1–3

2. 打开文档

要设计图稿，首先要打开Illustrator文档。打开文档有多种方法，下面分别进行介绍。

选择“打开”命令：选择“文件”→“打开”菜单命令，打开如图1–4所示的“打开”对话框，在该对话框中选择要打开的文件，然后单击“打开”按钮即可。

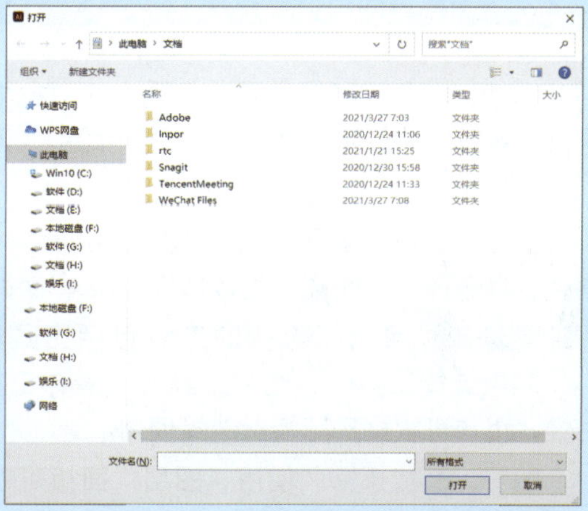

图 1–4

打开最近使用过的文件：在“文件”→“最近打开的文件”子菜单中选择需要打开的文件即可打开最近使用过的文件，如图1–5所示。

拖曳文件到软件窗口：打开Illustrator CC 2021，拖曳要打开的文件到工作界面中，释放鼠标即可打开文件。

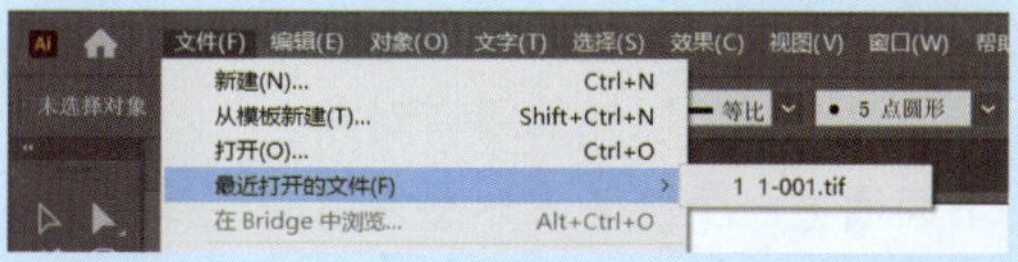

图 1–5

3. 保存文档

当作品创作完成后，或需要退出程序时，应当保存作品，以便以后使用。

选择“文件”→“存储”菜单命令，打开“存储为”对话框，如图1–6所示。在默认状态下，文件采用AI格式保存。单击对话框中的“保存在”下拉列表右侧的下拉按钮，在打开的下拉列表中选择文档的保存路径；在“文件名”组合框中输入文件的名称；如果需要保存其他类型的文件，可以在“保存类型”下拉列表中选择需要存储的类型。最后，单击“保存”按钮即可将文档保存。

如果要保存的文档在设计之前已经保存过，不需要改变保存的名称、路径和格式等，则选择“存储”命令时不会弹出对话框，而直接保存。

如果需要将当前的文档存储为其他格式，或需要修改文档存储的路径和文件名等，可以选择“文件”→“存储为”菜单命令或按【Shift+Ctrl+S】组合键，在打

微课：
保存Illustrator文档

开的“存储为”对话框中进行设置，最后单击“保存”按钮即可。

4．关闭文档

编辑并保存Illustrator文档后，需要将其关闭。关闭Illustrator文档的方法有如下几种。

单击“关闭”按钮：单击文档名称右侧的“关闭”按钮，此操作只是关闭Illustrator文档，而不退出Illustrator CC 2021界面。

使用菜单命令：选择“文件”→“关闭”菜单命令。

使用快捷键：按【Ctrl+W】组合键。

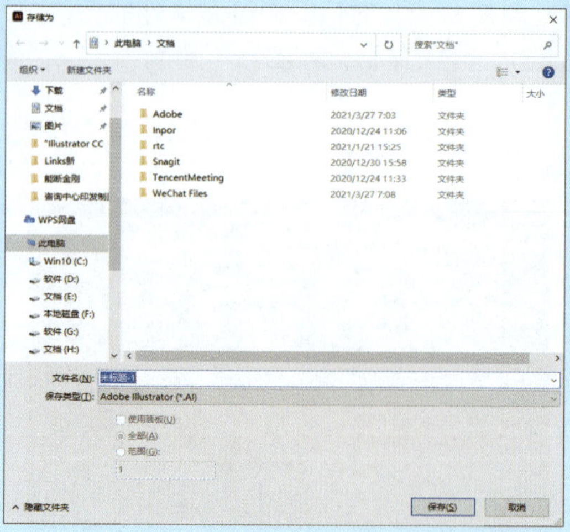

图 1-6

1.2.3 对象的编辑与变换

Illustrator CC 2021提供了非常强大的对象编辑功能。本节将介绍如何使用Illustrator进行对象的操作，如对象的删除、移动、复制、锁定、编组、排列等。

1．对象的选择

若要修改对象，首先要将其选择。Illustrator提供的选择对象的方法可以分为三大类：工具选择、“图层”面板选择、菜单命令选择。

微课：对象的选择与复制

工具选择：可用于选择的工具包括工具箱中的“选择工具”“直接选择工具”“编组选择工具”“套索工具”“魔棒工具”，每一种选择工具都具有一定的针对性，用户可根据实际情况选择使用。

“图层”面板选择：使用“图层”面板可以选择文档中的所有对象，这种选择方式没有针对性，是最精准的选择方式。

菜单命令选择：“选择”菜单提供的多种命令是针对一些特殊情况而补充的选择方式，在特定情况下非常有用。例如，当选择了文档中的某个对象后，选择“选择”→“反向”菜单命令，将会选中这个对象以外的所有对象。

下面通过一个例子来熟悉常用的选择方式。

步骤01 使用“选择工具”

单击工具箱中的“选择工具”按钮，如图1-7所示，选中窗口中的对象，效果如图1-8所示。

步骤02 使用“选择”菜单下的命令

选择“选择”→“取消选择”菜单命令，当前已经选中的对象将被取消选择，菜单命令及效果如图1-9所示。

步骤03 使用“直接选择工具”

单击工具箱中的“直接选择工具”按钮，按住鼠标左键拖动，可以对路径上的节点进行选择，效果如图1-10所示。

图 1-7

图 1-8

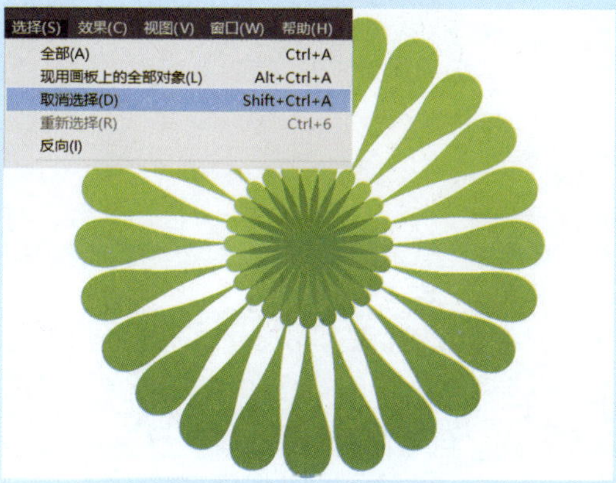

图 1-9

图 1-10

步骤04 使用“图层”面板

打开“图层”面板，单击要选择对象的选择列（位于目标按钮与滚动条之间的圆圈），如图1-11所示，选中后的效果如图1-12所示。

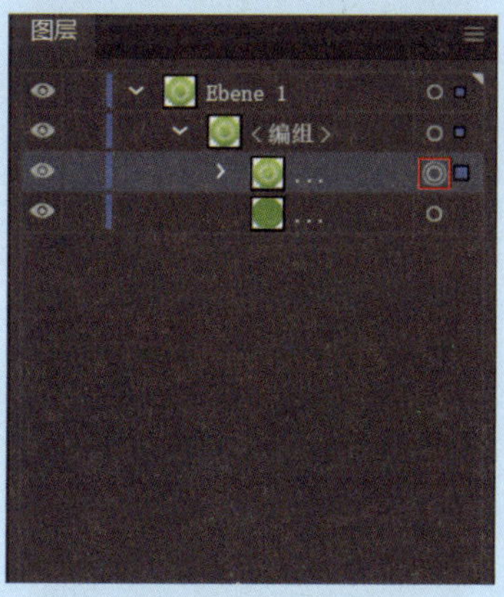

图 1-11

图 1-12

2. 对象的移动

可以使用特定工具对对象进行移动，也可以通过按方向键进行移动，还可以通过在面板或对话框中输入精确数值来移动。在移动对象时，可以使用对齐功能来帮助定位对象。例如，可以使用指针对齐参考线和锚点，也可以使对象对齐网格线。用户可以通过按【Shift】键来限制一个或多个对象的移动，使对象沿水平、垂直或45°倍数的方向移动，也可以使对象以45°的倍数旋转。移动对象的具体操作如下。

① 打开需要移动的文件，如图1–13所示。

② 单击“选择工具”按钮，选择要移动的对象，按住鼠标左键拖动到合适的位置，释放鼠标，移动后的效果如图1–14所示。

图 1–13

图 1–14

③ 使用“选择工具”选择对象，将鼠标指针指向其中一个角点，当指针变为双箭头时按住鼠标左键拖动，将对象旋转到合适的角度即可，效果如图1–15所示。

④ 当对象处于被选中状态时，直接按【Enter】键，此时打开“移动”对话框，在该对话框中可以进行相应的参数设置，设置完成后单击“确定”按钮即可，如图1–16所示。

技巧 提示

通过按方向键移动时，每按一次所移动的距离可以通过“编辑”→“首选项”→“常规”菜单命令中的“键盘增量”来设置。

图 1–15

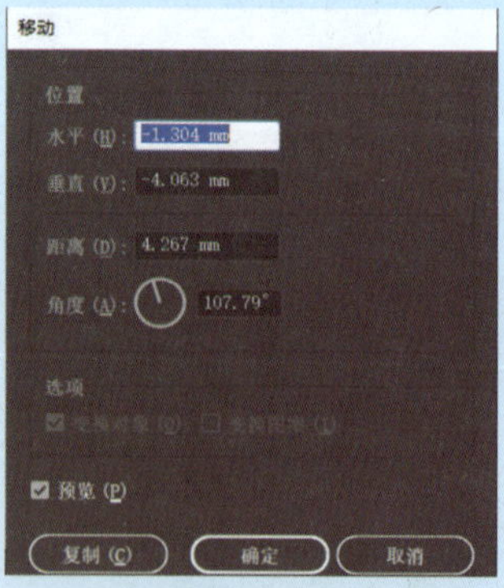

图 1–16

⑤ 除了使用“移动”对话框移动对象外，也可以通过“变换”面板来移动对象。选择“窗口”→“变换”菜单命令，打开“变换”面板（快捷键为【Shift+F8】），分别在X和Y文本框中输入相应的数值，按【Enter】键确认。“变换”面板如图1–17所示。

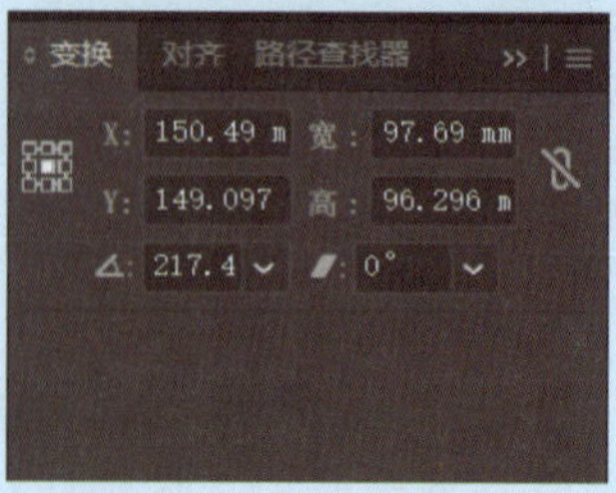

图 1–17

3．对象的复制

在Illustrator CC 2021中可以通过对象的复制使图形变得丰富多彩。复制对象的具体操作如下。

① 打开Illustrator CC 2021，选择需要复制的对象，如图1–18所示。

② 单击“选择工具”按钮，选择对象，按【Enter】键，此时打开“移动”对话框，在该对话框中设置相应的参数，选中“预览”复选框以查看复制后的效果，设置完成后单击“复制”按钮，参数设置如图1–19所示。

图 1–18

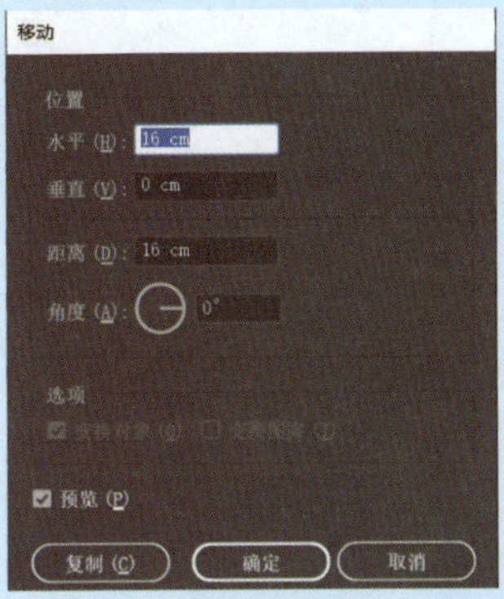

图 1–19

③ 选择“对象”→“变换”→“再次变换”菜单命令，多次按【Ctrl+D】组合键，可以复制多个对象，效果如图1–20所示。

④ 单击“选择工具”按钮，拖动鼠标选择要复制的对象，如图1–21所示。

图 1–20

图 1–21

⑤ 选择“对象”→“编组”菜单命令，按住【Alt+Shift】组合键，拖动鼠标到合适的位置，得到的效果如图1–22所示。

图 1–22

技巧提示

按住【Alt】键并拖动鼠标可实现复制操作，如果再按住【Shift】键，就可以在同一水平线、垂直线或45° 角上进行复制。

4．锁定对象

锁定对象可以避免操作时误选对象。当多个对象重叠在一起时，选择其中的一个对象时，可以避免其他对象被选择。当锁定某一对象时，该对象不能被移动或者应用各种编辑命令。锁定对象的具体操作步骤如下。

① 使用“选择工具”选择需要锁定的对象，如图1–23所示。

② 选择“对象”→“锁定”→“所选对象”菜单命令，或者按【Ctrl+2】组合键，即可锁定选中的对象，菜单命令如图1–24所示。

图 1-23

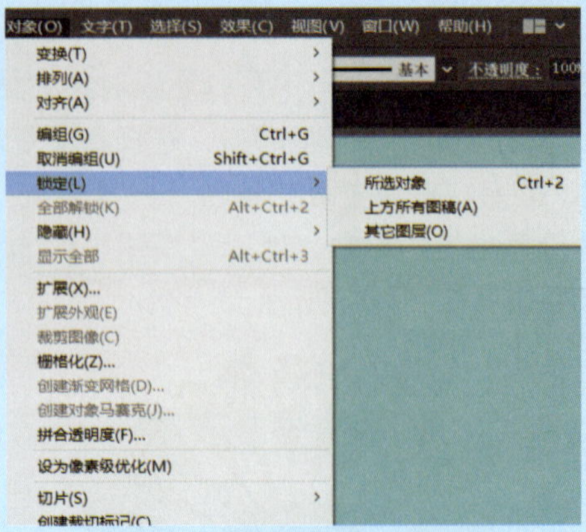

图 1-24

5. 编组与取消编组

“编组”命令能够把选中的多个对象组合在一起，当进行其他操作（如移动、缩放）时，所进行的操作可以应用于组合后的对象。编组与取消编组的操作步骤如下。

① 使用“选择工具”选择需要进行编组的对象，如图1–25所示。

② 选择“对象”→“编组”菜单命令，或者按【Ctrl+G】组合键，即可编组选中的对象，菜单命令如图1–26所示。

图 1-25

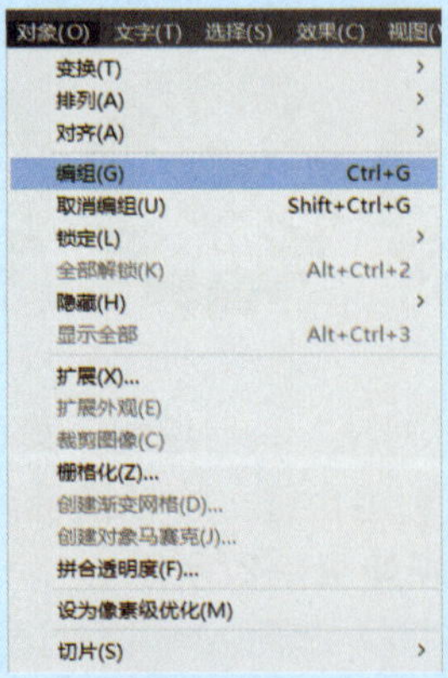

图 1-26

③ 按【Shift+Ctrl+G】组合键，即可取消编组。

6. 对象排列

通过“排列”子菜单中的命令，可以将选定的图形对象放到其他对象的后面，从而可以隐藏某些不想显示到屏幕上方的图形。对象的排列包含5个命令：“置于顶层”“前移一层”“后移一层”“置于底层”“发送至当前图层”。对象排列的操作步骤如下。

① 单击“选择工具”按钮▶，选择对象，如图1–27所示。

② 选择“对象”→“排列”→“后移一层”菜单命令，将所选对象向后移动一层，效果如图1–28所示。

③ 单击“选择工具”按钮▶，选择对象，如图1–29所示。

④ 选择“对象”→“排列”→“置于底层”菜单命令，将所选对象移动到所有对象的底层，效果如图1–30所示。

图 1-27

图 1-28

图 1-29

图 1-30

技巧 提示

"排列"子菜单中5个命令的作用解释如下。

- 置于顶层：将所选取的图形移到所有图形的最前面。
- 前移一层：将所选取的图形向前移过一个图形。
- 后移一层：将所选取的图形向后移过一个图形。
- 置于底层：将所选取的图形移到所有图形的最后面。
- 发送至当前图层：将所选取的图形移到当前图层中。使用该命令可以在多个不同的图层之间移动对象。

7. 对齐图形对象

使用"对齐"面板可以快速地将多个对象按照一定的方式和顺序进行对齐和分布。选择"窗口"→"对齐"菜单命令，打开"对齐"面板，如图1-31所示。

"对齐对象"选项组中的按钮可以将选定的对象按一定的方式进行对齐，包括水平左对齐、水平居中对齐、水平右对齐、垂直顶对齐、垂直居中对齐和垂直底对齐，如图1-32所示。

"分布对象"选项组中的按钮可以将选定的对象进行垂直和水平分布，包括垂直顶分布、垂直居中分布、垂直底分布、水平左分布、水平居中分布和水平右分布，如图1-33所示。

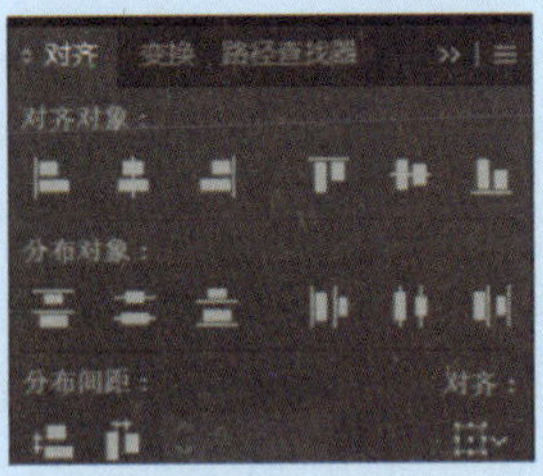

图 1-31

微课：
对齐图形对象

图 1-32

图 1-33

如果需要在分布对象时指定对象的间距，可在“分布间距”选项组的数值框中输入间距值，并选中其中一个对象，将其作为其他对象分布时的参照基准，然后单击“垂直分布间距”按钮或“水平分布间距”按钮。

默认情况下，“对齐所选对象”按钮是激活的。若要相对于画板对齐，需要单击“对齐画板”按钮；对于“对齐关键对象”按钮，只有在使用美工刀工具进行裁剪时才可激活。

1.3 输出文件

使用Illustrator完成图形的绘制后，文件的最终输出显得尤为重要。本节将介绍使用Illustrator CC 2021进行不同格式文件的输出。

1.3.1 输出格式介绍

选择“文件”→“导出”菜单命令，打开“导出”对话框，从中可以设置以不同的文件格式导出，如图1-34所示。下面对这些不同的文件格式进行简单介绍。

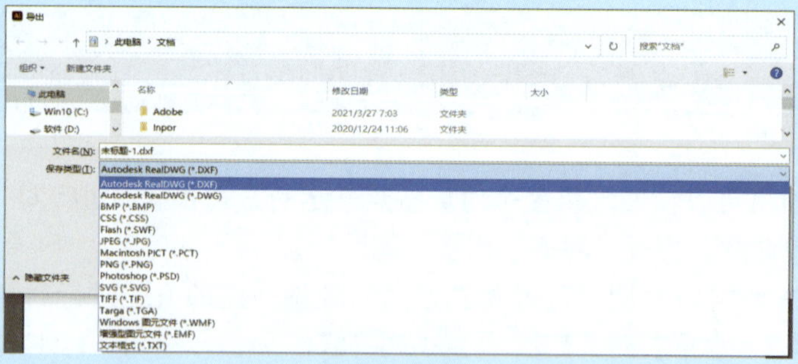

图 1-34

DXF格式：DXF格式的文件是包含图形信息的文本文件，其他CAD系统可以读取文件中的信息。

DWG格式：DWG是Autodesk公司制定的格式，主要应用于AutoCAD这种计算机辅助设计方面的软件。Illustrator CC 2021强大的绘画工具可以弥补AutoCAD的一些绘画上的不足，主要是线条工具方面的。Illustrator CC 2021导出的DWG格式文件可以直接导入AutoCAD软件。

BMP格式：BMP是Bitmap的缩写，该格式的文件为位图。位图是以“像素”为单位存储图像信息的。这些“像素”其实就是一些整齐排列的彩色（或黑白）点，如果这些点被慢慢放大，就会看到一个个的“像素”中填充着颜色。这些“像素”整齐地排列起来，就构成一幅BMP图片。BMP格式的图像通用性很强，效果不错，但容量随品质的提高而增大。

CSS格式：即Cascading Style Sheet（级联样式单）的缩写，是用来进行网页风格设计的文件。

SWF文件：SWF格式的文件是一种在计算机上播放的动画文件，也称Flash动画，是矢量格式文件。

JPEG格式：JPEG属于位图格式，容量小，网络传输快。JPEG图像以24位颜色存储单个光栅图像。该格式支持最高级别的压缩，但是压缩会损耗图像信息。将Illustrator中的文件直接导出为JPEG图像，可以直接用于浏览传输。

PCT格式：该格式的文件是Macintosh PICT绘画文件。

PNG格式：PNG格式是20世纪90年代中期开始开发的图像文件存储格式，开发该格式的目的是替代GIF和TIFF文件格式，同时增加一些GIF文件格式所不具备的特征。

PSD格式：PSD格式是Photoshop软件中的一种常用格式，属于位图格式，但可以部分兼顾矢量格式。PSD格式支持图层和不同色彩模式的各种图像特征，是一种非压缩的原始文件保存格式。有时，PSD文件的容量会很大，但可以保留作品的原始信息。

SVG格式：SVG是一种图形文件格式，该格式的文件是一种可缩放的矢量图形。严格来说，应该是一种开放标准的矢量图形语言，可用来制作高分辨率的Web图形页面。

TIF格式：TIF是Tag Image Fileformat的缩写，多用于扫描和传真文件，是一种灵活的位图图像格式，几乎所有的绘画、图像编辑和页面版面应用程序都支持这种格式。TIF格式支持具有Alpha通道的CMYK、RGB、Lab、索引颜色和灰度图像及无Alpha通道的位图模式图像。

TGA格式：该格式是美国Truebision公司为其显示卡开发的一种图像文件格式，文件扩展名为.tgs，已被国际上的图形、图像工业所接受。TGA格式的结构比较简单，属于一种图形、图像数据的通用格式，在多媒体领域有很大的作用，是计算机图像向电视转换的首选格式。TGA图像格式最大的特点是可以生成不规则形状的图形、图像文件。TGA格式支持压缩，使用不失真的压缩算法。

WMF格式：WMF格式是微软公司定义的一种Windows平台下的图形文件格式，目前其他操作系统上不支持这种格式。与BMP格式不同，WMF格式文件与设备无关，即其的输出特性不依赖于具体的输出设备。WMF格式文件所占的磁盘空间比其他格式的图形文件要小得多。

EMF格式：EMF格式的文件是Windows增强型图元文件。该格式是Windows操作系统用来打印的缓存文件格式。EMF格式的开发目的是解决WMF格式从复杂的图形程序中打印图形时出现的不足。

TXT格式：TXT格式是微软公司在操作系统上附带的一种文本格式，是最常见的一种文件格式，在DOS操作系统时代的应用就相当广泛，主要用于保存文本信息。

1.3.2 输出图片的方法

在输出图片的时候，首先要明确所输出图片的使用目的，然后根据使用目的和要求来选择不同的导出格式并设置相关的选项，即先考虑效果问题，再考虑容量问题。输出图片的具体操作如下。

微课：
输出图片的方法

① 打开要导出的AI格式文件，如图1–35所示。

② 选择“文件”→“文档设置”菜单命令，在打开的对话框中查看文件的尺寸大小，如图1–36所示。

图 1–35

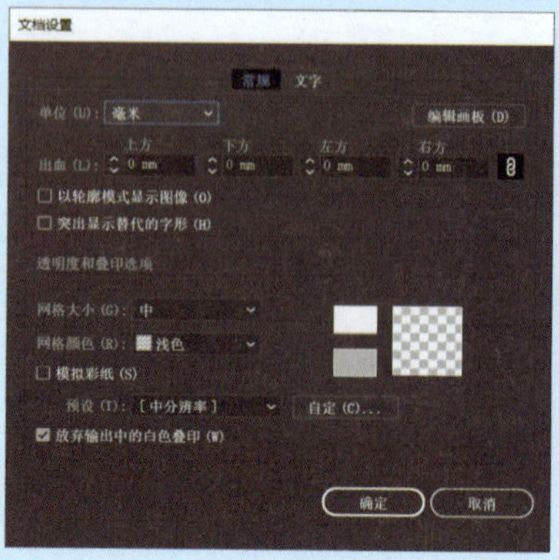

图 1–36

③ 按【Ctrl+A】组合键，选择整个文件，查看周围是否存在没有用的图形或线条，如果有，就把它们都删除，这样不会出现导出后有大面积的空白现象。

④ 导出图片，先取一个合适的图片名称，并指定存储的位置。这一步看起来不重要，很多人忽略了这一步，随着导出的文件增多，就会忘记文件存在什么地方及相应的名称了。接着在“保存类型”下拉列表中选择JPEG文件格式，如图1–37所示。最后单击“保存”按钮，即可用所选的格式导出图片。

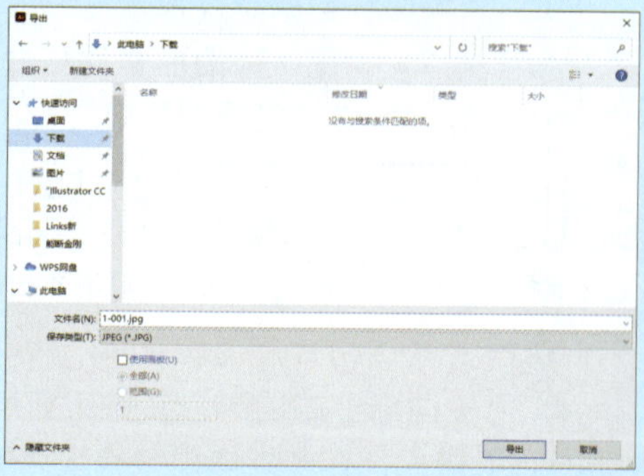

图 1–37

1.3.3 印刷的相关知识

每当设计完成时，都需要输出符合印刷要求的文件，相应的印刷知识就显得尤为重要。接下来介绍印刷的相关知识。

1. CMYK颜色模式

目前在业界得到广泛支持的就是TIF格式，印刷时的颜色模式是CMYK颜色模式。如果在图形绘制时使用的是RGB颜色模式，则在印刷前要进行颜色模式转换，可以通过选择“文件”→“文档颜色模式”菜单命令，选择需要的颜色模式进行转换。需要注意的是，RGB颜色模式转换为CMYK颜色模式后，如果再转换为RGB颜色模式，则颜色不可以恢复，建议备份后再进行颜色转换。

2. 印刷材料

根据用途的不同，纸张可以分为工业用纸、包装用纸、生活用纸、文化用纸等，其中文化用纸包括书写用纸、艺术绘画用纸、印刷用纸。在印刷用纸中，根据纸张的性能和特点又分为新闻纸、凸版印刷纸、胶版印刷涂料纸、字典纸、地图及海图纸、凹版印刷纸、画报纸、周报纸、白板纸、书面纸等。另外，一些高档印刷品也多采用艺术绘图类用纸。

3. 装订知识

出血：是印刷的专业用语，出血印刷装订工艺要求页面的底色或图片跨出裁切线3mm。

飞边： 指切除出血边位，是装订术语。

切斜： 变形、裁切的不正、直角变棱角的书，多由纸闸压力不均或纸栅不正导致。

磨光： 以磨光滚筒处理印张，表面会光滑，此为加工表面处理工艺。

正版： 书版首码所在版面称为正版，次码所在版面称为反版，正反版称一组、一帖或一框。

纸闸： 指切纸的机器。

骑马钉： 书本装订的一种方法，书钉如跨在马背上。薄本书（含封面6帖以下）装好后，跨放在铁架上，以穿过压铁线钉。

猪肠卷： 折书帖的一种方法，书帖如卷肠粉，用3个上梭、2个下梭可折32版。

风琴折： 折书帖的一种方法。书帖折完拉开后如屏风。

毛书： 指锁好线而未上封面裁切的坯书。

头布： 精装书脊上的连接皮壳的布条，起牢固、美观的作用。

火印： 精装封面的一种加工工艺，如烫金，湿度较高。

4. 印刷文件要求

完成设计后，设计者通常在纸上展现作品，因此对计算机设计者来说，做好印前准备工作是非常重要的。

- 制作四色稿前，须将图像设定为CMYK颜色模式。
- 需要出血的地方要留出血，一般为3mm，就是沿实际尺寸加大3mm的边，这样做是为了防止在裁切成品时使有色彩的地方边缘出现白边。
- 文件格式最好为保留Illustrator编辑功能的AI文件格式。
- 图片内的说明文字需要转换成图形，即创建轮廓，如果不为文字创建轮廓，可能会造成文字字体的丢失。

1.4 知识与技能梳理

通过本章的学习，读者可掌握Illustrator CC 2021的基础知识。读者应重点掌握工作界面、文档及对象的基本操作等方面，为后面的实战演练打好基础。

- 重要工具：选择工具、移动工具、复制工具、对齐工具。
- 核心技术：利用Illustrator CC 2021编辑文件，利用选择、移动、复制等工具编辑对象。
- 实际运用：文件管理、图案设计、插画设计。

1.5 课后练习

一、选择题（请扫描二维码进入即测即评）

即测即评：1.5课后练习

1. 下列关于Illustrator CC 2021界面的描述中，错误的是（　）。

A. 启动Illustrator CC 2021后，软件就会自动创建一个大小为A4、色彩模式为RGB的文件

B. 创建新文件时，在“新建”对话框中可以任意设置文件的大小

C. 创建新文件时，在“新建”对话框中只有RGB、CMYK两种色彩模式可以设置

D. 如果工具箱中某工具图标的右下角有个黑色小三角形，表示还有隐藏的工具

2. 下列关于对齐与分布对象的描述中，正确的是（　）。

A. 至少选中两个对象才能使用“对齐”命令

B. 至少选中3个对象才能使用“对齐”命令
C. 至少选中两个对象才能使用“分布”命令
D. 至少选中3个对象才能使用“等距分布”命令

3. 为避免数据丢失，必须经常存储文件，下列方式中可以快速存储Illustrator文件的是（ ）。

A. 在保存Illustrator文件时，选择保存为低版本
B. 在保存Illustrator文件时，选择保存为EPS文件
C. 在保存Illustrator文件时，选择将选项“创建PDF兼容文件”关闭
D. 选择“文件”→“存储”菜单命令

4. Illustrator源文件可以导出为（ ）格式。

A. EPS　　B. BMP　　C. PDF　　D. AI

5. 下列关于印刷的描述中，正确的是（ ）。

A. 印刷前，图片内的说明文字不需要转换成轮廓
B. 制作四色稿前，须将图像设置为RGB颜色模式
C. 为了防止裁切成品时使有色彩的地方边缘出现白边，一般设置出血为5mm
D. RGB模式的颜色和CMYK模式的颜色在印刷时都可正确分色

二、简答题

1. 简述Illustator CC 2021的新增功能。

2. 简述Illustator CC 2021支持输出的文件格式。

3. 简述Illustrator CC 2021工作界面包含的内容。

4. 简述使用Illustrator CC 2021打开文件的方法。

5. 概括说明对齐对象和分布对象的方法。

6. 概括说明对象锁定与解锁的方法。

7. 简述印刷文件的要求。

Chapter 2

Illustrator CC 2021中的图形绘制

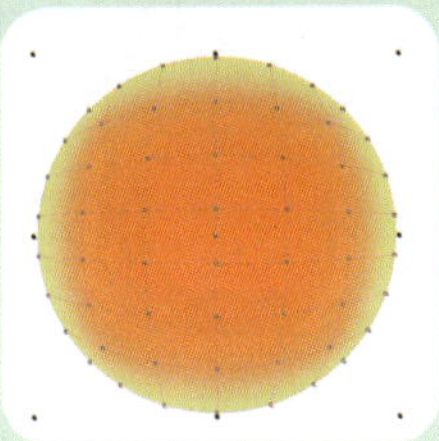

在使用Illustrator CC 2021进行设计之前，应先掌握其基本绘图操作，包括基本图形的绘制、复杂图形的绘制、图形颜色的填充及位图颜色的修改等，并在此基础上绘制简单的矢量图形，从而为实际应用积累经验。

	知识点	学习目标			
		了解	掌握	应用	重点知识
学习要求	常用基本图形工具		☺		
	常用曲线图形工具		☺		
	图形外观的修改				☺
	对象的填充				☺
	常用图形特效		☺		
	制作卡通形象			☺	

能力与素质目标

2.1 基本图形绘制工具

在Illustrator CC 2021中，只有掌握了规则形状的绘制，才能变形或组合出复杂的图形形状，从而为实现更加复杂的图形绘制打下良好的基础，最终将设计师头脑中构思的图案变为现实。

2.1.1 常用基本图形绘制工具

在Illustrator CC 2021中，常用的基本图形绘制工具包括“矩形工具”、“圆角矩形工具”、“椭圆工具”、“多边形工具”、“星形工具”、“光晕工具”、“直线段工具”、“弧形工具”、“螺旋线工具”、“矩形网格工具”和“极坐标网格工具”等。使用常用的基本图形绘制工具绘制的图形如图2-1所示。

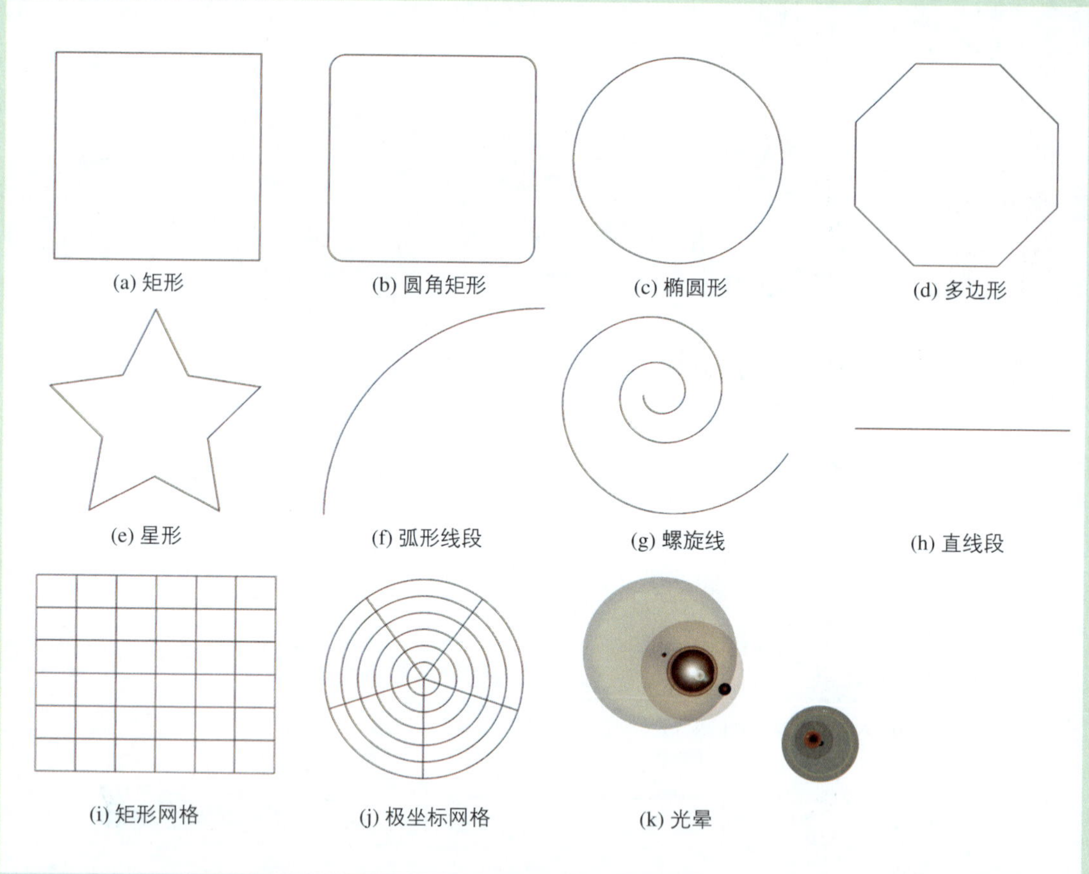

图 2-1

2.1.2 常用曲线图形绘制工具

除了常用的基本绘图工具之外，Illustrator CC 2021还提供了“钢笔工具”、“画笔工具”、“铅笔工具”等复杂图形绘图工具。熟练使用这些工具可以绘制各种复杂变化的图形，绘制的图形如图2-2所示。

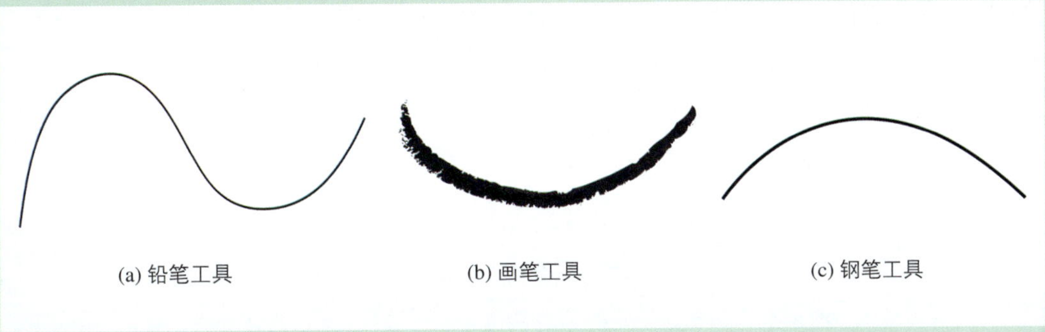

图 2-2

2.2 图形外观的修改

如果要绘制精确、美观的图形，除了熟练地使用绘图工具之外，还需要利用“直接选择工具”、“转换锚点工具”和“整形工具”编辑曲线上的锚点，以满足绘图要求。

1. 选取锚点

微课：选取锚点与拖动锚点

在修改图形对象的路径之前，必须先选中要操作的锚点，具体操作步骤如下。

① 选择工具箱中的“直接选择工具”，单击曲线 上的锚点将以实心方块的形式显示锚点控制柄，如图2-3所示。

② 如果要选择多个锚点，可按住【Shift】键，并使用鼠标逐个单击要选择的锚点，也可在工具箱中选择“套索工具”，用拖动的方法在页面上框选多个锚点，效果如图2-4所示。

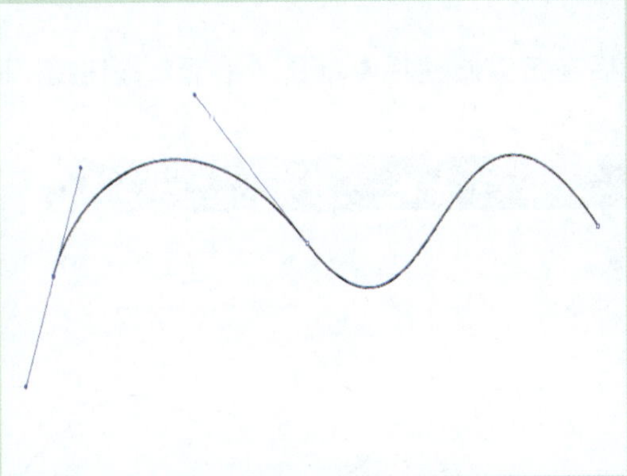

图 2-3

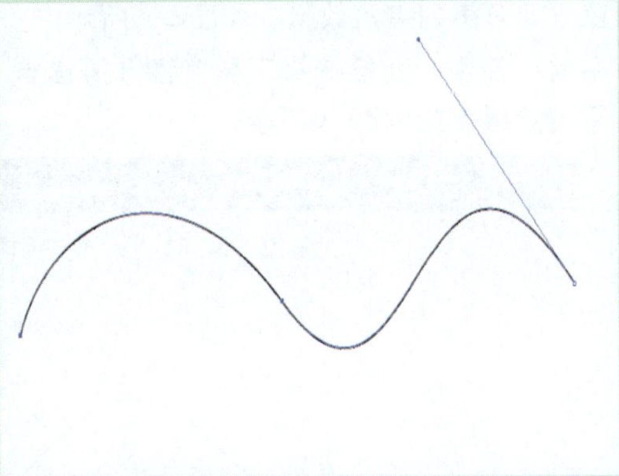

图 2-4

2. 拖动锚点

在修改图形对象的外形时，可以通过拖动锚点进行改变，具体操作步骤如下。

① 使用“直接选择工具”单击要编辑的对象，将显示对象上的所有锚点，单击要编辑的锚点并进行拖动，即可改变图形形状，如图2-5所示。

② 使用“转换锚点工具”拖动曲线对象上的锚点，可调整曲线形态，如图2-6所示。

③ 使用“整形工具”在曲线上单击，会出现一个新的锚点，如图2-7所示，然后使用“转换锚点工具”进行调整，可得到需要的效果。

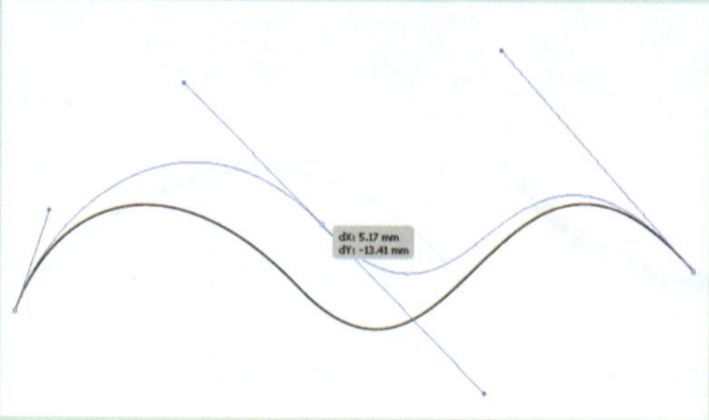

图 2-5

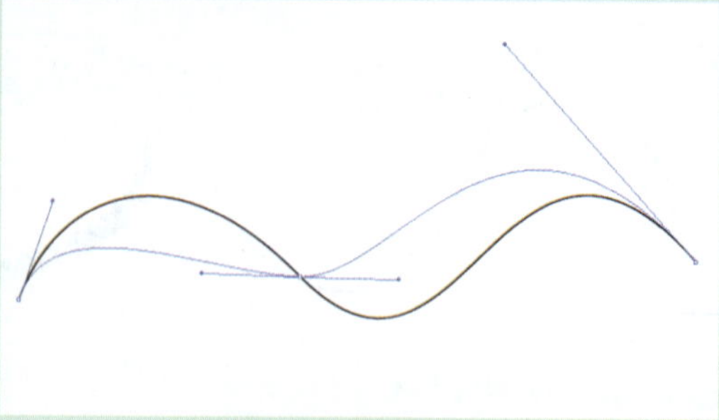

图 2-6

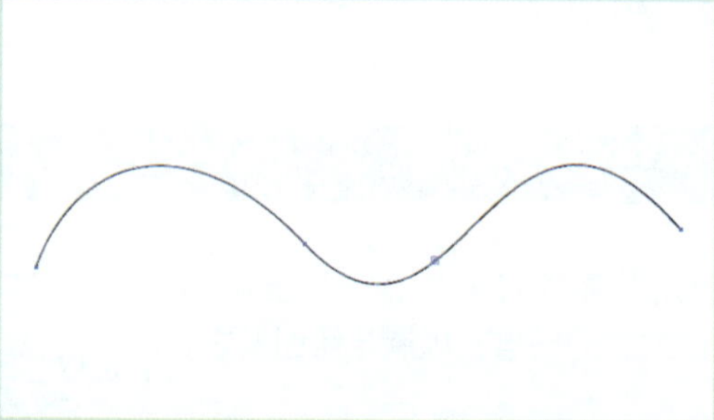

图 2-7

● 技巧 提示

如果要取消锚点的选择，只需在对象外单击即可；如果仅取消选择多个锚点中的某个锚点，应按住【Shift】键，并使用“直接选择工具”单击要取消选择的锚点。

3. 编辑曲线

使用“直接选择工具”、“转换锚点工具”和“整形工具”对锚点进行拖动能编辑曲线，工具属性栏提供了“尖角”和“平滑”转换功能，如图2-8所示，从而更方便、准确地编辑锚点，以便于操作。

微课：编辑曲线与图形的修改

尖角：使用“直接选择工具”选择锚点，然后在工具属性栏中单击“尖角”按钮，即可得到尖角效果，如图2-9所示。

平滑：使用“直接选择工具”选择锚点，然后在工具属性栏中单击“平滑”按钮，即可得到平滑效果，如图2-10所示。

图 2-8

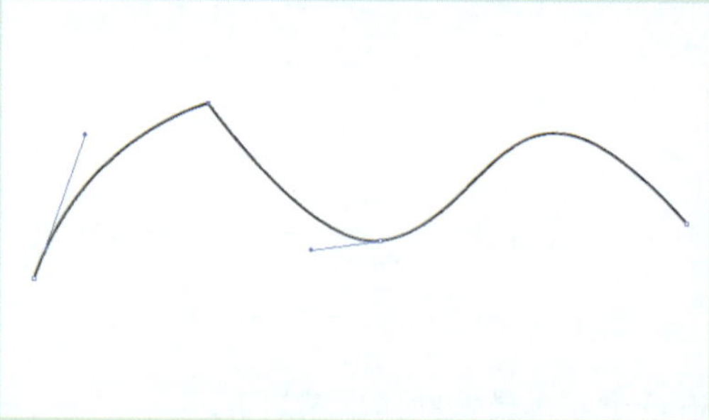

图 2-9

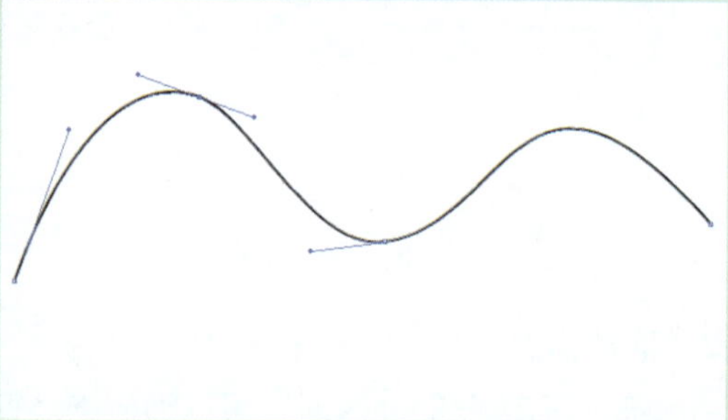

图 2-10

4. 图形的修改

得到优美的曲线以后，要将这些曲线与图形结合起来并调整成自己所要的图形，需要使用“路径查找器”面板，如图2-11所示。图2-12是修改前的原始图形。

联集：要将两个单个的图形组合为一个图形，单击“联集”按钮即可，效果如图2-13所示。

剪去顶层：用上面的图形剪去下面的图形，单击“剪去顶层”按钮即可，效果如图2-14所示。

交集：要得到两个图形重合的部分，单击“交集”按钮即可，效果如图2-15所示。

差集：与交集相反，要得到重合以外的部分，单击“差集”按钮即可，效果如图2-16所示。

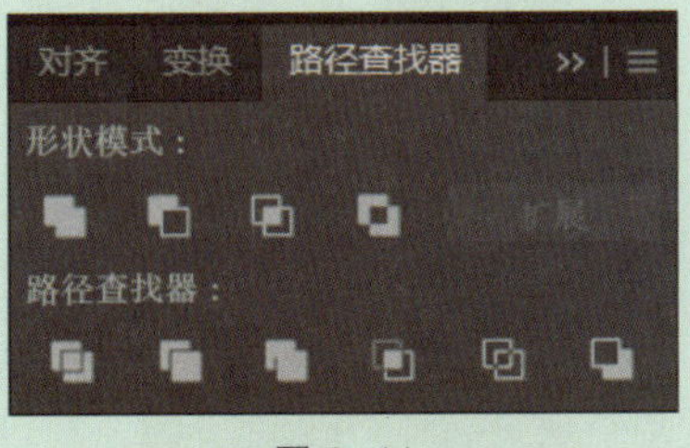

图 2-11

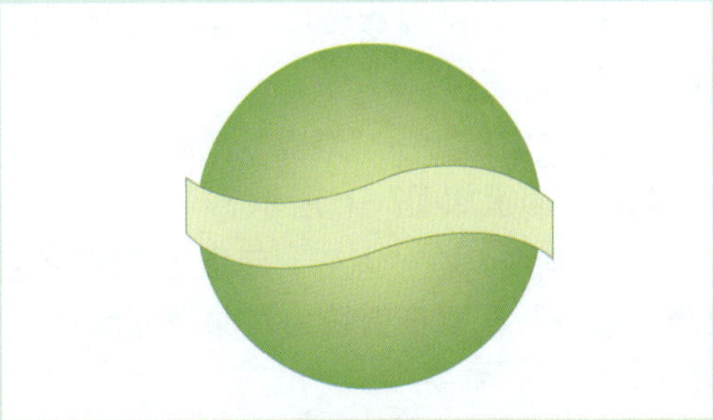

图 2-12

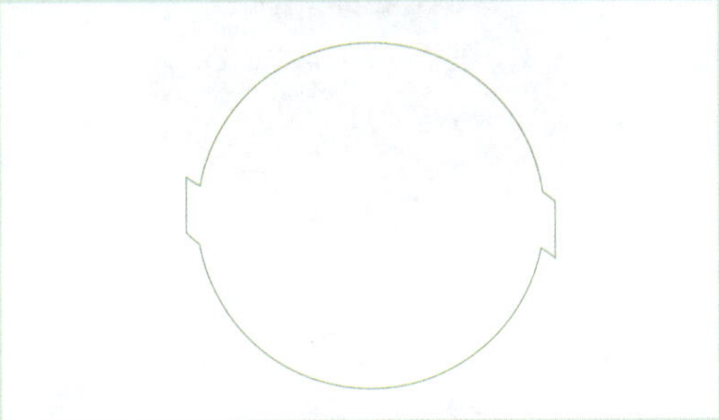

图 2-13

图 2-14

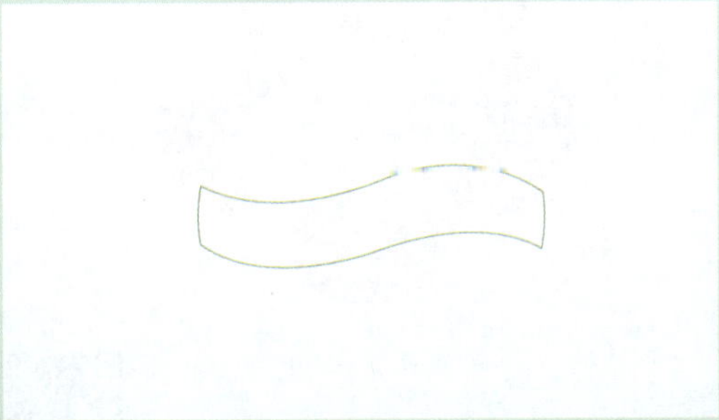

图 2-15

图 2-16

2.3 对象的填充

Illustrator CC 2021提供了“单色填充”“渐变填充”“网格填充”和“图案填充”等功能，可为对象赋予多彩的外表。因为色彩可使对象给人以不同的感觉，所以用颜色来增强作品的视觉效果，是完成一幅成功作品的前提。

1．单色填充

单色填充可对图形对象内部进行颜色填充。单色填充是很普通的一种填充方式。

① 选择“窗口”→“色板”菜单命令，打开的“色板”面板如图2-17所示。

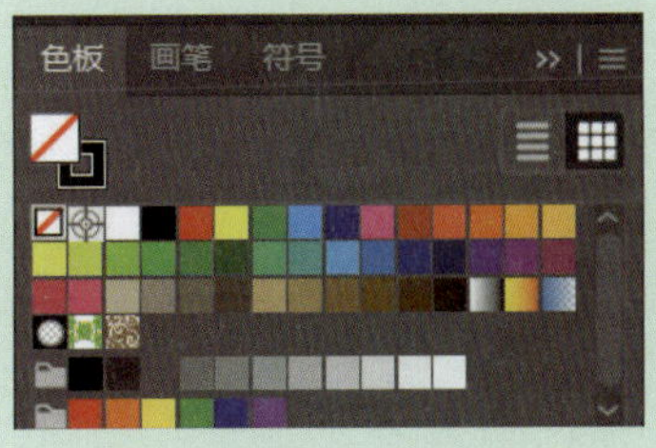

图 2-17

微课：单色填充与渐变填充

1
2
3
4
5
6
7
8
9
10

② 在“色板”面板中直接单击颜色块即可为对象填充单色，效果如图2–18所示。

图 2–18

2. 渐变填充

渐变填充包括线性和径向两种色彩渐变方式，可以绘制出多种渐变效果，在设计和制作的过程中经常被使用。

① 选择“窗口”→“渐变”菜单命令，打开的“渐变”面板如图2–19所示。

② 线性渐变：在“渐变”面板上选择渐变类型为“线性”，双击滑块为对象填充颜色，效果如图2–20所示。

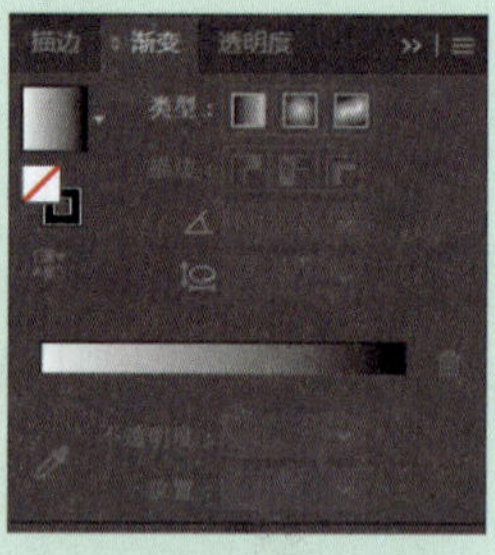

图 2–19

图 2–20

③ 径向渐变：在“渐变”面板上选择渐变类型为“径向”，双击滑块为对象填充颜色，效果如图2–21所示。

图 2–21

3. 网格填充

利用“网格工具”进行填充能很灵活地改变图形中各部分的颜色。在对象中进行网状填充时，可以产生独特效果。例如，可以创建任何方向的平滑的颜色过渡，而无须创建轮廓图。应用网状填充时，可以指定网格的列数和行数，而且可以指定网格的交叉点。

创建网状对象之后，可以通过添加和移除锚点或交点来编辑网状填充网格，也可以移除网格。图2–22所示为创建的网格。

微课：
网格填充与图案填充

网格创建完成后选择锚点，分别为锚点填充颜色，得到的效果如图2–23所示。

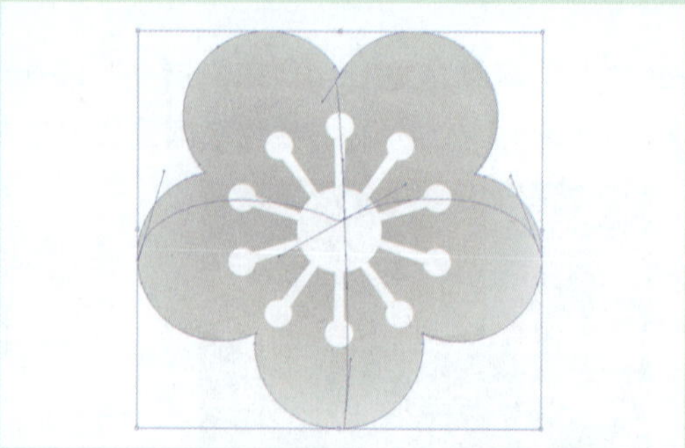

图 2–22

图 2–23

4．图案填充

图案是指具有一定形态的图形或组合图形以一定的间隔重复出现的形态效果。选择“窗口”→“色板”菜单命令，打开“色板”面板，单击该面板上的图案即可填充，如图2–24所示。如果色板上的图案不能让用户满意，可以在色板库中寻找或自定义图案，图案填充后的效果如图2–25所示。

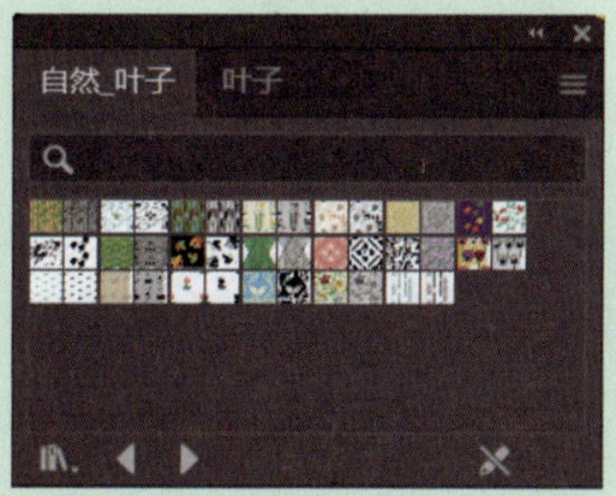

图 2–24

图 2–25

2.4 常用图形特效

为对象应用效果的方法很简单，只需先选中要应用效果的对象，然后在“效果”菜单中选择需要的效果命令，即可打开对应的对话框，从中进行参数的设置即可应用效果。

1．风格化

风格化可以根据设计要求，为对象添加一些特殊效果，在设计实践中运用非常广泛，如内发光、投影等。

内发光：可以让图形内部产生光晕的效果，效果及参数设置如图2–26所示。

微课：
内发光、投影与模糊

图 2–26

投影：可为选择对象的外部添加投影，使对象产生立体阴影的效果，效果及参数设置如图2–27所示。

图 2–27

涂抹：可以使选择对象产生手绘素描的效果，效果及参数设置如图2–28所示。

图 2–28

羽化：可以使对象边缘产生虚化半透明的效果，效果及参数设置如图2–29所示。

图 2–29

2. 模糊

使用“模糊”效果可以降低图像相邻像素之间的对比度，从而使图像过渡更柔和。

径向模糊：可以让对象产生类似圆形散射状的模糊效果，如图2–30所示。

图 2–30

特殊模糊：可以有选择地处理图像中的杂点，效果及参数设置如图2–31所示。

图 2–31

高斯模糊：可以移去一些图像细节，效果及参数设置如图2–32所示。

图 2–32

3. 纹理

“纹理”效果可以使图像产生在各种粗糙的表面上绘制的效果，各种不同的效果如图2–33所示。

图 2–33

拼缀图：将图像分解成由若干方形图块组成的砖块堆叠凸起的立体效果。

染色玻璃：将图像分解成由许多相邻小单元格组成的效果。

纹理化：将选择或自行创建的某种纹理运用于图像上，从而产生不同的效果。

颗粒：通过选择不同的颗粒类型使图像产生这些类型颗粒的纹理效果。

马赛克拼图：使图像产生由形状不规则的瓷砖状拼贴而成的效果。

龟裂纹：使图像产生网状裂缝效果。

2.5 案例——制作卡通熊猫形象

学习了Illustrator CC 2021的图形绘制和修改、颜色的填充等方法，本节通过制作卡通熊猫形象，将本章知识融入实例应用中。

步骤01 新建Illustrator CC 2021文档

打开Illustrator CC 2021，选择“文件”→“新建”菜单命令，或者按【Ctrl+N】组合键，打开“新建文档”对话框，从中设置文档尺寸，如图2-34所示，单击“确定”按钮，即可新建文档。

步骤02 创建身体外轮廓

开始绘制卡通熊猫，选择“钢笔工具”，在文档中绘制头部外轮廓，如图2-35所示。

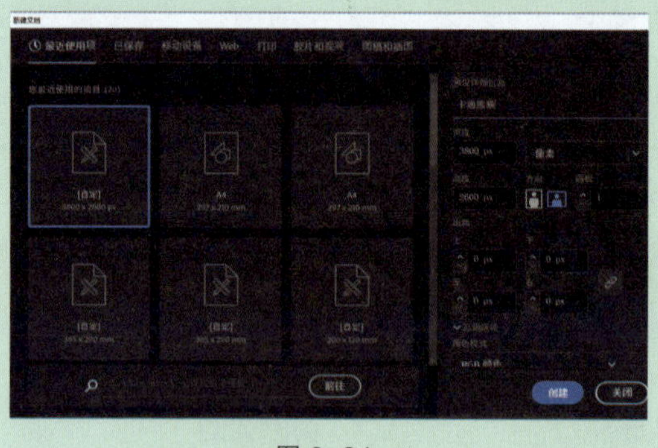

图 2-34

图 2-35

步骤03 创建身体和衣服轮廓

选择“钢笔工具”，在文档的操作区分别绘制身体、五官、四肢的轮廓，如图2-36~图2-41所示。

图 2-36

图 2-37

图 2-38

图 2-39

图 2-40

图 2-41

步骤04 为主色调上色

选择“选择工具”，选择步骤03中绘制的轮廓，在“颜色”面板中设置色值为（R:42、G:42、B:42），将主色调填充为深灰色，效果如图2-42所示。

步骤05 为细节部位添加颜色

选择“选择工具”，按【shift】键选择步骤03中绘制的耳朵、舌头和脚部图形，在“颜色”面板中设置颜色值为（R:254、G:128、B:114），填充颜色，效果如图2-43所示。

图 2-42

图 2-43

步骤06 为身体和五官填充阴影

选择“钢笔工具”，为卡通熊猫的身体绘制阴影，在“颜色”面板中设置颜色值为（R:30、G:30、B:30），填充颜色，效果如图2-44所示。

步骤07 为身体和五官填充高光

选择“钢笔工具”，绘制卡通熊猫的轮廓高光，在“颜色”面板中设置颜色值为（R:79、G:79、B:79），填充为灰色，效果如图2-45所示。

图 2-44

图 2-45

步骤08 为鼻子填充颜色

选择“钢笔工具”，绘制出鼻子的底色、阴影和高光，在“颜色”面板中分别设置颜色值为（R:254、G:248、B:244）、（R:234、G:224、B:218）以及（R:255、G:255、B:255），效果如图2-46所示。

图 2-46

步骤09 为嘴巴添加颜色

选择“选择工具”，选择步骤03中绘制出的嘴巴区域，在“颜色”面板中设置颜色值为（R:39、G:0、B:0），填充为深灰色。再选择“钢笔工具”，绘制出舌头的高光区域，设置填充颜色值为（R:234、G:99、B:89），效果如图2-47所示。

步骤10 为耳朵添加阴影颜色

选择“钢笔工具”，绘制出耳朵的阴影区域，设置填充颜色值为（R:234、G:99、B:89），效果如图2-48所示。

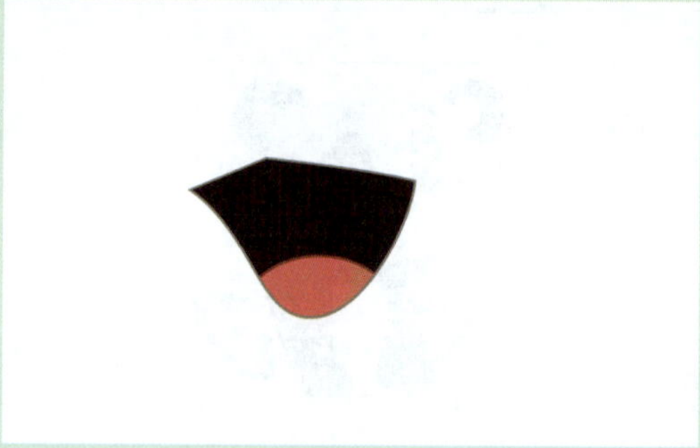

图 2-47

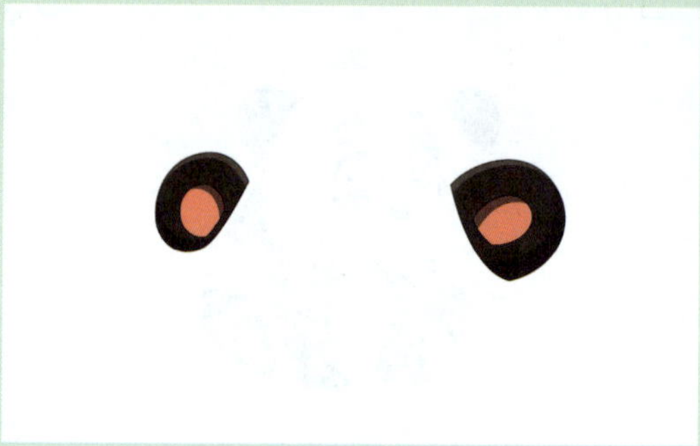

图 2-48

步骤11 绘制猫爪

选择“钢笔工具”，绘制出猫爪的轮廓，在“颜色”面板中设置颜色值为（R:0、G:0、B:0），填充为黑色，效果如图2-49所示。

步骤12 为图层编组

选择所有的图层，按【Ctrl+G】组合键对选择的图层进行编组，此时移动操作区内的图层不会出现错位。至此，熊猫的形象部分绘制完成，效果如图2-50所示。

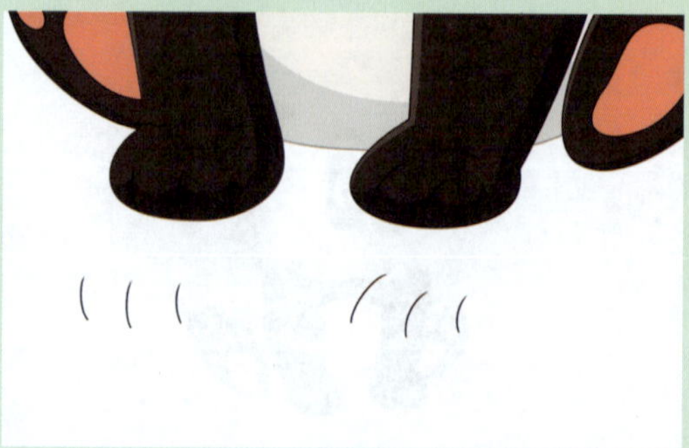

图 2-49

图 2-50

步骤13 创建竹竿轮廓

选择“钢笔工具”，在文档的操作区绘制出竹竿形状，设置描边及虚线参数，如图2-51所示。

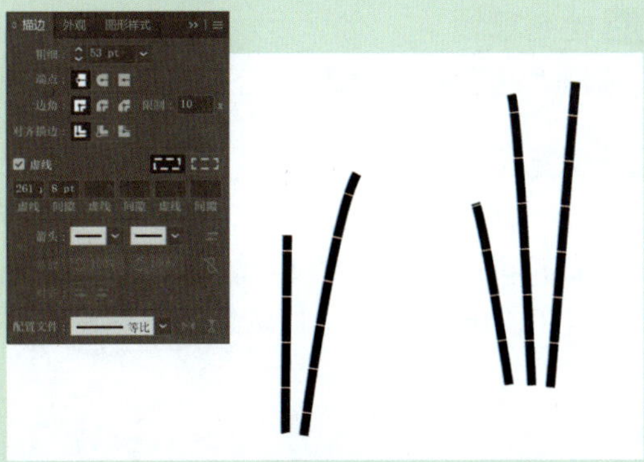

图 2-51

步骤14 为竹子轮廓添加颜色

选择“选择工具”，选择步骤13中绘制出的竹竿轮廓，在“颜色”面板中设置颜色值为（R:126、G:169、B:0），将竹竿颜色填充为绿色，效果如图2-52所示。

步骤15 绘制竹叶

选择“钢笔工具”，绘制出竹叶的外形，在“颜色”面板中分别设置颜色值为（R:80、G:101、B:69）、（R:99、G:124、B:52）、（R:200、G:240、B:0）和（R:141、G:182、B:0），效果如图2-53所示。

图 2-52

图 2-53

步骤16 完成竹林绘制

利用步骤13至步骤15的方法，绘制其他竹叶形状，并分别填充不同的绿色数值，放置在相应位置，效果如图2-54所示。

步骤17 调整图层次序

选择“选择工具”，选择新绘制的竹林，把鼠标指针移动到区域的内部并右击，在弹出的快捷菜单中选择“排列”→“向后一层”命令，或者按【Ctrl+[】组合键，调整图层顺序。如果图层次序还是不对，则多重复执行几次该命令，直至新区域图层在熊猫身体的下面，效果如图2-55所示。

图 2-54

图 2-55

步骤18 绘制草地

选择“钢笔工具”，在下方绘制一个不规则图形，效果如图2-56所示。

步骤19 填充渐变色

选择“窗口”→“渐变”，为草地填充渐变色，使用步骤17的方法调整图层顺序，将其放置在熊猫形象的下方，效果如图2-57所示。分别渐变色参数设置为（R:166、G:213、B:172）和（R:217、G:218、B:128），效果如图2-58所示。

图 2-56

图 2-57

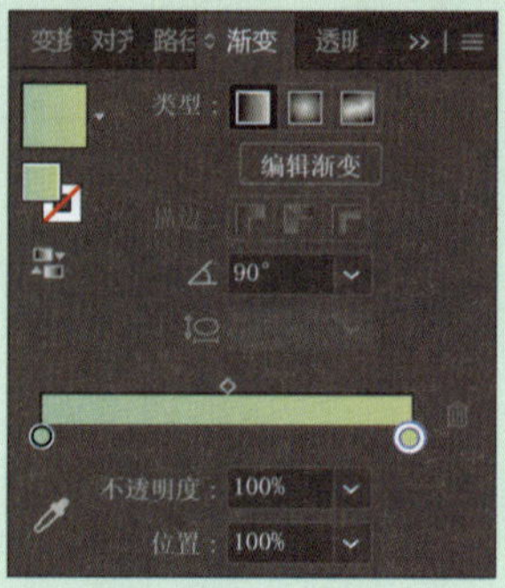

图 2-58

步骤20 绘制草地

选择“钢笔工具”，使用步骤18和步骤19同样的方法再绘制一片草地，分别设置渐变色参数为（R:217、G:228、B:128）和（R:100、G:169、B:115），效果如图2-59所示。

步骤21 填充底色

选择“矩形工具”，绘制一个与底板相同大小的矩形，在“颜色”面板中设置颜色值为（R:129、G:200、B:219），将背景颜色填充为蓝色，效果如图2-60所示。

图 2-59

图 2-60

步骤22 绘制云朵

选择“钢笔工具”，绘制一个不规则形状，并设置颜色值为（R:255、G:255、B:255），效果如图2-61所示。使用“钢笔工具”在云朵中绘制不规则线条，并设置描边样式，效果如图2-62所示。

图 2-61

图 2-62

步骤23 设置透明度

选择绘制完成的云朵图层，按【Ctrl+G】组合键对前两步绘制的图层进行编组，然后选择“窗口”→“透明度”菜单命令，设置不透明度为“50%”，效果如图2-63所示。

图 2-63

步骤24 制作多个云朵

使用步骤21至步骤23的方法绘制多个云朵，并利用“选择工具”调整云朵的大小。最后，选择所有图层，按【Ctrl+G】组合键为图层编组。至此，“卡通熊猫形象”全部绘制完成，最终效果如图2-64所示。

图 2-64

2.6 知识与技能梳理

通过本章的学习，读者能够掌握Illustrator CC 2021的基本绘图方法，能够绘制常见的矢量图形。在此基础上，通过大量的临摹和练习，可让操作变得更加熟练。

- 重要工具：“矩形工具”“椭圆工具”“圆角矩形工具”“钢笔工具”“添加锚点工具”“删除锚点工具”“铅笔工具”“画笔工具”等。
- 核心技术：利用Illustrator CC 2021提供的常用绘图工具、形状工具和填充工具绘制出形态各异的图形对象。
- 实际运用：标志设计、产品造型设计、插图设计等。

2.7 课后练习

一、选择题（请扫描二维码进入即测即评）

即测即评：2.7课后练习

1. 当使用“多边形工具”时，按住（　　）键可以始终保持水平绘制状态。

A.【Shift】　B.【Ctrl】　C. 空格　D.【Tab】

2. 使用“圆角矩形工具”时，可通过（　　）设置圆角半径。

A.“编辑”→“首选项”→“常规”菜单命令

B.“圆角矩形”对话框

C. 圆角半径是固定的，不可以修改

D.“矩形”对话框

3. 在渐变填充中，新颜色滑块与菱形的数量关系是（　　）。

A. 滑块的数量比菱形的数量始终多一

B. 滑块的数量比菱形的数量始终少一

C. 滑块的数量和菱形的数量相同

D. 滑块的数量和菱形的数量是成倍的关系

4. 下列关于效果的描述中，正确的是（　　）。

A. Illustrator CC 2021中的效果可以应用到矢量图形和位图图像

B. 使用3D效果可以得到近似立体的效果

C. 效果只针对矢量图

D. Illustrator CC 2021中的效果与Photoshop CC 2021中的滤镜相同

二、简答题

1. 简述添加锚点的方法。

2. 简述纹理效果组中的效果。

Chapter 3

字体设计

在视觉传达中，文字作为画面的形象要素之一，具有传达感情的功能。文字字体设计具有视觉上的美感，能够给人以美的感受。本章将详细讲解Illustrator CC 2021在字体设计中的方法与技巧。

	知识点	学习目标			
		了解	掌握	应用	重点知识
学习要求	字体设计分类	☺			
	字体设计原则		☺		
	字体设计的要素	☺			
	汉字字体设计的要求		☺		
	文字设计流程		☺		
	闪亮字体设计			☺	
	绚丽字体设计			☺	

能力与素质目标

3.1 字体设计的基础知识

字体设计是指对文字按视觉设计规律进行整体的精心安排。字体设计是人类生产与实践的产物，是随着人类文明的发展而逐步成熟的。要进行字体设计，必须对它的历史和演变有个大概的了解。

3.1.1 字体设计分类

标准字体的设计可划分为书法标准字体设计、装饰标准字体设计和英文标准字体设计。

1．书法标准字体设计

书法是我国具有三千多年历史的汉字表现艺术的主要形式，既有艺术性，又有实用性。目前，我国的一些企业用政坛要人、社会名流及书法家的题字作为企业名称或品牌的标准字体，如中国国际航空公司、健力宝等。有些设计师尝试设计书法字体并将其作为品牌名称，产生特定的视觉效果，给人以活泼、新颖、画面富有变化之感。但是，书法字体也会给视觉系统设计带来一定的困难。首先是与商标图案的协调性问题，其次是是否便于迅速识别问题。书法字体设计相对标准印刷字体，其设计形式可分为两种：一种是针对名人题字进行调整编排，如中国银行、中国农业银行的标准字体，如图3-1所示；另一种是设计书法体，或者说是装饰性的书法体，这是为了突出视觉个性而特意描绘的字体，这种字体是以书法技巧为基础而设计的，介于书法和描绘之间。

图 3-1

2．装饰标准字体设计

装饰标准字体在视觉识别系统中具有美观大方、便于阅读和识别、应用范围广等优点。海尔、科龙的中文标准字体属于这类字体。装饰标准字体是在基本字形的基础上进行装饰、加工而成的。它的特征是，在一定程度上摆脱了印刷字体的字形和笔画的约束，根据品牌或企业经营性质的需要进行设计，达到加强文字的精神含义和富于感染力的目的。装饰标准字体表达的含义丰富。例如，细线构成的字体容易使人联想到香水、化妆品之类的产品，圆厚、柔滑的字体常用于表现食品、饮料、洗涤用品等；而浑厚、粗实的字体则常用于表现企业的实力强劲；而有棱角的字体则易展示企业个性等。总之，装饰标准字体设计离不开产品属性和企业经营性质，所有的设计手段都必须为企业形象的核心（企业标志）服务。它运用夸张、明暗、增减笔画、装饰等手法，以丰富的想象力重新构成字形，既加强了文字的特征，又丰富了标准字体的内涵。同时，在设计过程中，不仅要求单个字形美观，还要使整体风格和谐统一，增强理念内涵和易读性，以便进行信息传播。图3-2所示为装饰标准字体设计。

3．英文标准字体设计

企业名称和品牌标准字体的设计一般均采用中、英两种文字，以便于同国际接轨，参与国际市场竞争。英文字体（包括汉语拼音）的设计与中文汉字设计一样，也可分为两种基本字体，即书法体和装饰体。书法体的设计虽然很有个性，很美观，但识别性差。对于装饰字体的设计，应用范围非常广泛。从设计的角度看，英文字体根据其形态特征和设计表现手法，大致可以分为4类：一是等线体，字形几乎都是由相等的线条构成；二是书法体，字形活泼自由，显示风格个性；三是装饰体，对各种字体进行装饰设计、变化加工，可达到引人注目、富于感染力的艺术效果，如图3–3所示；四是光学体，由于标准字是CIS（企业识别系统）的基本要素之一，其设计成功与否至关重要。当企业、公司、品牌确定后，在着手进行标准字体设计之前，应先进行调查工作，调查要点包括如下5方面。

① 是否符合行业、产品的形象。

② 是否具有创新的风格、独特的形象。

③ 是否能为商品购买者所喜好。

④ 是否能表现企业的发展性与值得依赖感。

⑤ 对字体造型要素加以分析。

将调查资料加以整理分析后，就可从中获得明确的设计方向。

图 3–2

图 3–3

3.1.2 字体设计原则

字体设计是信息传播的一大功能，也是最基本的功能。字体设计的四大基本原则如下。

1. 字体的适合性

字体设计要服从表述主题的要求，要与其内容一致，不能相互脱离，更不能相互冲突，不能破坏文字的诉求效果。尤其在商品广告的字体设计上，更应该注意任何一条标题、一个字体标志、一个商品品牌，它们都是有其自身内涵的，将它们正确无误地传达给消费者是字体设计的目的，否则将失去其功能。抽象的笔画通过设计后所形成的字体形式，往往具有明确的倾向，这一字体的形式感应与传达内容是一致的。如生产女性用品的企业，其广告的字体必须具有柔美、秀丽的风采；手工艺品广告的字体则多采用不同感觉的手写字体、书法等，以体现手工艺品的艺术风格和情趣。

2. 字体的可识性

字体的主要功能是在视觉传达中向消费大众传达信息，而要达到此目的，必须考虑文字的整体诉求效果，给人以清晰的视觉印象。无论字形多么富于美感，如果失去了文字的可识性，这一设计无疑是失败的。一个使人费解、无法辨认的字体设计，是不能够起到传达信息的作用的。字体是约定俗成、形成共识的，是因为其形态的固化，因此在设计时要避免繁杂零乱，减去不必要的装饰变化，使人易认、易懂，不能忘记字体设计的根本目的是更好、更有效地传达信息、表达内容和构想意念。字体的字形和结构也必须清晰，不能随意变动字形结构、增减笔画，使人难以辨认。如果在设计中不遵守这一准则，单纯追求视觉效果，必定会失去文字的基本功能。因此在进行字体设计时，不管如何发挥，都应以易于识别为宗旨。

3．字体的视觉美感

在视觉传达中，字体作为画面的形象要素之一，具有传达感情的功能，因而它必须具有视觉上的美感，能够给人以美的感受。人们对于作用其视觉感官的事物以美丑来衡量，已经成为有意识或无意识的标准。满足人们的审美需求和提高美的品位是每一位设计师的责任。在字体设计中，美不仅仅体现在局部，还应对字形、结构及整个设计进行把握。字体是由横、竖、点和圆弧等线条组合成的形态，在结构的安排和线条的搭配上，协调笔画与笔画、字与字之间的关系，强调节奏与韵律，把内容准确、鲜明地传达给观众，创造出更富表现力和感染力的设计，是文字设计的重要课题。优秀的字体设计能让人过目不忘，既起着传递信息的作用，又能达到视觉审美的目的。相反，字形设计丑陋粗俗、组合零乱的文字，会使人心里感到不愉快，视觉上也难以产生美感。

4．字体设计的个性

根据广告主题的要求，极力突出字体设计的个性色彩，创造与众不同的独具特色的字体，给人以别开生面的视觉感受，将有利于企业和产品良好形象的建立。在设计时，要避免与已有的一些设计作品的字体相同或相似，更不能有意模仿或抄袭。在设计特定字体时，一定要从字的形态特征与组合编排上进行探究，不断修改，反复琢磨，这样才能创造出富有个性的文字，才能通过其外部形态和设计格调唤起人们的审美愉悦感受。

3.2 字体设计经典案例欣赏

支
美团
vivo
Smart Phone
ICBC
oppo
伊利
小红书
Lay's乐事
mi
起
ORESMART
红双喜
DHS
n
立邦

实践●提高

3.3

● 难易程度

★★★★

闪亮字体设计

项目创设

本案例将设计一种闪亮的字体。该字体设计的颜色丰富，展现出很有光感的画面，最终效果如图3-4所示。

制作思路

首先利用“文字工具”输入字母，再利用“转换锚点工具”将字母变形并填充渐变色，最后制作光线效果。

图 3-4

素材文件：本书配套资源\素材与源文件\Chapter 3\3.3\素材

案例制作步骤

01 创建文档

选择“文件”→“新建”菜单命令，在打开的“新建文档”对话框中设置“名称”为“闪亮字体设计”、画板“宽度”为250mm、“高度”为250mm、全部“出血”为3mm、“颜色模式”为RGB，如图3-5所示。单击“确定”按钮，新建空白文档，如图3-6所示。

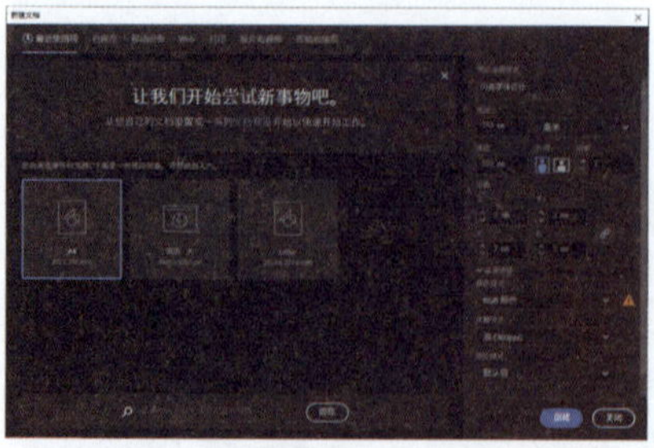

图 3-5

图 3-6

02 输入字母

单击工具箱中的“文字工具”按钮T，在画板上单击并输入字母“cmyk”，效果如图3-7所示。

行业知识

字体设计的要素

1. 易读性

文字是几千年来经过人们创制、流传、改进而约定俗成的，不能随意改变。文字的形体和结构也必须清晰正确、一目了然。不能随意变动字形结构、增减笔画，使人难以辨认，从而失去文字的易读性。同时，在整篇文字作品中，有其整体的美感，字距、行距和四周的空白要安排妥当，视线流动明确可循，才能提高阅读的效率。

2. 艺术性

文字是由横、竖、点和圆弧等线条组合成的形态，在结构的安排和线条搭配上，如何运用对称、均衡、对比、韵律的美学原理绘制出和谐、美观的文字，是字体设计的重

03 为字母创建轮廓

选择字母，然后选择“文字”→“创建轮廓”菜单命令，效果如图3-8所示。

图 3-7

图 3-8

04 将字母变形

使用工具箱中的“直接选择工具”▶对字母上的锚点进行拖动，然后使用“转换锚点工具”▶对锚点上的线进行拖动，使字母的曲线变得圆滑，效果如图3-9所示。

05 为字母c填充渐变色

选择字母c，选择“窗口”→“渐变”菜单命令，在打开的“渐变”面板中设置渐变类型为“线性”、角度为-45°、左侧渐变滑块的颜色值为（R:5、G:120、B:230）、右侧渐变滑块的颜色值为（R:46、G:225、B:269），效果及参数设置如图3-10所示。

图 3-9

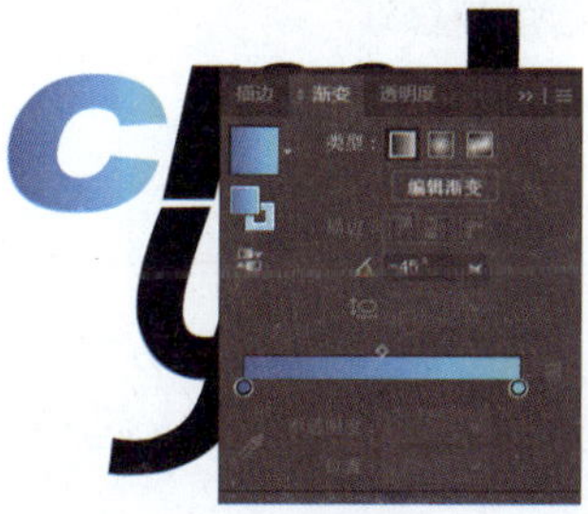

图 3-10

06 为字母m填充渐变色

选择字母m，选择“窗口”→“渐变”菜单命令，在打开的“渐变”面板中设置填充颜色值为（R:155、G:49、B:144），效果如图3-11所示。

07 为字母y填充渐变色

选择字母y，选择“窗口”→“渐变”菜单命令，在打开的“渐变”面板中设置渐变类型为“线性”、左侧渐变滑块的颜色值为（R:158、G:230、B:145）、右侧渐变滑块的颜色值为（R:201、G:209、B:85），效果及参数设置如图3-12所示。

图 3-11

图 3-12

要课题。同时，字体设计不仅要求每一个单字美观醒目，还必须使整篇文字整齐统一。统一的风格，才能使文字吸引和感染读者。

3. 思想性

字体设计必须从文字的内容出发，使之生动、确切地体现文字的精神含义。同时，还应该在继承优秀传统的基础上，与时代的精神和设计者的独特个性相联系，进行创造性的设计。

“易读性”“艺术性”和“思想性”三者是相辅相成的，艺术性强的字体不仅加强了易读性，也突出了思想性。

行业知识

汉字字体设计的要求

1. 整体风格的统一

在进行设计时，必须对字体进行统一的形态规范，这是字体设计最重要的准则。文字在组合时，只有在外部形态上具有了鲜明的统一感，才能在视觉传达上确保字体的可认性和注目度，从而清晰、准确地表达文字的含义。例如，在对字体设计时必须以统一的变化来处理，不能一组字中每个字的笔画变化都不同，这样必将破坏文字的整体美感，让人感觉杂乱无章、不成体系，难以达到良好的传达效果。

风格统一

2. 笔画的统一

字体笔画的粗细要有一定的规格和比例。在进行字体设计时，同一字内和不同字间的相同笔画的粗细、形式应该统一，不能使字体因变化过多而丧失整体感，使人在视觉上感到不舒服。

字体笔画的粗细是构成字体整齐均

08 为字母k填充渐变色

选择字母k，选择“窗口”→“渐变”菜单命令，在打开的“渐变”面板中设置渐变类型为“线性”、左侧渐变滑块的颜色值为（R:60、G:125、B:152）、右侧渐变滑块的颜色值为（R:31、G:51、B:61），效果及参数设置如图3-13所示。

09 旋转字母

选择所有字母，按【Ctrl+G】组合键进行编组，然后选择“效果”→“3D”→“旋转”菜单命令，在打开的“3D 旋转选项”对话框中设置绕X轴旋转为36°、绕Y轴旋转为5°、绕Z轴旋转为28°、“透视”为48°，单击“确定”按钮，效果如图3-14所示。

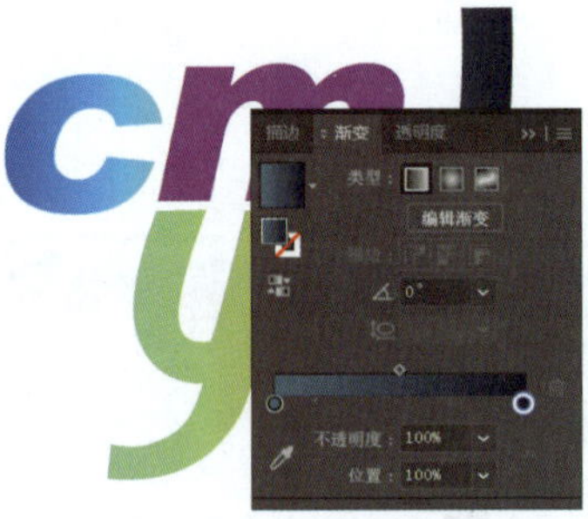

图 3-13

10 为字母c制作立体效果

单击工具箱中的“钢笔工具”按钮，沿着字母c内部的轮廓勾形，然后使用“转换锚点工具”调整曲线，如图3-15所示。

图 3-14

图 3-15

11 填充颜色

为勾出的形状填充单色，其颜色值为（R:34、G:174、B:232），效果如图3-16所示。

12 制作字母c底部的立体效果

使用“钢笔工具”沿着字母c底部的轮廓钩形，然后使用“转换锚点工具”调整曲线，打开“渐变”面板，设置渐变类型为“线性”、左侧渐变滑块的颜色值为（R:59、G:74、B:112）、右侧渐变滑块的颜色值为（R:0、G:193、B:255），效果及参数设置如图3-17所示。

衡的一个重要因素，也是使字体在统一与变化中产生美感的必要条件，初学字体设计的人只有认真掌握这条准则，才能从根本上使字体设计取得成功。

字体笔画的粗细一致与字体大小的一致都不是绝对的。因为存在视觉修正问题。例如，汉字中全包围结构的字，就不能绝对四边顶格，否则会感到它比周围其他字大，若往里适当地收一下，在视觉上就会感到与周围的字大小一样。一组字中，对横笔画多的字进行必要的笔画粗细的调整，才会整齐、美观，与其他字统一。

笔画统一

3．方向的统一

方向的统一在字体设计中有两层含义：一是指字体自身的斜笔画处理，每个字的斜笔画都要处理成统一的斜度，不论是向左或向右斜，笔画都要以一定的倾斜度来统一，以加强其统一的整体感；二是为了产生一组字的动感，往往将一组字进行统一的有方向性的倾斜处理。在进行这种设计时，首先要使一组字中的每一个字都按同一方向倾斜，以形成流畅的线条；其次，对字中的其他笔画处理时，也要尽可能地使其倾斜度一致，这样才能在变化中保持统一，增强其整体的统一感。这样不会因变化的不统一而显得凌乱、松散，缺乏均齐统一的美感，以致难以产生良好的视觉吸引力。

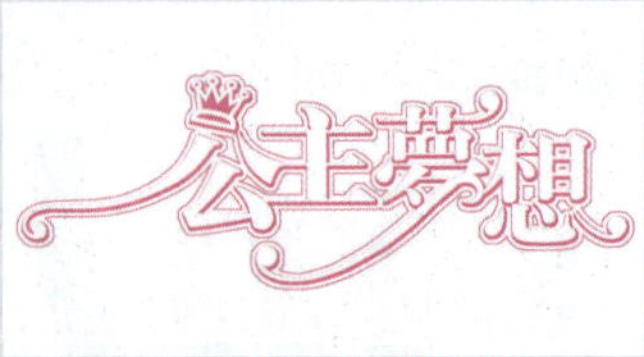

方向统一

4．空间的统一

统一的美感往往还需要字体笔画空

图 3-16

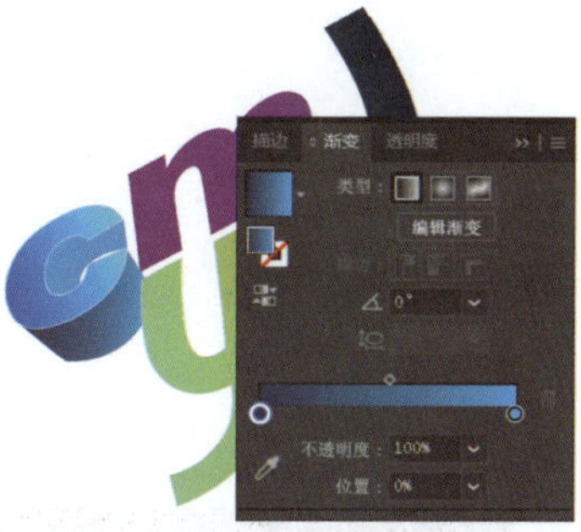

图 3-17

13 为其他字母制作立体效果

参照制作字母c立体效果的方法，制作出字母m、y、k的立体效果，如图3-18所示。

14 制作字母背景

使用“矩形工具”■绘制一个矩形，然后填充黑色，按【Ctrl+[】组合键执行“向后一层”命令，将矩形放置在字母后面，效果如图3-19所示。

图 3-18

图 3-19

15 为字母k制作纹理

选择“直线段工具”◪，拖动鼠标在字母k上绘制一条直线并填充一个深色的描边，效果如图3-20所示。

16 为直线制作发光效果

选择直线，选择“效果”→“风格化”→“外发光”菜单命令，在打开的“外发光”对话框中设置颜色模式为“滤色”、颜色值为（R:83、G:124、B:173）、不透明度为100%、模糊值为0.35mm，然后单击“确定”按钮，效果如图3-21所示。

图 3-20

图 3-21

隙的均衡来决定，也就是要对笔画中的空间进行均衡的分配，才能产生字体的统一感。文字有简繁，笔画有多少，但均需注意一组字字距空间的大小在视觉上的统一，不能以绝对空间相等来处理。笔画少的字内部空间大，在设计时要适当缩小，才能与笔画多的字达到统一。空间的统一是保持字体紧凑、有力、形态美观的重要因素。

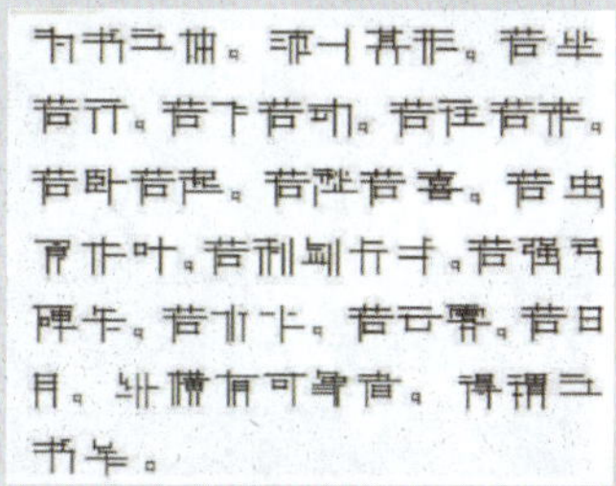

空间统一

行业知识

汉字发展史

中华民族是一个伟大的民族，中华文明也是最独特的文明。“汉字”是世界上唯一的从古代一直演变过来的没有间断过的文字形式。大约公元前14世纪，殷商后期的“甲骨文”被认为是“汉字”的第一种形式。今天，各种字体纷纷诞生，如综艺体、整块体、浮云体、变体等，这是祖国文化繁荣的具体表现，也是汉字发展的必然结果。

1. 殷商时期

汉字的产生是有据可查的，在公元前14世纪的殷商后期，形成了初步的定型文字，即甲骨文。甲骨文既是象形字又是表音字，现在的汉字中仍有一些和图画一样的象形文字，十分生动。

甲骨文

17 复制并旋转直线

按住【Alt】键拖动制作好的直线，进行复制，然后旋转，效果如图3-22所示。

18 复制并调整纹理

将制作好的纹理复制并放置在另一边，然后稍加调整，效果如图3-23所示。

图 3-22

图 3-23

19 为字母k制作边缘高光

使用“钢笔工具”沿着字母k的边缘钩形，然后填充一种亮点的颜色，效果如图3-24所示。

20 制作虚光

使用“钢笔工具”在背景上勾出一个三角形，打开“渐变”面板，设置渐变类型为“线性”、角度为-24°、左侧渐变滑块的颜色值为（R:255、G:122、B:255）、不透明度为“0%”、右侧渐变滑块的颜色值为（R:92、G:0、B:11）、不透明度为“67%”，效果及参数设置如图3-25所示。

图 3-24

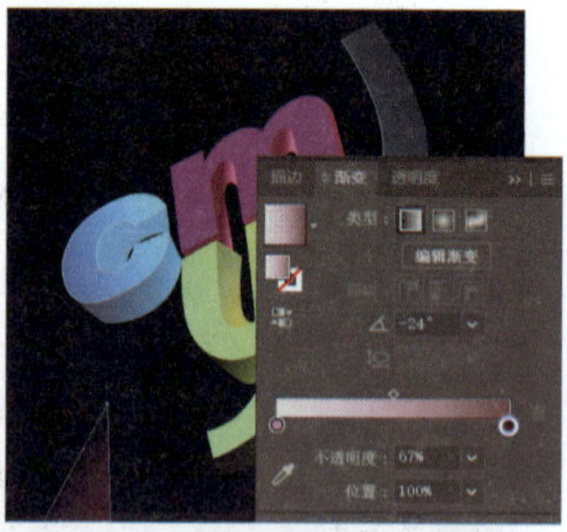

图 3-25

21 制作彩色光线

使用“矩形工具”在背景上绘制一个矩形，然后填充渐变色，效果如图3-26所示。

22 制作渐变消失的效果

使用“矩形工具”在已填充颜色的矩形上方绘制一个矩形，然后填充渐变色，效果如图3-27所示。

2. 西周时期

到了西周后期，汉字发展演变为大篆。大篆的发展结果产生了两个特点：一是线条化，早期粗细不匀的线条变得均匀、柔和了，随实物画出的线条十分简练、生动；二是规范化，文字逐渐脱离了图画的原形，奠定了方块字的基础。

大篆

3. 秦朝时期

秦朝丞相李斯对大篆进行了去繁就简，改为小篆。小篆除了把大篆的形体简化之外，还使线条化和规范化达到了完善的程度，几乎完全脱离了图画文字，成为整齐和谐、十分美观的基本上是长方形的方块字体。但是小篆也有它自己的缺点，那就是用笔书写起来很不方便，所以几乎同时产生了形体向两边撑开成为扁方形的隶书。

小篆

隶书

图 3-26

图 3-27

23 创建不透明蒙版

选中两个矩形，在“透明度”面板上单击右上角的下拉按钮，然后创建不透明蒙版，效果及“透明度”面板如图3-28所示。

24 继续制作彩色光线

使用“钢笔工具”绘制一个倾斜的矩形，并填充颜色，效果及参数设置如图3-29所示。

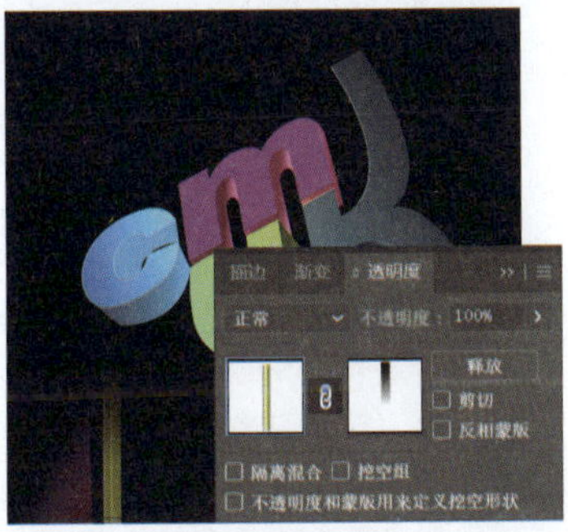
图 3-28

图 3-29

25 制作渐变的效果

参照步骤21和步骤22制作出矩形渐变效果，如图3-30所示。

26 制作其他光线

参照前面制作光线的方法制作出其他光线，效果如图3-31所示。

图 3-30

图 3-31

27 绘制矩形并制作纹理

使用“钢笔工具”绘制一个倾斜的矩形，填充单色，然

4. 汉朝至唐朝时期

至汉代，隶书发展到了成熟的阶段，汉字的易读性和书写速度都大大提高。隶书之后又演变为章草。

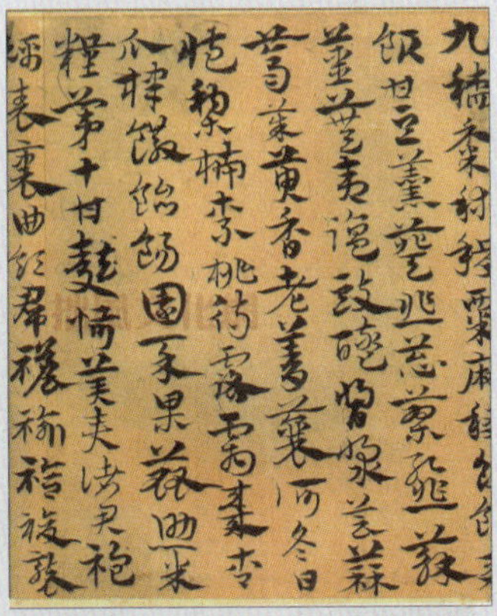
章草

而后演变成了今草。

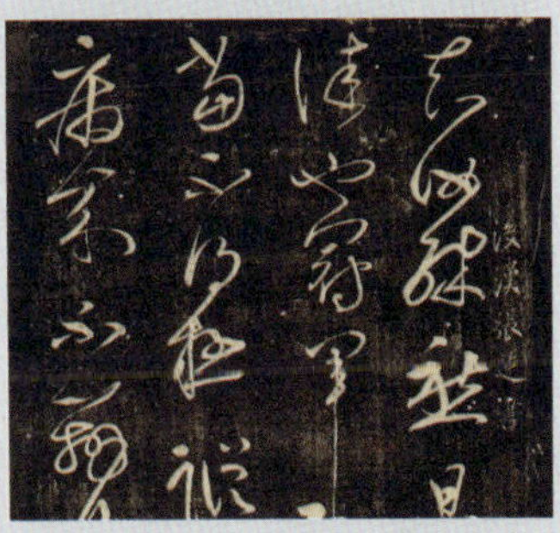
今草

至唐朝有了抒发胸臆、寄情于笔端表现的狂草。

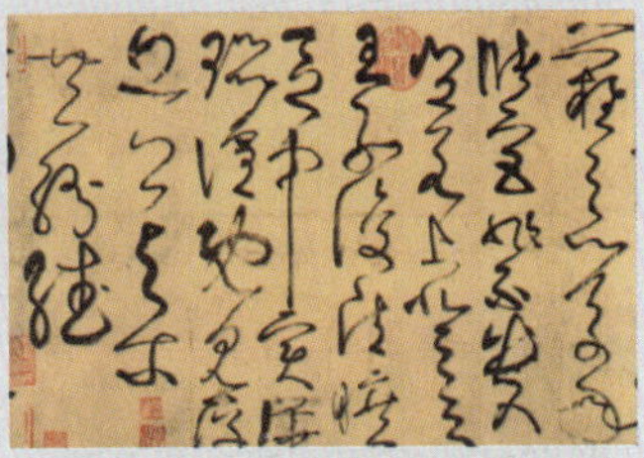
狂草

随后，融合了隶书和草书而自成一体的楷书（又称真书）在唐朝开始盛行。今天所用的印刷体，即由楷书变化而来。

介于楷书与草书之间的是行书，它书写流畅，用笔灵活，据传是汉代刘德升所制，传至今日，仍是人们日常书写所习惯使用的字体。

后选择“效果”→“纹理”→“颗粒”菜单命令，在打开的“颗粒”对话框中设置颗粒“强度”为“25”、“对比度”为“39”、“颗粒类型”为“柔和”，单击“确定”按钮，效果如图3-32所示。

28 继续制作光线

使用“钢笔工具”绘制一个尖的三角形，填充黄色，然后选择“效果”→“模糊”→“高斯模糊”菜单命令，在打开的“高斯模糊”对话框中设置模糊半径为“1.7像素”，单击“确定”按钮，效果及参数设置如图3-33所示。

图 3-32

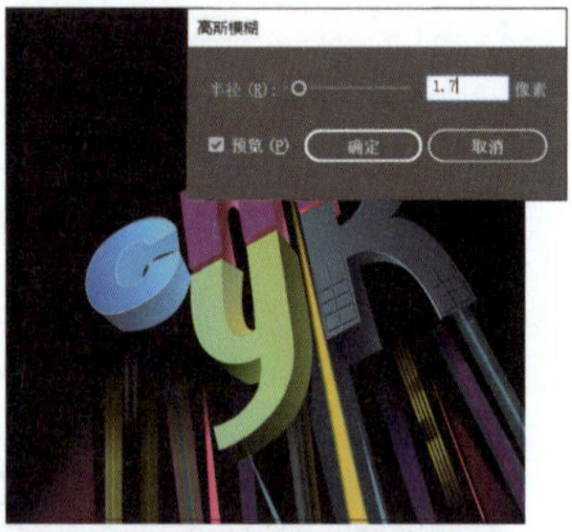

图 3-33

29 为光线制作外发光

选择模糊后的光线，选择“效果”→“风格化”→“外发光”菜单命令，在打开的“外发光”对话框中设置颜色“模式”为“滤色”、颜色为“红色”、“不透明度”为76%，“模糊”为3.88mm，然后单击“确定”按钮，效果及参数设置如图3-34所示。

30 制作字母上方的光线

将字母下方的光线复制并稍加修改，然后放置在画面上方，效果如图3-35所示。

图 3-34

图 3-35

31 绘制线条

选择“钢笔工具”，设置填充色为无、描边色为黄色，然后绘制曲线，效果如图3-36所示。

32 制作线条两边消失的效果

在曲线两边添加不透明蒙版，效果及“透明度”面板如图3-37所示。

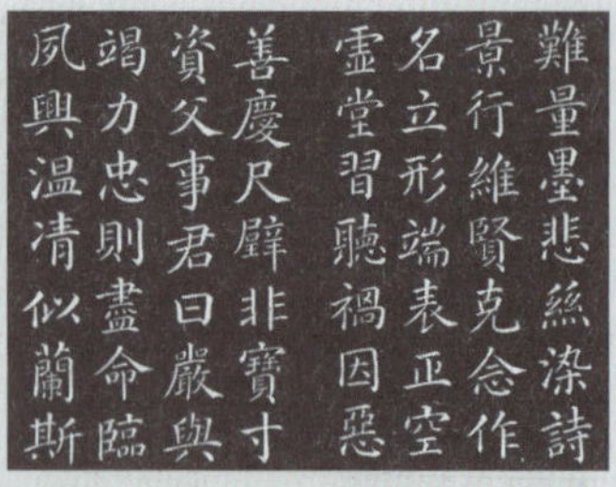

楷书

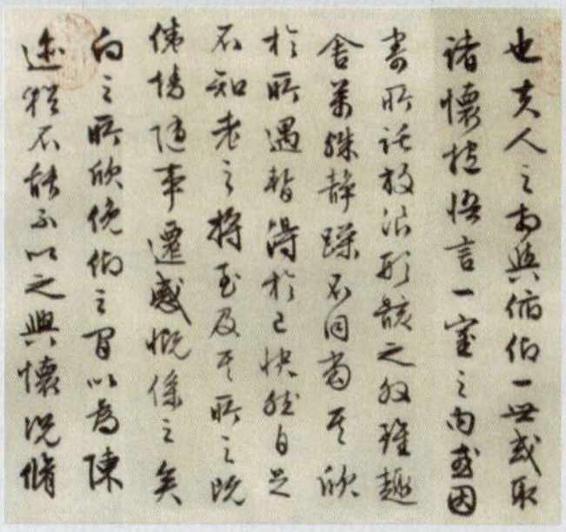

行书

5. 宋元至今

到了宋代，随着印刷术的发展，雕版印刷被广泛使用，汉字进一步完善和发展，产生了一种新型字体——宋体印刷字体。印刷术发明后，刻字用的雕刻刀对汉字的形体产生了深刻的影响，出现了一种横细竖粗、醒目易读的印刷字体，后世称为宋体。

当时所刻的字体有肥、瘦两种，肥的仿颜体、柳体，瘦的仿欧体、虞体。其中，颜体和柳体的笔顿高耸，已经略具横细竖粗的一些特征。

锄禾日当午，
汗滴禾下土。
谁知盘中餐，
粒粒皆辛苦。

宋体

到了明代隆庆、万历年间，又从宋体演变为笔画横细竖粗、字形方正的明体。当时，民间流行一种横很细而竖特别粗壮、字形扁扁的洪武体，职官的衔牌、灯笼、告示、私人的地界勒石、祠堂里的神主牌等都采用这种字体。以后，一些刻书工人在模仿洪武体刻书的过程中创造出一种非颜非欧的肤廓体。由于

图 3-36

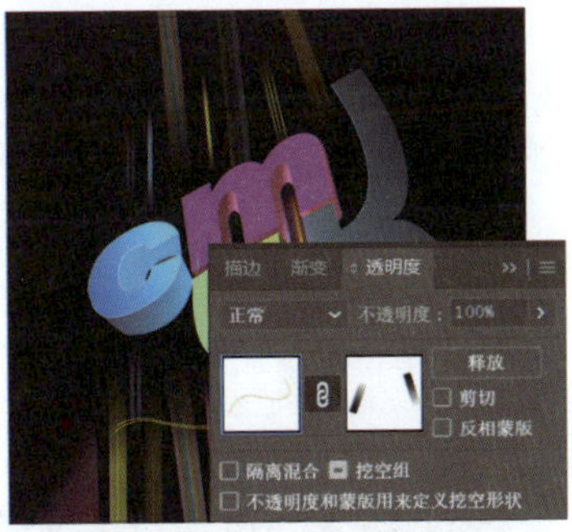

图 3-37

33 继续制作线条效果

参照前面制作的线条效果，重复制作线条效果以丰富画面，效果如图3-38所示。

34 制作点光

选择“椭圆工具”，按住【Shift】键绘制正圆，然后填充渐变色，设置描边色为红色，效果如图3-39所示。

图 3-38

图 3-39

35 为圆设置外发光

选择“效果”→“风格化”→“外发光”菜单命令，在打开的“外发光”对话框中设置颜色“模式”为“滤色”、颜色为“红色”，“不透明度”为88%、“模糊”为3.53mm，然后单击“确定”按钮，将制作好的圆缩小并放置在字母上，效果如图3-40所示。

36 继续制作点光

用同样的方法制作出不同颜色、不同大小的点光并放置在画面中的不同位置，效果如图3-41所示。

图 3-40

图 3-41

这种字体的笔形横平竖直，雕刻起来较容易，它与篆、隶、真、草四体有所不同，别具一格，读起来清新悦目，因此被广泛地使用，成为从16世纪开始到今天都非常流行的主要印刷字体，仍称宋体，也称铅字体。

在中国文字中，各历史时期所形成的字体，有着各自鲜明的艺术特征。如篆书古朴典雅；隶书静中有动，富有装饰性；草书风驰电掣、结构紧凑；楷书工整秀丽；行书易识好写，实用性强，且风格多样，个性各异。

汉字的演变从象形的图画到线条的符号，再到适应毛笔书写的壁画，其演进历史为人们进行中文字体设计提供了丰富的灵感。在文字设计中，如果能充分发挥汉字各种字体的特点及风采，运用巧妙，构思独到，定能设计出精美的作品来。

行业知识

文字设计流程

1. 设计定位

正确的设计定位是设计好字体的第一步，它来自对其相关资料的收集与分析。当准备设计某一字体时，应当先考虑字体要传递何种信息内容，给消费者以何种印象，设计定位是为了传递信息还是增加趣味或者二者兼有；在何处展示、使用，寻找适当的设计载体、合适的形态、大小和恰当的表现手段；什么是设计切入点，创造的表现方式是否正确，是否表达清楚；表现内容是严肃的还是幽默的；信息是否有先后次序；是否需要编辑等。

2. 创意草图

一旦有了主题和创意的一些想法，先用草图记录下来，考虑使用何种色彩、形态、肌理表现某个特定时期的某种风格，从而令人想起某个特殊的事件或者感受。通过这种方法，可以对创意所需要的形式进行判断。随后需要收集相关的视觉素材作为参考，以使设计更有可信度。好的摄影、设计杂志和有关的

37 制作花瓣

使用“钢笔工具”勾画出花瓣的不规则形状，然后填充渐变色，效果如图3-42所示。

38 复制花瓣

将花瓣多次复制并稍加变形，然后摆放在画面中，效果如图3-43所示。

图 3-42

图 3-43

39 调整画面并复制效果

将画面中的元素合理摆放并复制一些效果，即可得到最终效果。

书籍都是有用的素材，那种将形象进行孤立的做法只会产生平庸的作品，进行多种视觉尝试是非常有用的。放开思路，以视觉方式进行思考，不要过多地考虑细节，色彩在一开始思考时就应该考虑，而不能到最后才考虑。设计开始时可以使用记号笔、色粉笔和水粉笔等工具。

3．提炼综合

将设计中最合适的部分进行进一步修改。针对设计的每一部分逐个进行提炼和发展，以设计出最佳方案。

4．修改完成

将最后的设计方案通过设计软件进行加工，全面考虑形态、大小、粗细、色彩、纹样、肌理及整体的编排，以达到预期的效果。

拓展训练——立体水晶字设计

通过本节设计闪亮字体所学到的相关知识，按照本书配套资源中提供的素材文件制作出“立体水晶字”，最终效果如图3-44所示。

图3-44

- 技术盘点：“钢笔工具”“渐变填充”“高斯模糊”。
- 素材文件：本书配套资源中的“素材与源文件\Chapter 3\3.3\拓展训练\立体水晶字设计.eps”。

- 制作分析：

Festival

3.4 绚丽字体设计

推荐课时：2课时

难易程度：★★★★

项目创设

本案例将设计绚丽的字体。该字体设计颜色丰富，展现出很活跃的画面，最终效果如图3-45所示。

制作思路

首先利用“文字工具”输入字母，再利用“转换锚点工具”变形并填充渐变色，最后添加图案效果。

图 3-45

素材文件：本书配套资源\素材与源文件\Chapter 3\3.4\素材

案例制作步骤

01 创建文档

选择“文件”→“新建”菜单命令，在打开的“新建文档”对话框中设置“名称”为“绚丽字体设计”、画板“宽度”为210mm、“高度”为251.5mm，全部“出血”为3mm，“颜色模式”为RGB，如图3-46所示，单击“确定”按钮，新建空白文档，如图3-47所示。

微课：

绚丽字体设计（1）

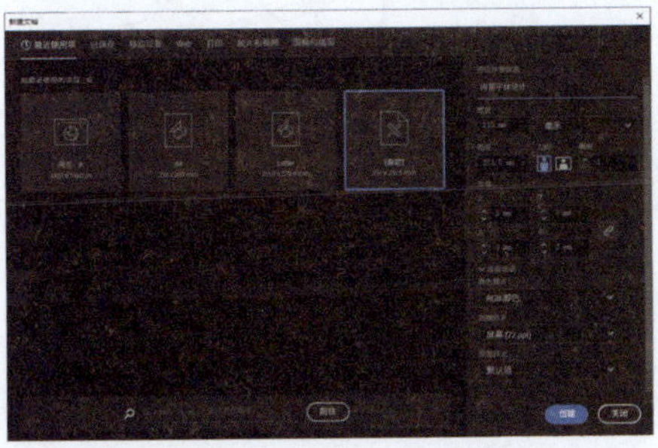

图 3-46

图 3-47

行业知识

字体的创意设计

字体设计是人类商业活动的需求，它随着时代和科学技术的进步而不断变化着，被广泛应用于社会生活的各个方面，在当今的设计领域中扮演着举足轻重的角色，并在众多媒体领域中显现出这一新时代的特点——字体效应。

1．字体创意设计之塑造笔形

笔形是文字中笔画的基本形态，在笔形的创造中要善于总结、敢于想象、富于创造。要创造出一种新型的字体，塑造笔形是首要关键。在字体构成中，变换结构是体现字体创意表现的主要手法。变换结构要基于字体现有的结构规律，通过创意性的变化和转换创造出各种新的结构。字体变换结构可以从几个方

02 绘制矩形并设置参数

选择“矩形工具”，拖动鼠标绘制与文档等大的矩形，然后选择“窗口”→“渐变”菜单命令，打开“渐变”面板，设置渐变类型为“线性”、角度为-52°、渐变滑块颜色值从左到右分别为（R:224、G:166、B:161）、（R:92、G:0、B:67）和（R:69、G:0、B:42），得到的效果及参数设置如图3-48所示。

03 绘制椭圆并填充颜色

选择“椭圆工具”，拖动鼠标绘制出两个椭圆，设置描边颜色值为（R:255、G:161、B:161），效果如图3-49所示。

图 3-48

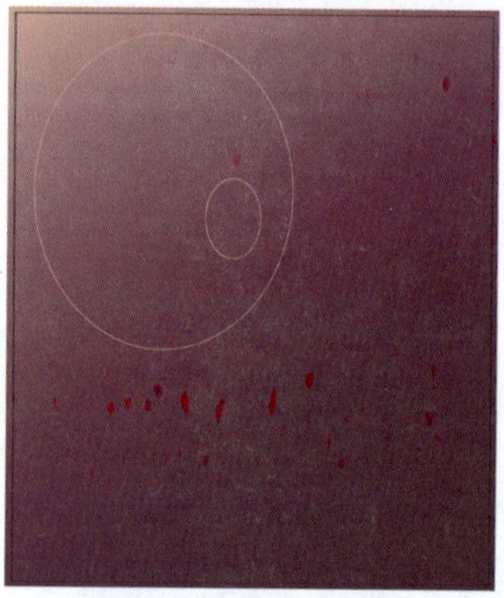
图 3-49

04 制作螺旋效果

双击“混合工具”按钮，在“混合选项”对话框中设置指定步数为20，单击“确定”按钮，然后依次在小圆和大圆单击，得到的效果如图3-50所示。

05 设置不透明度

选择“窗口”→“透明度”菜单命令，在“透明度”面板中设置“不透明度”为40%，效果及参数设置如图3-51所示。

图 3-50

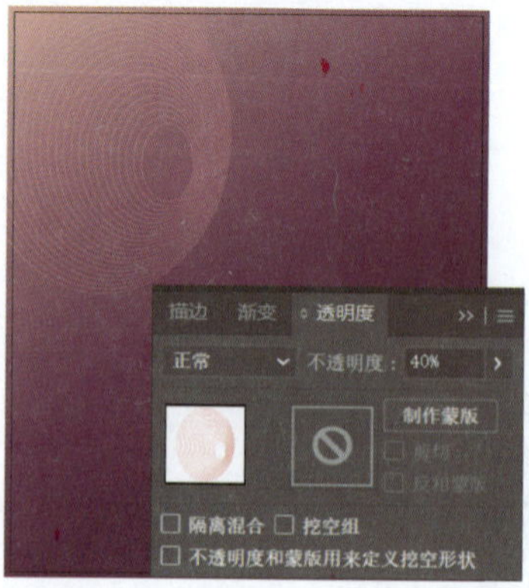

图 3-51

06 复制图案并进行调整

按住【Alt】键拖动制作好的螺旋图案，然后按住【Shift】键等比例缩小，并放置在如图3-52所示的位置。

面入手：敢于打破、善于发现、多重结构、统一表现。

笔形的塑造

2. 字体创意设计之重组笔形

字体的笔形犹如人类的语言词汇一样，有着非常丰富的构成，这种构成以鲜明的形象风格展现出种种活力。在这种现存字体的笔形中，如果任意地在两种字体中拉上一根直线，以这两种笔形为基调，经过重组，可形成另一种笔形风格的字体。

重组笔形效果

3. 字体创意设计之变换笔形

字体的笔形相对于某一规定的字体是不能改变的，宋体是以一套宋体的笔形构成的，黑体是以一套黑体的笔形构成的，但相对于创意字体，就可以根据不同创意源点进行变换，通过种种变换手法的处理，往往能带来别具一格的新型字形。变换笔形的方法有多种，如过渡变换、突变、叠加、互衬、无理旋转。

变换笔形

4. 字体创意设计之形象叠加

在人们的记忆与识别中，一种字体稍加改变，就会在感官上产生很大的差别。因此，在字体结构中充分

07 重复复制并改变颜色

使用步骤06的方法再复制一个椭圆并分别改变颜色，使其产生明暗关系，效果如图3-53所示。

图 3-52

图 3-53

08 输入字母

选择“文字工具”，在画板上输入字母“t”，效果如图3-54所示。

09 变形字母

选择字母，选择“文字”→“创建轮廓”菜单命令，然后使用“直接选择工具”移动锚点，效果如图3-55所示。

微课：
绚丽字体设计（2）

图 3-54

图 3-55

10 继续变形字母

使用“转换锚点工具”对锚点进行调整，得到的效果如图3-56所示。

11 设置并填充渐变色

调出“渐变”面板，设置渐变类型为“线性”、角度为134°、渐变滑块颜色值从左到右分别为（R:242、G:140、B:166）、（R:255、G:128、B:69）、（R:255、G:195、B:92）、（R:237、G:235、B:242）和（R:255、G:255、B:255），设置描边为无，然后填充颜色，效果及参数设置如图3-57所示。

运用形象改变原有的结构风格，能从字体构成的本质特征上形成突破性个性，其方法有形象衬叠、互依形象的转借、形象转借。以抽象的线形改变结构的局部笔画，或以简洁的喻义形象转借某一笔画，或以个性化形象衬叠某一笔画，或以某种形象与某一笔画构成互依性形象，都能通过形象叠加的不同手法塑造出新的字体结构风格。

形象叠加

5．字体创意设计之黑白区变换关系

黑白区是体现字体创意的重要因素，同时也是检验字体表现的重要因素。由字体笔画构成的实体称为黑区，与笔画相依的虚体部分称为白区，黑白区的分界主要体现在笔画与虚体非笔画间的交界处。只要将这种分界线稍进行移动，就会形成截然不同的字体创意风格。黑白区的变换，虽是相对于字体笔形和粗细间的变化，如扩大、缩小白区的面积，但这种变化会给字体带来截然不同的感觉。在具体变化中，通常依据黑白区面积界定，从黑、白两个大的领域着手，都将从不同方面表现出字体的新颖个性。

黑白关系

6．字体创意设计之突破字体外形

字体的外形经长期演变，伴随着人类文化发展到一定程度后，规范的字体外形便显得比较呆板，突破过于呆板的字体外形，必然成为现代众多媒介中表现的主导方向之一。突破字体外形是有意识地跳出原有

图 3-56

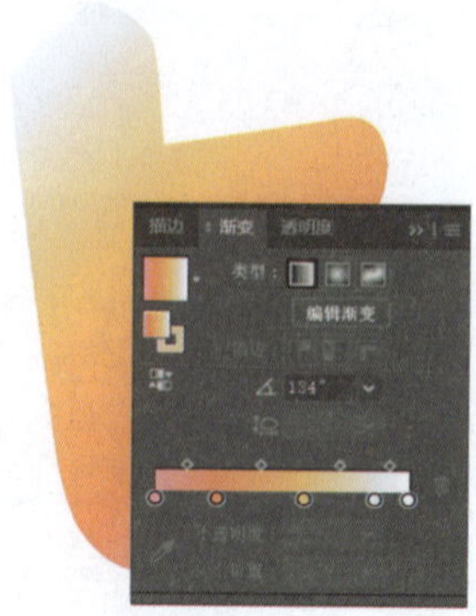

图 3-57

12 绘制形状

选择“钢笔工具”，沿着变形后的字母侧面钩形，效果如图3-58所示。

13 调整曲线

选择“转换锚点工具”，对绘制的形状进行调整，效果如图3-59所示。

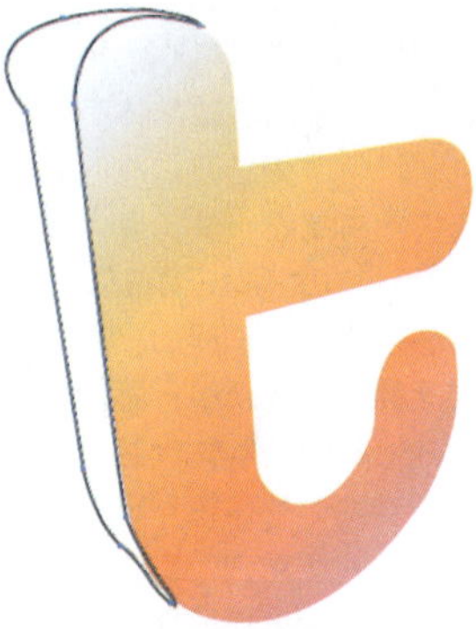

图 3-58

图 3-59

14 设置并填充渐变色

调出“渐变”面板，设置渐变类型为“线性”，角度为90°，然后填充，效果及参数设置如图3-60所示。

15 继续制作立体效果

使用“钢笔工具”绘制出字母其他地方的形状并填充颜色，效果如图3-61所示。

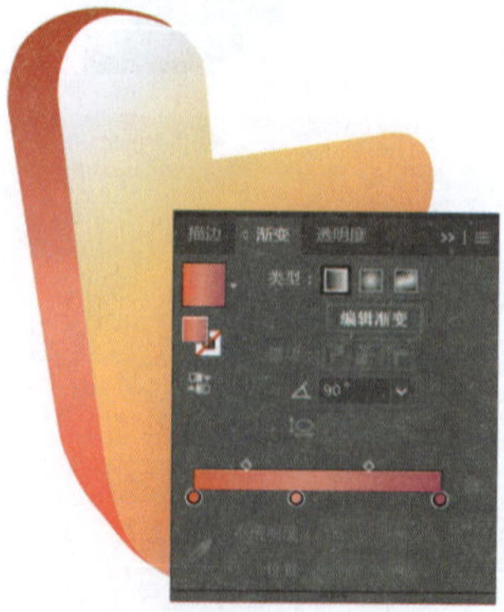

图 3-60

16 调整位置

选择制作好的字母，按【Ctrl+G】组合键编组并放置在画板的左上方，效果如图3-62所示。

框架的限定，多从灵活多变的角度变化字体的整体形象，使字体总体形象的风格展现出不同的活力和视觉冲击力。

变换笔形

7．字体创意设计之结构的再设计

随着社会各项综合因素的发展，人们会要求各种视觉传媒形式的个性化发展，因此字体结构必须顺应时代的要求，在结构的构成法则上有所创建。结构的再设计，是指打破原有字体结构规范，根据视觉形象的新型审美观，将某些偏旁部首突破原有结构的构成规律，在原有的结构编排上开创出新型的结构。

中国美術學院 China Academy of Art

故宫博物院 THE PALACE MUSEUM

CHENGDU 2021

结构再设计

工具详解

符号的应用

“符号”面板及符号库中都存储了很多的符号，如果只是存储在软件系统中，则对于用户来说是没有任何意义的，只有将其调出来并使用才能体现其自身的价值。在菜单栏

图 3-61

图 3-62

17 输入字母

选择“文字工具”T，在画板上输入字母y，效果如图3-63所示。

18 变形字母

选择字母，选择“文字”→“创建轮廓”菜单命令，然后使用“直接选择工具”和“转换锚点工具”对字母变形，效果如图3-64所示。

微课：
绚丽字体设计（3）

图 3-63

图 3-64

19 设置并填充渐变色

调出“渐变”面板，设置渐变类型为“线性”，角度为“30°”，效果及参数设置如图3-65所示。

20 制作立体效果

使用“钢笔工具”沿着变形后的字母内侧钩形，然后填充渐变色，效果及参数设置如图3-66所示。

图 3-65

21 继续制作立体效果

使用“钢笔工具”沿着变形后的字母底部钩形，然后填充渐变色，效果及参数设置如图3-67所示。

中选择“窗口”→“符号”菜单命令，即打开“符号”面板，如果该面板中没有很多图案供选择，那么单击其中的“符号菜单库”按钮，可以选择各种类型的符号。

1. 置入符号

①选择工具箱中的“符号喷枪工具”，将要置入的符号库打开并选择符号，即可将符号置入。

②选择工具箱中的“选择工具”，然后将要置入的符号直接拖到画板中。

2. 编辑符号

①选择置入画板的符号，然后在“符号”面板上单击“断开符号链接”按钮，即可对符号进行填充颜色或变形。

②双击置入画板的符号，然后对其进行编辑。

除了软件系统自身存储的符号外，用户还可以根据自己的喜好创建一些新的符号并加以保存，如自己绘制的一些图片，都可以将其创建为符号。

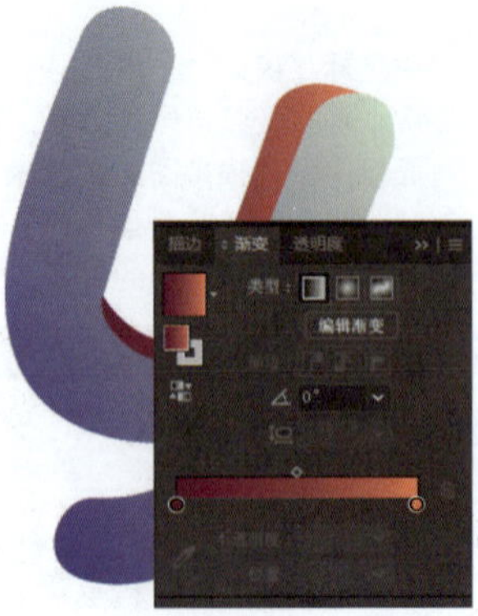

图 3-66

图 3-67

22 调整位置

使用“钢笔工具”沿着变形后的字母左侧钩形，然后填充颜色。选择制作好的字母，按【Ctrl+G】组合键编组，然后放置在画板中，按【Ctrl+[】组合键，将编组的字母放置在字母t后面，效果如图3-68所示。

23 制作其他字母

参照前面的方法制作字母e和字母p的立体效果，如图3-69所示。

图 3-68

图 3-69

24 制作字母上的纹理效果

使用“椭圆工具”在字母t的侧面绘制一个椭圆形，并填充颜色值为（R:234，G:201，B:152），效果如图3-70所示。

微课：
绚丽字体设计（4）

图 3-70

25 制作模糊效果

选择绘制的椭圆，选择“效果”→“模糊”→“径向模糊”菜单命令，在打开的“径向模糊”对话框中设置“数量”为“95”、“模糊方法”为“缩放”、“品质”为“好”，然后单击“确定”按钮，效果及参数设置如图3-71所示。

工具详解

“混合工具”的使用

如果要利用AI（人工智能）来创造一些有丰富细节的图形，那么“混合工具”是一个很重要的工具。不同于“网格渐变工具”，“混合工具”是实时地对物体的形状、位置、色彩进行融合。注意，“混合工具”会占用大量内存。

1. “混合工具”的相关操作

- “混合工具”的快捷键为【W】。
- 创建：为选择的路径或形状创建混合的组合键为【Alt+Ctrl+B】。
- 释放混合：取消混合的创建。
- 展开：将混合效果转换成路径。
- 替换路径：用新路径代替原路径，创建新的混合效果。
- 反转路径：反转混合方向。
- 前后反转：生成混合效果的两个形状的前后顺序调换。

2. 间距选项的使用

- 平滑颜色：“混合工具”会自动计算，使两个形状平滑过渡。

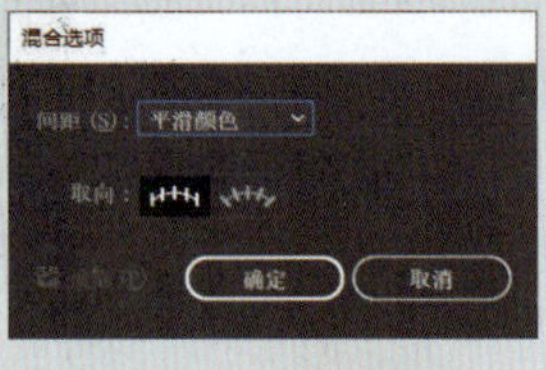

- 指定步数：用户可以指定两个形状创建混合效果需要的步数。

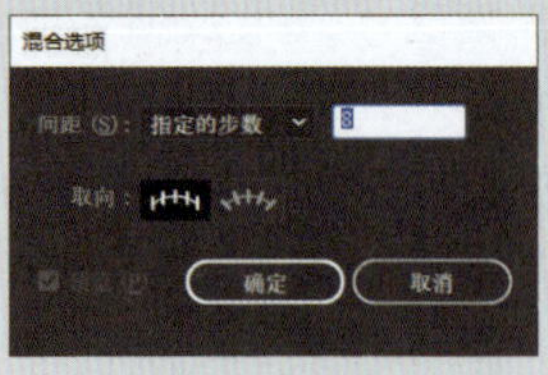

26 复制图形并进行调整

选择制作好的模糊效果，按住【Alt】键进行复制并放置在字母的拐角处，然后使用“直接选择工具”▶和“转换锚点工具”N对其变形，效果如图3-72所示。

图 3-71

图 3-72

27 继续制作模糊效果

使用“椭圆工具”●在字母t的侧面绘制一个椭圆形，设置填充颜色值为（R:149、G:9、B:85），然后使用“直接选择工具”▶和“转换锚点工具”N对其变形，放置在字母上，效果如图3-73所示。

28 将制作的模糊效果应用于其他字母

将前面制作的模糊效果分别复制并放置在字母上，然后使用“直接选择工具”▶和“转换锚点工具”N对其变形，效果如图3-74所示。

图 3-73

图 3-74

29 添加图案

选择“窗口”→“符号”菜单命令，打开“符号”面板，单击“符号库菜单”按钮，选择“绚丽矢量包”选项，然后在“绚丽矢量包”面板中将“绚丽矢量包 03”拖到画板中并旋转90°，最后放置在字母上，效果及“绚丽矢量包”面板如图3-75所示。

微课：
绚丽字体设计（5）

30 编辑图案

双击添加的图案，然后对其填充渐变色，效果及渐变参数设置如图3-76所示。

- 指定距离：用户可以指定由“混合工具”生成的形状之间间隔的距离。

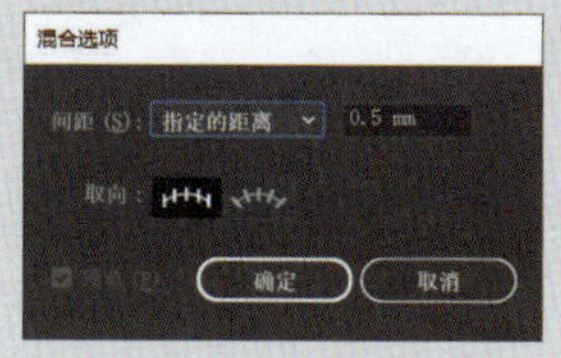

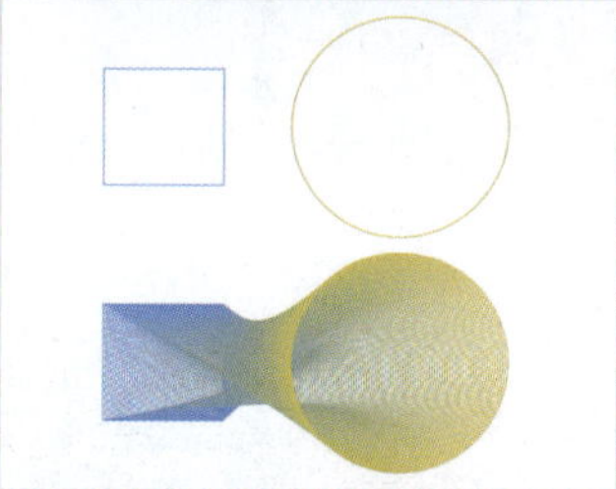

3. 混合效果

- 为开放路径创建混合效果。

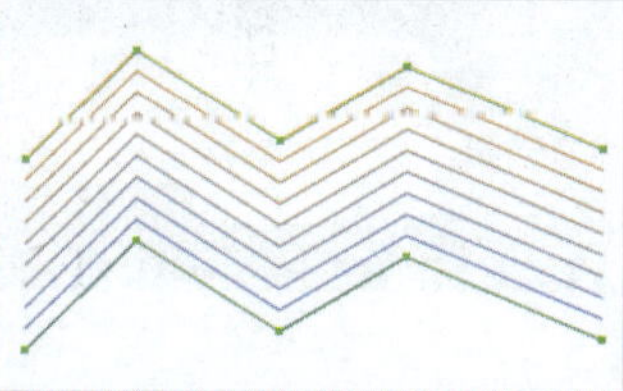

- 为闭合路径创建混合效果。

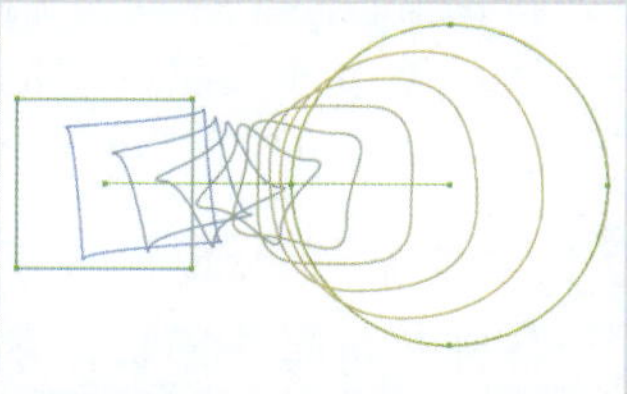

- 为已经混合的形状之间创建混合效果。

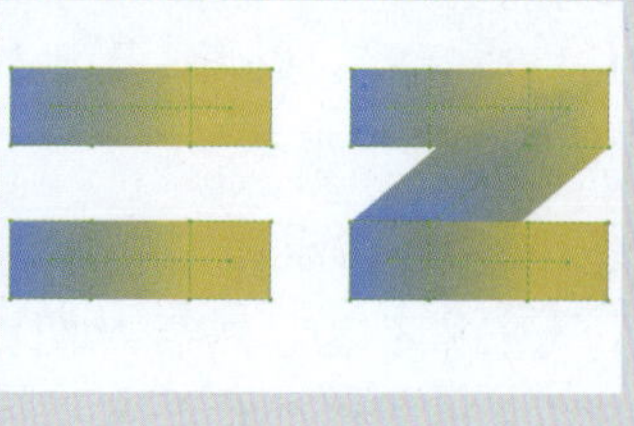

1
2
3
4
5
6
7
8
9
10

图 3-75

图 3-76

31 继续添加图案

打开“符号”面板，单击“符号库菜单”按钮，选择“花朵”选项，在“花朵”面板上将“德国鸢尾”拖到画板中，效果及“花朵”面板如图3-77所示。

32 编辑图案

双击图案，然后对图案填充渐变色，效果及渐变参数设置如图3-78所示。

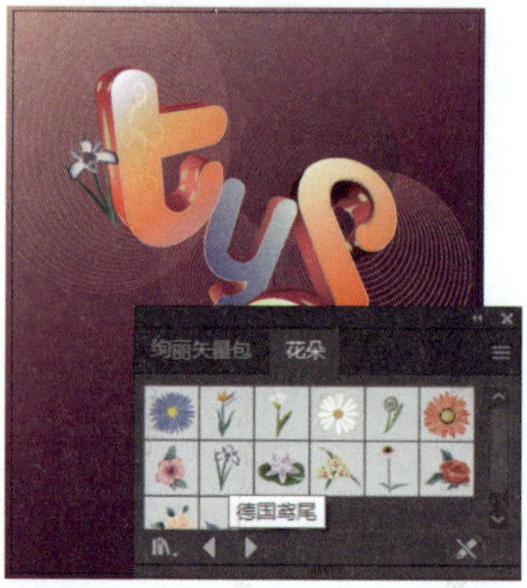

图 3-77

图 3-78

33 复制图案

将编辑好的图案复制几个，然后缩小并调整图层的上下关系，效果如图3-79所示。

图 3-79

34 继续添加图案

打开“符号”面板，单击“符号库菜单”按钮，选择“绚丽矢量包”选项，然后在“绚丽矢量包”面板中将“绚丽矢量包08”拖到画板中，效果如图3-80所示。

35 编辑图案

双击图案，然后对图案填充颜色值为（R:255、G:231、B:207）的颜色，设置描边为白色，效果如图3-81所示。

4.“混合工具”的操作方法

选择“混合工具”，单击两个或多个形状的不同地方，会创建不同的混合效果。用“混合工具”单击形状的中间部分和形状的角落，创建的效果会有显著不同。

设计师经验

字体设计心得

在开始设计锐线体的时候是感性的，像画油画那样。设计锐线体时会出现很多问题，如有的字倒了、有的字大了，这说明字体设计应该是非常理性的。人们可在感性的思考中拼凑一些规则，甚至可以从一些比较完美的书法字或宋体、黑体中看到，一些诗意般的中文词汇其实是一些完美的函数、有规律的数字。

下面总结一些规则。

1. 关于视觉的问题

在设计字体时，有些字体的长度跟宽度是一样的，但还是觉得有些字大小不一样。

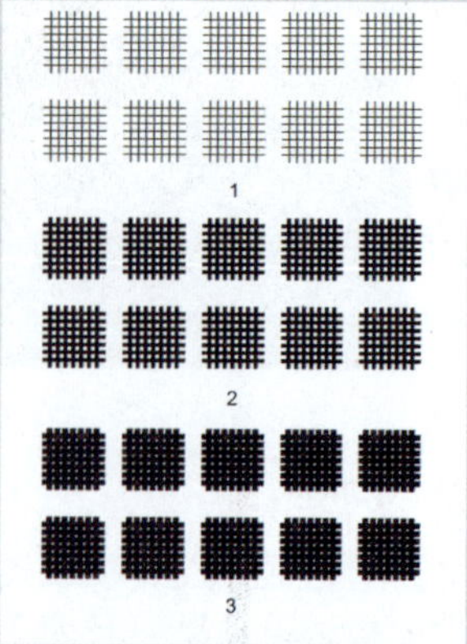

从图中可以看出，图1中是线，图2中的白点很明显，图3是一块黑的东西，所以磅数要设计的就是人们感觉到的这些白点。

再看下图，其实人们平时看这个时，就是把字缩得很小。图中举例的是一些典型的字。

图 3-80

图 3-81

36 为字母添加图案

打开“符号”面板，单击“符号库菜单”按钮，选择“绚丽矢量包”选项，然后在“绚丽矢量包”面板中将“绚丽矢量包13”拖到画板中并旋转，最后放置在字母上，效果如图3-82所示。

37 为图案填充渐变色

双击图案，然后对图案填充渐变色，效果及渐变参数设置如图3-83所示。

图 3-82

图 3-83

38 添加更多的图案

参照前面添加图案的方法，添加更多的图案并调整图层顺序，效果如图3-84所示。

39 添加投影

选择字母t，按【Ctrl+Shift+G】组合键执行“解组”命令，然后将字母t的正面复制一个并置于字母下方，填充黑色，效果如图3-85所示。

图 3-84

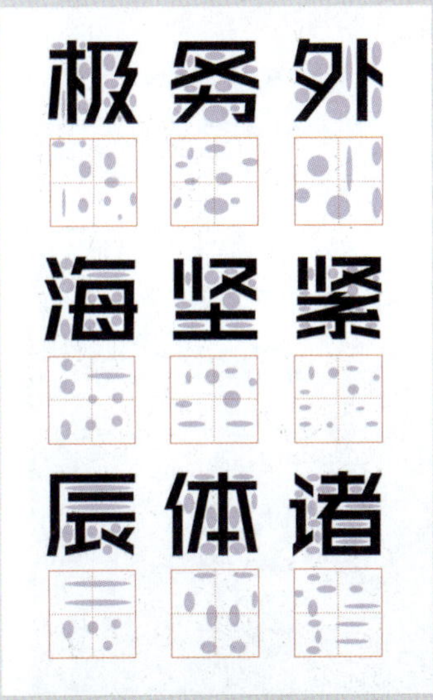

接着看下图，也不是所有的字都这样做，因为会抹杀汉字的规则，如重心、结构问题。如果遇到复杂、左右为难的情况，只能用8个字形容：中庸之道，人道合一。

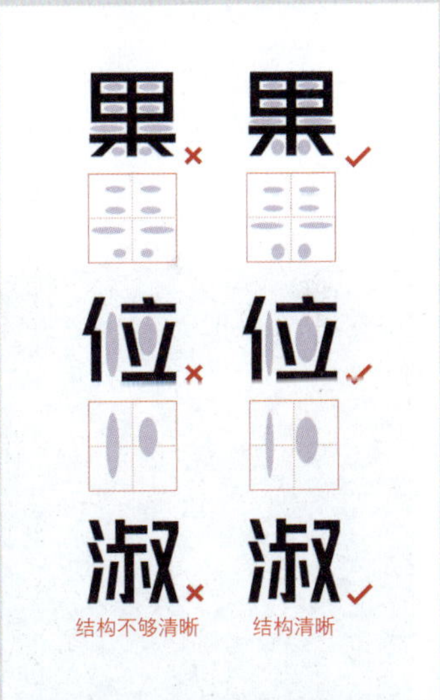

2. 关于斜线的问题

一些字看上去是东倒西歪的，这是由于斜线起了作用。那么，怎么去处理这种情况呢？很多时候都只能靠经验，甚至直觉（这里说的直觉是理性的）。建议读者多思考，多分析。这也是字体设计的重点，下面简单举几个例子。

40 制作模糊效果

选择“效果”→“模糊”→“高斯模糊”菜单命令，在打开的“高斯模糊”对话框中设置模糊半径为“20像素”，效果及参数设置如图3-86所示。

微课：
绚丽字体设计（6）

图 3-85

图 3-86

41 制作其他字母的投影

参照制作字母t投影的方法，制作其他字母的投影，效果如图3-87所示。

42 为字母e制作底纹

使用“椭圆工具”绘制椭圆并填充渐变色，然后将之前制作的螺旋纹放置在椭圆上，并设置不透明度为16%，效果如图3-88所示。

图 3-87

图 3-88

43 对整体画面进行调整

将制作好的字母底纹放置在字母下方，然后对画面进行整体调节，效果如图3-89所示。

图 3-89

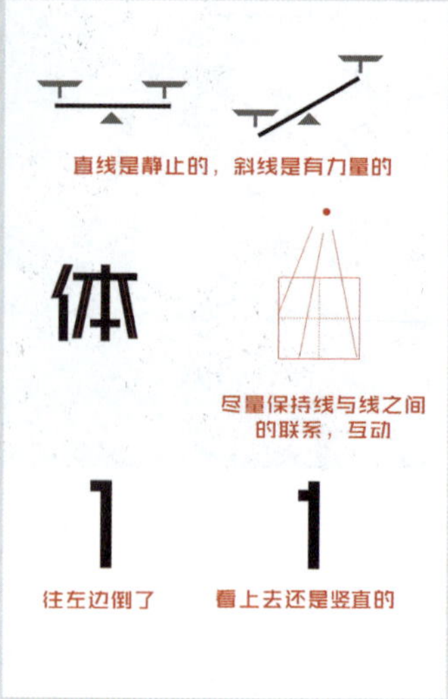

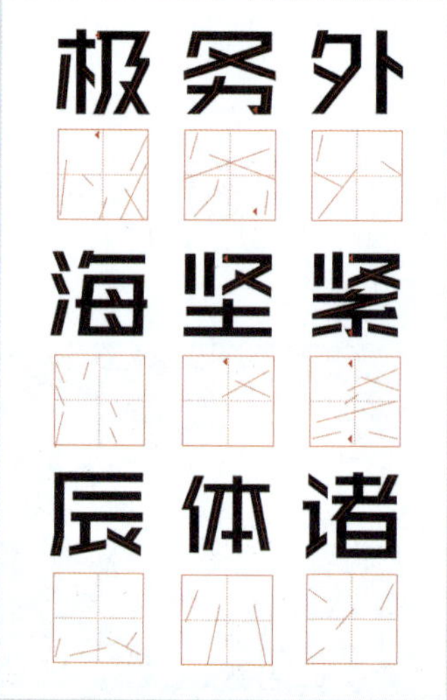

中国汉字拥有约五千年的悠久历史，字体的形成也经历了漫长的发展与演变。字体设计是平面设计的重要组成部分，也是最完美的构成方式——用最简单的元素表现最丰富的效果，同时兼具功能性及内涵。自德国包豪斯设计构成理论引入中国以来，随着活字印刷和激光照排技术的发展，中文字体经历并承担了重要的历史角色。汉字的基本笔画包括点、横、竖、撇、捺、折、勾、提8种（即永字八法），字体设计师的任务就是在此基础上生发出千变万化的形态。字体设计主要包括两部分：第一是笔形，就像人的相貌，是人与人、字与字之间最鲜明的外部特征；第二是结构，就像人的骨骼，决定字体的整体印象。有了这两部分，一款字体的特征就很鲜明。同时，两者可

44 制作水流元素

使用“钢笔工具”勾画出水流的形状并填充颜色，然后复制一个螺旋纹并放置在下方，得到最终效果。

以相互发生作用。将同一套笔形纳入不同的结构，可以生成另一款不同风格的字体；反之，在同一结构中套入不同的笔形，也会得到另一款字体。作为字体的相貌，笔形具有更高的辨识度，往往更为重要。

拓展训练——时尚潮流字体设计

利用本节介绍的制作绚丽字体的相关知识，按照本书配套资源中提供的素材文件制作“时尚潮流字体”，最终效果如图3-90所示。

图3-90

- 技术盘点：“钢笔工具”“渐变填充”“高斯模糊”。
- 素材文件：本书配套资源中的“素材与源文件\Chapter 3\3.3\拓展训练\时尚潮流字体设计.eps”。

- 制作分析：

3.5 知识与技能梳理

在字体设计中，立体感能最直接地引起人的反应，吸引欣赏者的眼球。在字体设计中运用色彩时应考虑色彩的象征性，以及人的心理反应、民族欣赏习惯。

- 重要工具：“钢笔工具”“转换锚点工具”“文字工具”“渐变填充”。
- 核心技术：利用“图形绘制工具”“转换锚点工具”和“渐变填充”等进行效果的调整，从而制作出多种效果的字体。
- 实际运用：标志、名片、包装、书籍、招贴、媒体设计等。

Chapter 4

标志设计

标志作为企业形象识别系统（Corporate Identity System，CIS）战略最主要的部分，在企业形象传递过程中，是应用最广泛、出现频率最高，同时也是最关键的元素。企业强大的整体实力、完善的管理机制、优质的产品和服务，都被涵盖于标志中，并通过不断的刺激和反复刻画，深深留在受众心中。本章将详细讲解Illustrator CC 2021在标志设计中的运用方法与使用技巧。

	知识点	学习目标			
		了解	掌握	应用	重点知识
学习要求	标志的三要素	☺			
	标志设计的表现形式		☺		
	标志设计的流程		☺		
	标志设计的原则		☺		
	标志设计的发展趋势		☺		
	螺旋线工具				☺
	网格对象			☺	
	“字符”面板			☺	
	艺术展览标志设计			☺	
	咨询网标志设计			☺	
	足球比赛标志设计			☺	

能力与素质目标

4.1 标志设计的基础知识

标志不仅是实用物的设计，也是一种图形艺术的设计。标志的设计需要体现实用物的内涵与风格，并且能够表现出要传达给消费者的精神。标志是通过简约的视觉图形来传达信息的象征符号，起着指示、识别、警告的作用。标志设计与其他图形艺术表现手段既有相同之处，又有自己独特的艺术规律。由于标志对简练、概括、完美的要求十分苛刻，因此难度比其他任何图形艺术设计都要大得多。

4.1.1 标志的三要素

1. 名称

一个出色、完美的商标，除了要有优美、鲜明的图案外，还要有与众不同的、响亮动听的名称。名称不仅影响商品在市场上的流通和传播，还决定商标的整个设计过程和效果。如果商标有一个好的名称，那么就能给图案设计人员更多的有利因素和灵活性，设计者也可能发挥更大的创造性；反之，则会带来一定的困难和局限性，也会影响艺术形象的表现力。因此，确定商标的名称应遵循“顺口、动听、好记、好看”的原则，要有独创性和时代感，要富有新意和美好的联想。

2. 图案

各国名称、国旗、国徽、军旗、勋章，或与其相同或相似者，不能作为商标图案。国际、国内规定的一些专用标志，如红“十”字、民航标志、铁路路徽等，也不能作为商标图案。此外，取动物形象作为商标图案时，应注意不同民族、不同国家对各种动物的喜爱与忌讳。

3. 色彩

色彩是形态的3个基本要素（形、色、质）之一。标志常用的颜色为三原色（红、黄、蓝），这3种颜色纯度比较高，比较亮丽，容易吸引人的眼球。

4.1.2 标志设计的表现形式

为了能在最有效的空间和时间中实现所有的视觉识别功能，标志设计一般通过特示图案及特示文字的组合引导受众的兴趣，达到增强美誉、记忆等目的。表现形式的组合方式可以分为特示图案、特示文字和合成文字3种。

1. 特示图案

特示图案独特、醒目，图案本身容易被区分、记忆。通过隐喻、联想、概括、抽象等艺术方法表现被标识对象，既概括又形象。由于特示图案与被标识对象的关联性没有文字直接，因此消费者容易记忆图案本身，如果要建立与被标识对象的联系，则需要比较长的时间。这种联系一旦建立，印象往往比较深刻，对被标识体的记忆相对持久。一般对持久记忆要求高时，应设计良好的特示图案形象，如图4-1所示。

2. 特示文字

被标识体的名称或其产品名，可用一种文字形态加以统一。特示文字含义明确、直接，与被标识体的联系密切，易于被理解、认知，对所表达的理念具有说明的作用，但因为文字本身的相似性易模糊受众对标志本身的记忆，从而弱化对被标识体的长久记忆。特示文字一般作为特示图案的补充，字体应与整体风格一致，尽可能进行全新的区别性创作。也可以将文字中的某个字母变形，直接作为特示图案，如图4-2所示。

图 4-1

图 4-2

3. 合成文字

合成文字是一种表象表意的综合，是文字与图案结合的设计，兼具文字与图案的属性，但会导致相关属性的影响力相对弱化。为了不同的对象取向，制作偏图案或偏文字的标志设计，会在表达时产生较大的差异，如只对印刷字体进行简单修饰，或把文字变成一种装饰造型。合成文字如图4-3所示。

图 4-3

4.1.3 标志设计的流程

1. 调研分析

在标志设计之前，首先要对企业进行全面深入的了解，包括经营战略、市场分析，以及企业领导人员的基本意愿，这些都是标志设计开发的重要依据。对竞争对手的了解也是关键的一环，标志的识别性是建立在对竞争环境的充分掌握上。

2. 要素挖掘

要素挖掘是为设计开发工作做进一步的准备。依据对调查结果的分析，提炼出标志的结构类型、色彩取向，列出标志所要体现的精神和特点，挖掘相关的图形元素，找出标志的设计方向，使设计工作有的放矢，而不是对文字图形的无目的组合。

3. 设计开发

有了对企业的全面了解和对设计要素的充分掌握，才可以从不同的角度和方向进行设计开发工作。通过设计者对标志的理解，充分发挥想象，用不同的表现方式，将设计要素融入设计中。标志应含义深刻、特征明显、造型大气、结构稳重、色彩搭配能适合企业，避免流于俗套或大众化。不同的标志所反映的侧重或表象会有所区别，可通过讨论、分析、修改找到适合企业的标志。

4. 标志修正

在提案阶段确定的标志，可能在细节上比较粗糙，需要对标志的标准制图、大小修正、黑白应用、线条应用等不同表现形式进行修正，使标志使用更加规范。同时，标志的特点、结构在不同环境下使用时也不会丧失，能够统一、有序、规范地传播。

4.1.4 标志设计的原则

1. 构思深刻、构图简洁

在设计中，要通过巧妙的构思把设计元素以较为简洁生动、单纯凝练的形式表达出来，从而体现匠心独运、耐人寻味的效果。简洁、概括不等于简单，形简而内涵丰富是简单的升华。

2. 新颖别致、独具一格

标志应具备自身的特色，避免与其他标志雷同（雷同的商标还会引起法律纠纷），更不能模仿他人的设计。

3. 形象生动、易于识别

标志以生动的造型图形构成视觉语言，力求生动，有较强的个性，避免自然形态的简单再现。在设计时使用夸张、重复、节奏、象征、寓意和抽象的方法，才能得到易于识别、便于记忆的效果。

4.1.5 标志设计的发展趋势

关于标志设计未来的走向，每位设计者都有自己的看法。这里所介绍的发展趋势是经过长时间观察和积累的一些经验和总结。标志设计发展到近代已经相当成熟，主要体现在其艺术性、标准性、应用性等方面。下面将介绍和分析的标志冲破了某些束缚，更大胆，更前卫，更能吸引人们的视线。

1. 立体造型的表现

标志更加立体化。通过前所未有的立体造型传达更强的视觉欣赏和视觉信息。标志还可以更加细致地分为几种层次上的立体造型，如图4-4所示。

2. 材质和光泽的应用

标志摆脱了以往纯色填充的约束，具有更丰富的材质和光泽。这种设计风格还受到其他邻近设计领域风格的影响，如图4-5所示。

图 4-4

图 4-5

3. 更复杂的生动形象

标志设计的对象不再只是死板的简约造型，更具艺术性和表现性的形象层出不穷。设计素材的来源非常丰富，在某种程度上还借鉴了插画设计的风格，如图4-6所示。

图 4-6

4.2 标志设计经典案例欣赏

实践●提高

4.3 艺术展览标志设计

● 难易程度

★★★★

项目创设

本例制作的是一个艺术展览标志。该标志采用动物形象的造型来表现艺术的融合，最终效果如图4–7所示。

制作思路

首先确定标志的整体布局，然后使用“钢笔工具”“椭圆工具”绘制出标志的形状，最后使用“文字工具”输入英文字母。

图 4–7

素材文件：本书配套资源\素材与源文件\Chapter 4\4.3\素材

案例制作步骤

01 创建文档

选择“文件”→“新建”菜单命令，在打开的“新建文档”对话框中设置“名称”为“艺术展览标志”，单击“横向”按钮，其他设置保持默认，如图4-8所示。设置完成后单击“确定”按钮，创建新文档。

02 创建正圆

单击工具栏中的“椭圆工具”按钮，按住【Shift】键在文档中绘制一个填充色为无、描边为黑色的正圆，其直径为23.2mm，如图4-9所示。

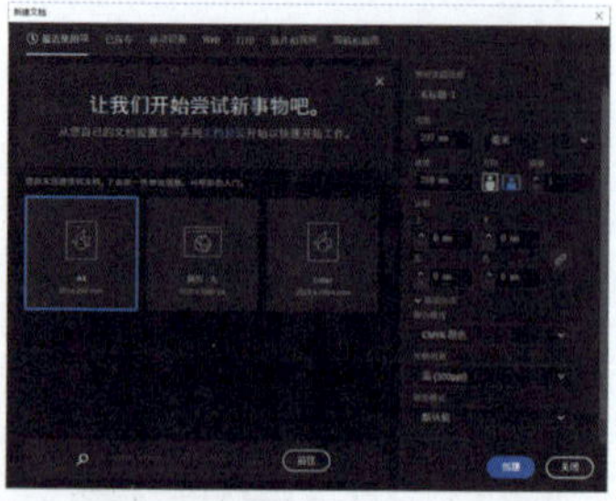

图 4–8

图 4–9

03 加粗描边

选择刚刚绘制的正圆，选择“窗口”→“描边”菜单命令，

行业知识

商标标志的起源

人类运用图形符号传达信息的时间远比用文字传达信息早，它的起源可以追溯到原始社会中部族的图腾标志及最早的手工业器皿的图形符号，可以说这是商标标志的萌芽。

我国的原始社会经历了一个漫长的时期，人们认为自然界中的一切事物，如日、月、水、土、雨、植物、动物等，都存在着灵魂，即通常所说的“万物生灵论”，这是人类最早的认识观。因此，原始部落将某一物体视为自己崇拜的对象，这种受原始部落崇拜的对象，后人称为图腾。原始部落甚至认为祖先是由图腾转世而来的，而所崇拜的这种图腾就成为神圣不可侵犯的东西，并以此来维护他们的利益和精神。这种最早的部落图腾的保护意识与后来用来保护商业信誉的标志图形的现象有着极其相似的在打开的“描边”面板中设置“粗细”为“4pt”，设置完成后的效果及参数设置如图4-10所示。

04 将轮廓转换图形

选择“对象”→“路径”→“轮廓化描边”菜单命令，将正圆轮廓转换图形对象，效果如图4-11所示。

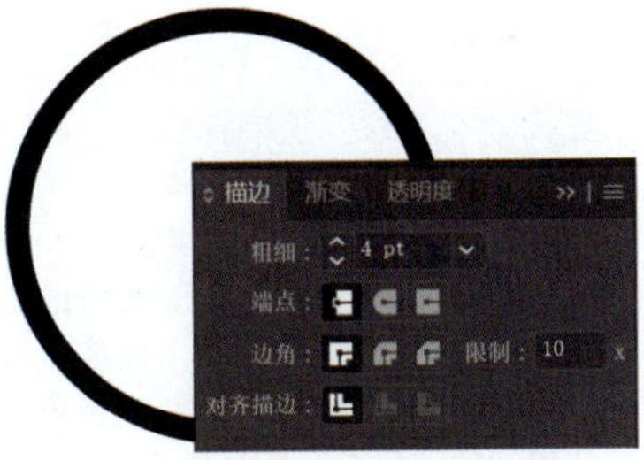

图 4-10

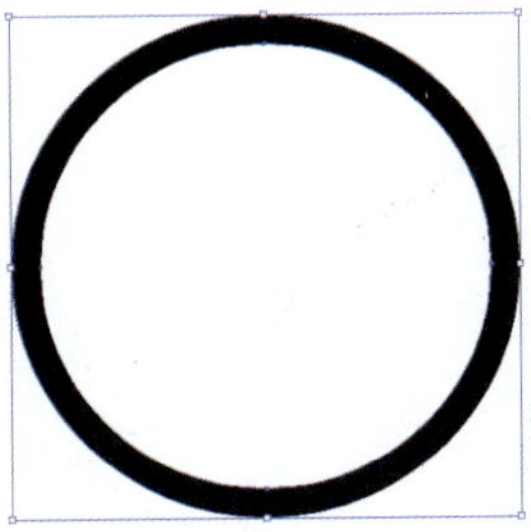

图 4-11

05 剪切图形

使用“剪刀工具”在圆的右侧剪切出一个缺口，并将缺口内的路径删除，效果如图4-12所示。

06 绘制小缺口圆并进行调整

用同样的方法制作一个小的缺口圆，并将其放在大圆内部，进行编组，效果如图4-13所示。

图 4-12

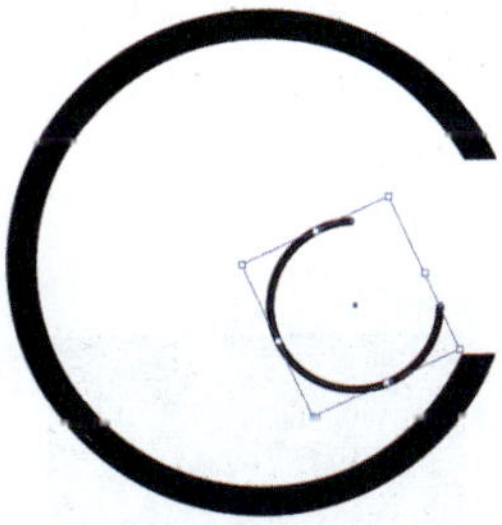

图 4-13

07 镜像并复制图形

双击“镜像工具”按钮，在打开的“镜像”对话框中设置轴为“垂直”，得到的效果及参数设置如图4-14所示。

08 绘制折线

单击“钢笔工具”按钮，在文档空白处绘制一条折线，效果如图4-15所示。

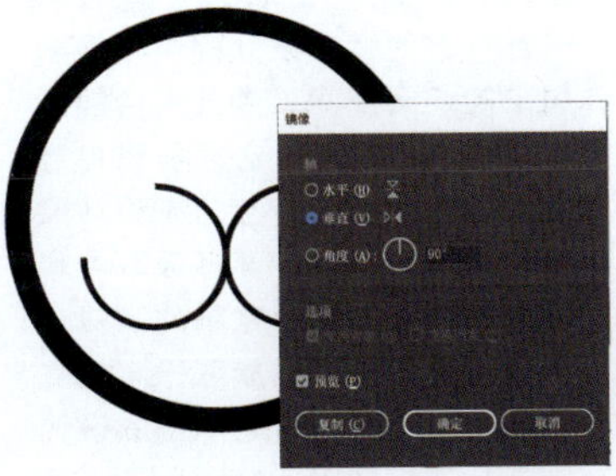

图 4-14

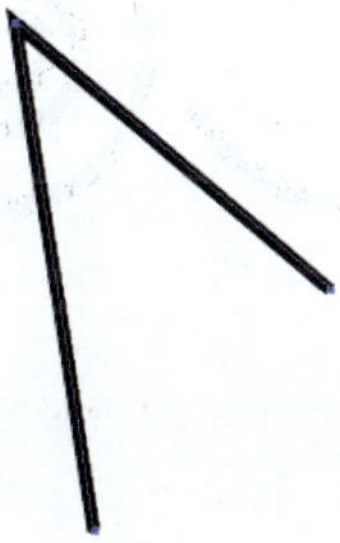

图 4-15

连带关系。

在人类的发展过程中，人们运用图形标志作为视觉符号是不可抵挡的历史潮流，从原始社会的部落图腾到青铜时期形式丰富的图形符号以至奴隶社会的象形图文等，无一不说明图形标志的重要意义。同时也反映了标志图形作为传达信息的工具所发挥的重要作用。中国早期的太极、八卦图形的美感和内涵至今仍深入民心。

我国古代最完善的商标目前陈列于“中国历史博物馆”，即宋代时期山东济南的一家“刘家老铺”的白兔商标，尤其是在包装上印有兔的图案和“兔儿为记”的文字，这种命名方式和图案在商品上的表现方法可以说明我国早期的商品保护意识和商业竞争意识开始形成，同时也是我国商标设计历史的珍贵产物。

商标真正进入以法律形式加以保护的时代，是在欧洲工业革命时期。工业革命时期的经济发展迅猛，多次发生牌名或标志雷同和被盗之类的事情，甚至引起纠纷，英国等一些欧洲国家的商业管理部门便开始考虑以法律手段制约，英国是世界上最早出现商标注册事务所的国家，而后不少工业国家陆续开始建立商标注册部门以保护经营者的权利，这就是商标注册的起源。

行业知识

汉字在标志中的运用

汉字是当今通行的最古老的文字体系，也是最讲究字形美的文字，至少经历了五千余年的演进历程，从而形成了十分简洁规范的印刷符号，用来容纳、传达较复杂的思想和信息。规范化的汉字符号通常不是“有意味的形式”，而是传播信息的工具。中国文字具有“三美”，即意美、音美、形美。现代的设计者们在设计汉字标志时，通常利用汉字的“三美”，特别是在

09 调整折线

单击“转换锚点工具”按钮，将直线转换为曲线，并对曲线的曲度进行调整，效果如图4-16所示。选择“添加锚点工具”，在曲线合适的位置添加控制点，使用“直接选择工具”和“转换锚点工具”对控制点的位置和曲线的弯曲程度进行调整，以增加变化，效果如图4-17所示。

图 4-16

图 4-17

10 镜像复制图形

选择“镜像工具”，对绘制的曲线进行水平方向的镜像复制，并使用“选择工具”将它们调整到合适的位置，这样，猫的耳朵就制作出来，效果如图4-18所示。

11 创建螺旋线

单击“螺旋线工具”按钮，在打开的“螺旋线”对话框中设置“衰减”为“85%”、“段数”为“15”，单击“确定”按钮，即可绘制一条螺旋线，参数设置如图4-19所示。

图 4-18

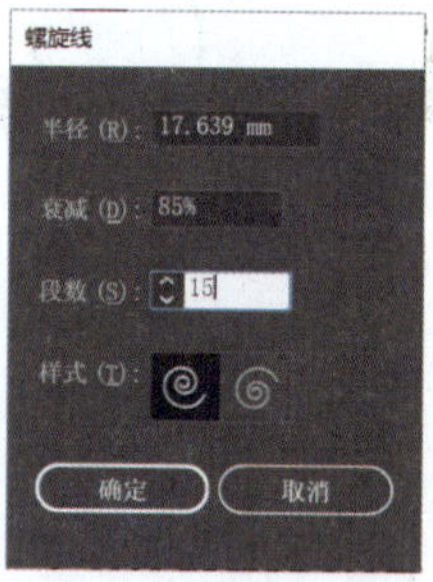

图 4-19

12 修改螺旋线

利用“选择工具”和“比例缩放工具”对螺旋线的位置、角度和大小进行调整，并在“描边”面板中设置参数，将螺旋线加宽，效果如图4-20所示。

图 4-20

13 扩展并调整螺旋线

选择“对象”→“扩展”菜单命令，在打开的“扩展”对话框中选择“填充”复选框，如图4-21所示，单击“确定”按钮，将螺旋线的描边转换为图形。使用“直接选择工具”“钢笔工

汉字的“意美”和“形美”上进行意念、美感上的视觉再创造。对“意”和“形”进行视觉上的归纳整理，便形成了新的视觉图形。汉字标志设计可分为“表意”类和“表形”类两大类。

1.“表意”汉字标志

在设计“表意”汉字标志时，在对所设计主题进行充分体会的基础上，进行深层次的字体意念和含义的挖掘，经过构思形成新的图形与字形的构成关系，在视觉信息传达设计处理上，充分利用了汉字的字意进行再创造。

“表意”汉字标志

2.“表形”汉字标志

在设计“表形”汉字标志时，强调汉字本身的视觉形体——字体的独立性，保留汉字的基本形态，并在充分体会设计主题的基础上，借鉴汉字的结构、布白、虚实、承转的规律并加以变化，使形和意高度统一、有机结合，“画龙点睛”之笔常常是苦心经营之处。

“表形”汉字标志

汉字高妙、单纯的思想，概括的字形，形象、生动的“音”和“意”，为标志设计提供了极富想象的广阔空间。今天，中国的设计要走向世界，必须要有自己的特点，在吸收借鉴外来设计风格和技术的同时，要多汲取中华民族五千年的文明之精髓。对设计者而言，中华民族五千年的文明是取之不尽、用之不竭的设计源泉。

具”“转换锚点工具”等工具，对螺旋线图形的形状进行调整，效果如图4-22所示。

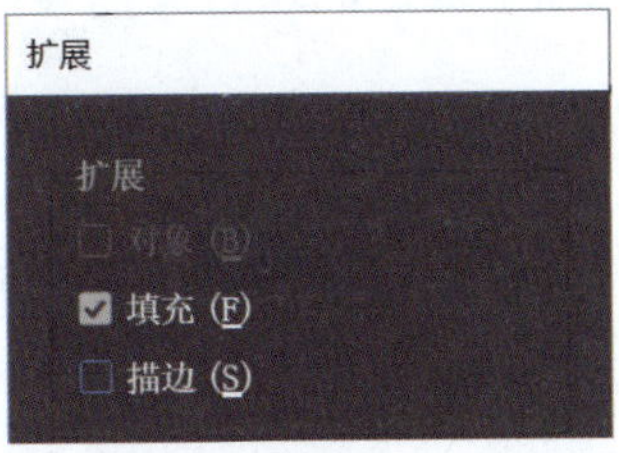

图 4-21

图 4-22

14 绘制直线并调整

使用“直线段工具”绘制直线，打开“描边”面板，设置“粗细”值为“4.4pt”，将其移动到如图4-23所示的位置。

图 4-23

15 绘制曲线

使用“钢笔工具”绘制两条曲线，设置描边“粗细”值分别为“3pt”“6pt”，效果如图4-24所示。在“描边”面板中将“平头端点”设置为“圆头端点”，使曲线端点变得更加平滑，效果如图4-25所示。

图 4-24

图 4-25

16 添加文字完成制作

单击“文字工具”按钮T，输入“（captivating artistic things）”，再输入“TM”，选择“对象”→“扩展”菜单命令，将文字和该标志中的线段打散，调整位置，从而得到最终效果。

工具详解

螺旋线工具

使用“螺旋线工具”可以通过直接拖动的方式绘制大小不同的螺旋线图形。

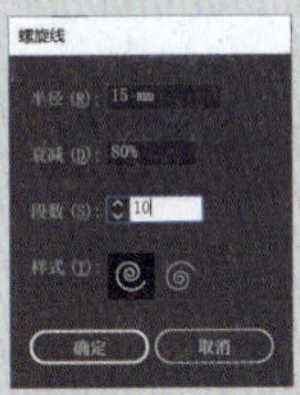

“螺旋线”对话框

- 半径：从中心到螺旋线最外点的距离可以指定具体的数值。

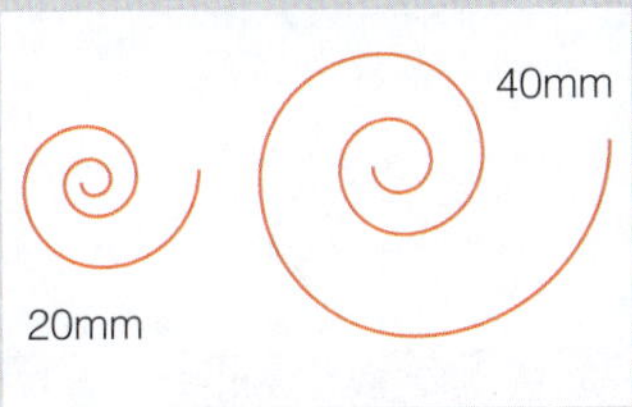

不同半径的螺旋线

- 衰减：螺旋线的每一螺旋相对于上一螺旋应减少的量。

不同衰减程度的螺旋线

- 段数：可指定螺旋线的线段数。螺旋线的每一完整螺旋由4条线段组成。

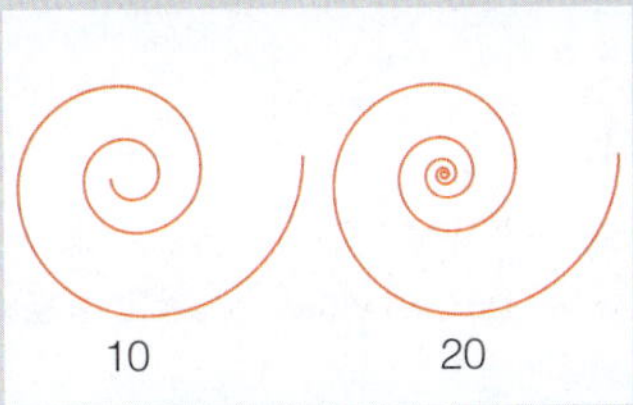

不同段数值的螺旋线

- 样式：可指定螺旋线方向。

不同样式的螺旋线

拓展训练——凤凰展览标志设计

利用本节制作的艺术展览标志设计的相关知识，按照本书配套资源中提供的素材文件制作“凤凰展览标志”，最终效果如图4-26所示。

图4-26

- 技术盘点：“贝塞尔工具”“渐变填充”“文本工具”。
- 素材文件：本书配套资源中的“素材与源文件\Chapter 4\4.3\拓展训练\凤凰展览标志设计.ai”。

- 制作分析：

实践●提高

4.4 咨询网标志设计

● 难易程度 ★★★★

项目创设

本例将制作一个咨询网标志。该标志借用指南针的形式，将其意义表现出来，最终效果如图4-27所示。

图 4-27

制作思路

首先制作出标志的外形，然后配合“椭圆工具”“钢笔工具”和“文字工具”制作出平面图效果，最后根据一定的比例倾斜放置。

素材文件：本书配套资源\素材与源文件\Chapter 4\4.4\素材

案例制作步骤

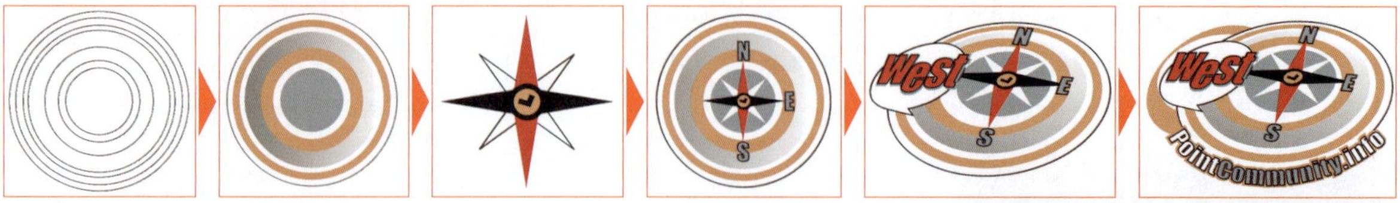

01 创建文档

按【Ctrl+N】组合键，在打开的“新建文档”对话框中设置“名称”为“咨询网标志”，单击“横向”按钮，其他设置保持默认，如图4-28所示。

> 行业知识
>
> **标志设计的构思**
>
> 一个成功的标志，首先要有好的构思，同时又要有好的形式贯穿始终。前者是内容，后者是形

02 绘制正圆

单击“椭圆工具”按钮，按住【Shift】键，并按照由小到大的顺序，依次绘制出7个正圆，如图4-29所示。

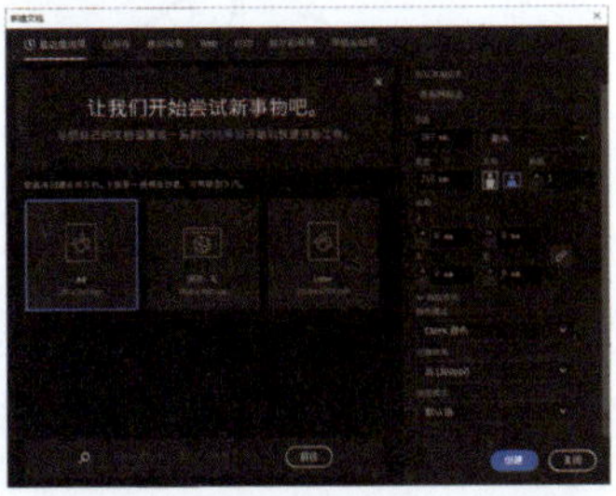

图 4-28

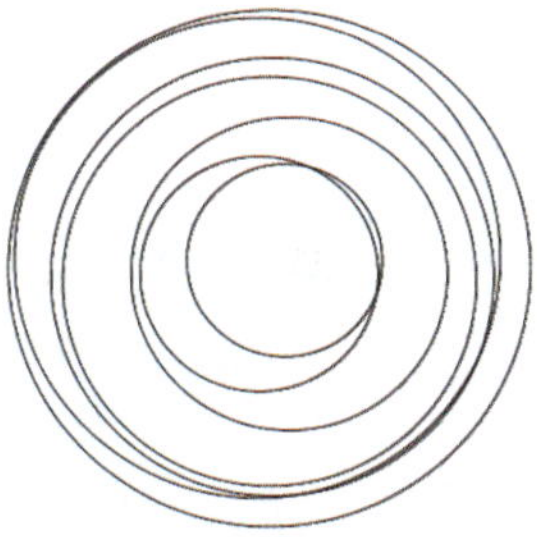
图 4-29

03 对齐对象

单击“选择工具”按钮，选中所有圆形，然后在属性栏中单击“水平居中分布”按钮和“垂直居中分布”按钮，将所有的圆形对齐，效果如图4-30所示。

04 调整大小

选择“比例缩放工具”，对圆形的大小进行调整，使它们的直径分别为45.703mm、73.359mm、91.075mm、96.882mm、103.727mm、111.724mm、121.414mm，效果如图4-31所示。

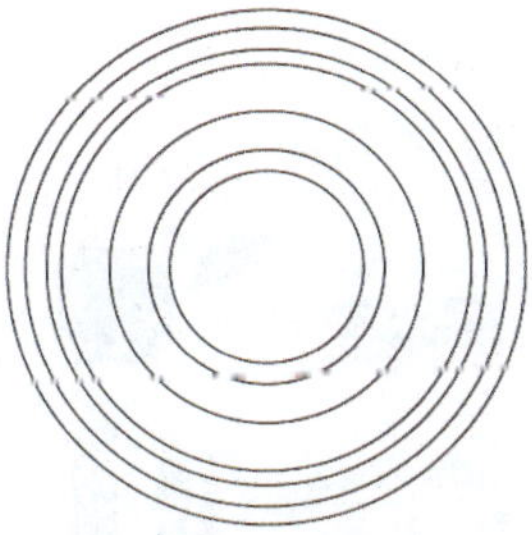
图 4-30

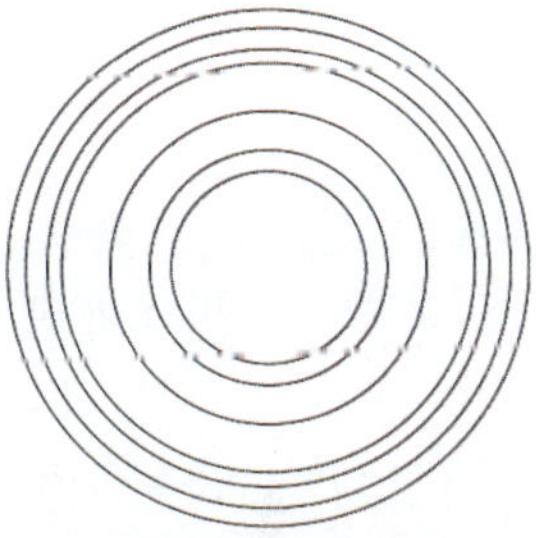
图 4-31

05 填充颜色

对7个圆形分别进行颜色填充、渐变填充和描边，效果如图4-32所示，然后将其编组。

图 4-32

06 绘制并调整正方形

单击“矩形工具”按钮，按住【Shift】键绘制一个正方形，绘制完成后双击“旋转工具”按钮，在打开的“旋转”对话框中设置“角度”为45°，单击“确定”按钮，效果如图4-33所示。

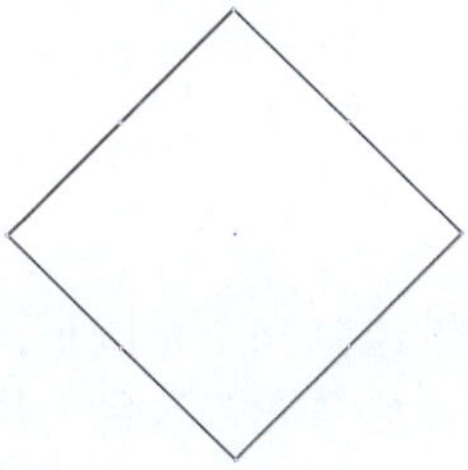
图 4-33

式，两者是否巧妙结合是作品成败的关键。设计者在构思、设计时要注意以下6个要点。

1. 象征性

要把握事物的特点、性质、用途，然后考虑用什么形象能恰如其分地进行表现，其形象和表达内涵必须有某种联系，这样才能引起联想，才能一目了然。因此比喻要确切，其变形、联想、象征都要合适。

象征性标志

2. 独创性

视觉方面明显的识别功能和不同于其他标志的独创性，也是标志设计时必须注意的方面。有的标志内涵不明显、模棱两可，易产生“歧义”“误解”。

独创性标志

3. 艺术性

即使有了确切的象征意义和强烈的独创性，如果缺乏整体的美感，标志也会失去生命力。有持久生命力的标志必然有其隽永的强烈艺术美。极强的造型能力是企业理念、理想的更高体现。

艺术性标志

4. 识别性

显著、易识别是标志最基本的特

07 调整图形

单击“直接选择工具”按钮，按住【Shift】键，将最上面的点和最下面的点选中，然后单击“比例缩放工具”按钮，对选中的点进行缩小，使正方形变为尖角四边形，效果如图4-34所示。

08 复制图形

选中尖角四边形，双击“旋转工具”按钮，在打开的对话框中设置“角度”为90°，然后单击“复制”按钮，效果如图4-35所示。

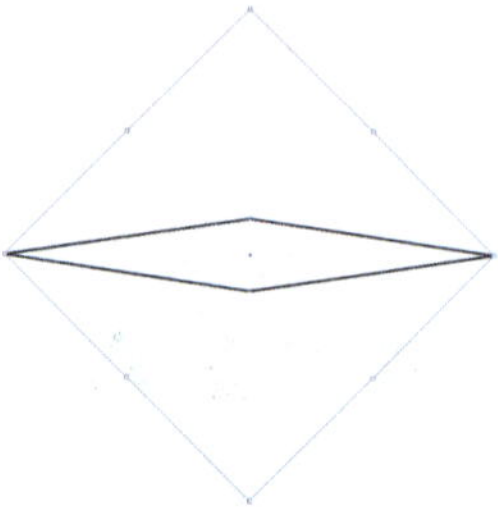

图 4-34

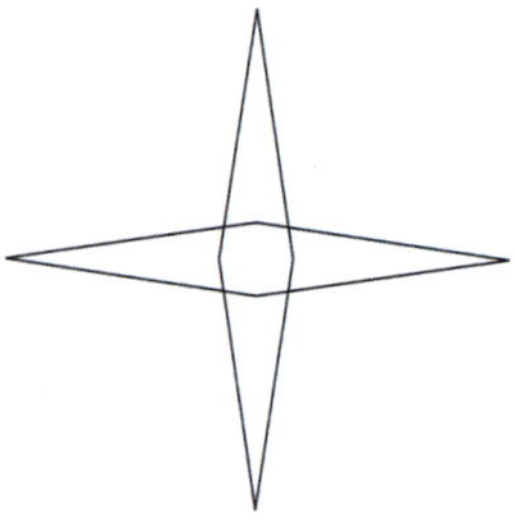

图 4-35

09 填充颜色

完成尖角四边形的复制，这样就制作出一个十字的指针，为垂直的指针填充值为（R:255、G:0、B:0）的颜色，将水平的指针填充为黑色，描边颜色设置为无，效果如图4-36所示。

10 继续复制并填充颜色

使用相同的方法再制作一个十字指针，将它们整体旋转45°，设置填充色为白色、填充描边色为黑色，并与先前制作的十字指针对齐，效果如图4-37所示。

图 4-36

图 4-37

11 调整图层顺序

利用“选择工具”选中黑色和红色的指针，选择“对象”→“排列”→“前移一层”菜单命令，将它们移到白色指针的前面，并将其编组，效果如图4-38所示。

12 绘制并调整正圆形

选择“椭圆工具”，按住【Shift】键绘制一个正圆形，填充值为（R:204、G:170、B:109）的颜色，设置填充描边色为黑色，并调整位置，效果如图4-39所示。

征。应避免标志因相互雷同、混淆而产生错觉，以致影响标志的识别。

识别性较高的标志

5. 简明性

标志应以简洁、生动、鲜明的形象来传达信息，这便于人们在很短的时间内识别出标志形象并便于记忆。

设计的简明性

6. 适应性

标志被广泛运用于各种媒体与场所，因此必须适用于多个领域。

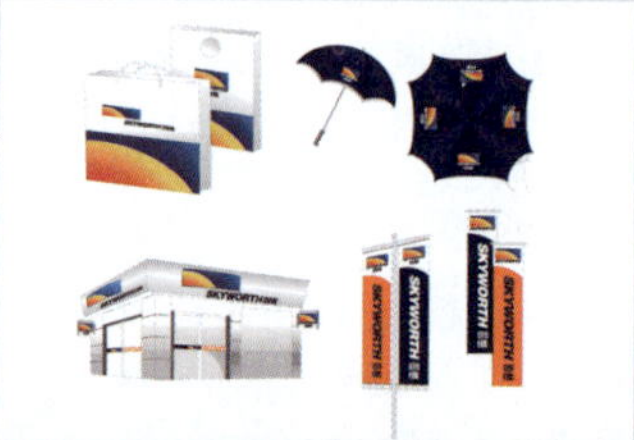

标志的适应性

构思是一个复杂的问题，综合创造不是简单的视觉感觉，而是含蓄的表达，是量变到质变的过程。创意靠联想，联想靠积累，积累靠生活，即设计者要有基本功、生活经验、艺术品位、综合修养。

行业知识

标志设计的形意技法

标志是特殊的语言形式，有其自身的艺术表现规律。“标”字的基本含义是标记和记号，“志”字的基本含义是不忘和牢记。这里介绍几种常用的技法。

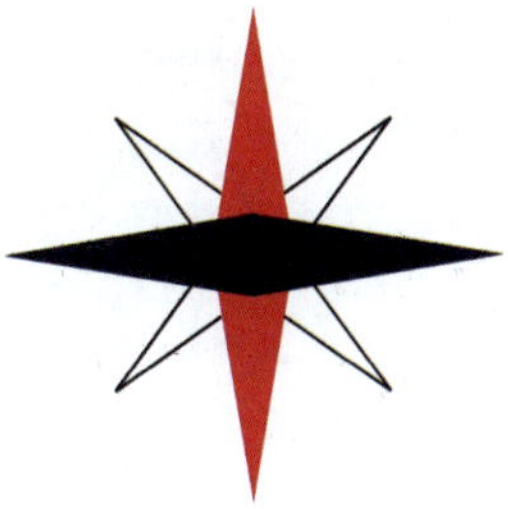

图 4-38

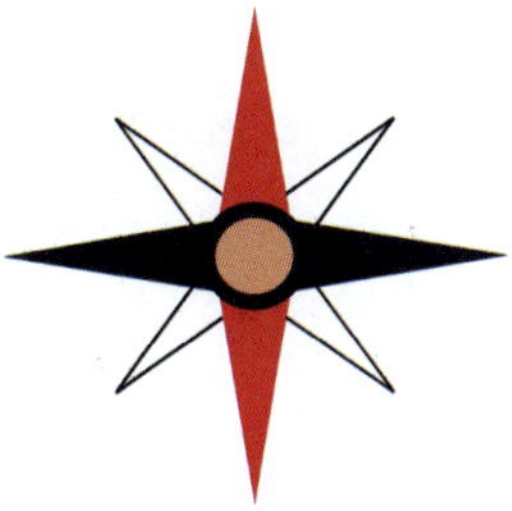

图 4-39

13 绘制并调整直线

在圆形内部使用工具箱中的“直线段工具”绘制两条直线，调整位置并编组，效果如图4-40所示。

14 制作标志的外轮廓线

选中所有图形，然后在属性栏中单击“水平居中分布”按钮和“垂直居中分布”按钮，将所有的图形对齐，再将白色指针的黑边颜色设置为无，效果如图4-41所示。

图 4-40

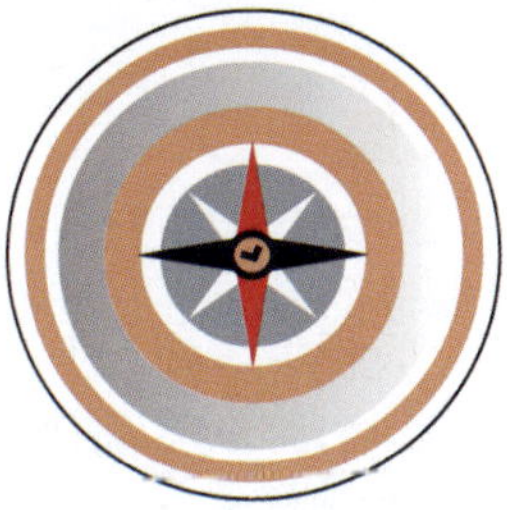

图 4-41

15 添加文字

单击“文字工具”按钮，在指针的顶点处分别输入“N”“E”“S”，文字要相对高大、简洁、硬朗一些，这里使用Impact字体，并使用“选择工具”对其进行垂直方向的拉伸，使它们看起来更苗条。文字的填充色为灰色，其颜色值为（R:143、G:143、B:143），设置描边色为黑色，并调整位置，效果如图4-42所示。

16 设置倾斜效果

选中文档中的所有对象，在工具栏中单击“倾斜工具”按钮，使所有图形产生水平和垂直两个方向的倾斜，效果如图4-43所示。

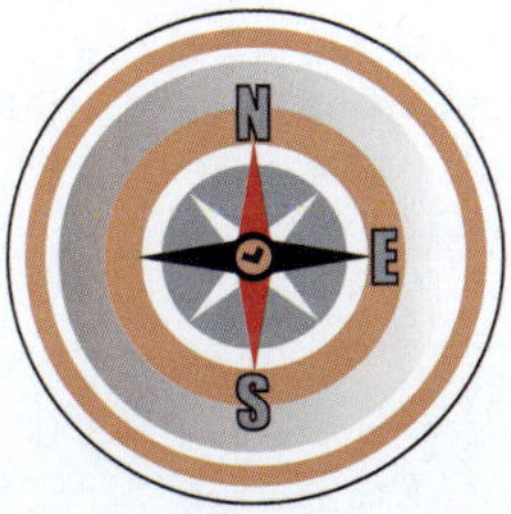

图 4-42

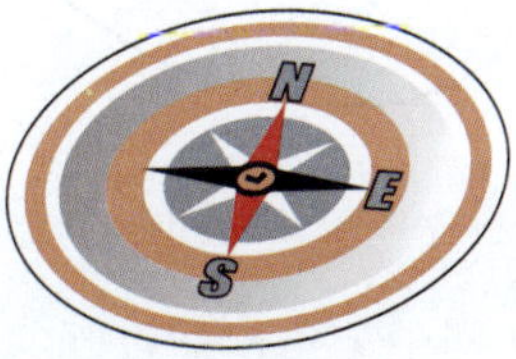

图 4-43

1. 一形多意

一形多意指一个形态表达多种含义。具体而言，是将相对完整、独立的图形通过组合排列后产生多种意义。

一形多意标志

2. 一形一意

一形一意标志常用于公共信息符号，如交通、家电标志及生产安全标志等。图形简练、清晰、醒目，在时间短、距离远的条件下能清楚识别。这类标志可为社会生活带来便利，有世界通用语言之功效。

一形一意标志

3. 多形多意

多形多意是指由多个单一形象通过组合形成多个概念。

多形多意标志

4. 多形一意

多形一意指将多形集中，加深表现内涵，综合后产生的概念。

多形一意标志

17 调整透视效果

使用“直接选择工具”分别对各图形的位置进行调整，使其具有一定的透视感和动感，效果如图4-44所示。

18 添加文字

选择“文字工具”，输入“west”，设置字体为Impact，将文字填充为灰色，其颜色值为（R:143、G:143、B:143），设置描边色为无，效果如图4-45所示。

图 4-44

图 4-45

19 设置文字倾斜效果

选择“倾斜工具”，将文字沿水平方向制作水平倾斜效果，如图4-46所示。

20 将文字转换为图形并调整字母位置

选择“对象”→“扩展”菜单命令，将文字转换为图形。选择“直接选择工具”，分别对这4个字母图形的位置进行调整，效果如图4-47所示。

图 4-46

图 4-47

21 为文字填充颜色

选中4个字母图形，按住【Alt】键进行拖曳并复制，将复制的字母图形的填充色设置为红色，其颜色值为（R:255、G:0、B:0），设置描边色为黑色，并将两组文字叠加在一起，效果如图4-48所示。

22 绘制倾斜椭圆

单击“椭圆工具”按钮，绘制一个圆形，为圆形填充白色，设置描边色为黑色。选择“倾斜工具”，将圆形制作出一定的倾斜效果，如图4-49所示。

图 4-48

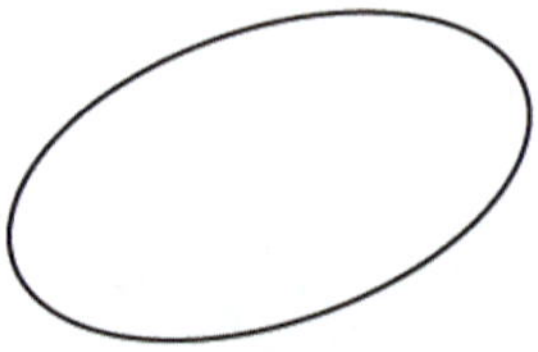

图 4-49

23 绘制并调整三角形

单击“多边形工具”按钮，在文档中单击，在打开的对话框中设置“边数”为“3”，单击“确认”按钮，即可完成三角形

5. 正负形的开发利用

在图案中，正形就是图与图组成的形（称实形），留下的空白为负形。在标志造型艺术表现手法上，对负形的利用和开发应十分重视，它是标志“形简意”的形式。

正负形标志

设计师经验

标志色彩设计技巧

标志色彩设计技巧有如下几方面。

① 基色要相对稳定。

② 强调色彩的形式感，如重视色块、线条的组合。

③ 强调色彩的记忆感和感情规律，如黄色代表富丽、明快，橙红给人以温暖、热烈感，蓝色、紫色、绿色使人凉爽、沉静，茶色、熟褐色令人联想到浓郁的香味。

④ 合理使用色彩的对比关系。色彩的对比能产生强烈的视觉效果，而色彩的调和能构成空间层次。

⑤ 重视色彩的注目性。

设计师经验

具象型标志设计中的元素运用

具象型标志是指直接利用具有代表性的物象来表达含义。这种手法直接、明确，且一目了然，便于迅速理解和记忆。

1. 人物元素

人的身体姿态和动作完全可以传达一个简洁明了的概念，在标志中的运用十分广泛。

的绘制。使用“直接选择工具”对三角形的角度进行调整，使其与圆形连接成一个对话框的形状，效果如图4-50所示。

24 将文字和对话框编组

将三角形和圆形选中，选择“窗口”→“路径查找器”菜单命令，在打开的“路径查找器”面板中单击“与形状区域相加”按钮，这样两个图形就组合在一起，效果如图4-51所示。选中字母图形“west”，选择“对象”→“排列”→“置于顶层”菜单命令，将它移到所有图形的前面，并与刚绘制的对话框组合在一起，效果如图4-52所示。

图 4-50

图 4-51

25 排列组合元素

利用“选择工具”将前面制作的图形组合在一起，并对各图形的大小和位置进行调整，效果如图4-53所示。

图 4-52

26 绘制曲线

单击“钢笔工具”按钮，在大椭圆形的下方绘制一条与其弯曲程度接近的曲线，效果如图4-54所示。

图 4-53

图 4-54

27 添加文字

单击“路径文字工具”按钮，在刚绘制的曲线上单击，并输入“PointCommunity.info”，设置某字体为Impact、文字大小为49.58pt。其中，灰色部分的颜色值为（R:143、G:143、B:143），将曲线路径颜色设置为无，效果如图4-55所示。

28 为文字填充背景

用前面介绍的方法为文字添加黄色背景，并在对话框的后面制作两个椭圆，即完成咨询网标志的制作。

人物元素标志

2. 动物元素

在远古时期，人们就把动物作为图腾或崇拜的标志。即使在当今社会，人们依然对动物造型有着特殊的情感。但应注意，选用动物时，应考虑到不同区域对于动物的喜爱也有所不同。

动物元素标志

3. 植物元素

将植物造型图形应用到标志中，常会给人一种清新爽朗的感觉。

植物元素标志

4. 器物元素

器物造型图形涉及的范围较广、品种较多。器物指的是各种用具的总称。大至各种建筑物、交通工具等，小至电器、文具、餐具等，都可用器物元素作标志。

器物元素标志

5. 自然元素

自然现象是神秘的自然力的象

图 4-55

技巧 提示

如果输入的文字出现上下颠倒的情况，则可以在文字被选中的情况下双击“路径文字工具”按钮，在打开的对话框中通过选中“翻转”复选框来解决这一问题。

征。星象、水和火星是这一类型标志常用的题材。

自然元素标志

拓展训练——电影网标志设计

利用本节介绍的咨询网标志设计的相关知识，按照本书配套资源中提供的素材文件制作出“电影网标志”，最终效果如图4-56所示。

图4-56

- 技术盘点：“贝塞尔工具”“渐变填充”“文本工具”。
- 素材文件：本书配套资源中的“素材与源文件\Chapter 4\4.4\拓展训练\电影网标志设计.ai”。
- 制作分析：

实践●提高

4.5

● 难易程度

★★★★

足球比赛标志设计

项目创设

本例制作的是一个足球比赛标志。该标志采用拟人的手法，并运用三维立体效果。最终效果如图4-57所示。

制作思路

首先绘制标志的部分图形，并创建渐变网格、填充颜色、制作高光效果，然后制作标志中其他部分的图形，最后绘制一个足球，完成最终的标志设计。

图 4-57

素材文件：本书配套资源\素材与源文件\Chapter 4\4.5\素材

案例制作步骤

01 创建文档

按【Ctrl+N】组合键，在打开的“新建文档”对话框中设置“名称”为“足球比赛标志”，单击“横向”按钮，其他设置保持默认，如图4-58所示。

微课：
足球比赛标志设计（1）

02 绘制图形

单击工具栏中的“钢笔工具”按钮，设置填充颜色为无、描边颜色为黑色，绘制一个图形路径，效果如图4-59所示。

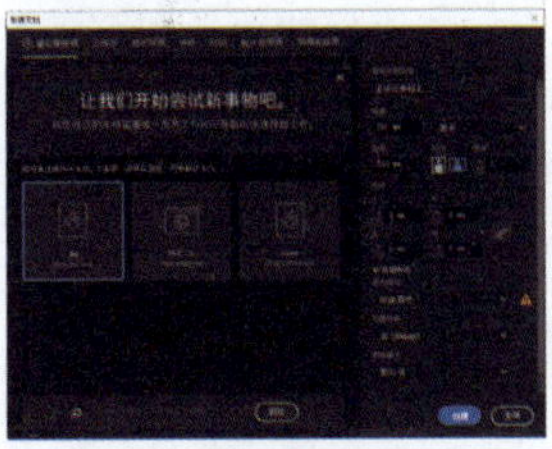

图 4-58

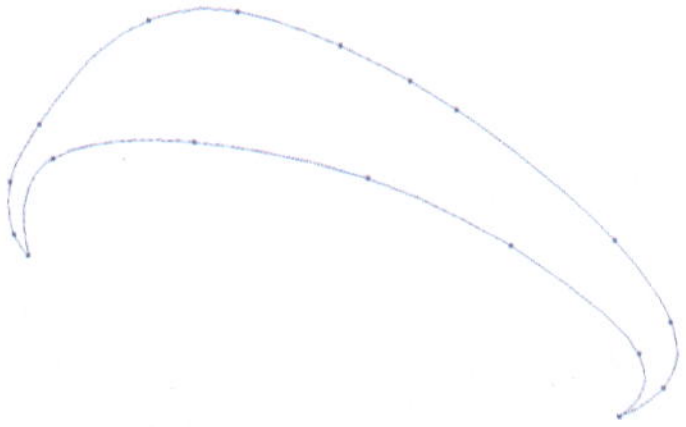

图 4-59

03 创建渐变网格

选择“对象”→“创建渐变网格”菜单命令，在打开的“创建渐变网格”对话框中设置“行数”为“4”、“列数”为“6”，单击“确定”按钮，为图形添加渐变网格锚点，效果及参数设置如图4-60所示。

技巧 提示

在使用“钢笔工具”绘制路径时，路径上的锚点位置决定了后面创建渐变网格边缘锚点的位置。如果在绘制路径时所添加的锚点不够，可以在创建完成后使用“网格工具”在需要的边缘位置通过单击添加锚点。

04 调整渐变网格锚点

单击工具栏中的“网格工具”按钮，对渐变网格中的不同锚点进行位置和曲向的调整，效果如图4-61所示。

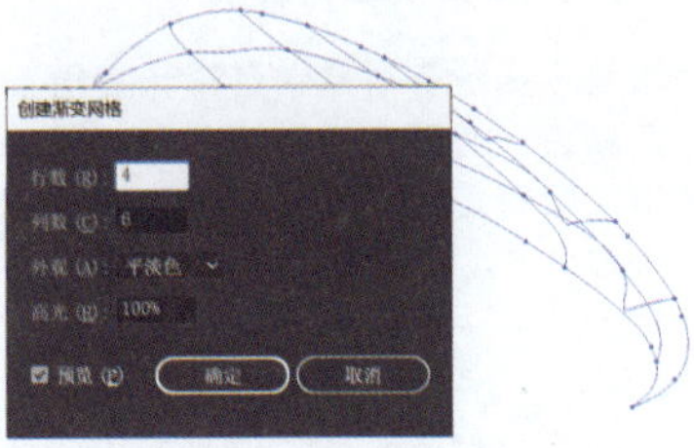

图 4-60

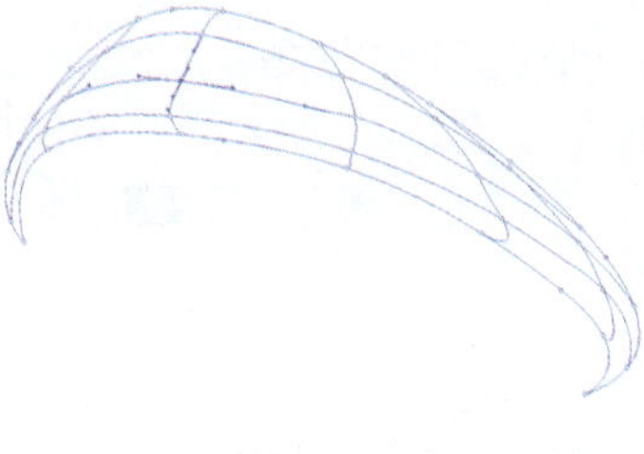

图 4-61

05 为锚点添加颜色

在渐变网格中选择一个锚点，设置颜色值为（R:243、G:179、B:33），效果如图4-62所示。继续选择右侧的锚点，设置颜色值为（R:244、G:213、B:33），效果如图4-63所示。为其他锚点添加合适的颜色，效果如图4-64所示。

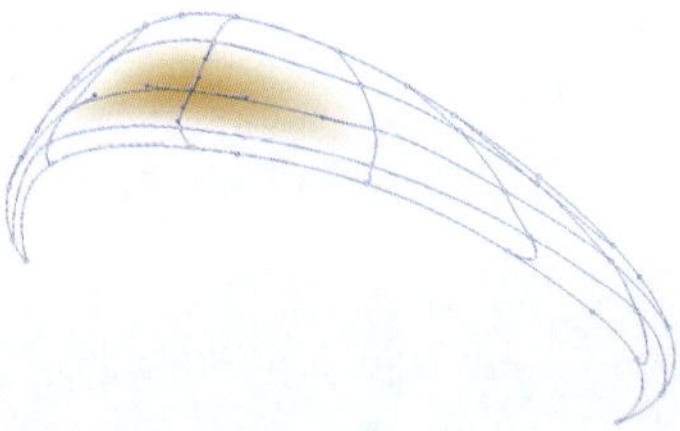

图 4-62

工具详解

网格对象

网格对象是一种多色对象，其上的颜色可以沿不同方向顺畅分布，且可以从一点平滑过渡到另一点。创建网格对象时，会有多条线（称为网格线）交叉穿过对象，这为处理对象上的颜色过渡提供了一种简便方法。通过移动和编辑网格线上的点，用户可以更改颜色的变化强度或者对象上的着色区域范围。

在两网格线相交处有一种特殊的锚点，称为网格点。网格点以菱形显示，且具有锚点的所有属性，只是增加了接受颜色的功能。用户可以添加、删除和编辑网格点，也可更改与每个网格点相关联的颜色。

网格中也同样会出现锚点（区别在于其形状为正方形而非菱形），这些锚点与 Illustrator 中的其他锚点一样，可以添加、删除、编辑和移动。锚点可以放在任何网格线上。用户可以单击一个锚点，然后拖动其方向控制手柄来修改该锚点。

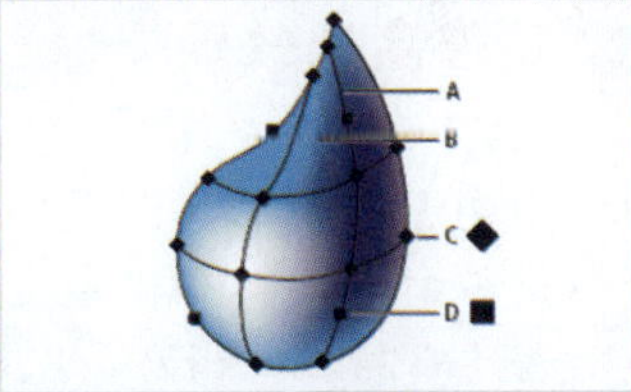

网格对象示意图

A．网格线　B．网格面片
C．网格点　D．锚点

任意4个网格点之间的区域称为网格面片。

工具详解

编辑网格对象

通常可以通过添加、删除和移动网格点，更改网格点和网格面片的颜色，以及将网格对象恢复为常规等方法来编辑网格对象。

1．添加网格点

选择“网格工具”，然后为新

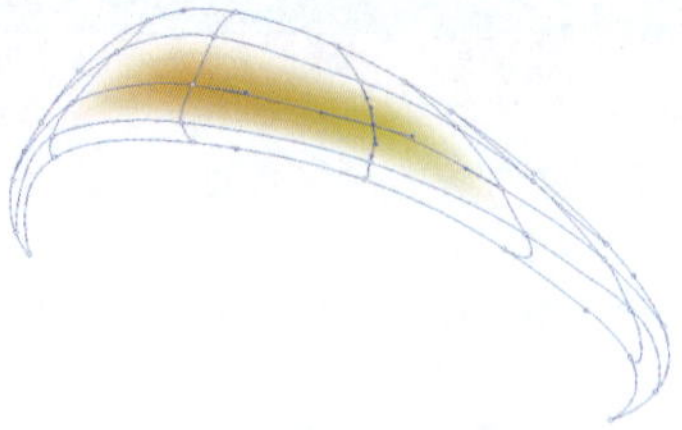

图 4-63

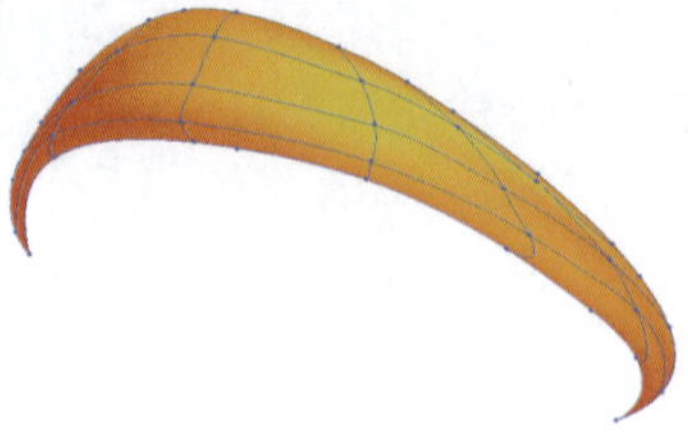

图 4-64

06 制作亮部效果

选择“钢笔工具”，设置颜色值为（R:244、G:213、B:33）、描边颜色为无，绘制出高光轮廓并填充颜色，效果如图4-65所示。

07 降低透明度

选择“窗口”→“透明度”菜单命令，打开“透明度”面板，设置混合模式为“柔光”、“不透明度”为70%，参数设置及效果如图4-66所示。

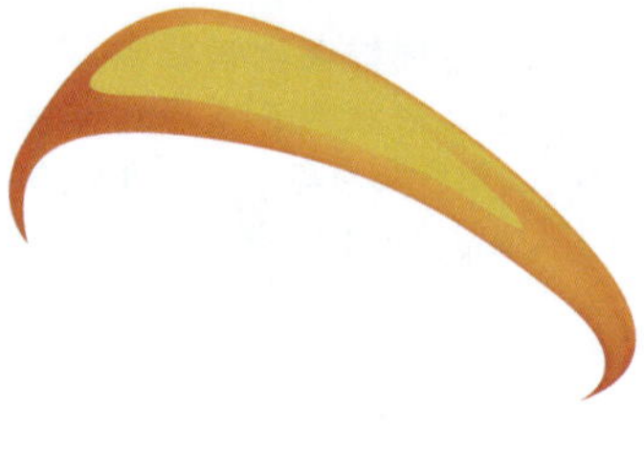

图 4-65

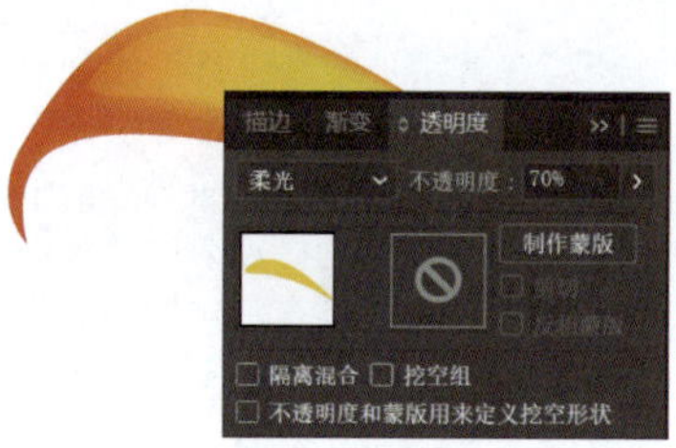

图 4-66

08 制作高光效果

选择“钢笔工具”，在合适位置绘制一个填充颜色和描边颜色均为无的图形，效果如图4-67所示。选择“窗口”→“渐变”菜单命令，打开“渐变”面板，设置渐变颜色值由左至右分别为（R:243、G:179、B:33）、（R:255、G:255、B:255）、（R:255、G:255、B:255）、（R:243、G:179、B:33），其他保持默认。设置完成后，单击工具栏中的“渐变工具”按钮，对渐变效果进行调整，效果如图4-68所示。

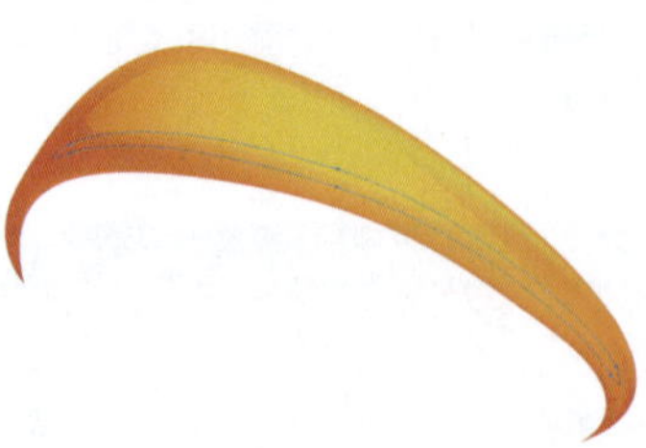

图 4-67

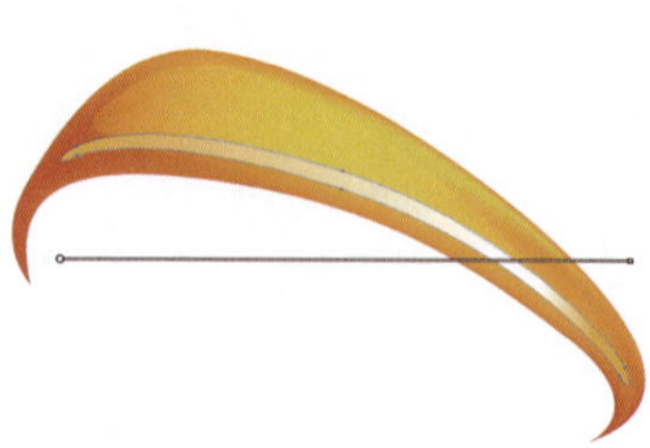

图 4-68

09 设置混合模式

打开“透明度”面板，设置混合模式为“强光”、“不透明度”为50%，效果及参数设置如图4-69所示。同理，再绘制两个图形，设置相应效果，效果如图4-70所示。

网格点选择填充颜色。接下来，单击网格对象中任意一点，即可添加网格点。

2. 删除网格点

按住【Alt】键并使用“网格工具”单击网格点，即可删除网格点。

3. 移动网格点

使用“网格工具”或“直接选择工具”拖动网格点，即可将其移动。按住【Shift】键并使用“网格工具”拖动网格点，可使该网格点保持在网格线上。使用“网格工具”或“直接选择工具”选择网格点时，会显示出方向线，这时可以像编辑任何锚点一样，通过拖移方向线来编辑网格点。按住【Shift】键并用“网格工具”拖移方向点，可一次移动网格点的所有方向线。

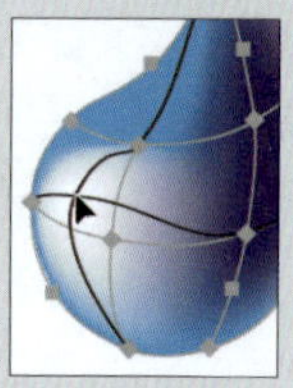

拖移方式移动

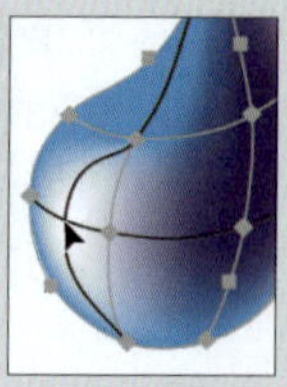

按键拖移

4. 更改网格点或面片的颜色

先选择网格对象，然后将“颜色”面板或“色板”面板中的一种颜色拖到点或面片上。

取消选择所有对象，选择一种填充颜色，然后选择网格对象，使用“吸管工具”将填充颜色应用于网格点或网格面片。

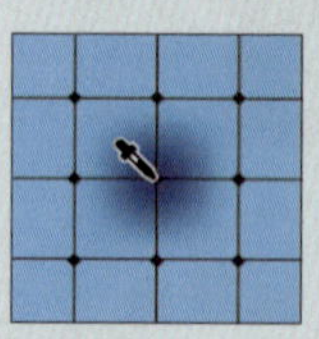

为网格点上色

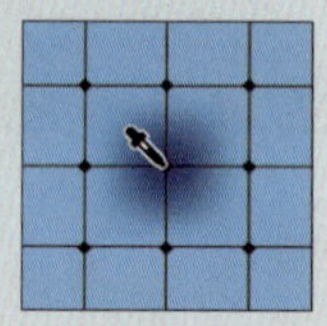

为网格面片上色

工具详解

混合模式

使用混合模式可更改重叠对象之间颜色的相互影响方式。单击

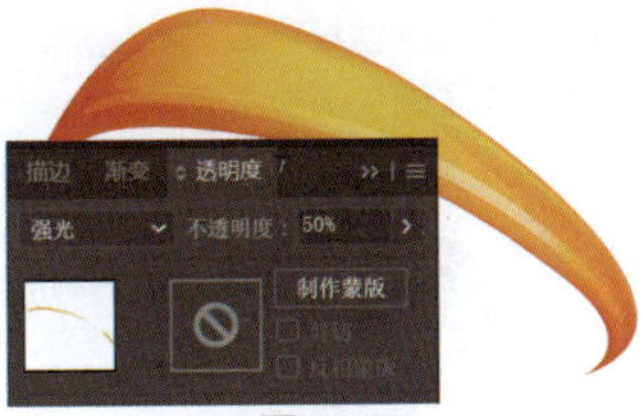

图 4-69

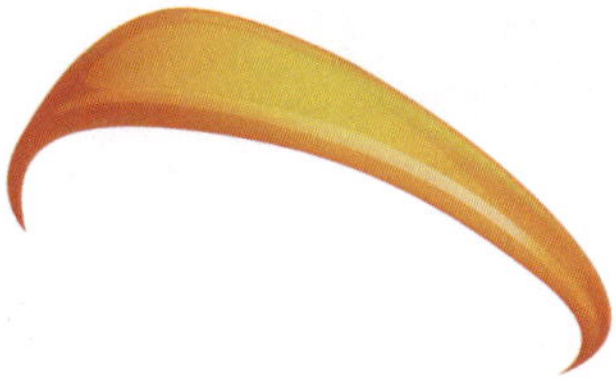
图 4-70

10 绘制图形

选择“钢笔工具”，在前面创建的图形下方绘制一个填充颜色和描边颜色均为无的图形，如图4-71所示。

微课：
足球比赛标志设计（2）

11 创建渐变网格

选择“对象”→“创建渐变网格”菜单命令，在打开的“创建渐变网格”对话框中设置“行数”为“4”、“列数”为“6”，单击“确定”按钮，为图形添加渐变网格锚点，如图4-72所示。

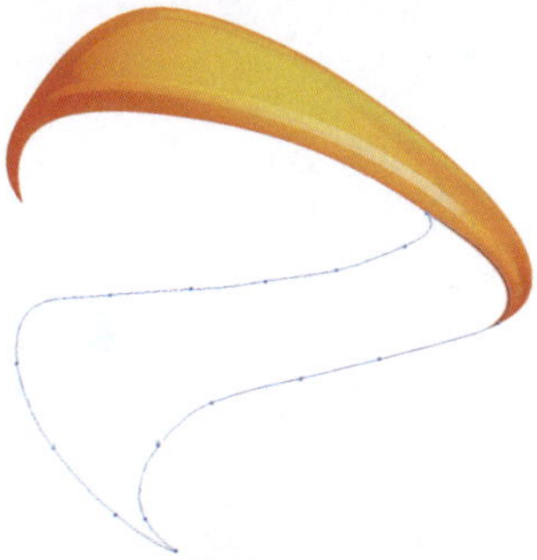
图 4-71

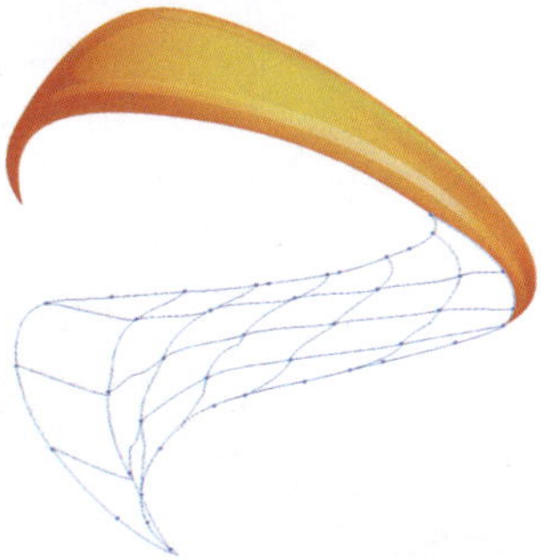
图 4-72

12 调整渐变网格锚点

单击工具栏中的“网格工具”按钮，对渐变网格中的不同锚点进行位置和曲向的调整，效果如图4-73所示。

13 为锚点添加颜色

选择“网格工具”，在渐变网格中选择一个锚点，然后设置颜色值为（R:237、G:140、B:37）并填充，效果如图4-74所示。继续选择右侧的锚点，设置颜色值为（R:230、G:102、B:38），效果如图4-75所示。同理，为其他锚点添加合适的颜色，效果如图4-76所示。

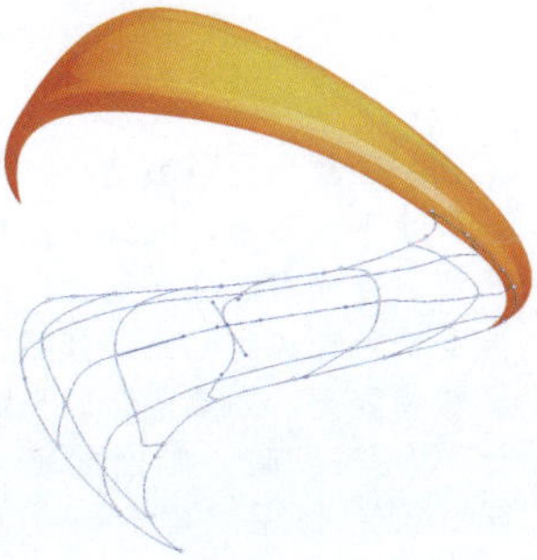
图 4-73

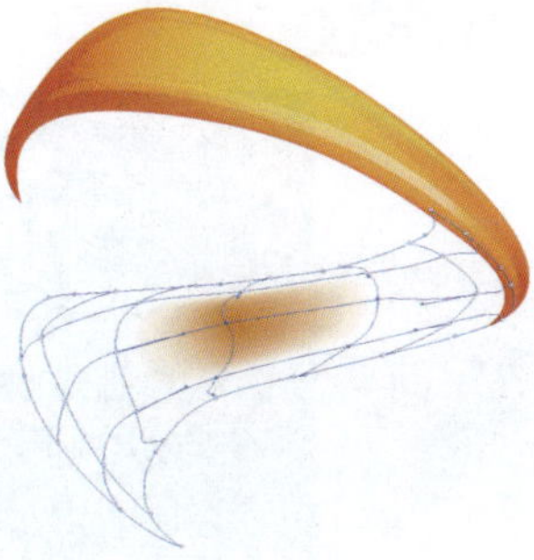
图 4-74

“透明度”面板中的混合模式下拉按钮，可以在弹出的混合模式下拉列表中根据对象需要选择混合模式。

- 正常：默认模式。混合色不与基色混合，颜色不发生变化。

正常

- 变暗：选择基色或混合色中较暗的颜色作为结果色，比混合色亮的区域会被结果色取代，比混合色暗的区域将保持不变。

变暗

- 正片叠底：将基色与混合色相乘，通常得到的颜色比基色和混合色都要深。

正片叠底

- 颜色加深：通过加深基色反映混合色，与白色混合后不产生变化。

颜色加深

- 变亮：选择基色或混合色中较亮的颜色作为结果色，比混合色暗

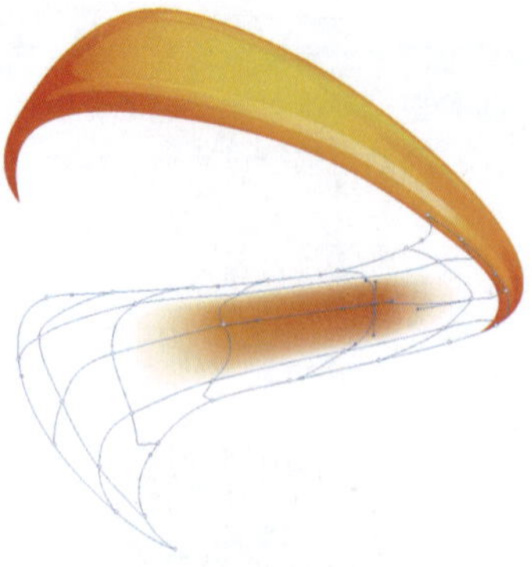

图 4-75

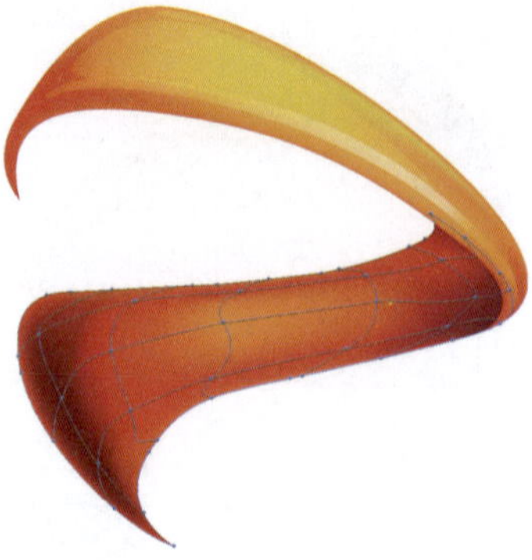

图 4-76

14 绘制暗部图形

选择“钢笔工具”，设置填充颜色值为（R:115、G:22、B:42）、描边颜色为无，绘制如图4-77所示的图形。

15 降低透明度

打开“透明度”面板，设置混合模式为“强光”、“不透明度”为84%，效果如图4-78所示。

图 4-77

图 4-78

16 绘制反光图形

选择“钢笔工具”，设置填充颜色和描边颜色均为无，在合适位置绘制一个图形路径，如图4-79所示。打开“渐变”面板，设置渐变颜色值由左至右分别为（R:230、G:102、B:38）、（R:237、G:140、B:37），其他保持默认。设置完成后，单击工具栏中的“渐变工具”按钮，对渐变效果进行调整，效果及参数设置如图4-80所示。

图 4-79

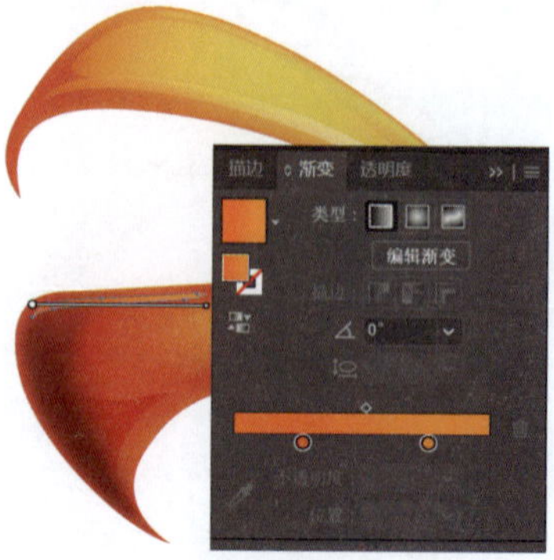

图 4-80

的区域将被结果色取代，比混合色亮的区域将保持不变。

变亮

- 滤色：将混合色的反相颜色与基色相乘，得到的颜色总是比基色和混合色亮。

滤色

- 颜色减淡：通过加亮基色反映混合色，与黑色混合则不发生变化。

颜色减淡

- 叠加：将混合色与基色相混合，得到的颜色保留基色的高光和阴影。

叠加

- 柔光：使颜色变暗或变亮，具体取决于混合色。此效果类似于漫射聚光灯照在图稿上。如果混合色光源比50%灰色亮，图像将变亮；如果混合色光源比50%灰度暗，则图像将变暗，就像加深后的效果光。

17 制作其他反光点

同理，绘制出其他反光部分，并进行设置，效果如图4-81所示。

18 绘制图形

选择“钢笔工具”，设置填充颜色和描边颜色均为无，绘制如图4-82所示的图形。

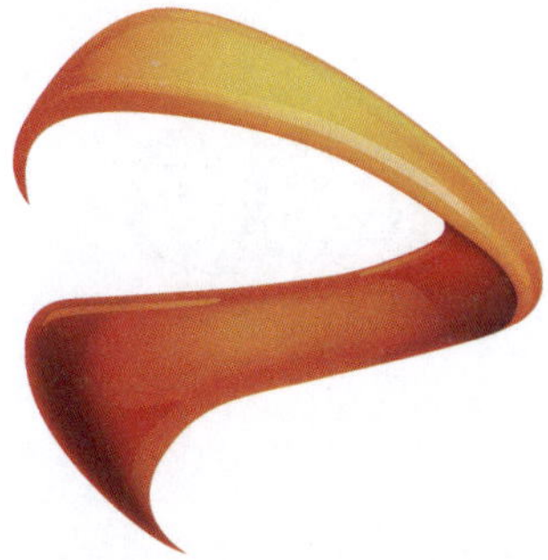

图 4-81

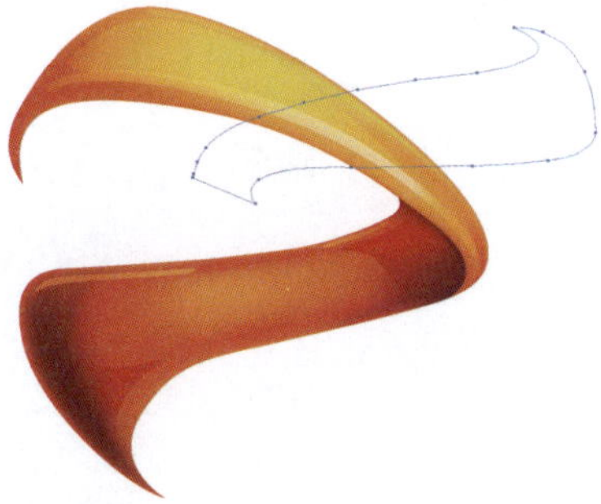

图 4-82

19 创建渐变网格

选择“对象”→“创建渐变网格”菜单命令，在打开的“创建渐变网格”对话框中设置“行数”为“4”、“列数”为“6”，单击“确定”按钮，为图形添加渐变网格锚点，如图4-83所示。

20 调整渐变网格锚点

单击工具栏中的“网格工具”按钮，对渐变网格中的不同锚点进行位置和曲向的调整，效果如图4-84所示。

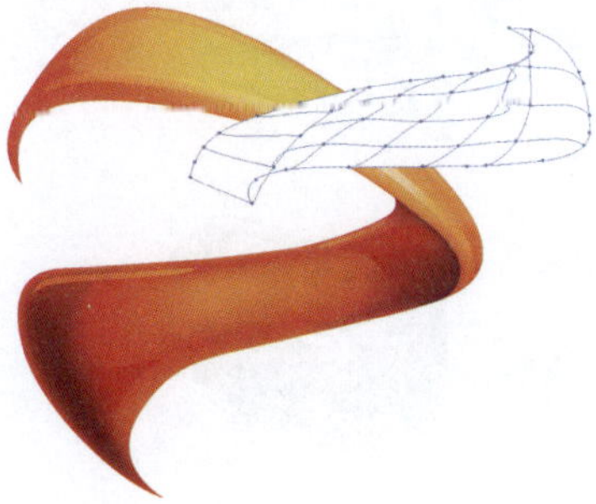

图 4-83

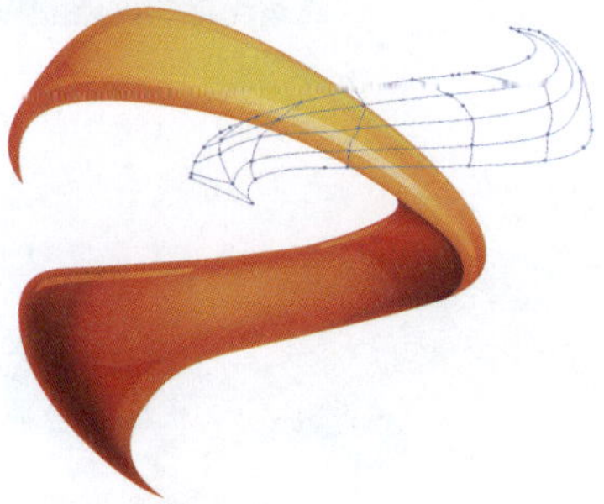

图 4-84

21 为锚点添加颜色

选择“网格工具”，在渐变网格中选择一个锚点，然后设置填充颜色值为（R:19、G:48、B:87），效果如图4-85所示。继续选择右侧的锚点，设置填充颜色值为（R:2、G:76、B:148），效果如图4-86所示。同理，为其他锚点添加合适的颜色，得到的效果如图4-87所示。

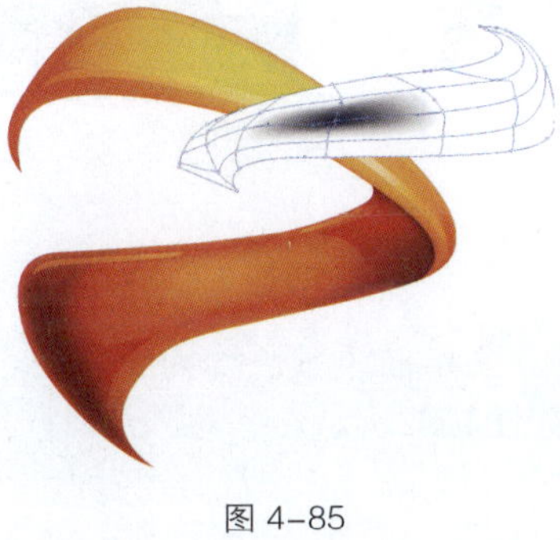

图 4-85

柔光

- 强光：对颜色进行相乘或过滤，具体取决于混合色。如果混合色光源比50%灰色亮，图片将变亮，就像过滤后的效果；如果混合色光源比50%灰度暗，则图稿变暗，像正片叠底后的效果。

强光

- 差值：从基色减去混合色或从混合色减去基色，具体取决于哪一种颜色的亮度值较大。与白色混合将反转基色值，与黑色混合则不发生变化。

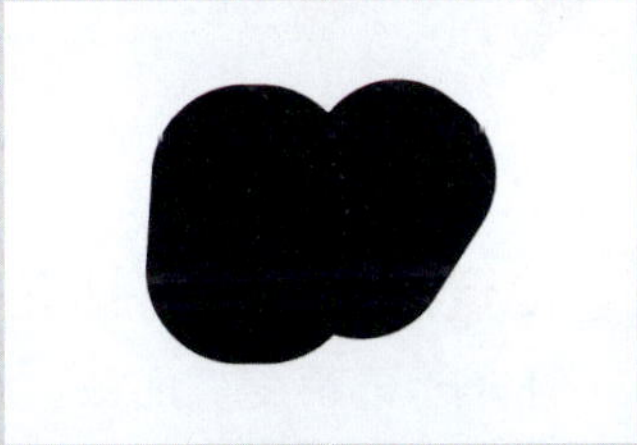

差值

- 排除：创建一种与“差值”模式相似的对比度更低的效果。

排除

- 色相：用基色的亮度和饱和度及混合色的色相创建新颜色。
- 饱和度：用基色的亮度、色相及混合色的饱和度创建新颜色。

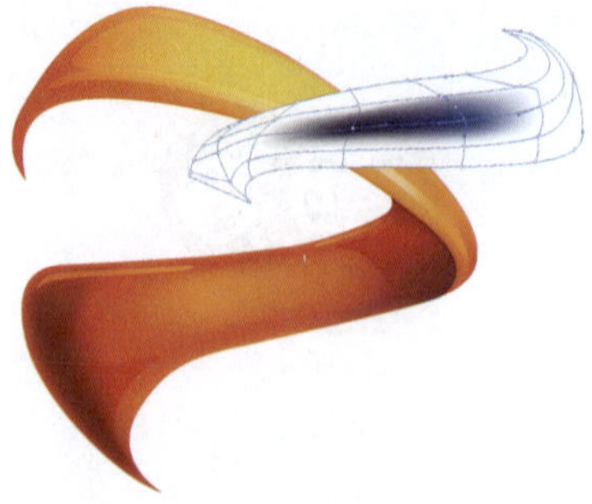

图 4-86

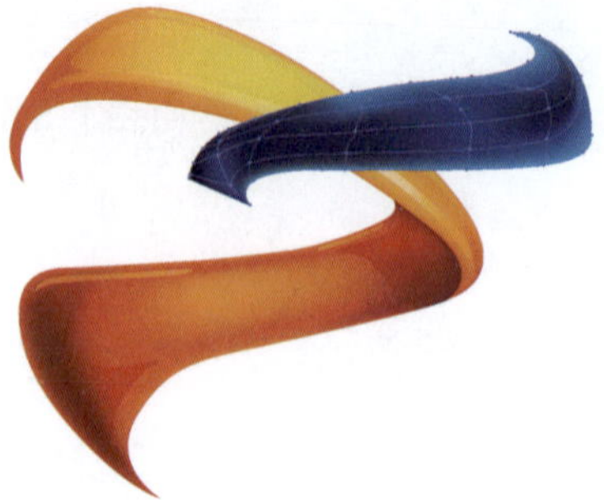

图 4-87

22 绘制渐变图形

选择“钢笔工具”，设置填充颜色和描边颜色均为无，在合适的位置绘制一个图形路径，如图4-88所示。打开“渐变”面板，设置渐变颜色值由左至右分别为（R:33、G:167、B:221）、（R:20、G:32、B:64），其他保持默认。设置完成后，单击工具栏中的“渐变工具”按钮，对渐变效果进行调整，得到的效果及参数设置如图4-89所示。

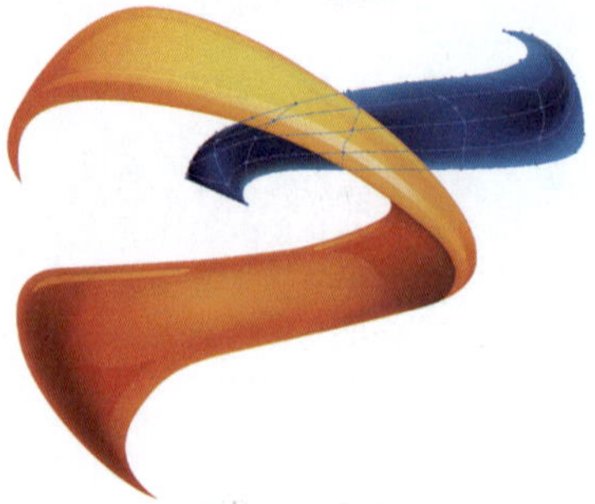

图 4-88

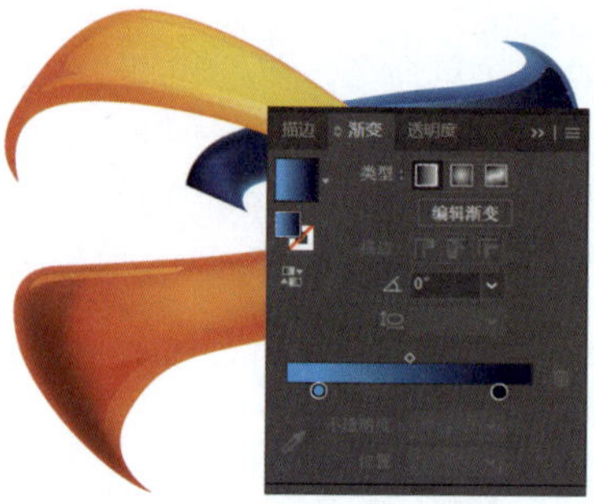

图 4-89

23 设置混合模式并降低不透明度

打开“透明度”面板，设置混合模式为“强光”、“不透明度”为30%，效果及参数设置如图4-90所示。

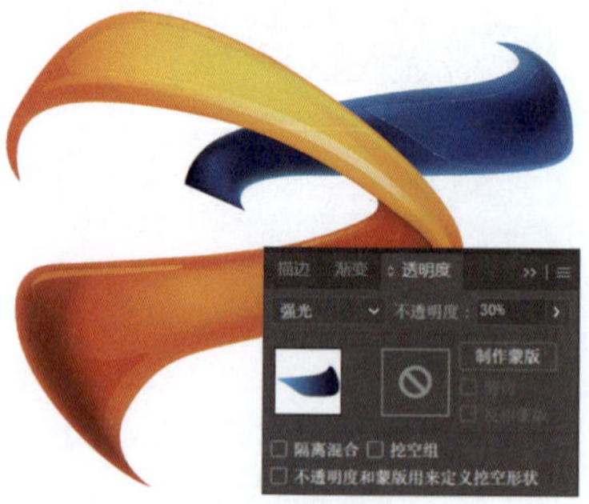

图 4-90

24 绘制其他图形效果

参照上面的方法绘制出其他图形，填充纯色或渐变色，并设置相应效果，效果如图4-91所示。

25 绘制图形

选择“钢笔工具”，设置填充颜色和描边颜色均为无，在合适的位置绘制一个图形路径，效果如图4-92所示。

色相

饱和度

- 混色：用基色的亮度及混合色的色相和饱和度创建新颜色。

混色

- 明度：用基色的色相和饱和度及混合色的亮度创建新的颜色。此模式可得到与“颜色”模式相反的效果。

明度

行业知识

企业标志的特征

1. 识别性

识别性是企业标志最基本的功能。借助独具个性的标志，来了解本企业及其产品的识别力，是现代企业市场竞争的“利器”。因此通过整体规划和设计的视觉符号，必须具有独特的个性和强

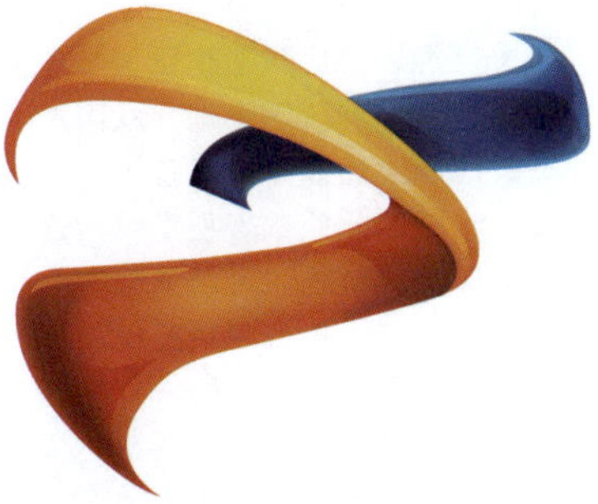

图 4-91

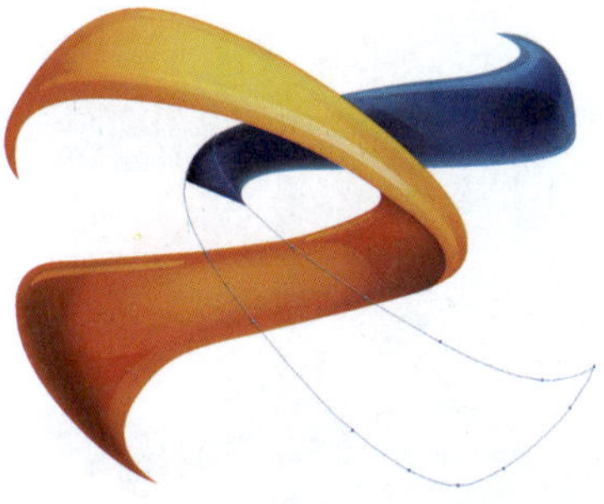

图 4-92

26 添加渐变网格锚点

选择“对象”→“创建渐变网格”菜单命令，在打开的“创建渐变网格”对话框中设置“行数”为“4”、“列数”为“6”，单击“确定”按钮，效果如图4-93所示。

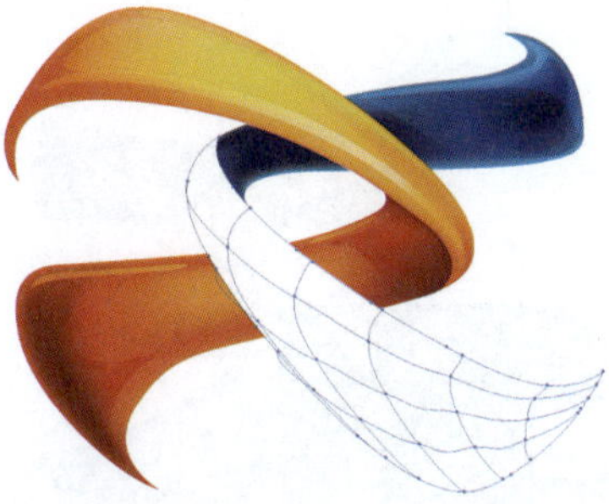

图 4-93

27 为渐变网格锚点添加颜色

选择“网格工具”，在渐变网格中选择第一行边缘外的锚点，然后设置填充颜色值为（R:33、G:167、B:221），效果如图4-94所示。同理，为其他锚点添加合适的颜色，效果如图4-95所示。

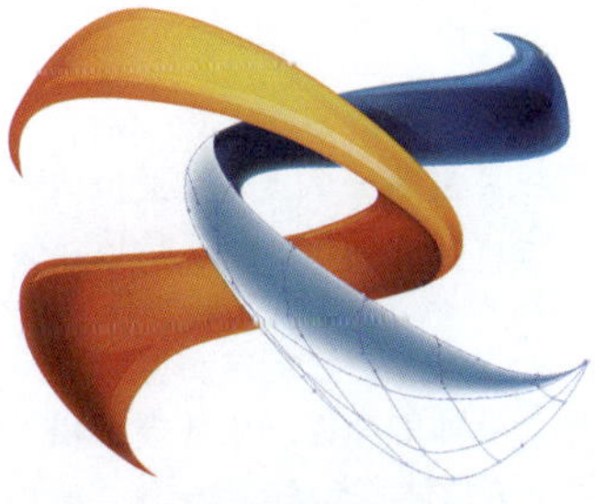

图 4-94

图 4-95

28 调整对象排列位置

确认渐变网格为选中状态，按【Ctrl+[】组合键多次，直至调整到合适排列位置，效果如图4-96所示。

图 4-96

29 绘制渐变图形

选择“钢笔工具”，绘制一个填充颜色和描边颜色均为无的图形路径，如图4-97所示。打开“渐变”面板，设置渐变颜色值由左至右分别为（R:128、G:203、B:235）、（R:36、G:162、B:220）、（R:36、G:162、B:220）、（R:224、G:241、B:249），其他保持默认。设置完成后，单击工具栏中的“渐变工具”按钮■，对渐变效果进行调整，效果及参数设置如图4-98所示。

烈的冲击力。在CI（形象识别）设计中，标志是最具有企业视觉认知、识别的信息传达功能的设计要素。

2. 领导性

企业标志是企业视觉传达要素的核心，也是企业开展信息传达的主导力量。标志的领导地位是企业经营理念和经营活动的集中表现，贯穿和应用于企业的所有相关的活动中，不仅具有权威性，而且还体现在视觉要素的一体化和多样性上，其他视觉要素都以标志构成整体为中心而展开。

3. 同一性

标志代表着企业的经营理念、文化特色、规模、经营内容和特点，因而是企业精神的具体象征。因此，可以说社会大众对于标志的认同等于对企业的认同。只有企业的经营内容或企业的实态与外部象征——企业标志相一致时，才有可能获得社会大众的一致认同。

4. 造型性

企业标志设计的题材和形式丰富多彩，如中外文字体、抽象符号、几何图形等，因此，标志的造型变化就显得格外活泼、生动。标志图形的优劣，不仅决定了标志传达企业情况的效力，而且会影响消费者对商品品质的信心与企业形象的认同。

5. 延展性

企业标志是应用最广泛，出现频率最高的视觉传达要素，要在各种传播媒体上广泛应用。标志图形要针对印刷方式、制作工艺技术、材料质地和应用项目的不同，采用多种对应性和延展性的变体设计，以产生切合、适宜的效果与表现。

6. 系统性

企业标志一旦确定，随之就应展开标志的精致化作业，其中包括标志与其他基本设计要素的组合规定。其目的是对未来标志的应

图 4-97

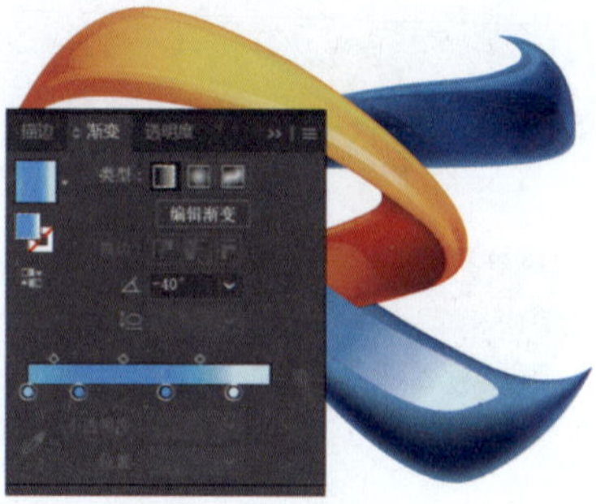

图 4-98

30 降低透明效果

打开“透明度”面板，设置混合模式为“叠加”、“不透明度”为91%，并按【Ctrl+[】组合键调整排列位置，效果及参数设置如图4-99所示。

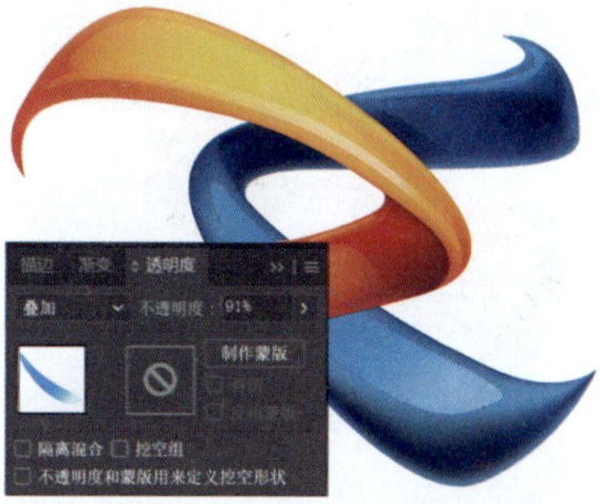

图 4-99

31 完善图形

参照上面的方法，完善图形（添加高光并制作“头部”图形），得到的效果如图4-100所示。

微课：

足球比赛标志设计（3）

32 绘制足球轮廓

单击工具栏中的“椭圆工具”按钮，设置填充颜色和描边颜色均为无，按住【Shift】键绘制正圆，如图4-101所示。

图 4-100

图 4-101

33 为正圆填充渐变色

打开“渐变”面板，设置渐变颜色值由左到右分别为（R:33、G:167、B:221）、（R:2、G:76、B:148）、（R:19、G:48、B:87）、（R:19、G:48、B:87）、（R:2、G:76、B:148），设置渐变类型为“径向”、角度为0°、长宽比为100%。设置完成后，选择“渐变工具”，对渐变填充进行调整，效果如图4-102所示。

34 绘制多个图形路径

选择“钢笔工具”，设置填充颜色和描边颜色均为无，在合适的位置绘制几个如图4-103所示的图形路径。

用进行规划，达到系统化、规范化、标准化的科学管理，从而提高设计作业的效率，保持一定的设计水平。此外，当视觉结构走向多样化的时候，可以用强有力的标志来统一各关系企业，采用同一标志不同色彩、同一外形不同图案或同一标志不同图案结构的方式，来强化关系企业的系统化精神。

7. 时代性

面对发展迅速的社会、日新月异的生活和意识形态、激烈的市场竞争形势，现代企业的标志形态必须具有鲜明的时代特征。特别是许多老企业，有必要对现有标志形象进行研讨和改进，在保留旧形象的基础上，采取清新简洁、明晰易记的设计形式，使企业的标志具有鲜明的时代特征。通常，标志形象的更新以10年为一期，它代表着企业求新求变、勇于创造、追求卓越的精神，避免企业给人们日益僵化、陈腐过时的形象。

企业标志设计不仅是设计图案，而且要创造一个具有商业价值的符号，并兼有艺术欣赏价值。标志图案是形象化的艺术概括。设计者须以自己的审美方式，用生动具体的感性形象去描述和表现，促使标志主题思想深化，从而达到准确传递企业信息的目的。

企业标志设计的难点是如何准确地把形象概念转化为视觉形象，而不是简单的像什么或表示什么，即要有新颖独特的创意表现企业的个性特征，同时还要用形象化的艺术语言表达出来。

优秀的企业标志设计，应该注入企业深刻的思想与理念内涵，才能传达出鲜明、独特、优良的企业形象，实现差异化战略的目的。

随着商业信息传递与科技文化交流速度的加快，一切传播行为都讲求效率。视觉传播的文字和商业符号一样，都朝着一个共同的

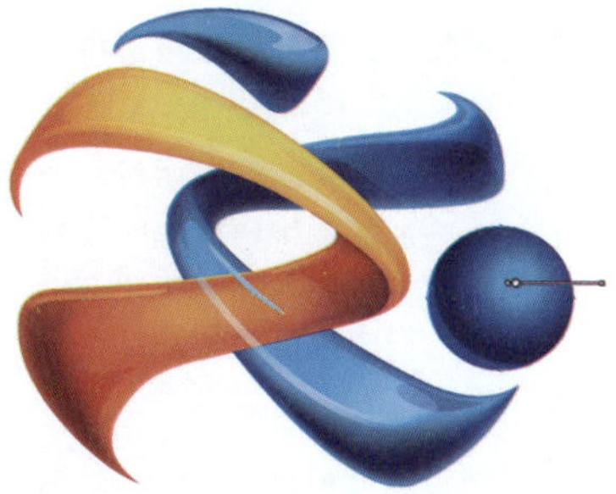

图 4-102

图 4-103

35 建立复合图形

同时选中刚刚绘制的所有图形，选择“对象”→“复合路径”→“建立”菜单命令，创建复合路径，如图4-104所示。

图 4-104

36 创建渐变效果

打开“渐变”面板，设置渐变颜色值由左至右分别为（R:33、G:167、B:221）、（R:20、G:32、B:64），设置渐变类型为“径向”。设置完成后，选择“渐变工具”，对渐变填充进行调整，效果如图4-105所示。

37 创建渐变图形

同理，绘制出不同图形并进行复合，填充相应的渐变色，效果如图4-106所示。

图 4-105

图 4-106

微课：足球比赛标志设计（4）

38 设置文字属性并输入

单击工具栏中的“文字工具”按钮，绘制一个文本框，在属性栏中设置文字字体为Footlight MT Light、字体大小为55pt，在文本框中输入文字，如图4-107所示。

图 4-107

39 创建渐变图形

选中文本框中第2行的文字，设置文字大小为72pt，并

方向发展，即要求简洁、共识，同时讲求造型美观、大方、个性。企业标志设计也不例外。

工具详解

“字符”面板

使用“字符”面板可以设置文本的字体、字号、字形、字间距及字符方向等属性。选择“窗口”→“文字”→“字符”菜单命令或按【Ctrl+T】组合键，即可打开“字符”面板。在该面板中，可以设置文字的字体、字号、字形、间距、水平和垂直缩放、基线偏移及字符方向等属性。

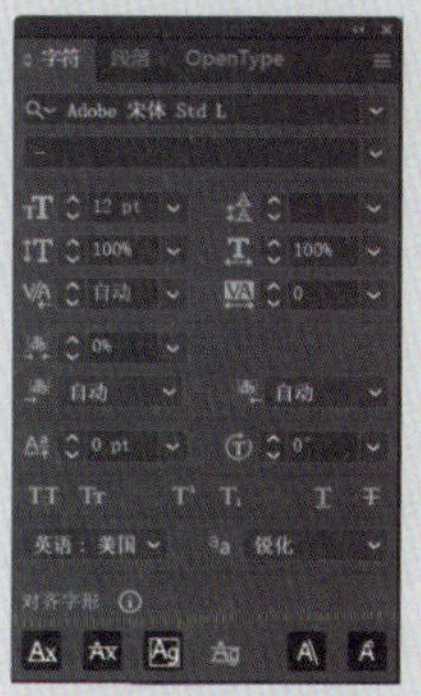

“字符”面板

选中文字后，单击字体下拉按钮，可在打开的下拉列表中选择字体。在字体下拉列表框中包含了每种字体相应的属性，如Regular（常规）、Bold（加粗）、Italic（斜体）等。

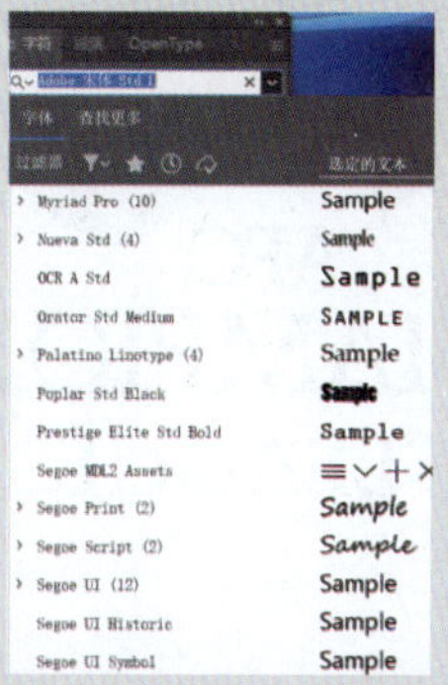

选择字体

选中文字后，单击字体大小下拉按钮，可在打开的下拉列表框中选择字号或直接在组合框中输入数值来设置字符的大小。

1 2 3 4 5 6 7 8 9 10

设置第3行的文字大小为60pt，如图4-108所示。选中所有文字，按【Ctrl+T】组合键，打开“字符”面板，设置行距为60pt，效果如图4-109所示。通过按空格键调整文字的位置，并将文本框调整到合适位置，效果如图4-110所示。

图 4-108

图 4-109

40 创建轮廓并描边

选中文本框，选择“文字”→“创建轮廓”菜单命令，为文字创建轮廓，设置描边颜色为黑色、描边粗细为1pt，效果如图4-111所示。

图 4-110

41 调整单个字母效果

利用直接选择工具，将“AFC”的首字母“A”进行变形，得到的效果如图4-112所示。

图 4-111

图 4-112

通过编辑行距可以设置段落中行与行之间的距离。

通过编辑两个字符间字距可以对字符之间的距离进行微调，只有当两个字符中间存在一个表示插入状态的闪烁光标时，才能调整字符间字距。

通过编辑字符字距可以设置字与字之间的距离。

调整“垂直缩放”组合框中的数值，可使文本在保持宽度不变的基础上改变其高度；调整“水平缩放”组合框中的数值，可使文本在保持高度不变的基础上改变其宽度。

调整“比例间距”组合框中的数值，可以设置字符间的紧密程度。

在“插入空格（左）”和“插入空格（右）”下拉列表框中可以设定文本相对于文本框的位置。选择“插入空格（右）”中的选项，文本将紧贴于文本框的右侧，选择“插入空格（左）”中的选项，文本将位于文本框的左侧。

利用“设置基线偏移”选项可以调整文字与基线之间的距离，适当地抬升或降低选中的文本。通过改变字符的字号和基线位置，可以方便地制作需要上、下标显示的数学公式、化学符号等。

“字符旋转”选项用于设定字符的旋转角度，选择的数值大于0时，文本逆时针旋转；数值小于0时，文本则顺时针旋转。

选择需要添加下画线或删除线的文字，在“字符”面板中单击按钮或按钮，即可为文字添加下画线或删除线。

拓展训练——海洋馆标志设计

利用本节介绍的足球比赛标志的相关知识，按照本书配套资源中提供的素材文件制作“海洋馆标志”，最终效果如图4-113所示。

图4-113

- 技术盘点：“贝塞尔工具”“椭圆工具”“渐变填充”“文本工具”。
- 素材文件：本书配套资源中的“素材与源文件\Chapter 4\4.5\拓展训练\海洋馆标志设计.ai”。

- 制作分析：

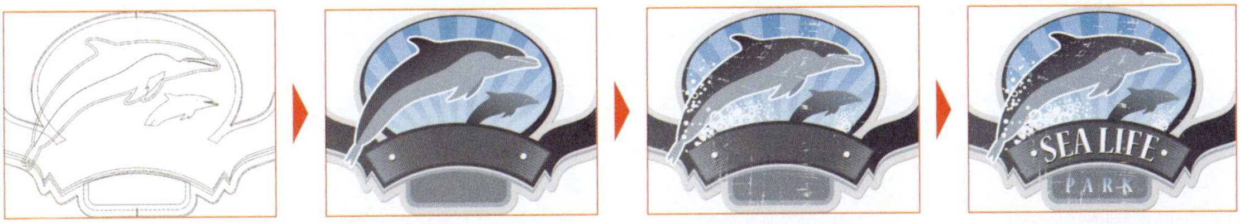

4.6 知识与技能梳理

现代标志承载着企业的无形资产，是企业综合信息传递的媒介。好的标志涵盖了企业强大的整体实力、完善的管理机制、优质的产品和服务。本章通过两个不同性质的实例来讲解工具命令的同时，使读者掌握相应的商业知识，这样可使两步并进，共同发展。

- 重要工具：“贝塞尔工具”“文字工具”“图层顺序”“透视工具”“图框精确剪裁”。
- 核心技术：利用“图形绘制工具”“文字工具”“透视工具”和图框精确剪裁的调整制作出各种形式的DM（直接邮寄）广告。
- 实际运用：标志设计、UI设计。

Chapter 5

海报设计

海报是广告艺术中比较大众化的一种形式，可完成一定的宣传任务。本章将详细讲解Illustrator CC 2021在海报设计中的运用方法与使用技巧。

	知识点	学习目标			
		了解	掌握	应用	重点知识
学习要求	海报的特点	☺			
	海报设计的原则		☺		
	海报设计的基本方法			☺	
	海报构图的比例			☺	
	海报的定义和分类		☺		
	“扩展”菜单命令				☺
	渐变色的应用			☺	
	“创建渐变网格”菜单命令			☺	
	手表海报设计			☺	
	科技时代海报设计			☺	

能力与素质目标

5.1 海报设计的基础知识

海报又称为“招贴”或“宣传画”，可张贴在街道、影剧院、展览会、商业闹区、车站、码头、公园等公共场所。在国外称之为“瞬间”的街头艺术。

5.1.1 海报的特点

1. 尺寸大

海报张贴于公共场所，会受到周围环境和各种因素的干扰，所以必须以大画面及突出的形象和色彩展现在人们面前。其画面尺寸有全开、对开、长三开及特大画面（八张全开）等。

2. 远视强

为了给来去匆忙的人们留下视觉印象，除了尺寸大之外，招贴设计还要充分体现定位设计的原理，以突出的商标、标志、标题、图形、对比强烈的色彩、大面积的空白、简练的视觉流程，使海报成为视觉焦点。海报具有广告典型的特征。

3. 艺术性高

就海报整体而言，包括商业海报和非商业海报两大类。其中，商业海报的表现形式以具有艺术表现力的摄影、造型写实的绘画或漫画为主，可给消费者留下真实感人的画面和富有幽默情趣的感受。

而非商业海报，其内容广泛，形式多样，艺术表现力丰富。特别是文化艺术类的海报，设计者可根据广告主题充分发挥想象力，尽情施展艺术手段。许多追求形式美的画家都积极参与到海报的设计中，设计出具有自己绘画语言的、风格各异的、形式多样的海报。

5.1.2 海报设计的原则

1. 一目了然，简洁明确

为了能使人在一瞬间、一定距离看清楚所要宣传的事物，在设计时往往采取一系列的假定手法，突出重点，删去次要的细节甚至背景，并把不同时间、不同空间发生的活动组合在一起。海报设计也经常运用象征手法，启发人们的联想。

2. 以少胜多，以一当十

海报属于“瞬间艺术”。要做到在有限的时空下让人过目难忘、回味无穷，就需要做到“以少胜多，以一当十”。海报艺术通常从生活的某一侧面（而不是从一切侧面）来再现现实。在选择设计题材时，选择最富有代表性的现象或元素，就可以产生“言简意赅”的好作品。有时，尽管构图简单，却能够传达出吸引人的意境，从而达到情景交融的效果。

3. 表现主题，传达内容

设计意念必须成功地表现主题，清楚地传达海报的内容信息，这样才能使观众产生共鸣。

5.1.3 海报设计的基本方法

如何设计一张具有感染力的海报，使观看的人能够直接接触最重要的信息？其前提是海报作品本身必须能激发观众的兴趣及注意力。本节将介绍一些最基本的方法。

1. 一致性

海报设计与其他任何图像艺术设计一样，很容易混乱。前期的图像和文案不能准备充分，市场营销人员也在不停地改变他们的想法，所以，在设计过程中，设计者必须对整个流程有一个清晰的顺序并逐一落实。海报设计必须从一开始就要保持一致，包括大标题、资料的选用、照片及标志。如果没有统一，海报将会变得混乱不堪。所有的设计元素必须以适当的方式组合成一个有机的整体。

关联性：也可以称为分组，其核心内容是“物以类聚”。当一个页面中的各个组成部分被井井有条地放在一起时，消费者就会认为这些元素是一组的，并不会理会这些不同部分是否真的相似或关联，如图5–1所示。

设计者可以通过以下途径实现元素的关联性。

- 对人物、物品及文字分组，能够提高信息的传达效果。
- 将各部分放在一起，相比单独、松散的结构更能产生冲击力。
- 如果海报中的各物品都非常相似，将它们组成一组会使海报更具有吸引力，而其他元素则会被观众看成是次要的。

重复：另一个使作品具有一致性的方法就是对形状、颜色或某些数值进行重复。当一个设计元素的不同部分在一个平面中被反复应用时，人们的视线就会自然地跟随它们，有时即使它们并不在一起，人们的视觉也会将它们视为一个整体，会潜意识地在它们之间画上连线，如图5–2所示。

应用重复最简单的方法是，在海报的背景中创造一个图案，然后重复应用。在背景中，这些重复的图案会产生一种很有趣的视觉及构图效果，人们会将背景与前景的元素连接起来。

另一个应用重复的方法是，一行重复的元素可引导观众的视线到一个重要的信息、标志或图片上。重复的元素能够产生一条路径，从而引导人们的视线，使观众产生好奇心，这其实是一种讲故事的方式，以便吸引观众继续往下看。

延续性：通常与重复一起使用，作品中的对象组合在一起，从而引导观众到另一个位置上。延续性一般通过线性效果来达到。当人们看到一条线时，眼睛会本能地跟随着它，想知道这条线到底延续到哪里，如图5–3所示。

添加背景颜色：如果作品中各元素的形状、颜色或外观没有共同点，那么可以将这些元素放在一个实色区域中，如图5–4所示。

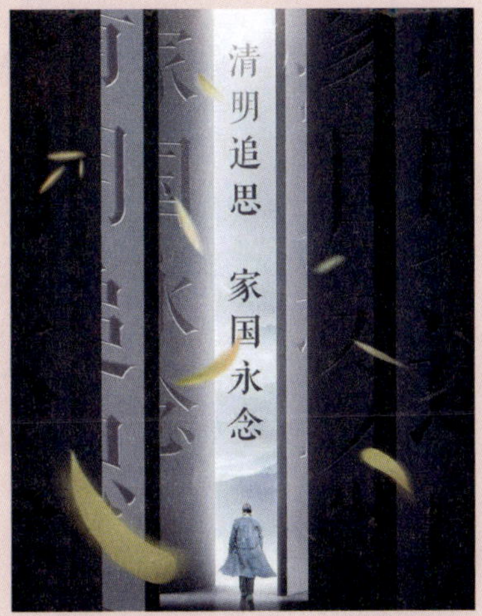

图 5–1

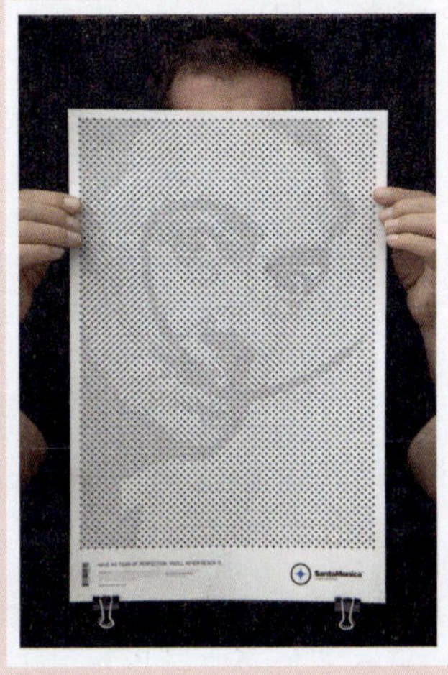
图 5–2

2. 协调性

无论是协调的构图还是不协调的构图，都能够使海报的版面具有强烈的视觉效果。打破均衡会产生一种紧张的氛围。协调对于设计来说特别重要，因为海报总是作为单独的个体出现，在它的周围并没有其他东西使视觉上有其他支撑点（如杂志广告的设计，其相邻的一页或其他周围的元素可以作为一个支撑点）。

图 5-3

图 5-4

设计者可以通过以下途径实现元素的协调性。

对称协调：自然界中充满了对称。蝴蝶、枫叶及雪花都有一个非常对称的形状。人类会对这些对称的东西特别亲近，也可能是因为人们的身体同样是对称的（极大部分人是这样的）。设计者利用人类的这种天性设计作品。在设计海报时，一个设计者经常会将一张主要的图片或文字放在垂直的中轴线上并且左右对称。这种构图会使观看者感觉舒服——所有东西都井然有序。将不同的设计对象放在左、右两边的对应位置上同样可产生对称。这种重复与对称相结合的创作手法可使作品给人一种协调、稳定的感觉，如图5-5所示。

不对称协调：不对称构图可以使海报充满活力。设计者可利用颜色、数值、形状及位置设计一种既不完全平衡又不会混乱的平面。绝对不对称的构图其实并不容易实现，如果大小、颜色及其他元素的差别不大，同样使平面具有一种均衡感，如图5-6所示。

图 5-5

颜色协调：是指通过色彩的面积、冷暖对比和纯度控制画面的节奏，以达到一种视觉上的均衡，如图5-7所示。

技巧 提示

较小的颜色区域与较大的无颜色区域能够产生和谐效果。颜色比空白的区域更能吸引人，而一小块颜色与一大块空白区域在人们的视觉心理上是相等的。暖色比冷色更能吸引人的视线。人们很容易注意到橙色及红色，而蓝色及绿色却有一种令人向后退的感觉。因此，面积较大的冷色配上面积较小的暖色能够产生和谐的效果。颜色的饱和度越大，越引人注目。

图 5-6

形状及位置协调：形状协调分布同样能够使海报设计具有一致性。一个面积较大且简单的形状（或图片及文字区域）与一个面积较小但复杂的元素能形成良好的搭配效果。在作品中，较大的形状能够吸引人的注意，而较小的元素虽然是较次要的部分，但从视觉上来看，与较大的区域能够形成一种稳定的视觉效果，如图5–8所示。

图 5–7

图 5–8

技巧 提示

各个元素所放置的位置在作品的协调中也扮演着重要的角色。页面中的对象越偏离中心，所传达的视觉语言就越多。对于一些形成角度的设计，协调理论同样适合。一个呈角度放置的较大对象可以在其对应的位置上放上一个对象，以形成协调效果。

3. 节奏性

音乐通过音符的重复或变化而产生旋律。听音乐时，人们总会不知不觉地留意每个音符的变化。如果旋律优美，那么当再次听到这些节奏时，就会记起这些旋律。在设计中，节奏同样有这种效果。当将设计对象进行排列时，便可以将这些对象处理得更有节奏感、更具感染力，使观众不易忘记。

设计者可以通过以下途径实现元素的节奏性。

重复节奏：指一组元素不断出现。将各个元素排列起来，但每个元素又有各自的不同，就可以产生节奏感，如图5–9所示。

交替变化节奏：在节奏变化的构图中，两个以上的元素互相变化便可产生一组排列的对象或图案。这种创作手法同样适用于海报中的文字排版。如果将两种字体或两种颜色交替使用，便可产生节奏感，如图5–10所示。

图 5–9

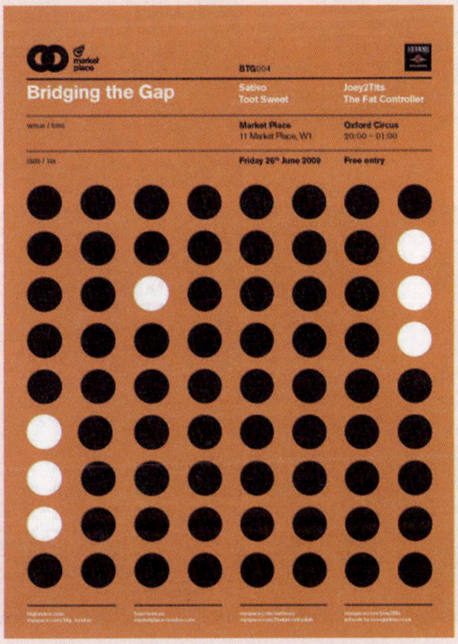

图 5–10

1
2
3
4
5
6
7
8
9
10

渐进节奏：渐进节奏的每一个变化都是逐渐进行的。对于节奏的延伸来说，这种构图可以使作品减少急促感，如颜色逐渐增多或减少。视觉中的渐进变化相当于歌曲中的音乐由远至近渐渐增加或慢慢减弱。很多元素（如图片、文字等）都可以创造出渐进的节奏。设计者可以将相同的蝴蝶在构图中以对角线的方式排列，但每一只蝴蝶的颜色、大小或角度略有不同，从而体现出节奏感。渐进节奏可以使平面的海报产生层次感，效果更活泼，更有生命力，如图5-11所示。

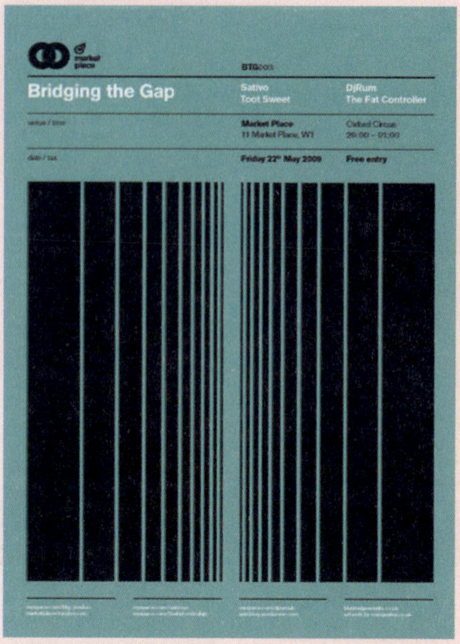

图 5-11

5.2 海报设计经典案例欣赏

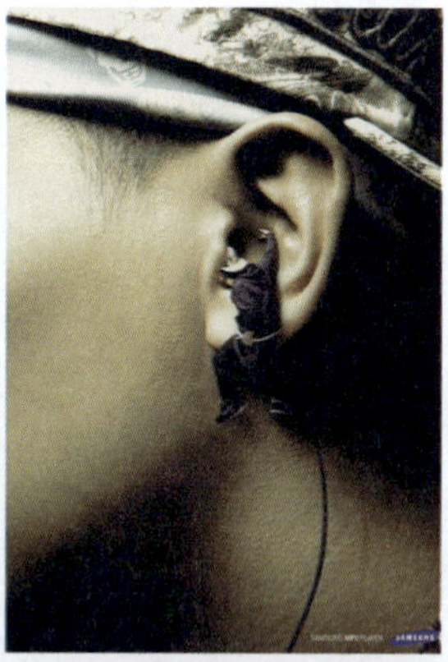

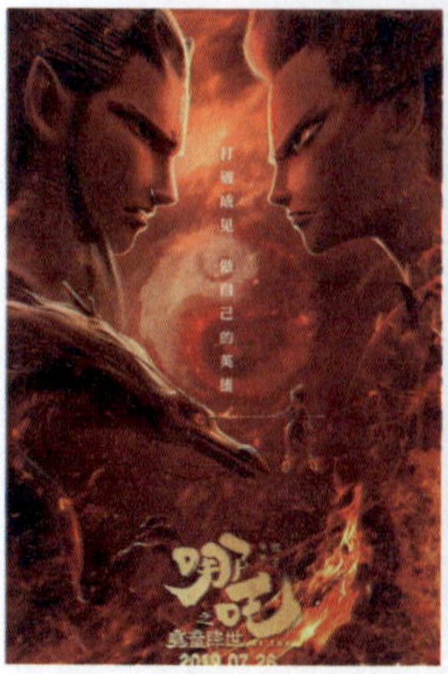

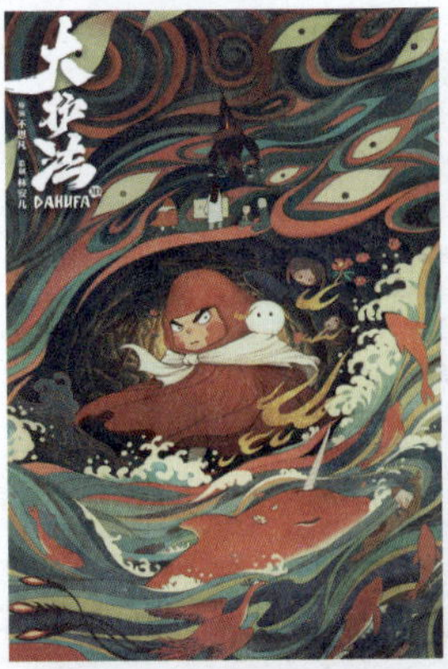
大护法
DAHUFA

小工匠
我在故宫修文物
12/16
大银幕见

CMG
莫高窟

品味中国 品尝人生
舌尖上的中国
A BITE OF CHINA
CCTV.

赢在大明
GREAT PUBLISHER

如果国宝会说话
浮沉千年・浅言初生

张艺谋
SHADOW
影

本草
THE TALE OF CHINESE MEDICINE
感动生命的奥义
2016.5.20 起 江苏卫视每周五晚 21:20

白鹿原
WHITE DEER PLAIN
王全安
九月十三日 全国公映

山河故人
MOUNTAINS MAY DEPART
每个人只能陪你走一段路
贾樟柯
015.10.30 约故人相见 看山河不变

CUENTAME
ANITA MEJIA
DEL
28 al 30 de abril
Uruapan
Michoacán
en UDV

陈可辛
原名中国女排
夺冠
王者归来 9月30日 定档国庆

武林
Hermit Master

敦煌
河西走廊
HEXI CORRIDOR
CHINA'S WILD WEST

建军大业
2017.8.1

实践●提高

5.3 手表海报设计

● 难易程度 ★★★★

项目创设

本案例制作的是一个手表海报。该海报的构思巧妙，设计独特，最终效果如图5-12所示。

制作思路

先利用“贝塞尔工具”和“填充工具”制作白色的色块，然后利用“文字工具”和“钢笔工具”制作字体效果，最后置入图像素材，完成海报制作。

图 5-12

素材文件：本书配套资源\素材与源文件\Chapter 5\5.3\素材

案例制作步骤

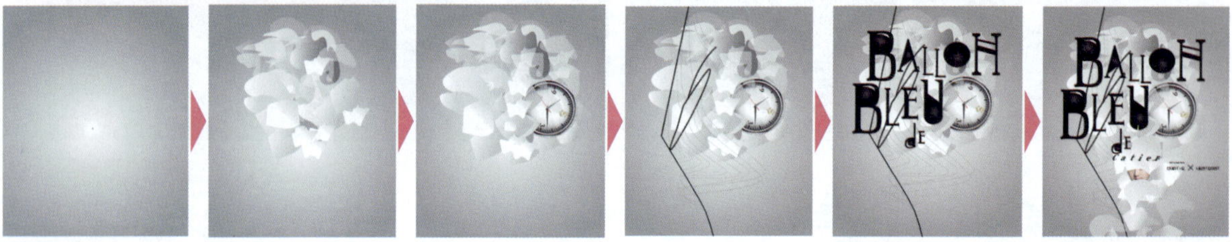

01 创建文档

选择“文件”→“新建”菜单命令，在打开的“新建文档”对话框中设置“名称”为“手表海报设计”、“宽度”为80mm、“高度”为100mm、全部“出血”为3mm、“颜色模式”为RGB，如图5-13所示。

02 创建矩形

单击工具栏中的“矩形工具”按钮■，在空白处单击，在打开的“矩形”对话框中设置“宽度”为80mm、“高度”为110mm，单击“确定”按钮，创建一个颜色和描边颜色均为无的矩形，如图5-14所示。

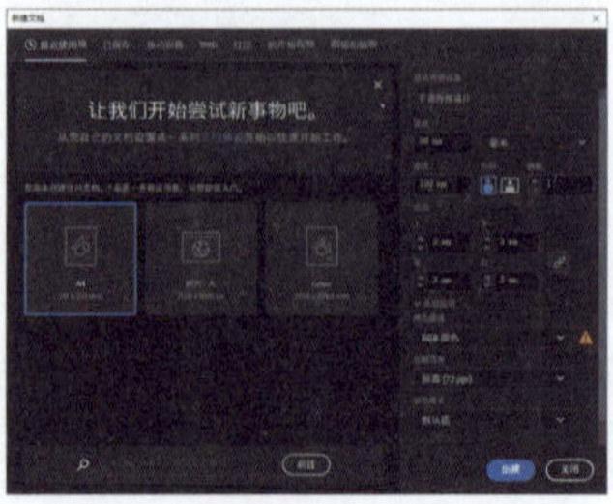

图 5-13

图 5-14

工具详解

渐变色的应用

渐变色是指两种或者两种以上的颜色相互混合形成的一种常用的填色方式。

1.“渐变”面板

可以使用“渐变”面板来应用、创建和修改渐变。选择“窗口”→“渐变”菜单命令，将弹出“渐变”面板。

“渐变”面板

如果未显示“渐变”选项，需从“渐变”面板菜单中选择“显示选项”命令。系统默认的渐变色是黑白渐变。

03 设置并填充渐变效果

选中步骤02中绘制的矩形，选择“窗口”→“渐变”菜单命令，打开“渐变”面板，设置渐变颜色值由左至右分别为（R:225、G:225、B:225）、（R:162、G:162、B:162），设置渐变类型为“径向”、长宽比为98.6%，单击“确定”按钮，效果及参数设置如图5-15所示。

图 5-15

04 绘制云朵图形

单击工具栏中的“钢笔工具”按钮，设置填充颜色和描边颜色均为无，在空白处绘制一个类似云朵的图形，如图5-16所示。

05 填充渐变效果

选中步骤04中绘制的图形，打开“渐变”面板，设置渐变颜色值由左至右分别为（R:225、G:225、B:225）、（R:223、G:223、B:223），设置渐变类型为“线性”，单击“确定”按钮，然后利用“渐变工具”对效果进行调整，效果及参数设置如图5-17所示。

图 5-16

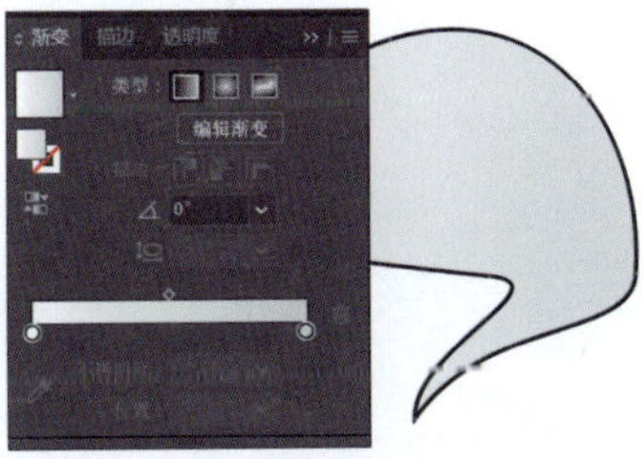

图 5-17

06 降低不透明度

选中步骤05中的图形，按【Shift+Ctrl+F10】组合键打开“透明度”面板，设置混合模式为“叠加”、“不透明度”为80%，然后将其移动到如图5-18所示的位置。

图 5-18

07 绘制图形

选择“钢笔工具”，在空白位置绘制一个填充颜色和描边颜色均为无的图形，如图5-19所示。

08 填充渐变效果

选中步骤07中绘制的图形，打开“渐变”面板，设置渐变

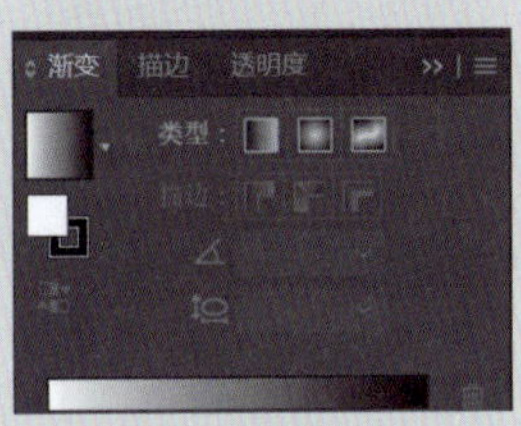

默认渐变色

- **类型**：其下拉列表框中提供了两种渐变方式，即“线性”和“径向”。

“线性”渐变和“径向”渐变

- **角度**：渐变类型为“线性”时，输入数值可改变渐变的方向。角度值的变化范围为-180°～180°。

不同角度的线性渐变

- **位置**：输入数值或直接拖动滑块，可改变渐变颜色的组成比例。

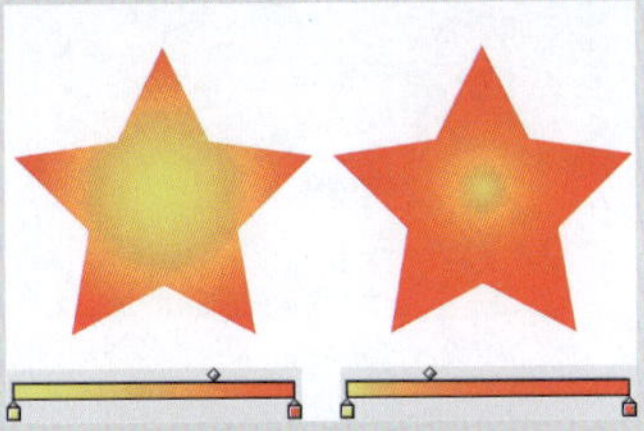

不同位置的线性渐变

- **渐变色条**：通过拖动渐变滑块可调整渐变色。渐变色条下方的每个渐变滑块对应一种颜色，选中渐变滑块，滑块上部的三角空心状态变为黑色，拖动滑块可对其所对应的颜色进行调整。渐变色条左侧的颜色为渐变色的起始颜色。使用“径向”渐变时，最左侧的渐变滑块定义了颜色填充的中心点，它呈辐射状向外逐渐

颜色值由左至右分别为（R:225、G:225、B:225）、（R:223、G:223、B:223），设置渐变类型为“线性”、角度为45.92°，单击“确定”按钮，然后利用“渐变工具”对效果进行调整，效果及参数设置如图5-20所示。

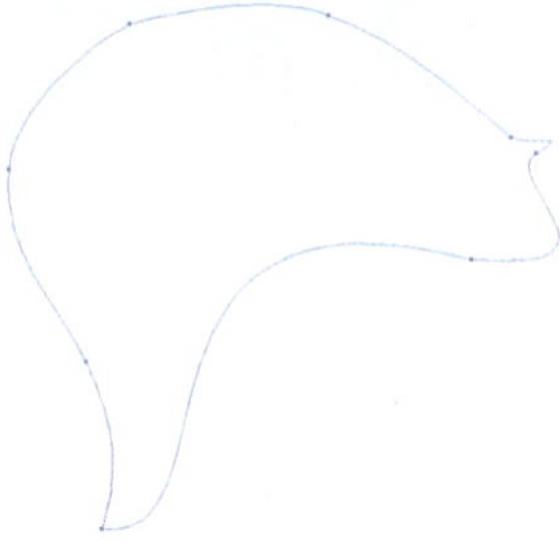

图 5-19

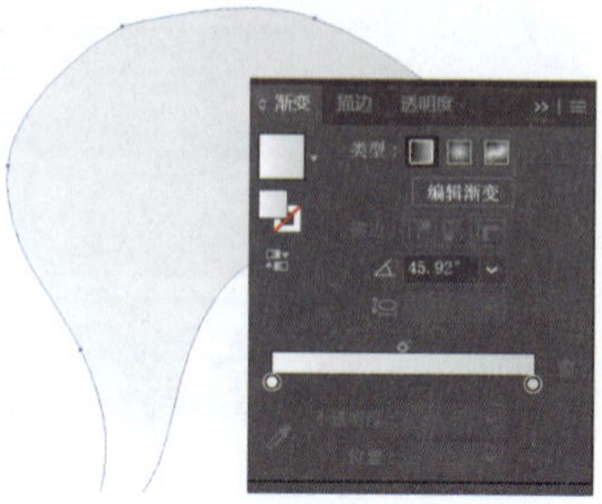

图 5-20

09 降低不透明度

选中步骤08中的图形，打开“透明度”面板，设置“不透明度”为25%，然后将其移动到如图5-21所示的位置。

10 绘制渐变图形

选择“钢笔工具”，在空白处绘制图形，打开“渐变”面板，设置渐变颜色值由左至右分别为（R:225、G:225、B:225）、（R:223、G:223、B:223），设置渐变类型为“线性”、角度为91.16°，单击“确定”按钮，然后利用“渐变工具”对图形进行调整，效果如图5-22所示。

图 5-21

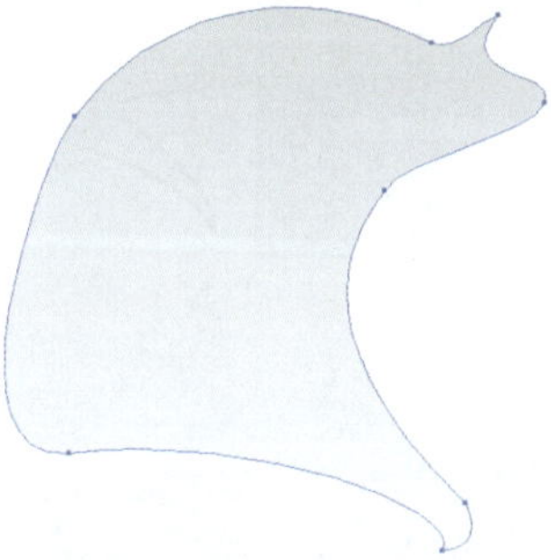

图 5-22

11 降低不透明度

选中步骤10中的图形，打开“透明度”面板，设置“不透明度”为52%，然后将其移动到如图5-23所示的位置。

12 完善云层的绘制

参照上面的方法，绘制其他云朵，对图形进行填充渐变，并排列成如图5-24所示的形状。

图 5-23

过渡到最右侧的渐变滑块颜色；渐变色条上方的菱形渐变滑块的所在位置表示两种颜色混合50%的位置。选中菱形滑块，滑块空心状态变为灰色，通过拖动滑块的位置可以控制渐变颜色的比例。

- 增加和删除渐变色：如果要在渐变中添加中间色，那么将颜色从“色板”面板或“颜色”面板中直接拖曳到渐变色条上即可。或者，单击渐变色条下方的任意位置，就会增加一个颜色滑块，然后选择一种颜色即可。若要删除中间色，将方块拖离渐变滑块即可。

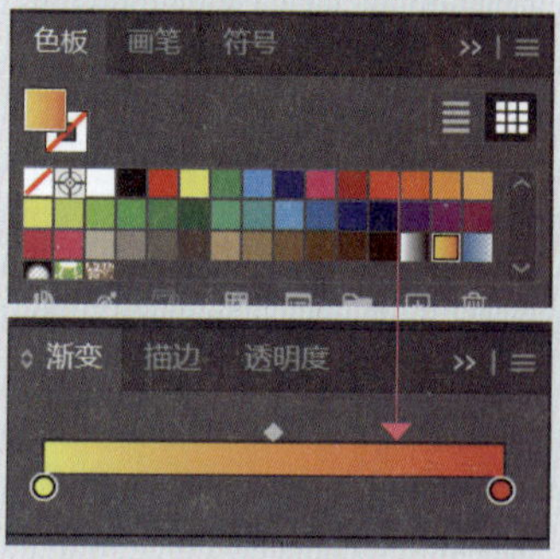

添加或删除渐变色

- 保存渐变色：定义好渐变色，单击“渐变”面板左上角的渐变预览框，并拖曳至“色板”面板中，即可将渐变色保存在“色板”面板中。

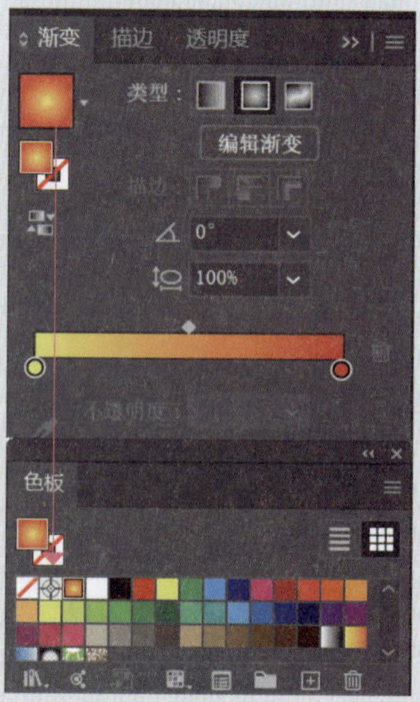

保存渐变色

- 定义渐变颜色名称：双击渐变色，可在弹出的“色板选项”对话框中为其定义名称。

13 置入手表图像

选择“文件”→“置入”菜单命令，将“素材与源文件\Chapter 5\5.3\素材\素材01.tif”文件置入画板，在属性栏中单击“嵌入”按钮，嵌入图像，并调整大小和角度，效果如图5-25所示。

图 5-24

图 5-25

14 调整图像顺序

选择刚刚置入的图像，按【Ctrl+[】组合键多次，调整图像的排列顺序，效果如图5-26所示。

15 绘制线条

选择“钢笔工具”，设置填充颜色为无、描边颜色为黑色、粗细为1pt，绘制多条曲线，如图5-27所示。

图 5-26

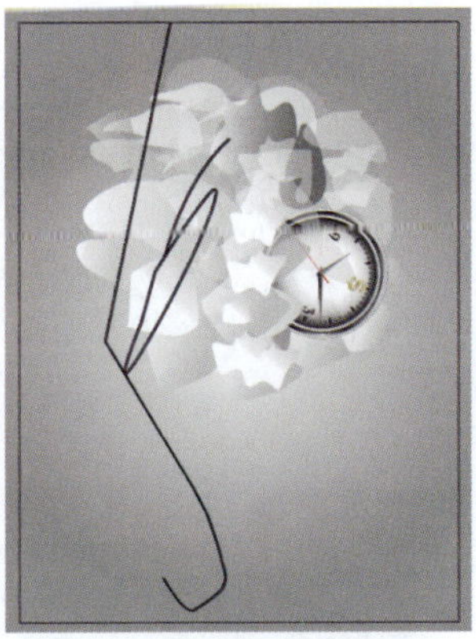

图 5-27

16 继续绘制曲线

选择“钢笔工具”，设置填充颜色为无、描边颜色值为（R:150、G:150、B:150）、粗细为0.5pt，绘制如图5-28所示的曲线。

17 降低不透明度

选择步骤16绘制的曲线，打开“透明度”面板，设置“不透明度”为40%，效果如图5-29所示。

18 创建文字

单击工具栏中的“文字工具”按钮，在空白位置单击，在

2.渐变工具

使用渐变填充对象后，可使用“渐变工具”改变渐变方向、更改渐变的起点和终点，以及在多个对象中应用渐变。

命名渐变色

3.渐变填充运用

- 选中要进行渐变填充的一个或多个对象。

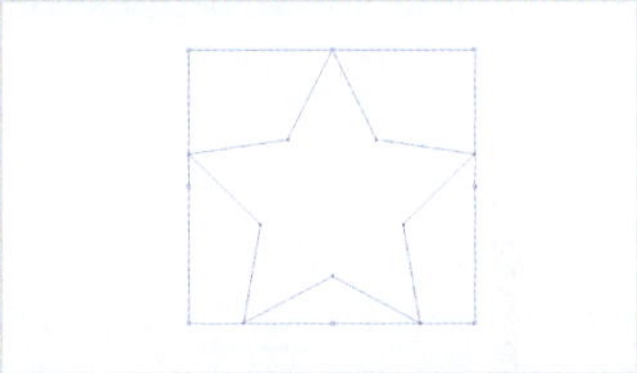

选中对象

- 选择“渐变工具”，并选择颜色，将鼠标指针置于要定义为渐变起点的位置。
- 在要添加渐变的方向上拖动鼠标，在要定义为渐变终点的位置释放鼠标，即可完成渐变填充。

完成填充

拖曳鼠标时按住【Shift】键，渐变方向会以水平、垂直或45°倍数变化。

行业知识

海报的定义和分类

海报按其应用不同大致可以分为商业海报、文化海报、电影海报和公益海报等，这里对它们进行简要介绍。

1.商业海报

商业海报是指宣传商品或商业服务的商业广告性海报。商业海报的设计，要恰当地配合产品的格调和受众对象。

属性栏上设置文字字体为Copperplate Gothic Light、字体大小为72pt、字体颜色为黑色，输入字母“B”，如图5-30所示。

图 5-28

图 5-29

19 改变文字形状

创建文字轮廓，利用“直接选择工具”框选相应的锚点，调整锚点位置，改变文字形状比例，效果如图5-31所示。

图 5-30

20 绘制新图形

选择“钢笔工具”，设置填充颜色为黑色、描边颜色为无，绘制一个如图5-32所示的图形。

21 绘制新图形

选择“钢笔工具”，在合适位置绘制图形，打开“渐变”面板，设置渐变为（R:78、G:78、B:78）到黑色透明渐变，设置渐变类型为“径向”、角度为90°，单击“确定”按钮，然后利用“渐变工具”对效果进行调整，效果及参数设置如图5-33所示。

图 5-31

图 5-32

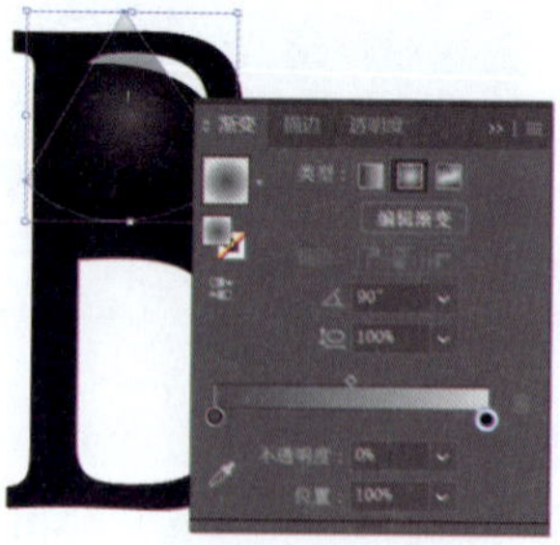

图 5-33

22 复制图形并调整位置

将关于字母B的所有图形选中，按【Ctrl+G】组合键编组，复制编组后的图形，并调整到如图5-34所示的位置。

23 创建文字

选择“文字工具”，在空白位置单击，在属性栏中设置文字

商业海报

2. 文化海报

文化海报是指各种社会文娱活动及各类展览的宣传海报。展览的种类很多，不同的展览都有其各自的特点，设计者需要了解展览和活动的内容才能运用恰当的方法表现其内容和风格。

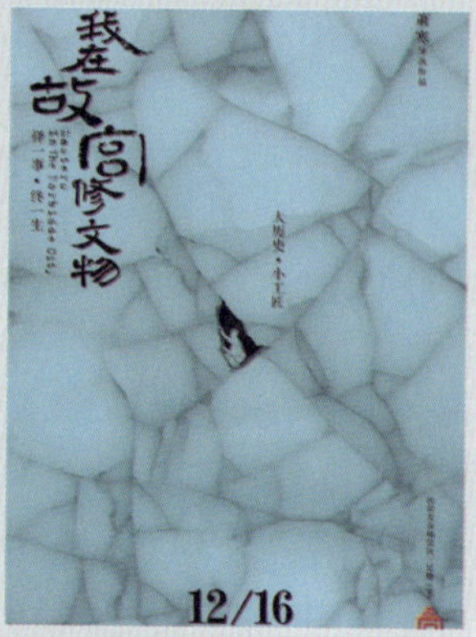

文化海报

3. 电影海报

电影海报是海报的分支。电影海报主要起到吸引观众注意、刺激电影票房的作用，与戏剧海报、文化海报等类似。

电影海报

字体为Copperplate Gothic Light、字体大小为60pt、字体颜色为黑色，输入字母“A”，如图5-35所示。

图 5-34

图 5-35

24 更改文字形状

将文字创建轮廓，利用“直接选择工具”框选相应的锚点，调整锚点位置，改变文字形状比例，如图5-36所示。

25 复制渐变图形并调整

选择字母B最上方的渐变图形，将其复制，并调整到字母A的合适位置，效果如图5-37所示。

图 5-36

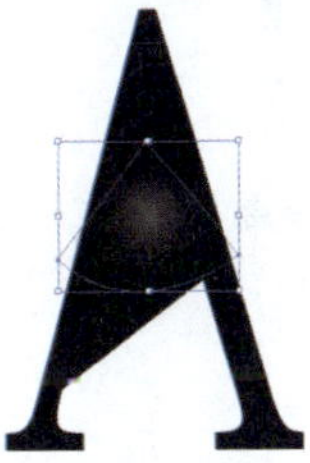

图 5-37

26 调整位置

将关于字母A的所有图形选中，按【Ctrl+G】组合键编组，将编组后的图形调整到如图5-38所示的位置。

27 创建并调整其他文字

参照上面的方法，输入并调整字母L，并将创建的图形复制两组，分别移动到如图5-39所示的位置。

图 5-38

图 5-39

28 绘制不规则椭圆

选择“钢笔工具”，设置填充颜色为黑色、描边颜色为

4.公益海报

公益海报是带有一定思想性的。这类海报具有特定的对公众的教育意义，其海报主题包括对各种社会公益、道德的宣传，对政治思想的宣传，弘扬爱心、奉献、共同进步的精神等。

公益海报

工具详解

“网格工具”的运用

利用“网格工具”，可以对图形进行多个方向和多种颜色的渐变填充。

● 选择“网格工具”，在绘制好的图形上单击。

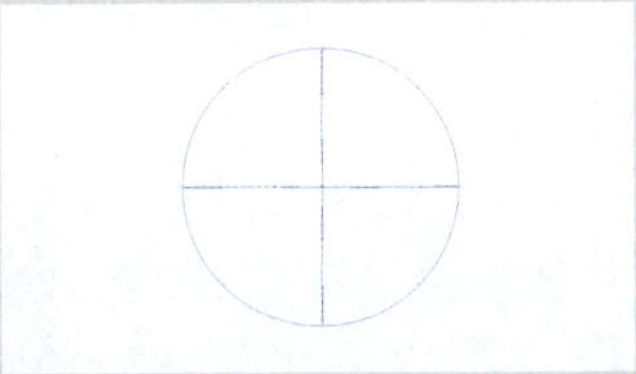

添加网格

● 选择“色板”面板中的颜色，按住鼠标左键，将其拖动到网格节点上，释放鼠标，即可为网格填充颜色。

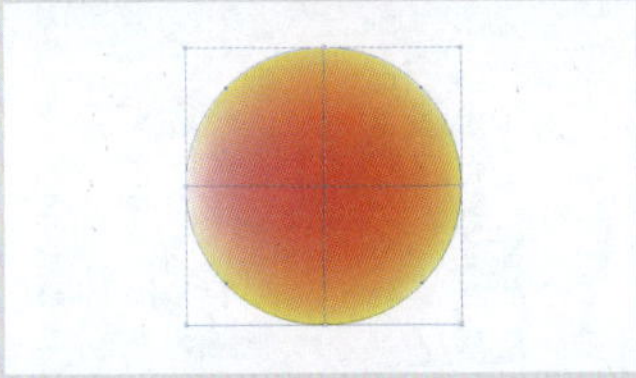

添加颜色

● 利用“网格工具”在图形上单击，可以继续为图形增加节点。

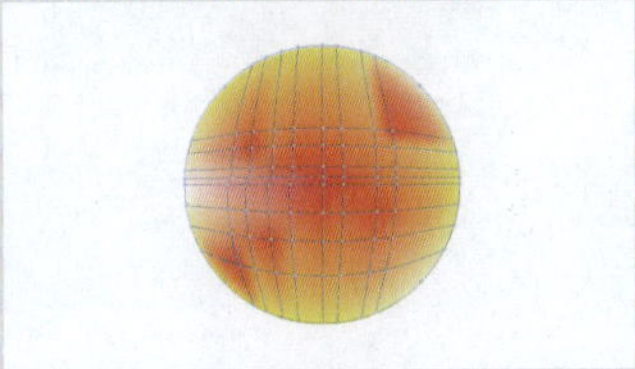

添加节点

无，绘制一个不规则椭圆，将字母A上方的渐变图形复制到椭圆上方，如图5-40所示。

图 5-40

29 创建并变形文字

选择“文字工具”，在空白处输入字母“N”，如图5-41所示。创建文字轮廓，利用“直接选择工具”对相应的锚点位置进行调整，得到的效果如图5-42所示。

30 变形文字

选择“钢笔工具”，在合适位置绘制一个如图5-43所示的黑色图形。

图 5-41

图 5-42

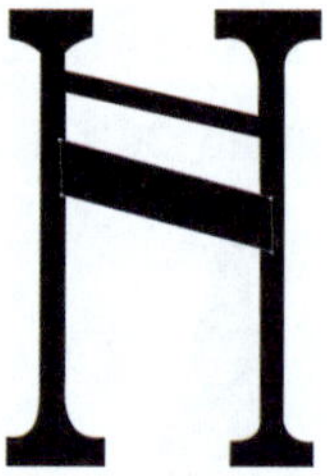

图 5-43

31 合并图形并调整图形位置

选择刚刚绘制的黑色图形和字母N，选择“窗口”→“路径查找器”菜单命令，打开“路径查找器”面板，单击“联集”按钮，组合两个图形，并调整到如图5-44所示的位置。

32 创建其他文字效果

参照上面的方法，创建其他字母的效果，并将创建的图形复制两组，分别移动到如图5-45所示的位置。

图 5-44

图 5-45

工具详解

“创建渐变网格”命令

选择“对象”→“创建渐变网格”菜单命令，将打开“创建渐变网格”对话框。在该对话框中可设置渐变网格的行数和列数，以及网格的外观和高光显示。

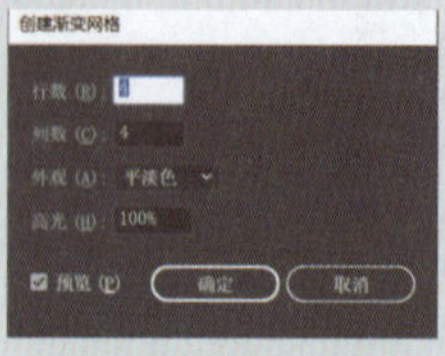

“创建渐变网格”对话框

行数：设置将在图形水平方向上创建网格线的排数，在文本框中直接输入数字即可，数值范围为1～50。

列数：设置将在图形垂直方向上创建网格线的栏数，在文本框中直接输入数字即可，数值范围为1～50。

外观：设置创建网格后的图形高光部位的表现方式，可在下拉列表框中选择不同的选项。

- 平淡色：在表面上均匀地应用对象的原始颜色，只创建网格，颜色没有改变。

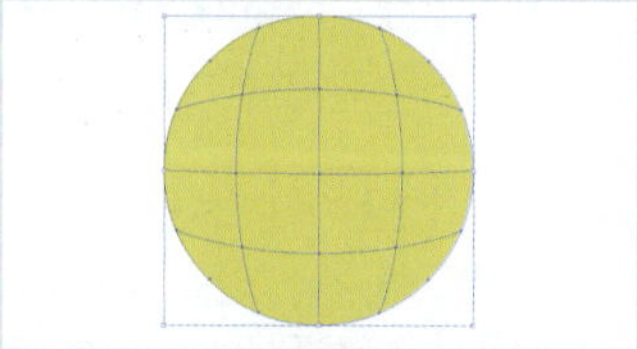

平淡色

- 至中心：在对象中心创建高光。

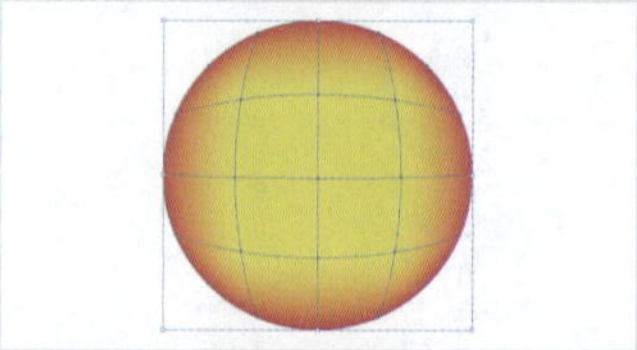

至中心

- 至边缘：在对象边缘创建高光。

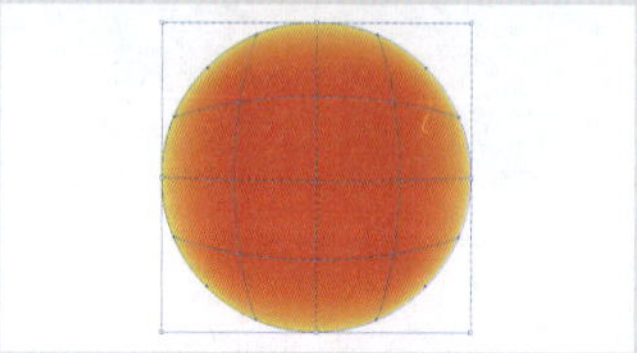

至边缘

33 创建说明文字并调整位置

利用“文字工具”创建出海报的说明文字，并分别移动到如图5-46所示的位置。

34 置入图像

选择“文件”→“置入”菜单命令，将“素材与源文件\Chapter 5\5.3\素材\素材02.tif”文件置入画板的合适位置，在属性栏中单击“嵌入”按钮，嵌入图像，并调整到如图5-47所示的位置。

35 完成海报制作

按【Ctrl+[】组合键调整图像的排列位置，完成海报的制作。

图 5-46

图 5-47

工具详解

“扩展”命令

使用“扩展”命令，可以对图形进行网格渐变的填充。选中填充渐变色的图形，然后选择“对象”→“扩展”菜单命令，打开“扩展”对话框。

“扩展”对话框

- 在该对话框中选中“渐变网格”单选按钮，单击“确定”按钮，图形渐变就成为网格渐变。

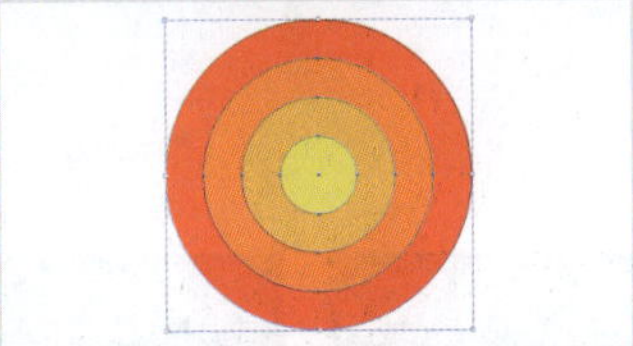

网格渐变效果

- 选中“指定对象”单选按钮，单击“确定”按钮，图形渐变将按颜色分解为多个图形，图形的数量由文本框中的数值确定。

拓展训练——网络宣传海报设计

利用本节介绍的手表海报设计的相关知识，按照本书配套资源中提供的素材文件制作网络宣传海报，最终效果如图5-48所示。

图5-48

- 技术盘点：渐变填充、“贝塞尔工具”“椭圆工具”“矩形工具”“文字工具”。
- 素材文件：本书配套资源中的“素材与源文件\Chapter 5\5.3\拓展训练\网络宣传海报设计.ai”。
- 制作分析：

实践●提高

5.4 科技时代海报设计

● 难易程度 ★★★★

项目创设

本案例制作的是一个科技时代海报。该海报视觉冲击力强，极具科技感，最终效果如图5-49所示。

制作思路

先利用“矩形工具”“填充工具”“多边形工具”等制作背景，然后置入相应的素材图像，最后制作文字效果，完成海报制作。

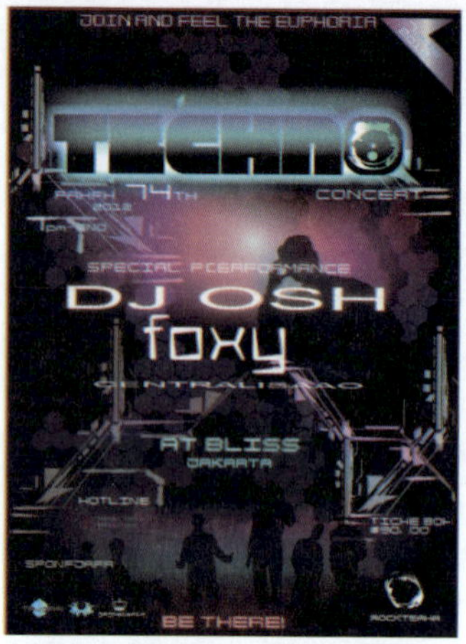

图 5-49

素材文件：本书配套资源\素材与源文件\Chapter 5\5.4\素材

案例制作步骤

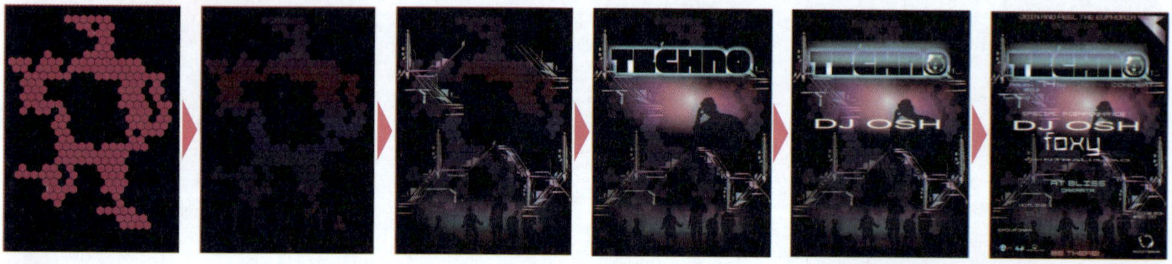

01 创建文档

选择“文件”→“新建”菜单命令，在打开的“新建文档”对话框中设置“名称”为“科技时代海报设计”、“大小”为A4、全部“出血”为3mm、“颜色模式”为RGB，如图5-50所示，单击“确定”按钮，新建空白文档，如图5-51所示。

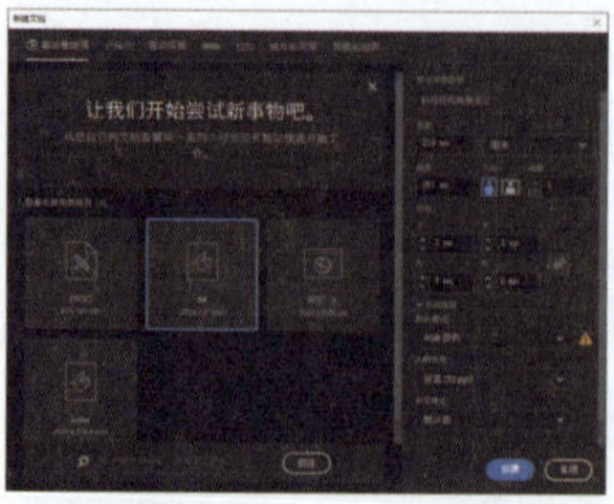

图 5-50

图 5-51

微课：科技时代海报设计（1）

02 绘制并设置矩形

利用“矩形工具”，在画板中绘制一个与面板大小相同的矩形，设置填充色为黑色，无描边色，效果如图5-52所示。

工具详解

多边形工具

使用“多边形工具”可以自由地绘制多边形，也可以通过设置“多边形”对话框中的“半径”和“边数”参数，精确绘制多边形。

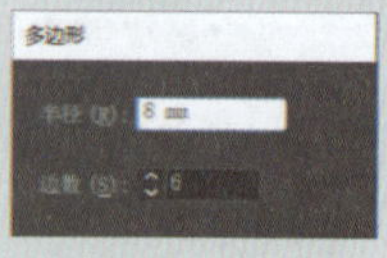

“多边形”对话框

● 选择“多边形工具”，在页面上按住鼠标左键并拖曳，即可绘制多边形。

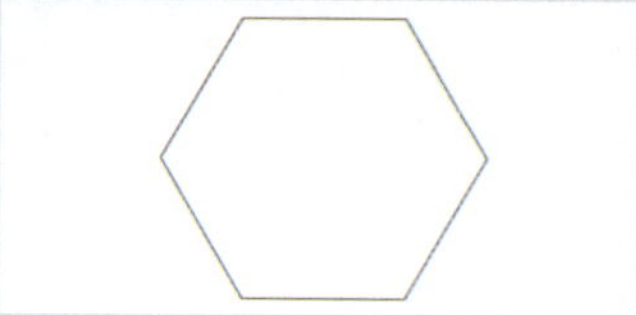

绘制多边形

03 绘制并设置六边形

选择“多边形工具”，在画板中拖动鼠标，绘制一个六边形，设置填充颜色值为（R:190、G:10、B:100），无描边色，效果如图5-53所示。

图 5-52

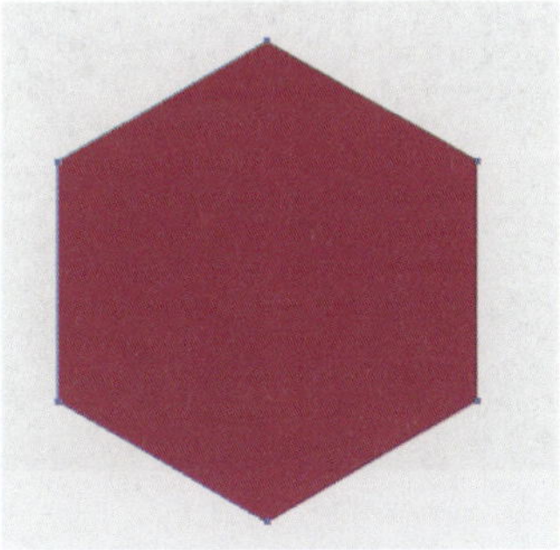

图 5-53

04 复制六边形

使用“选择工具”选中六边形，按住【Alt】键拖动鼠标，复制一个六边形，按【Ctrl+D】组合键多次执行“复制”命令，使六边形填满画布，如图5-54所示。

05 删除多余的六边形

选中填充为黑色的矩形，按【Ctrl+2】组合键执行“锁定”命令，以方便后期制作，按【Delete】键删除不需要的六边形，得到的效果如图5-55所示。

图 5-54

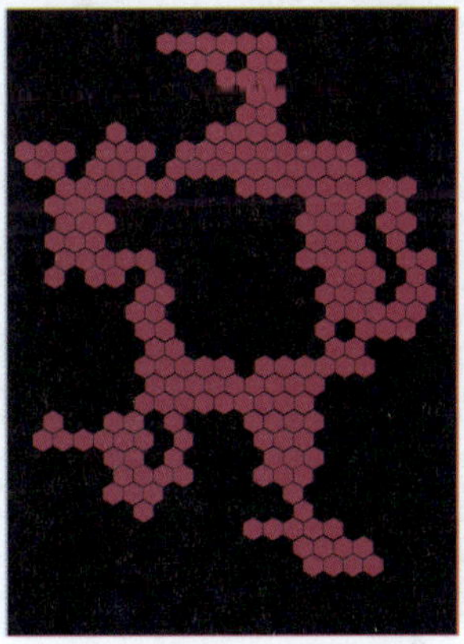

图 5-55

06 编组图形并设置不透明度

框选所有的六边形，按【Ctrl+G】组合键，执行“编组”命令，在“透明度”面板中设置“不透明度”参数，效果及参数设置如图5-56所示。

07 导入素材

选择“文件”→“置入”菜单命令，打开“素材与源文件\

- 在绘制过程中拖曳鼠标可旋转多边形。
- 在绘制过程中按住【Shift】键，可以控制多边形旋转角度为45°的倍数。
- 在绘制过程中按住空格键，可移动多边形的位置。
- 在绘制过程中按住【~】键，拖动鼠标可绘制多个多边形。

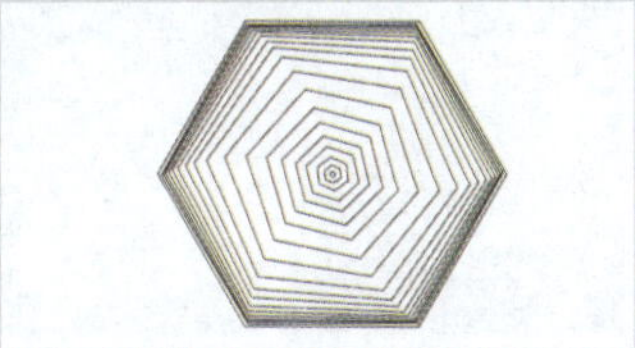

绘制多个多边形

- 在绘制过程中按【↑】键，可增加多边形的边数，每按一次，增加一条边。
- 在绘制过程中按【↓】键，可减少多边形的边数，每按一次，减少一条边。

设计师经验

海报文字排版

在海报设计中，文字排版对于海报设计者来说是重中之重，因为字体本身就具有力量感，且在海报中应用的文字都是浓缩的句子，言简意赅。在现代设计中，文字排版的内容包括文字本身、文字的位置以及其中的图片等各种有关的因素，因此对文字的排版并不仅仅是选择哪种字体这么简单。

但是在设计海报时，选择某种字体总是设计的起点。现在人们有数千种字体可以应用，那么该从哪里开始呢？

为了使海报有一致协调的效果，通常在一幅海报中使用不超过3种字体。当海报中应用了2～3种字体时，由于字体间的区别，便会使海报显得醒目，因为它们能够形成对比。如果使用很多种字体，就会显得非常混乱，重点也不突出。对比的目的是要能够突出最重要的内容。如果几种字体

Chapter 5\5.4\素材\建筑.eps”文件，置入画板合适位置，如图5-57所示。

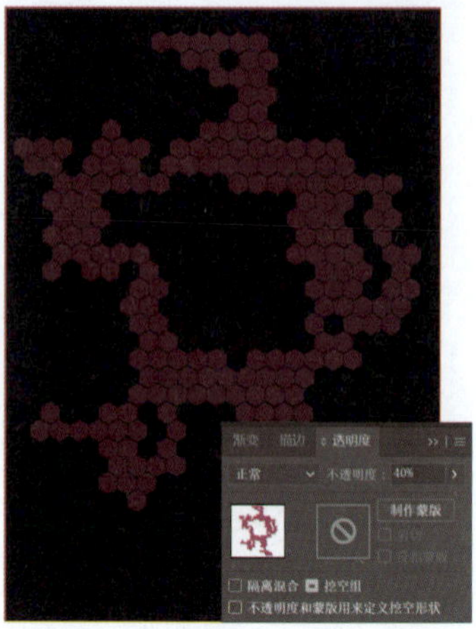

图 5-56

图 5-57

08 绘制矩形并填充渐变色

选择“矩形工具”，在画板中拖动鼠标，绘制一个与面板相同大小的矩形，调出“渐变”面板，设置渐变类型为“线性”、角度为90°、“不透明度”依次为42%、60%、58%、59%、54%、100%，效果及参数设置如图5-58所示。

微课：科技时代海报设计（2）

09 调整混合模式

选中绘制并填充的矩形，在“透明度”面板中将混合模式设置为“混色”，效果及参数设置如图5-59所示。

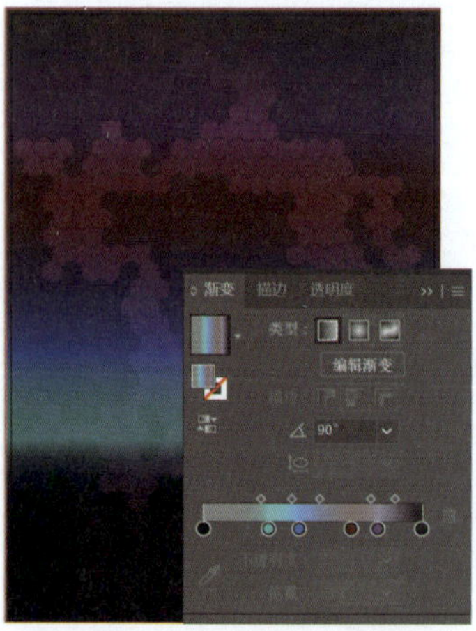

图 5-58

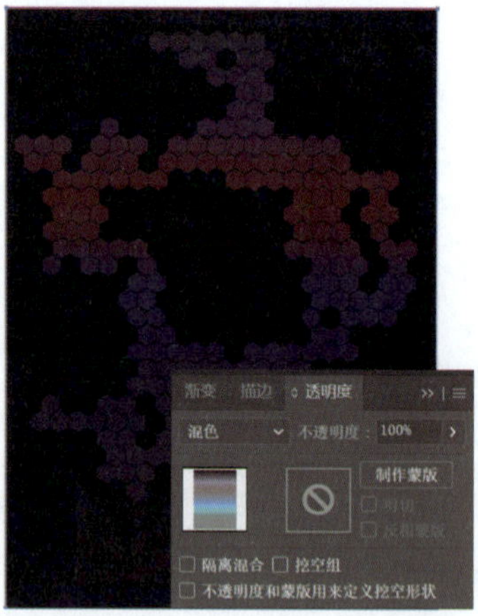

图 5-59

10 制作发光效果

选择“钢笔工具”，在置入的素材上方绘制不规则图形，使用“直接选择工具”进行细致调整，调出“渐变”面板，设置渐变类型为“线性”、角度为90°，效果及参数设置如图5-60 所示。

微课：科技时代海报设计（3）

11 羽化图形

选择绘制的不规则图形，选择“效果”→“风格化”→“羽

非常接近，那么观众就会感到混淆。在海报中，文字信息必须快速传达，信息的层次感必须分明。海报中也不要过多地使用粗体或斜体，在很多特定字体中，粗体与斜体与它们原来的字体有时相差较大。

在文字排版的很多原则中，最重要的原则可能就是简洁与节制。

- 在海报设计中应用字体能够引起注意，但不是所有引人注意的东西都是好的。如果选择错误，特别是选择非常具有装饰性的字体时，有时反而会破坏信息的传达。
- 在大多数情况下，并不需要用到装饰性的字体。如果在设计海报设计中已经应用了很多个设计元素，如图片或其他一些重复的元素，那么选择简单的字体反而会使信息能够更迅速地传达，因为简单的字体与复杂的构图能够更好地协调。

如果构图非常简单，则可以选择一些相对复杂的字体，这可以起到以下两个作用。

① 可以增加海报的装饰效果，并使整个构图更吸引人。

② 使人们的注意力能够转移到文字上。

使用装饰性字体必须尽可能节制，对于只有一两个字的海报可以运用，但在由很多文字组成的说明文字中则不宜使用。一种简洁的字体与一种装饰性字体的组合能够有很好的协调效果，并且使文字更具有层次感，这引出了使用文字时的另外一个重要原则，即协调与对比。

两种字体对比强烈可以捕捉人们的眼球或使作品能够突出。协调与对比可通过字体的不同或者文字与其他元素的对比产生，如文字与图片的对比。

化”菜单命令，在打开的“羽化”对话框中设置“羽化半径”为39mm，效果及参数设置如图5-61所示。

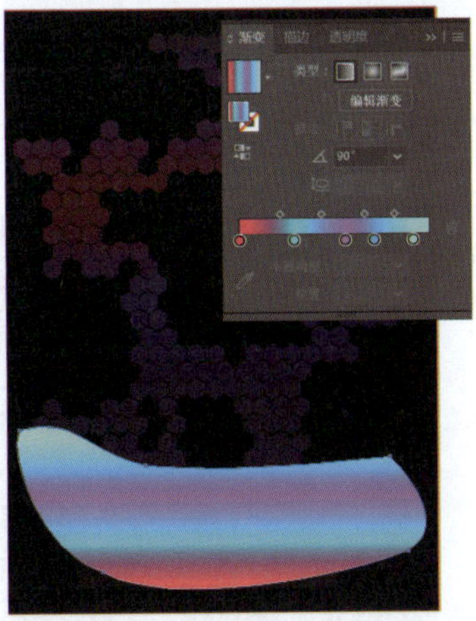

图 5-60

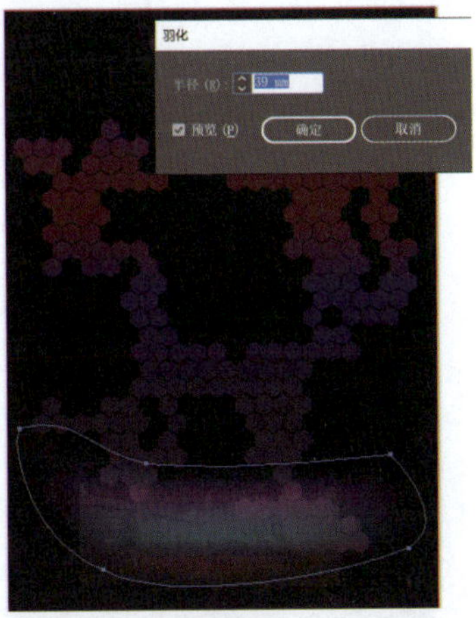

图 5-61

12 置入人物素材

选择“文件”→“置入”菜单命令 ，打开“素材与源文件\Chapter 5\5.4\素材\人物.eps”文件，置入画板。选择人物图像，按住【Shift】键拖动鼠标进行等比例缩小，然后按【Shift】键选中所有人物，按【Ctrl+G】组合键进行编组。调出“透明度”面板，设置“不透明度”为60%，效果及参数设置如图5-62所示。

微课：
科技时代海报设计（4）

13 绘制科技图案

选择“钢笔工具”，绘制闭合的不规则图形和一些线条，再选择“画笔工具”，打开“画笔”面板，选择“颓废矢量包”选项，在属性栏中设置描边属性，拖动鼠标绘制线条，按住【Shift】键选中绘制的线条，按【Ctrl+G】组合键进行编组，然后填充值为（R:183、G:155、B:155）的颜色，效果及“画笔”面板如图5-63所示。

图 5-62

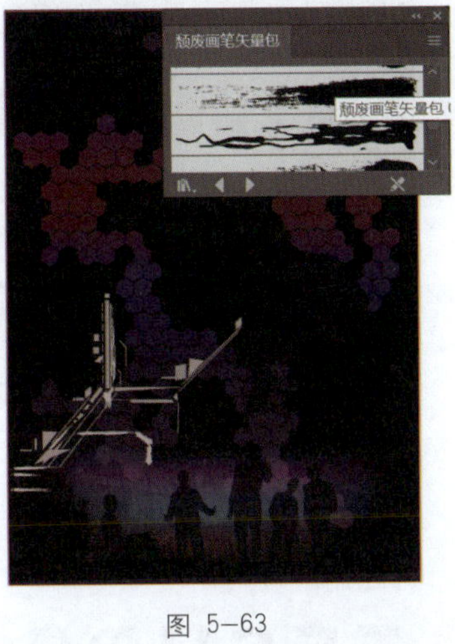

图 5-63

14 设置不透明度

选择刚绘制的图形，打开“透明度”面板，设置“不透明度”为60%，效果及参数设置如图5-64所示。

行业知识

海报构图的比例

很多设计者在设计海报时都凭感觉来确定比例，但有时感觉并不总是准确的，掌握一些比例的原则对如何在版面中分配各个空间有很大的帮助。

1.黄金分割原理

黄金分割原理是公元前500年希腊人发现的。该原理曾一度被称为应用比例的“钥匙”。黄金分割原理是将一个整体分为两部分，较小部分与较大部分之比等于较大部分与整体之比，用公式表达就是a：b=b：(a+b)。而一个符合黄金分割原理的矩形的比例是1：1.618。

在设计作品中，使用黄金分割的矩形给人更协调、更自然、更舒服的感觉。

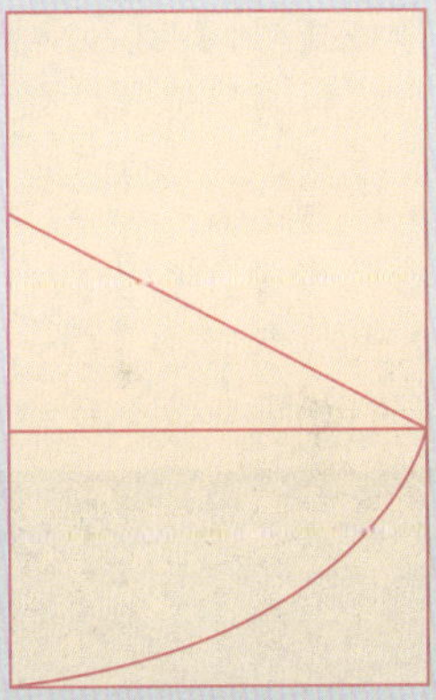

黄金分割示意图

2.2的平方根比例

2的平方根比例同样在海报版面中广泛应用，它们的比例是1：1.414 （2的平方根是1.414），与黄金分割比例略有不同。据说，2的平方根象征神圣及出生，所以这个比例在一些古代作品中经常看到。在海报设计中，2的平方根比例的应用与黄金分割原理一样，同样可以创造出和谐优美的构图。

工具详解

印前设计术语

印前设计术语对于从事出版工作及设计工作的人员来说尤为重

15 复制发光效果并进行调整

选中步骤10和步骤11中制作好的发光效果，按住【Alt】键拖动鼠标进行复制，并移到步骤14制作好的图形上，然后使用“直接选择工具”▶进行调整，效果如图5-65所示。

图 5-64

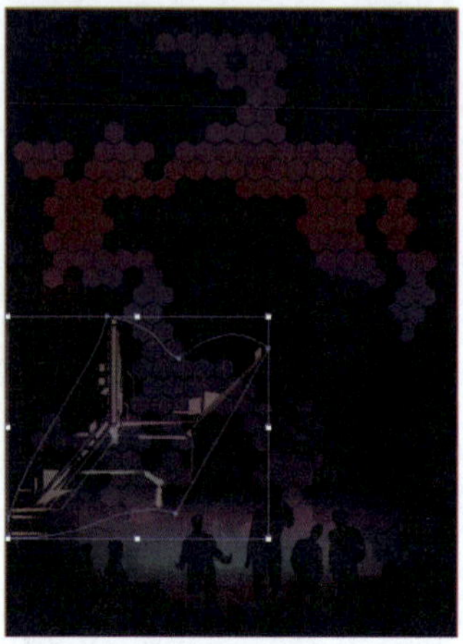

图 5-65

16 复制图形

按住【Alt】键拖动鼠标，将步骤15制作好的图形效果多复制几次，然后调整位置，效果如图5-66所示。

17 制作发光

参照步骤10和步骤11制作发光效果的方法，制作画板中间的发光效果，然后按【Ctrl+[】组合键向下调整图层顺序，移至人物图形的下层，效果及参数设置如图5-67所示。

图 5-66

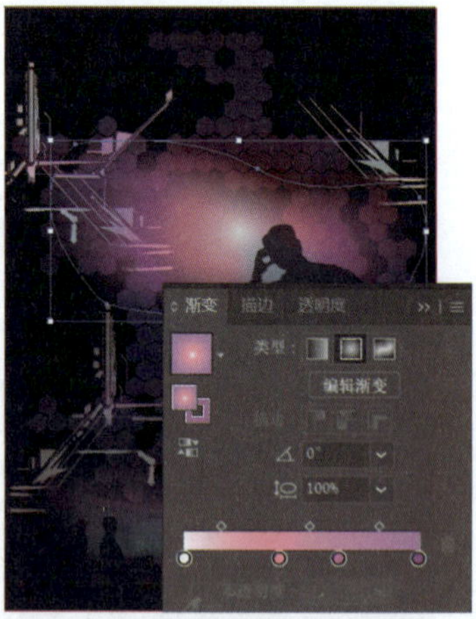

图 5-67

18 制作发光

选择“文字工具”T，在画板中输入英文，在属性栏中设置字体和字号，并设置填充色为黑色，效果如图5-68所示。

图 5-68

要，下面就对一些印前设计术语进行讲解。

1.衬底

将图片或文字填充整个版面，使其作为底纹。

衬底效果

2.反白

在较深的色块上，为使图像或文字能更清晰地显现，通常选择“反白”（即填入纸色）这个功能，以对比的方式来表现。

为使文字在深浅不同的色块中显示出来，运用此功能，可使文字在浅色区域中呈现较深的颜色，在深色区域中呈现较浅的颜色。

反白效果

19 创建文字轮廓

选择输入的文字，然后选择“文字”→“创建轮廓”菜单命令，效果如图5-69所示。

微课：
科技时代海报设计（5）

20 为文字加粗

调出“外观”面板，在“外观”面板中单击两次“添加新填色”按钮，出现两个填色图层，为第二个图层填充黑色，然后在打开的“位移路径”面板中单击“添加新效果”按钮fx，选择“路径”→“位移路径”选项，设置位移值为4mm，效果如图5-70所示。

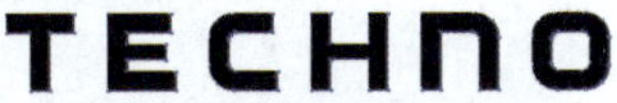

图 5-69

图 5-70

21 为文字填充底色

使用“矩形工具”绘制黑色的矩形并后移至底层，作为临时背景以便查看白色的纹理。将第一个填充图层填充为白色，然后单击“添加新效果”按钮fx，选择“路径”→“位移路径”选项，在打开的“位移路径”面板中设置位移值为9mm，效果如图5-71所示。

图 5-71

22 为文字制作发光效果

选择填充为白色的图层，选择“添加新效果”→“风格化”→“羽化”菜单命令，在打开的“羽化”对话框中设置“半径”为7mm，效果及参数设置如图5-72所示。

23 绘制矩形并填充渐变

使用“矩形工具”绘制矩形，调出“渐变”面板，设置渐变类型为“线性”、角度为90°，效果及参数设置如图5-73所示。

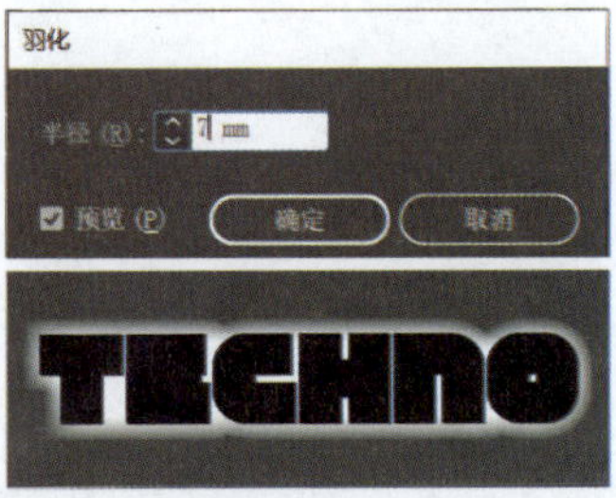

图 5-72

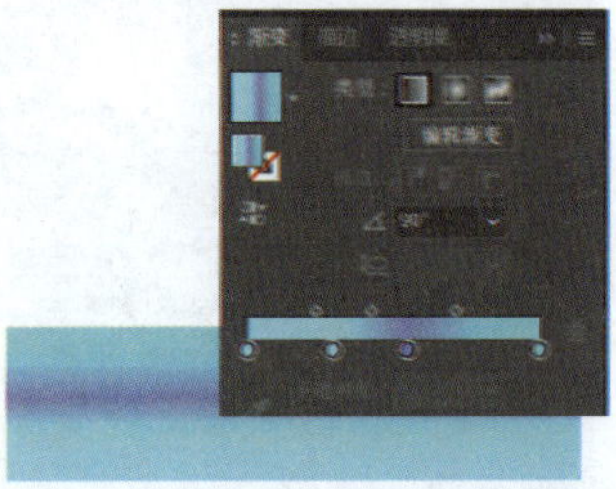

图 5-73

24 对矩形进行羽化

选择矩形色块，选择“效果”→“风格化”→“羽化”菜单命令，在打开的“羽化”对话框中设置“半径”为15mm，效果及参数设置如图5-74所示。

3. 图压字

图压字是版面设计中经常运用的效果之一，图在上层，字在下层。如果图文相叠，则重叠处的文字会被图片所遮住。

图压字

4. 字压图

字压图与图压字的效果正好相反，字在上层，图在下层。如果图文相叠，则重叠处的图片会被文字所遮住。

字压图

5. 淡化

淡化可降低整体图片的明亮度。

6. 阶层式变化

使某一色块或区域的颜色呈现由深到浅或由浅到深的阶层式变化。

7. 渐淡

图片的色调由深到浅渐渐淡化。渐淡的效果可根据设计的需要而改变。

25 为文字背景添加混合模式

将制作好的矩形色块移到文字上方，在“透明度”面板中设置混合模式为“混色”，效果及参数设置如图5-75所示。

26 调整文字的位置

将制作好效果的文字放置在画面的上方，效果如图5-76所示。

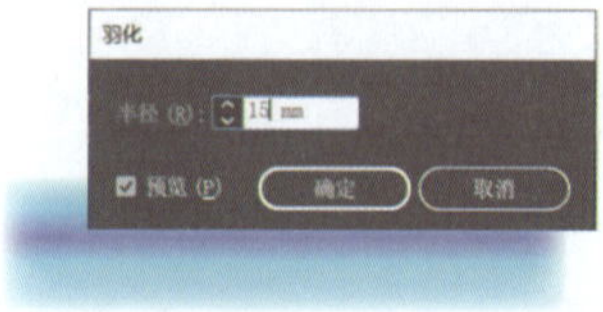

图 5-74

图 5-75

图 5-76

27 为文字添加纹理

选择“窗口”→“符号”菜单命令，在弹出的“符号”面板中单击“符号库菜单”按钮，选择“污点矢量包”选项，在打开的“污点矢量包”面板中选择文字选项，填充渐变色，效果及“污点矢量包”面板如图5-77所示。

微课：
科技时代海报设计（6）

28 为文字添加色彩

按住【Alt】键复制文字的背景色块并置于顶层，遮盖文字的上半部分，效果如图5-78所示。

图 5-77

图 5-78

29 制作文字发光效果

使用“文字工具”输入英文，填充颜色为白色，选择“文字”→“创建轮廓”菜单命令，创建文字轮廓，然后选择“添加

淡化

阶层式变化

渐淡

行业知识

图片的定位

在现代印刷广告中，不论是报纸、杂志、样本还是广告设计，图片总是占据整个画面的大部

新效果”→“风格化”→“外发光”菜单命令，在打开的“外发光”对话框中设置“模式”为“滤色”、颜色值为（R:250,G:73,B:146）、“不透明度”为13%、“模糊”为2.82mm，效果及参数设置如图5-79所示。

微课：
科技时代海报设计（7）

30 添加文字丰富画面

同步骤30的操作，重复输入文字并制作不同的发光效果，得到的效果如图5-80所示。

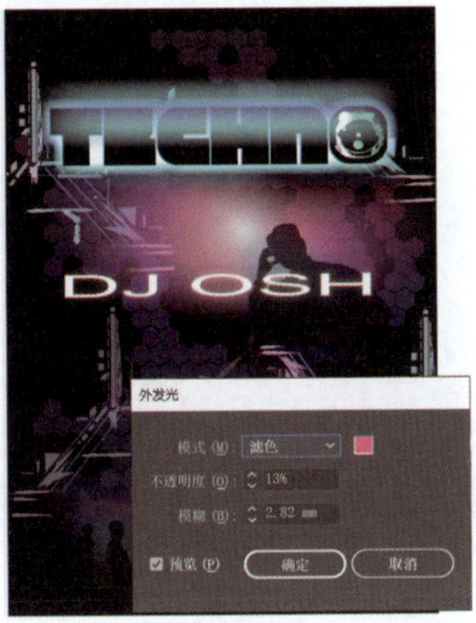

图 5-79

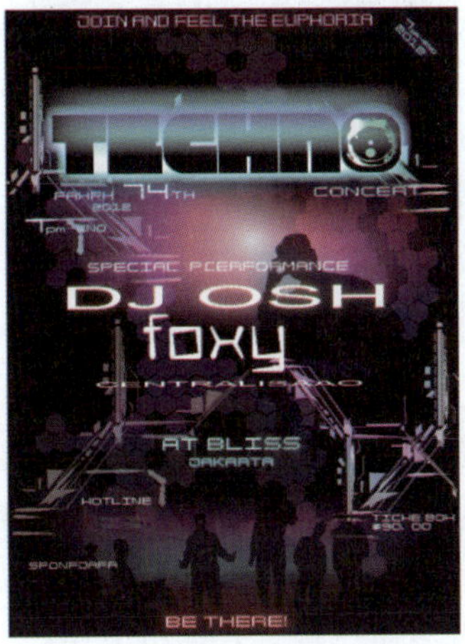

图 5-80

31 添加图案

选择“窗口”→“符号”菜单命令，在打开的“符号”面板中单击“符号库菜单”按钮，选择“至尊矢量包”选项，打开“至尊矢量包”面板，选择图案并添加到画板上，然后双击图案对其进行编辑，填充渐变色，效果及渐变设置如图5-81所示。

32 为图案添加文字

在图案上输入英文并填充轮廓色，效果如图5-82所示。

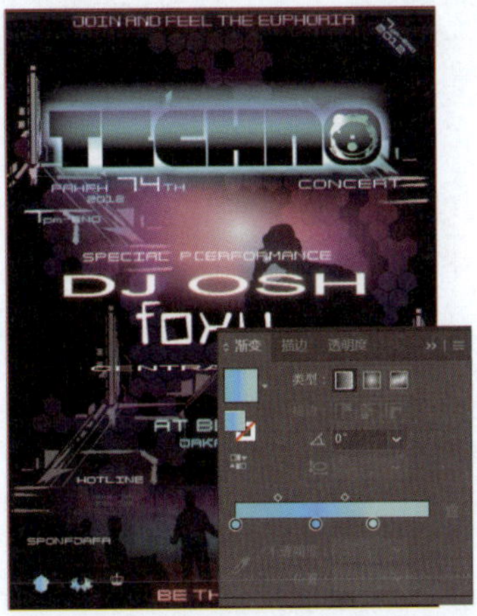

图 5-81

图 5-82

分，甚至有很多是图片占据了整个画面，由此可以看出图片在画面中的地位十分重要。在视觉顺序上，它仅次于引人注目的标题，处于第二位，有些出色的图片往往能在第一时间吸引人们的注意。看图片的人绝大多数会阅读图片的文字说明，因此一幅图片加上说明就是一张小广告。

图片的重要作用在于，它以艺术的形式表现广告主题，更为形象化、真实化，其特点如下。

- 直观：几乎所有人都能看懂。

图片的直观性

- 真实：使人产生如睹实物的真切感，有助于增进对图形的了解、认识。

图片的真实感

- 生活感：富有生活气息的广告图片会特别富有情绪的感染力，给人以身临其境的感觉，容易让人们产生对生活美好的向往。
- 美感：一幅好的广告图片，不论是插图还是照片，往往都是一件很美的艺术品，给人以美的享受。有些精美的广告图片会被人放入镜框中，置于办公台面上，以便长久地保存下来。

33 添加污点矢量包

打开“污点矢量包”面板，将“污点矢量包1”拖到画板中，将其填充为白色并在下方输入文字，效果如图5-83所示。

34 绘制图形

使用“钢笔工具”在右上角绘制一个半箭头形状，然后填充渐变色并置于文字图层下方。至此，科技时代海报已经全部设计并制作完成。

图 5-83

图片生活感

图片的美感

拓展训练——音乐海报设计

利用本节介绍的科技时代海报设计的相关知识，按照本书配套资源中提供的素材文件制作音乐海报，最终效果如图5-84所示。

图5-84

- 技术盘点：“贝塞尔工具”“矩形工具”、渐变填充、“文字工具”。
- 素材文件：本书配套资源中的“素材与源文件\Chapter 5\5.4\拓展训练\音乐海报设计.ai”。
- 制作分析：

5.5 知识与技能梳理

为了使人能在一瞬间、一定距离外看清楚所要宣传的事物，在海报设计中往往采取一系列假定手法，突出重点，删去次要的细节。

- 重要工具：“贝塞尔工具”“文字工具”、图层顺序、“透视网格工具”、图框精确剪裁。
- 核心技术：利用“图形绘制工具”“文字工具”“透视网格工具”和图框精确剪裁的调整制作出各种形式的海报。
- 实际运用：商业海报、文化海报、电影海报、公益海报。

Chapter 6

包装设计

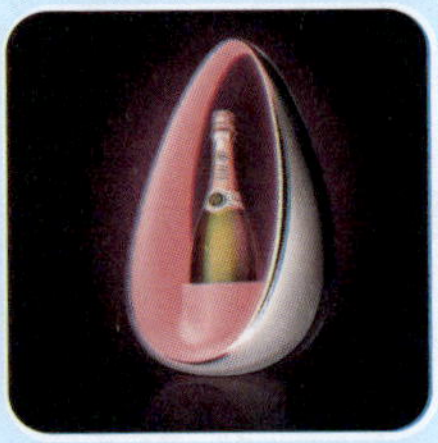

包装是产品的外在体现，直接影响产品的销售，因此对包装的设计不容忽视。包装不但需要符合产品的要求，而且要满足消费者的不同需求，以使产品让消费者所熟知，使包装发挥最佳的作用。本章将详细讲解Illustrator CC 2021在包装设计中的运用方法与使用技巧。

	知识点	学习目标			
		了解	掌握	应用	重点知识
学习要求	包装设计中的色彩运用	☺			
	包装设计中的常用材料		☺		
	旋转复制工具			☺	
	圆角矩形工具			☺	
	包装色彩设计技巧		☺		
	包装设计的功能理念				☺
	包装标签设计			☺	
	包装主题形象设计			☺	
	牛轧糖包装设计			☺	
	饮料包装设计			☺	

能力与素质目标

6.1 包装设计的基础知识

包装设计是一门综合性的技术，掌握了这门技术，才能够为商品创造出具有价值的包装。包装作为实现商品价值和使用价值的手段，在生产、流通、销售和消费领域中发挥着极其重要的作用，是企业界关注的重要课题。

6.1.1 包装设计中的色彩运用

在包装设计构成元素中，色彩可最早、最直接地触动人的反应，直接刺激消费者的购买欲望。因此，色彩引起的心理反应、色彩的感情和象征性、色彩的宜人性、色彩与民族的欣赏习惯等问题都是需要考虑的因素。这些问题的处理将直接影响商品的销售，因此应引起设计者的重视。

1. 色彩的象征性及心理反应

不同的人对色彩的感受是不同的，这主要是由人的年龄、职业、性别、生活阅历、生活习惯、生活环境的差异造成的。另外，由于人们的习惯产生的色彩固定模式使得一些色彩感觉在人们心目中比较固定。因此，可以从色彩的情感表现来分析色彩产生的不同心理感受及色彩的象征意义。

2. 包装色彩运用中的宜人性问题

色彩存在一个是否宜人的问题，不同的色彩能使人产生不同的情感和联想，人体生理上的一些反应能够影响人们的审美和情感。因此，如果设计者在包装色彩的把握与运用上能直接反映物品的某种特性，又能与购买者的心灵发生碰撞，使购买者感到舒适宜人，那么这种商品就有可能成为购买者首选的商品。

3. 色彩的民族欣赏习惯

色彩的民族欣赏习惯十分复杂。由于历史的、社会的原因，某种颜色会具有特殊的寓意和象征性。在我国的出口商品中，外包装设计的色彩一定要符合对方国人的心理需求，包装应采用与季节相适应的色彩，这样有利于商品的销售。总而言之，包装色彩的运用不可盲目，应对民族心理因素及社会因素进行全面、细致的了解。

6.1.2 包装设计中的常用材料

包装是产品的重要组成部分，它不仅在运输过程中起保护的作用，而且直接关系到产品的综合品质。包装材料是指用于制造包装容器、包装装潢、包装印刷、包装运输等满足产品包装要求的材料。它既包括金属、塑料、玻璃、陶瓷、纸、竹本、天然纤维、化学纤维、复合材料等主要包装材料，又包括涂料、黏合剂、捆扎带、装潢、印刷材料等辅助材料。

以下为常用的包装材料。

1. 纸包装材料

以纸或纸板为原料制成的包装，统称为纸质包装。纸和纸板为传统包装材料，至今仍是现代包装最主要的包装材料。纸包装材料是最早采用的包装材料之一，也是当前世界各国包装行业用得最广、最多的包装材料。

包装纸：通常具有高强度和韧性，耐压、耐折，质量要求比文化印刷用纸等纸种低，如图6-1

所示。其细分纸种很多，各自有不同的性质和用途。例如，用于食品包装的纸要求卫生、无菌、无污染杂质。

纸袋纸：大多以针叶木硫酸盐纸浆来生产，国内也有掺杂部分竹浆、棉杆浆、破布浆，因此纸袋纸机械强度很高，一般用来制作水泥、农药、化肥及其他工业品的包装袋。为了满足灌装时的要求，要求纸袋纸有一定的透气性和较大的伸长率，如图6-2所示。

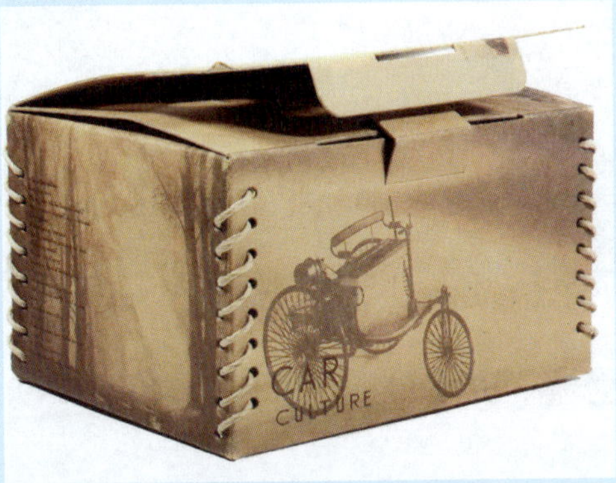

图 6-1

图 6-2

蜂窝纸板：是根据自然界蜂巢结构的原理制作的，把瓦楞原纸用胶粘的方法连接成无数个空心立体正六边形，形成一个整体的受力件——纸芯，并在其两面粘合面纸而成的一种新型夹层结构的环保节能材料，如图6-3所示。蜂窝纸板以质轻、价廉、强度高、可回收等特性深受市场欢迎，特别是在荷兰、美国、日本等发达国家，已成为节省资源、保护环境的一种新型绿色包装。蜂窝纸板包装箱是中国出口商品的理想包装。它的推广应用，一方面可降低商品在流通过程中的破损率，另一方面取代了木箱，利于环保。

图 6-3

牛皮纸：强度很高，通常呈黄褐色，半漂或全漂的牛皮纸浆呈淡褐色、奶油色或白色。采用硫酸盐针叶木浆为原料，经打浆，在长网造纸机上抄造而成，如图6-4所示。牛皮纸常用于信封纸、沥青纸、电缆防护纸、绝缘纸等。

漂白纸：该类纸具有较高的强度，纸质白而精细，光滑度好，如图6-5所示。漂白纸适用于现代印刷工艺，常用于包装纸、标签、瓶贴等。

蜡纸：是结合涂蜡技术制成的，其耐水性强，有一定强度，如图6-6所示。蜡纸主要用

图 6-4

于内包装，如水果、食品、糕点、纺织品及日常用品的隔离保护包装材料等。

图 6-5

图 6-6

图 6-7

玻璃纸：以天然纤维为原料，可以制成涂漆、涂蜡、涂布等不同品种，其特点是表面平滑、透明度好、密度大、抗拉性强、伸缩度小、防湿抗油性好、适合于印刷，如图6-7所示。玻璃纸主要用于食品包装。

2. 塑料包装材料

塑料是以合成或天然的高分子树脂为主要材料，添加各种助剂后，在一定的温度和压力下会具有延展性，冷却后可以固定其形状的一类材料。在天然或合成高分子树脂的熔融状态下，周围均匀地分布助剂分子的过程称塑化；已经达到这个阶段，称为已经塑化；还没有达到，称为尚未塑化。塑料包装是包装业中的四大材料之一，其中纸及纸板占30%，塑料占25%，金属占25%，玻璃占15%。

封口膜：封口膜具有柔韧性、可塑性、自动密封性，可防止水分流失，容易切割，且半透明、无味、无色；可以快速、有效地密封器皿，具有防水、防湿的性能，能有效阻止样品挥发和污染；可以有效保护无水物质；可以重叠使用，缠绕在尖锐外形物体上也不会被撕裂；具有良好的韧性，21°C时可以拉长至原来的两倍。随着温度的升高，柔韧性和柔软度相应提升，不耐高温，68°C时将会软化，具有黏性，如图6-8所示。

收缩膜：用于各种产品的销售和运输过程中，其主要作用是稳固、遮盖和保护产品。收缩膜必须具有较高的耐穿刺性、良好的收缩性和一定的收缩应力。在收缩过程中，薄膜不能产生孔洞。由于收缩膜经常被用于室外，因此需要加入UV抗紫外线剂，如图6-9所示。

图 6-8

图 6-9

塑料膜：是用聚氯乙烯、聚乙烯、聚丙烯、聚苯乙烯及其他树脂制成的薄膜，用于包装，也可用做覆膜层，如图6-10所示。塑料包装及塑料包装产品在市场上所占的份额越来越大，特别是复合塑料软包装，已经广泛应用于食品、医药、化工等领域，其中又以食品包装所占比例最大，如饮料包装、速冻食品包装、蒸煮食品包装、快餐食品包装等。

Pof收缩膜：以PE和PP为主要原料，经共挤吹塑工艺加工生产的一种新型环保无毒型热收缩包装材料，如图6-11所示。20世纪90年代初起源于意大利，目前在欧美等发达国家已得到广泛应用，主要应用于饮料、方便食品、日化用品、音像制品、书刊、医药、电子元器件等生活用品的外包装，特别适合超市商品的包装。

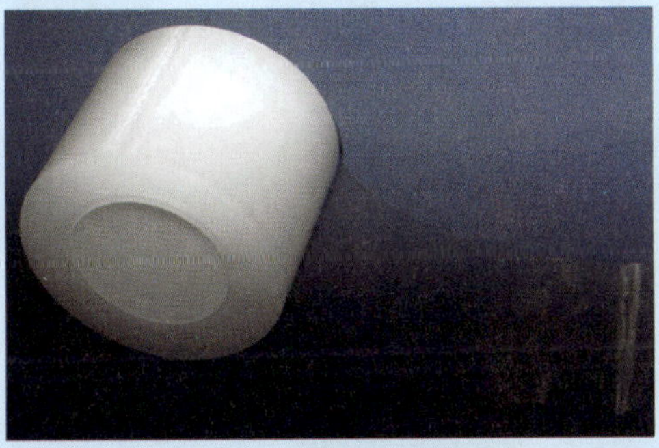

图 6-10

图 6-11

EPP：是一种性能卓越的高结晶型聚合物/气体复合材料。该材料以其独特而优越的性能成为目前增长最快的环保新型抗压缓冲隔热材料，如图6-12所示。EPP制品具有十分优异的抗震吸能性能、耐热性、耐化学品、耐油性和隔热性，且形变后回复率高。另外，其质量轻，可大幅度减轻物品重量。EPP不仅可回收再利用，而且可以自然降解，不会造成白色污染。EPP应用领域越来越广泛，IT产品、电子通信设备、液晶显示器、等离子彩电、精密电子元器件、精密仪器仪表等都开始大量采用EPP作为包装材料。

图 6-12

3. 复合类软包装材料

用不同的塑料原料，以多层共挤或薄膜直接复合的方式叠加在一起，形成的多层塑料薄膜制作的包装。此种包装具有多种材料的特性，如高阻隔性、适印性、高热封性等，主要用于食品包装。

软包装：指在填充或取出内装物后，容器形状可发生变化的包装。使用纸、铝箔、纤维、塑料薄膜及它们的复合物所制成的各种袋、盒、套、包封等均为软包装，如图6–13所示。

镀铝膜：是采用特殊工艺在塑料薄膜表面镀上一层极薄的金属铝而形成的一种复合软包装材料。最常用的加工方法是真空镀铝法，就是在高真空状态下通过高温将金属铝熔化，使铝的蒸汽沉淀堆积到塑料薄膜表面上，从而使塑料薄膜表面具有金属光泽。它既具有塑料薄膜的特性，又具有金属的特性，是一种廉价美观、性能优良、实用性强的包装材料。图6–14所示就是使用镀铝膜包装的电子元件。

图 6–13

图 6–14

复合纸：用黏合剂将纸、纸板与其他塑料、铝箔、布等粘合起来，得到复合加工纸。复合加工纸不仅能改善纸和纸板的外观性能和强度，还具有防水、防潮、耐油、气密保香等性能，同时还具有热封性、阻光性、耐热性等。复合纸如图6–15所示。

BOPP：是“双向拉伸聚丙烯薄膜”的简称。其生产过程是，首先将高分子聚丙烯的熔体通过狭长机头制成片材或厚膜，然后在专用的拉伸机内，在一定的温度和速度下，同时或分步在垂直的两个方向（纵向、横向）上进行拉伸，并经过适当处理（如电晕、涂覆等）制成的薄膜，如图6–16所示。

图 6–15

4. 金属包装材料

金属资源丰富、品种多，包装的可靠性强。金属包装材料的研究在包装材料学中占有重要的地位。

马口铁：又称镀锡铁，是电镀锡薄钢板的俗称，英文缩写为SPTE，是指两面镀有商业纯锡的冷轧低碳薄钢板或钢带。锡主要起防止腐蚀与生锈的作用。它将钢的强度和成形性与锡的耐蚀性、锡焊性和美观的外表结合于一种材料中，具有耐腐蚀、无毒、强度高、延展性好的特性。图6–17所示就是用马口铁制成的包装盒。

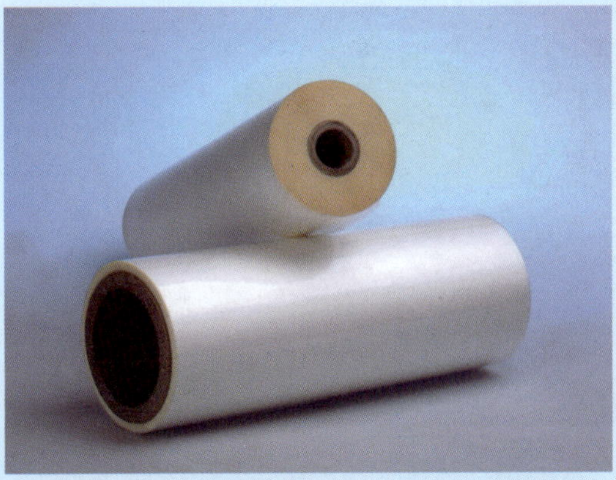

图 6–16

铝箔：是一种用金属铝直接压延成薄片的烫印材料，其烫印效果与纯银箔烫印的效果相似，故又称假银箔，如图6–18所示。由于铝的质地柔软、延展性好，具有银白色的光泽，如果将压延后的薄片用硅酸钠等物质裱在胶版纸上制成铝箔片，还可进行印刷。但铝箔本身易氧化而使颜色变暗，摩擦、触摸等都会掉色，因此不适用于长久保存的书刊封面等的烫印。

图 6–17

图 6–18

PTP铝箔：形成于20世纪30年代的欧洲。我国从20世纪80年代开始引进设备、技术及原材料。20世纪90年代，我国已经能够制造单色或多色PTP铝箔印刷涂布设备，并开始供国内药品包装企业使用。当前，我国的PTP铝箔凹印设备已能满足国内药品包装的需求。由于泡罩包装的应用相当广泛，是近些年来发展最快的软包装材料，也是食品、保健品、药品等领域的主要包装形式。

5. 陶瓷包装材料

陶瓷包装材料（主要由氧化铝和二氧化硅组成）的硬度高，对高温、水和其他化学物质有腐蚀抗力，并具有特殊的光学和电学性能，在包装工业中得到广泛应用。由黏土制成的陶瓷产品是历史上人类制造和使用最早的物品之一。早在氏族社会，人类就把经过烧制的用黏土制成的罐，作为盛装食物和水的容器。在整个人类历史时期，陶瓷作为包装容器，在包装工业中占有相当的比例。

粗陶器：其原料主要是含杂质较多的砂质黏土。粗陶器坯质粗疏、多孔、表面粗糙、色泽较深、气孔率和吸水率较大。表面施釉后可作为包装容器，主要用做陶缸，如图6–19所示。

精陶器：其原料主要是陶土。其坯体呈白色，质地较粗陶器细腻，气孔率和吸水率也较小，常用做陶罐、陶坛和陶瓶。图6–20所示是精陶瓶。

瓷器：其原料主要是颜色纯白的瓷土，是质地最好的容器。它组织致密、色白、表面光滑，坯体完全烧结，完全玻璃化，吸水率极低，对液体和气体的阻隔性好，主要用做瓷瓶，如图6–21所示。

图 6-19

图 6-20

6.玻璃包装材料

玻璃包装材料指的是用于制造玻璃容器，满足玻璃产品包装要求的材料。玻璃包装材料具有良好的阻隔性能，可以很好地阻止氧气等气体对内装物的侵袭，同时可以阻止内装物的可挥发性成分向大气中挥发。玻璃包装材料可以反复多次使用，降低包装成本；能够较容易地进行颜色和透明度的改变；安全卫生、有良好的耐腐蚀能力和耐酸蚀能力，适合进行酸性物质（如果蔬汁饮料等）的包装。此外，由于玻璃包装材料适合自动灌装生产线的生产，国内的玻璃瓶自动灌装技术和设备发展也较成熟，采用玻璃瓶包装果蔬汁饮料在国内有一定的生产优势。

图 6-21

酒类用瓶：酒类产量极大，几乎全用玻璃瓶包装，以圆形瓶为主，如图6-22所示。

日用包装玻璃瓶：通常用于包装各种日用小商品，如化妆品、墨水、胶水等。由于商品种类很多，故其瓶形及封口也是多样的，如图6-23所示。

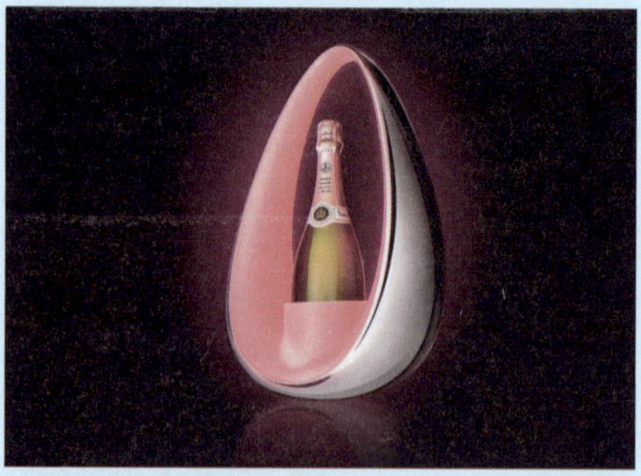

图 6-22

图 6-23

罐头瓶：罐头食品种类多，产量大，故自成一体，多用广口瓶，容量一般为0.2～0.5L。图6-24所示为玻璃制造的罐头瓶。

医药用瓶：用来包装药品的玻璃瓶，包括容量为10～200mL的棕色罗口小口瓶、100～1000mL的输液瓶等。图6-25所示为玻璃医药用瓶包装。

图 6-24

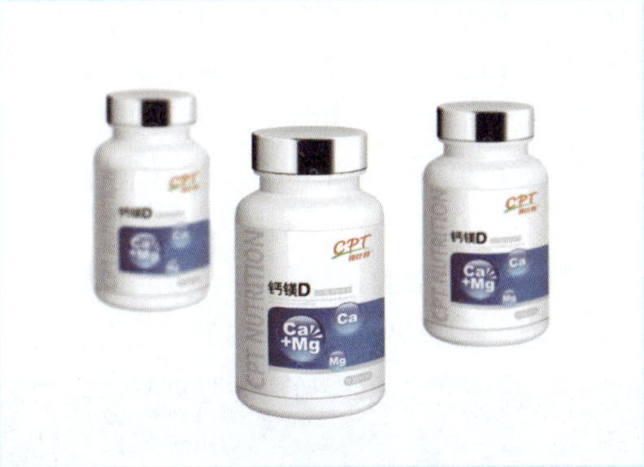

图 6-25

7.木材包装材料

用天然生长的木材或人工制造的木材制品作为材料的包装容器，一般用来制作运输包装。其最大的特点是易于加工，锯、刨、钻、凿、钉均可；具有优良的强度/重量比，有一定的弹性，能承受冲击、振动、重压等作用。缺点是干缩湿胀，可腐可燃，易受虫害。

普通木箱：用箱板等制成的木箱。普通木箱，其内装物重量限于200kg以下。它由侧面、端面、底及盖构成。组装时，先将端面装在侧面上，然后将底和盖装在侧面与端面上。图6-26所示为使用普通木箱包装的红酒。

滑木箱：滑木箱的底盘采用滑木结构，侧面和端面采用箱板。滑木箱属于中型木箱，其内装物重量限于200~1500kg，外尺寸长、宽、高之和限于7m，宽、高在1.5m以下，主要用于机械产品的包装，也可用于小件货物的集装。普通木箱主要以端面和侧面为基础来承载，而滑木箱主要是以底座为基础的木箱，它比普通木箱能承受更大的载荷，因此适合作为中型产品的外包装。滑木箱由底座、侧面、端面及顶盖构成。组装时，先将侧面和端面安装在底座上，然后将顶盖装在侧面和端面上。滑木箱适用于大型机械、机电产品、重型设备和生产流水线的包装运输。图6-27所示为包装大型机械的滑木箱。

图 6-26

图 6-27

框架木箱：框架木箱的侧面和端面采用框架式结构的箱板，底盘采用的是滑木结构。框架木箱是大型木箱，它的内装物最大重量和最大外尺寸是根据通常的运输条件来确定。一般来说，框架箱木的外长在12m以下，外宽在3.5m以下，外高在3.5m以下，其内装物重量为500~20000kg。

这种木箱主要用来包装大型的机械产品，也可以用来集装小件货物。框架木箱也是由底座、侧面、端面及顶盖构成。框架木箱的箱板为立板，箱板在外，骨架全都在箱内；组装时，先将两个侧面安装在底座和两个侧面上，然后装顶盖。框架木箱是以底座为基础来载重，但框架木箱与滑木箱相比，在端面和侧面上多出了框架结构。正是由于这些框架结构，使框架木箱与滑木箱所能承受载荷要大得多。图6–28所示为装了重型设备的框架木箱。

花格箱：花格箱的箱面是用木板条等钉合而成，适用于较大塑料件、布匹或汽车玻璃等产品的国内运输包装。图6–29所示为装了石材的花格箱。

图 6–28

图 6–29

钢丝捆扎箱：用钢丝将箱板连接起来，组成各箱面，并用箱挡加固制成的木箱。图6–30所示的是包装了物品的钢丝捆扎箱。

胶合板箱：是用木材作为箱挡，用胶合板作为箱面制成的木箱。胶合板箱具有装箱的灵活性、对装载物的适应性和重复使用性，被运用于机械、化工、电子、五金及其他领域。胶合板箱含有箱板和固紧连接件，并且箱板通过固紧连接件构成相邻箱板相互垂直的包装箱。在每一个箱板外表面四周的边缘都固定有一定数量的钢卡钉连接件，适用于普通商品的包装运输，一般单箱装载总重量不超过2T。相邻箱板上的钢卡钉连接件分别穿过位于该相邻箱板垂直交接处的角钢形连接件上设有的长条孔，并且其端部反向折弯固定，使相邻箱板垂直固定连接，并构成包装箱。图6–31所示为包装了轻型机械的胶合板箱。

图 6–30

图 6–31

可拆卸木箱：包括托盘、箱体、箱盖，由一段以上的围板组成。围板由4片或6片木板和合页组成。合页固定在相邻两片木板的角部，页体下部具有向下延伸并向外弯的合页脚，合页脚内侧套接于托盘的角部外侧或下一段围板转角处的合页上部外侧。图6–32所示为包装了物品的可拆卸木箱。

图 6—32

技巧 提示

在包装设计中要遵循低成本原则，安全原则，体积最小原则，易装易取原则，重量、数量适中原则，重心最低原则等。设计者还要了解印刷工艺原理、特点、材料选择、注意事项及工艺的延伸等。

6.2 包装设计经典案例欣赏

1
2
3
4
5
6
7
8
9
10

Bio way
Bio way
Bio way
御泥坊
农夫山泉
舍得
Art graf
MeiJian
梅見
青梅酒
comotu
comotu
中国当代设计全集
温和净颜卸妆水
Bestme
贝斯美
婴幼儿小馒头
Infants Bread
MANFRIEND
MEN'S
NATURAL
ENERGY
SKIN CARE
MAST
BROTHERS
CHOCOLATE
开欢
VILPURI
MIXED BEAN SALAD
CELERY HEARTS
BUTTER BEANS
小宇宙
AH!
HA!
0糖
0卡
0脂肪
白桃乌龙茶味
气泡水
净含量:330ml
汽水
纯甄

实践●提高

6.3 牛轧糖包装设计

● 难易程度 ★★★★

项目创设

本例制作的是牛轧糖金属包装。该包装采用的是马口铁材料。颜色采用的是能够勾起食欲的暖色调。最终效果如图6-33所示。

制作思路

首先确定包装平面图的尺寸，然后配合“钢笔工具”“网格工具”和“文字工具”制作出平面图效果，最后根据一定的比例制作出包装的立体展示效果。

图 6-33

素材文件：本书配套资源\素材与源文件\Chapter 6\6.3\素材

案例制作步骤

01 创建文档

选择“文件”→“新建”菜单命令，在打开的“新建文档”对话框中设置“名称”为“牛轧糖包装设计”、“宽度”为200mm、“高度”为120mm、“出血”为3mm，其他参数保持默认，如图6-34所示。

微课：牛轧糖包装设计（1）

02 确定包装平面图的尺寸

单击工具栏中的“矩形工具”按钮，在画板的空白处单击，在打开的“矩形”对话框中设置“宽度”为206mm、“高度”为126mm，单击“确定”按钮，创建矩形，效果及参数设置如图6-35所示。

图 6-34

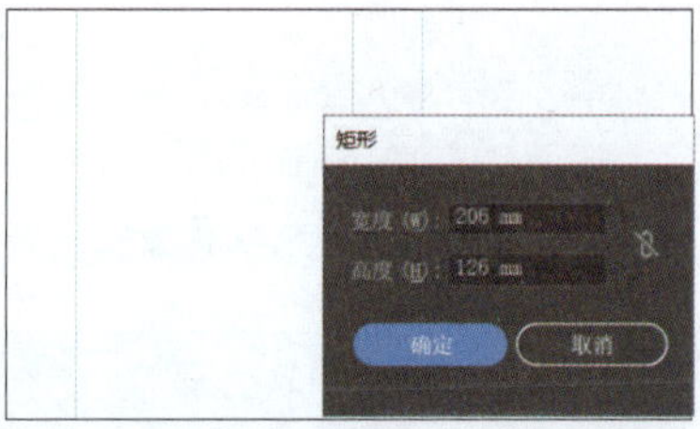

图 6-35

03 填充底色

为步骤02中绘制的矩形填充颜色，设置填充颜色值为（C:9、M:12、Y:26、K:0）、描边颜色为无，效果如图6-36所示。

行业知识

二片罐的结构

1.结构要素

金属包装容器的结构有5部分，分别是罐底、罐身下缘、罐身、罐身上缘和罐盖。

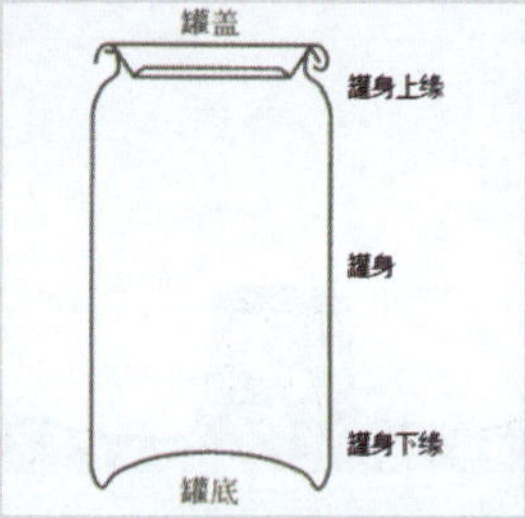

二片罐结构

罐底主要起支撑整个容器的作用。罐底外形主要以圆拱形为主。罐身下缘是罐身与罐底的连接部分，它常被设计成合适的外形，以保证二片罐具有足够的结构强度和适当的外观造型。罐身光滑平整，外表面可以进行涂装修饰。罐身的结构设计，必须使罐体具有一定的纵向压缩强度，

04 绘制底部图形

选择“钢笔工具”，设置填充颜色值为（C:53、M:66、Y:90、K:13）、描边颜色为无，绘制如图6-37所示的图形。

图 6-36

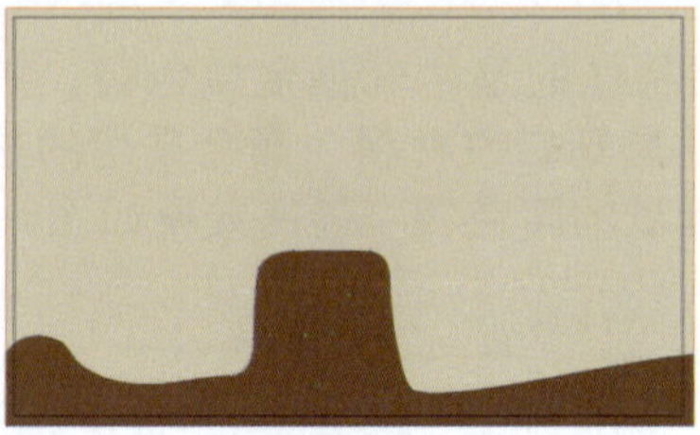

图 6-37

05 绘制轮廓图形

选择“钢笔工具”，设置填充颜色值为（C:35、M:47、Y:60、K:0）、描边颜色为无，绘制浅色轮廓图形，如图6-38所示。同理，设置填充颜色值为（C:71、M:90、Y:92、K:68）、描边颜色为无，绘制深色的轮廓图形，如图6-39所示。

图 6-38

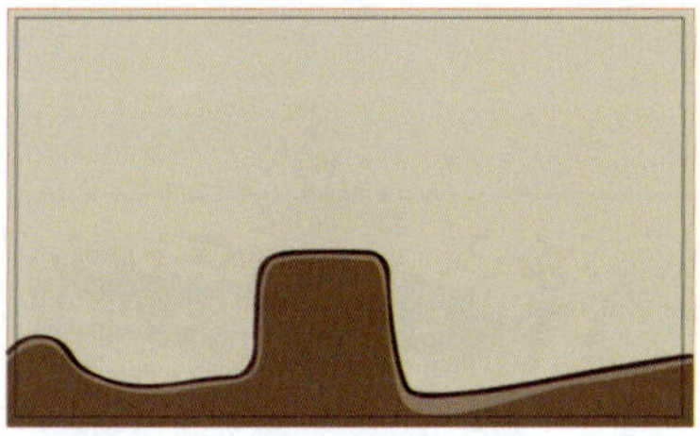

图 6-39

06 完善底部图形

参照上述方法，完善底部图形，效果如图6-40所示。

07 绘制花生的外轮廓

选择“钢笔工具”，设置填充颜色和描边颜色均为无，绘制花生的外轮廓，效果如图6-41所示。

微课：牛轧糖包装设计（2）

图 6-40

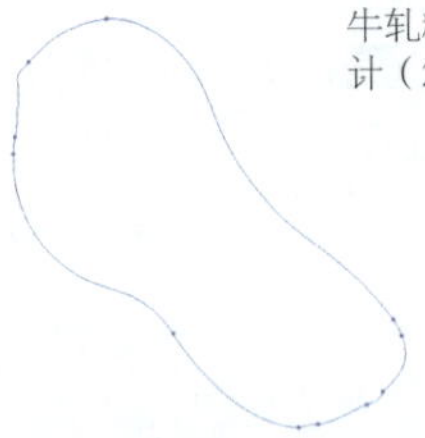

图 6-41

08 创建渐变网格

单击工具栏中的“网格工具”按钮，在花生内部单击，创建渐变网格，效果如图6-42所示。

技巧 提示

使用“网格工具”添加网格时，在图形内部单击，不但能够添加锚点，而且还能够添加曲线，从而生成网格线。

09 设置网格颜色

选择“网格工具”，选中图形内部的锚点，设置填充颜色

其强度最低值应控制为1330N。罐身上缘是罐身与罐盖封合的部位。由于需要节约材料，降低成本，二片罐的罐盖直径都较小，所以二片罐上缘部分采取缩颈形式，使之与罐盖相配合。目前采用的缩颈形式有双缩颈、三缩颈、旋压缩颈等。

2.底部结构

通常，饮料罐内部的压力较高，要求罐底的最小弯曲强度为0.58~0.62MPa。根据这一要求，早期使用较厚的板材，但随着使用板材原始厚度的降低，底部外形的设计也逐渐变得复杂，以保证罐底有足够的强度。

3.上缘部分结构

早期的二片罐上缘采用简单的缩颈方式。随着罐盖直径的逐渐缩小，二片罐罐口径也进一步缩小。从20世纪80年代开始，出现了双缩颈、三缩颈、四缩颈等罐形。近年来，越来越多的二片罐都采用旋压缩颈。旋压缩颈的结构在加工上有很大的优势。

工具详解

圆角矩形工具

“圆角矩形工具”能够绘制出4个角为弧形的矩形，与矩形绘制方法相同，但圆角矩形需要设置其圆角半径。在工具箱中单击“圆角矩形工具”按钮，在空白处单击，在打开的“圆角矩形”对话框中可设置圆角半径值，单击“确定”按钮，即可在画板中创建一个圆角矩形。

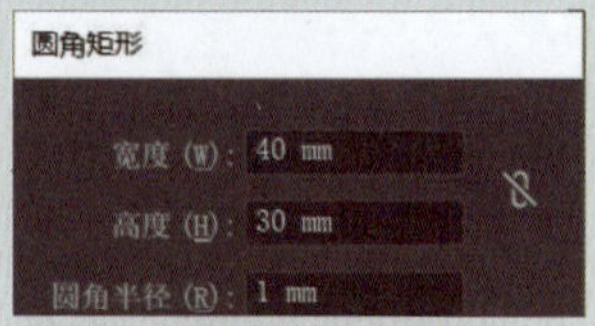

设置圆角矩形参数值

绘制的圆角矩形

值为（C:46、M:60、Y:78、K:3），效果如图6-43所示。同理，为其他锚点设置颜色，效果如图6-44所示。

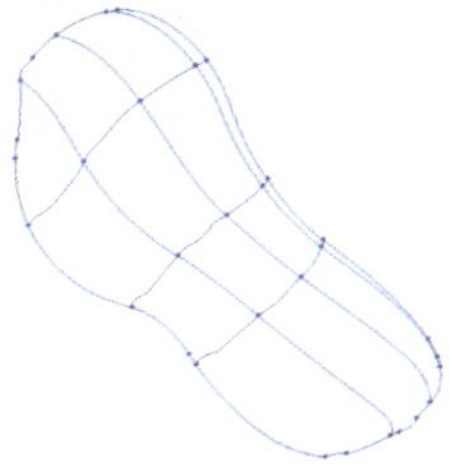
图 6–42

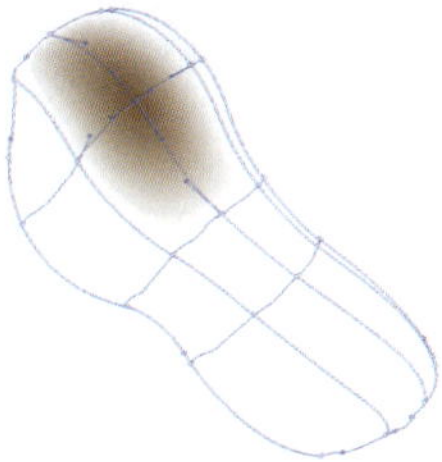
图 6–43

10 调整花生的位置

利用“选择工具”选中花生，将其移动到如图6-45所示的位置。

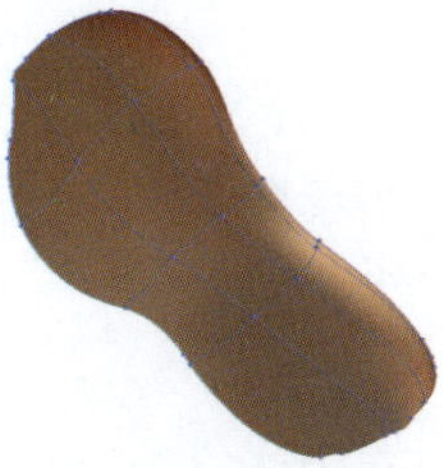
图 6–44

11 绘制装饰图形

选择“钢笔工具”，在空白处绘制两个如图6-46所示的图形。

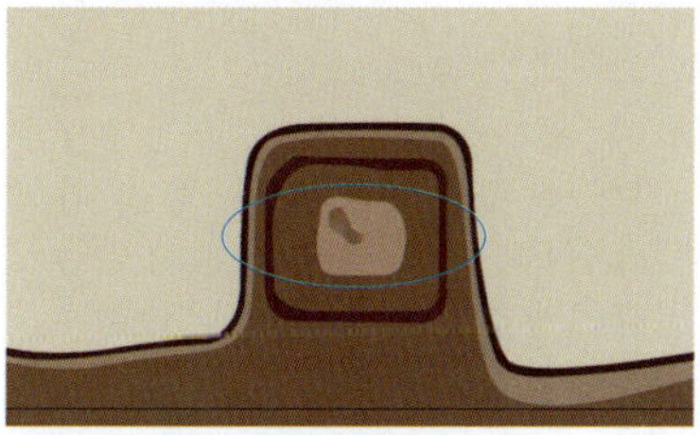
图 6–45

图 6–46

12 修剪图形

框选步骤11中绘制的两个图形，在“路径查找器”面板中单击“减去顶层”按钮，将上方图形减去，并将修剪后的图形移动到如图6-47所示的位置。

13 绘制其他装饰图形

参照步骤11和步骤12所述的方法，绘制出如图6-48所示的装饰图形。

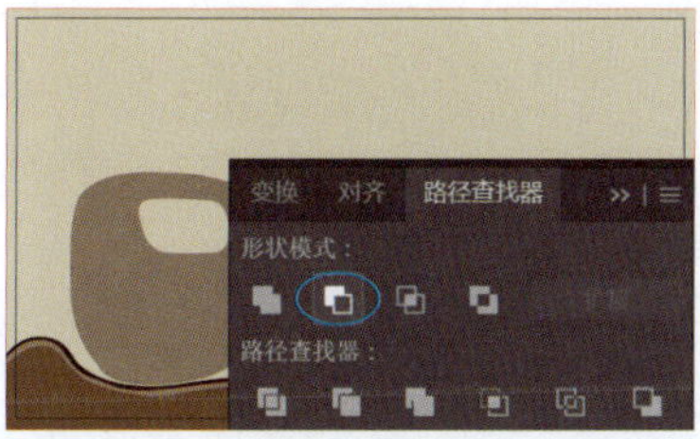

图 6–47

图 6–48

14 复制花生图形并进行调整

复制多个花生图形，适当缩放其中的几个花生图形，排列成如图6-49所示的效果。

工具详解

合理利用多种工具

在使用“钢笔工具”绘制图形的同时，少不了对不满意的路径和锚点进行调整，此时，就需要使用多个工具。下面就通过绘制桃心小实例来详细讲解不同工具的使用方法。

1. 绘制椭圆

选择“椭圆工具”，绘制一个椭圆形。

绘制椭圆

2. 为椭圆形添加锚点

要将椭圆形调整为心形，首先需要添加多个锚点，然后对锚点进行调整。锚点的添加可以根据形状而定，如果在添加后发现不需要某些锚点，还可以通过“删除锚点工具”删除。

添加锚点

3. 调整图形

添加锚点后，需要利用“直接选择工具”和“转换锚点工具”对锚点的位置和曲向进行调整。

调整为心形

15 绘制奶牛的基本形状

选择“钢笔工具”，设置填充颜色值为（C:3、M:4、Y:13、K:0）、描边颜色为无，绘制奶牛的基本形状，效果如图6-50所示。

图 6-49

图 6-50

16 绘制奶牛的结构线

选择“钢笔工具”，设置填充颜色值为（C:3、M:4、Y:13、K:0）、描边颜色值为（C:64、M:80、Y:100、K:52）、描边粗细为1.5pt，绘制奶牛的结构线，效果如图6-51所示。

微课：牛轧糖包装设计（3）

17 绘制鼻子形状

选择“钢笔工具”，设置填充颜色值为（C:46、M:66、Y:96、K:6）、描边颜色值为（C:64、M:80、Y:100、K:52）、描边粗细为1.5pt，绘制鼻子效果，如图6-52所示。

图 6-51

图 6-52

18 完善奶牛形象

参照绘制包装底纹的方法绘制奶牛的眼睛、鼻孔和斑纹，效果如图6-53所示。

微课：牛轧糖包装设计（4）

19 调整奶牛位置

框选奶牛的所有元素，按【Ctrl+G】组合键进行编组，将其复制一组，并移动到如图6-54所示的位置。

图 6-53

图 6-54

20 绘制商标背景图像

选择“钢笔工具”，设置填充颜色值为（C:60、M:90、Y:80、K:48）、描边颜色为无，在空白处绘制一个如图6-55所示的图形。

4.设置效果

调整完形状后，就可以按照个人的想法和创意来实现其他效果。此处是将桃心图形复制多个，设置每一层桃心的透明度，并添加装饰图案，得到最终效果。

丰富效果

工具详解

旋转复制工具

利用旋转复制的方法，能够得到不同的幻彩效果，下面通过一个小实例中具体讲解旋转复制的方法和技巧。

① 单击工具栏中的“多边形工具”按钮，在空白处单击，在打开的“多边形”对话框中设置“半径”为18mm、“边数”为3。

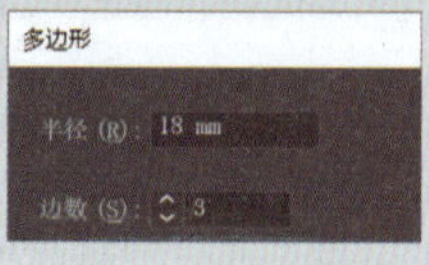

设置“半径”和“边数”

② 单击“确定”按钮，即可在画板中创建一个三角形，并为其填充颜色。

创建三角形

③ 利用“旋转工具”调整三角形。

调整角度

21 绘制商标背景图像

选择“钢笔工具”，设置填充颜色为无、描边颜色为白色，在背景图像上绘制线条纹理，效果如图6-56所示。

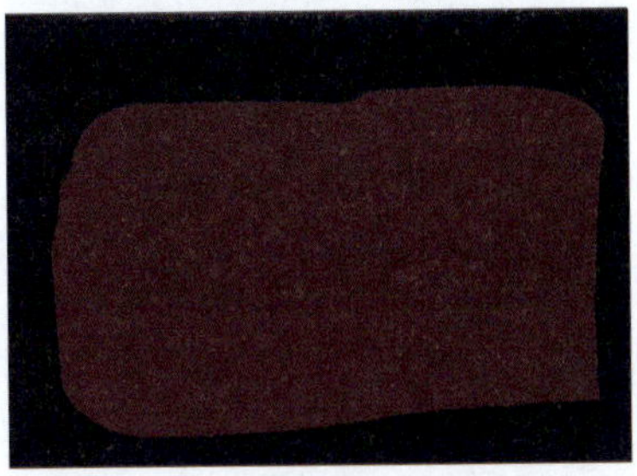

图 6-55

图 6-56

22 设置线条效果

选择白色线条，选择“窗口”→“透明度”菜单命令，打开“透明度”面板，设置混合模式为“柔光”、“不透明度”为20%，效果及参数设置如图6-57所示。

23 创建剪切蒙版

将背景图像原地复制一份，同时选中线条与最上方的图形，选择“对象”→“剪切蒙版”→“建立”菜单命令，创建剪切蒙版，效果如图6-58所示。

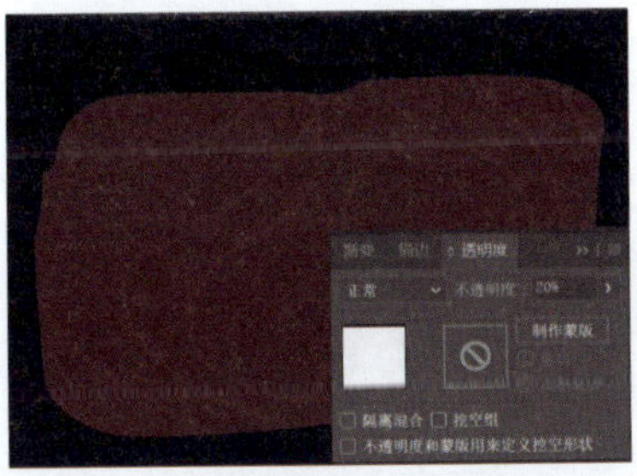

图 6-57

图 6-58

24 创建商标文字

单击工具栏中的“文字工具”按钮，创建商标文字，设置字体为方正大黑简体、“牛”文字大小为55pt、“轧糖”文字大小为45pt，效果如图6-59所示。

25 变形文字并调整位置

将创建的文字转换为曲线，并配合“直接选择工具”和“转化锚点工具”对文字进行变形，将变形后的文字移动到如图6-60所示的位置。

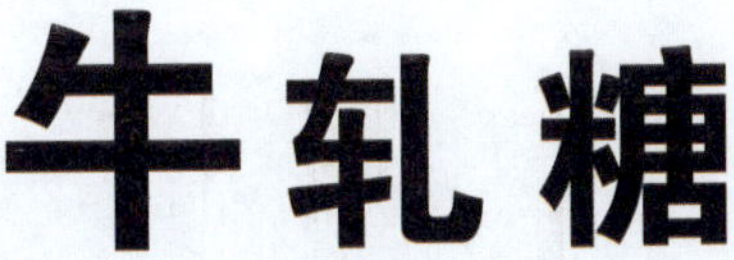

图 6-59

图 6-60

④ 利用“转换锚点工具”对3个锚点的曲向进行调整。

调整形状

⑤ 在属性栏上设置转换后图形的不透明度为50%。

设置不透明度

⑥ 选中图形，双击工具栏中的“旋转工具”按钮，在打开的“旋转”对话框中设置“角度”为12°。

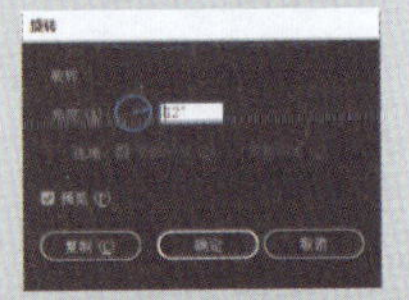

设置旋转角度

⑦ 在“旋转”对话框中单击“复制”按钮，按照设置的角度将图形旋转复制一个。

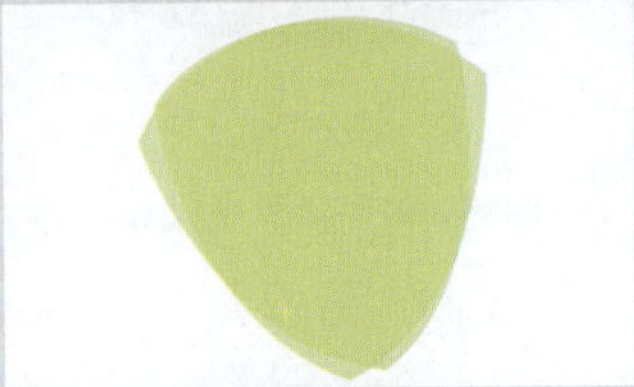

旋转复制图形

⑧ 按【Ctrl+D】组合键多次复制，得到一个组合图形效果，对相应图形的透明度进行设置。

组合图形效果

26 创建辅助文字

选择“文字工具”，创建商标辅助文字和英文翻译文字，如图6-61所示。

微课：牛轧糖包装设计（5）

27 创建椭圆

单击工具栏中的“椭圆工具”按钮，设置填充颜色值为（C:51、M:68、Y:71、K:8）、描边颜色值为（C:4、M:6、Y:13、K:0），在画板的空白处创建一个椭圆，如图6-62所示。

图 6-61

图 6-62

28 创建商标文字

单击工具栏中的“文字工具”按钮，设置字体为“方正中倩简体”、文字大小为18pt、字体颜色值为（C:4、M:6、Y:13、K:0），输入商标文字“田萨”，如图6-63所示。

29 变形文字并绘制连接线

将文字转换为曲线，选择“钢笔工具”，设置填充颜色值为（C:4、M:6、Y:13、K:0）、描边颜色为无，绘制文字之间的连接线，效果如图6-64所示。

图 6-63

图 6-64

30 调整商标文字的位置

框选图形和文字，在打开的“路径查找器”面板中单击“联集”按钮，将两者合并成一个图形，并移动到如图6-65所示的位置。

31 创建产品说明文字

选择“文字工具”，输入产品说明文字，设置字体为黑体、文字大小为6pt，如图6-66所示。

图 6-65

图 6-66

行业知识

包装标签设计

下面对包装标签设计的相关知识进行讲解。

1. 包装标签设计要素

- 产品名称及品牌商标应位于上方白色背景的品牌区。
- 产品型号或描写产品特点的文字内容位于信息区。
- 蒙太奇的图像内容繁简随意。
- 注意事项、警告等文字内容位于物流区。
- 包装印刷推荐使用四色印刷。
- 推荐采用亮白色印刷所有的包装底层，使蒙太奇要素具有最佳的视觉冲击力。

2. 品牌区

品牌区包括不同的商品描述性文字。

- 品牌区可以包括标志、产品或商标名称、类属描述、产品编号或型号。
- 将3M专色红司标放在左上角，司标四周各留出1/2M字高距离。
- 将产品或商标名称放在标志下方1/2M处并左对齐。大写字母的高度为1M。产品或商标名称使用两行，以适应垂直空间。
- 将类属描述放在商标名称下方1/2M处并左对齐。大写字母的高度为1/2M。
- 如果将产品编号或型号放在品牌区，就应该将其放在产品名称或类属描述的下方，且左对齐。大写字母的高度为1/2M。
- 字体使用Helvetica Neue Condensed。

3. 蒙太奇/产品信息区

- 将产品的特色和优点介绍左对齐，文字设置为白色Helvetica Neue 57 Condensed。

32 创建参考线

将“素材与源文件\Chapter 6\6.3\素材\条形码.jpg”置入页面，将所有对象编组，在标尺中拖出3条参考线，X轴位置分别为20、100、120，如图6-67所示。

微课：
牛轧糖包装设计（6）

33 创建矩形框并隐藏参考线

选择“矩形工具”■，绘制一个矩形框，将参考线隐藏，如图6-68所示。

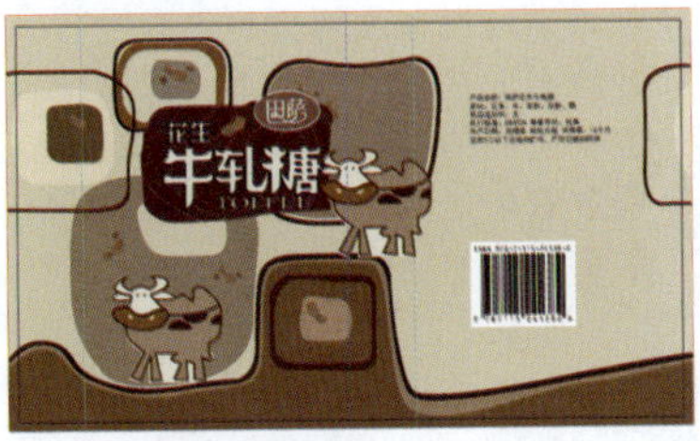

图 6-67

图 6-68

34 创建画板

选择矩形框，选择“对象”→“画板”→“转换为画板”菜单命令，将矩形框区域转换成画板，然后选择“文件”→“导出”菜单命令，在打开的“导出”对话框中设置名称和导出路径，选中“使用画板”复选框，选中“范围”单选按钮，在文本框中输入“2”，参数设置如图6-69所示。单击“保存”按钮，弹出“JPEG选项”对话框，保持默认设置，如图6-70所示，单击“确定”按钮，即可导出图像。

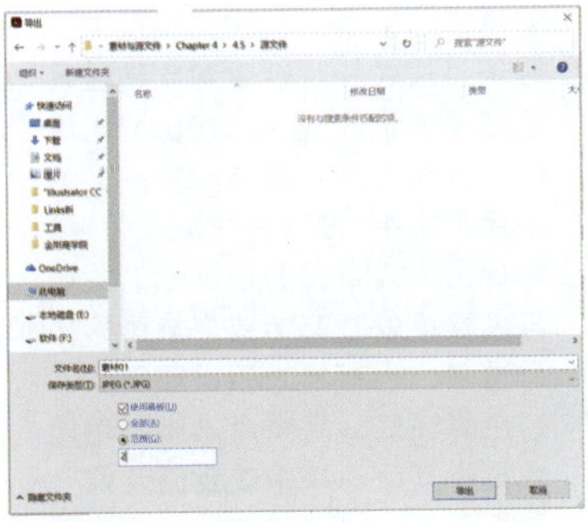

图 6-69

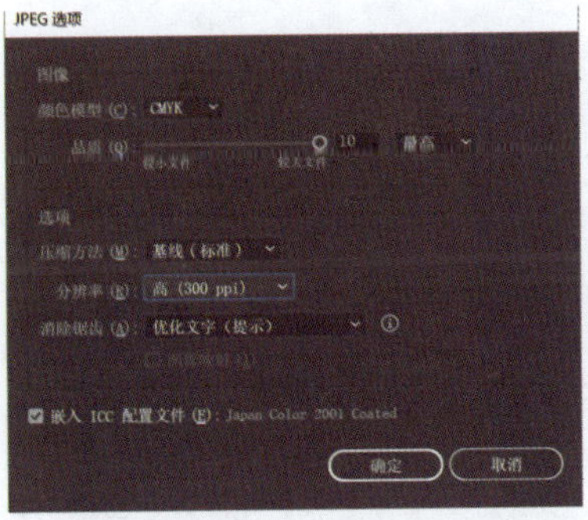

图 6-70

35 置入素材

选择“文件”→“置入”菜单命令，将“素材与源文件\Chapter 6\6.3\素材\素材01.jpg”文件置入页面，在属性栏中单击“嵌入”按钮，将图像嵌入，如图6-71所示。

图 6-71

36 创建圆角矩形

单击工具栏中的“圆角矩形工具”按钮■，在空白处单击，打开“圆角矩形”对话框，

- 如果不能采用四色印刷，就用3M专色红印刷司标，再配上1~2种其他颜色（其中一种最好为黑色）。
- 如果需要色彩编码，可通过将色彩限制在蒙太奇/产品信息区内来保持包装设计的统一性和完整性。

4.物流区

- 物流区可以包含产品编号或型号、重量、计量制、警告和法律规定的其他信息。
- 如果将产品编号或型号放在物流区，就应该将其放在蒙太奇/产品信息区的下方，且左对齐。大写字母的高度为1M。
- 将重量、计量制、警告和法律规定的其他信息放在物流区底部，有关警告的相关内容可以全部大写。
- 遵守即将销售该产品的国家或地区的法律法规。
- 字体使用Helvetica Neue Condensed。

行业知识

包装色彩设计技巧

1.色彩与包装物的照应

通过外在的包装色彩能够揭示或反映内在的包装物，使人一看外包装就能够基本感知或者联想到其内在的物品。

食品包装常用暖色系

设置“宽度”为80mm、“高度”为10mm、“圆角半径”为1mm，单击“确定”按钮，创建一个填充颜色和描边颜色均为无的圆角矩形，效果及参数设置如图6-72所示。

微课：牛轧糖包装设计（7）

37 填充渐变颜色

选择“窗口”→“渐变”菜单命令，打开“渐变”面板，设置渐变颜色值由左至右分别为（C:23、M:17、Y:17、K:0）和（C:0、M:0、Y:0、K:0）、渐变类型为“线性”、角度为“-90°”，填充效果及参数设置如图6-73所示。

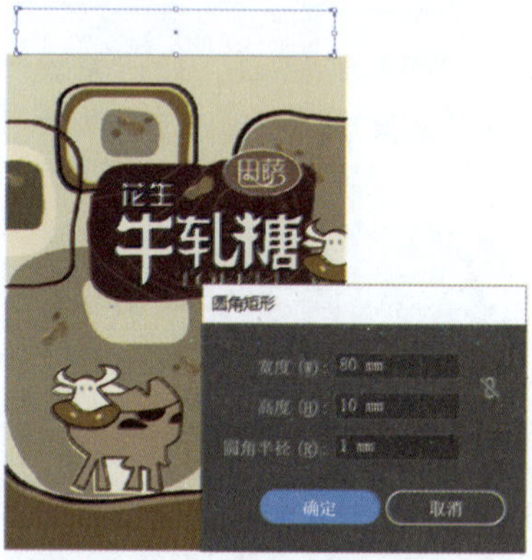

图 6-72

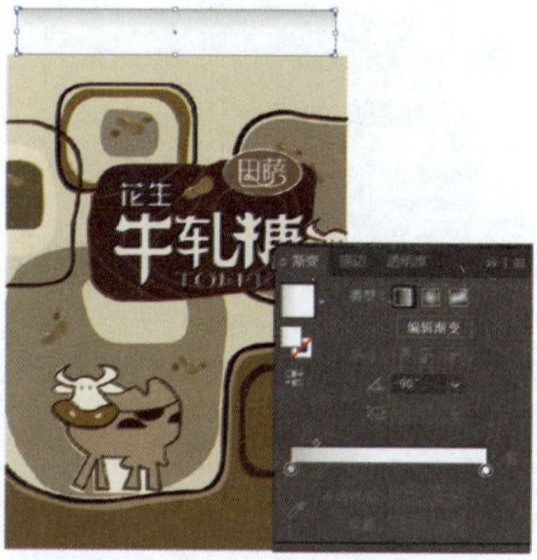

图 6-73

38 复制并调整矩形

将圆角矩形复制一份，利用“直接选择工具”对锚点位置和曲向进行调整，效果如图6-74所示。

39 更改渐变填充效果

选择“窗口”→“渐变”菜单命令，打开“渐变”面板，更改渐变颜色，修改后的效果及参数设置如图6-75所示。

图 6-74

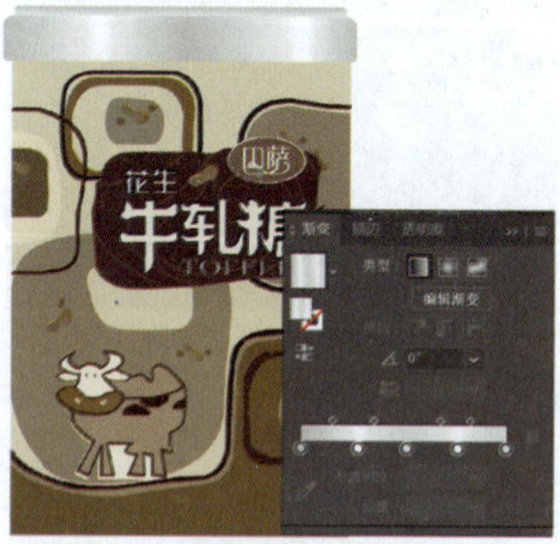

图 6-75

40 添加高光效果

单击工具栏中的“直线段工具”按钮，设置描边颜色为白色、粗细为2pt，在如图6-76所示位置绘制一条直线作为高光。

41 添加投影效果

复制直线，并设置描边颜色值为（C:29、M:25、Y:29、K:0），移动到如图6-77所示的位置，作为投影。

2. 色彩与色彩的对比

所谓色彩与色彩的对比，即色彩的深浅对比、色彩的轻重对比、色彩的点面对比、色彩的雅俗对比、色彩的反差对比等。

- 色彩的深浅对比：这种对比在目前包装设计中出现的频率最多，使用的范围最广。所谓深浅对比，是指深浅两种颜色同时巧妙地出现在一个画面上，从而产生较协调的视觉效果。其表现的视觉效果是明快、简洁、温和、素雅。

色彩的深浅对比

- 色彩的轻重对比：这种对比在包装色彩的运用上，同样是重要的再现手法之一。轻重对比往往是用轻淡素雅的底色衬托出凝重深沉的主题图案，或在凝重深沉的主题图案中（多以色块图案为重）表现出清淡素雅的包装物的主题与名称，以及商标或广告语等。反过来，也有用大面积凝重深沉的色彩铺底，用清淡素雅的色调或集中某个色块中或全面装饰一些图案。

色彩的轻重对比

图 6-76

图 6-77

微课：
牛轧糖包装设计（8）

42 制作底边效果

框选两条直线，按【Ctrl+G】组合键编组，将编组后的对象复制两组，并移动到如图6-78所示的位置。

43 创建矩形

选择“矩形工具”▣，设置填充颜色为黑色、描边颜色为无，绘制一个如图6-79所示的矩形。

图 6-78

图 6-79

44 设置透明效果

打开“透明度”面板，设置混合模式为“正片叠底”、“不透明度”为55%，效果及参数设置如图6-80所示。

45 创建矩形并设置效果

同理，创建矩形，并设置透明效果，效果如图6-81所示。

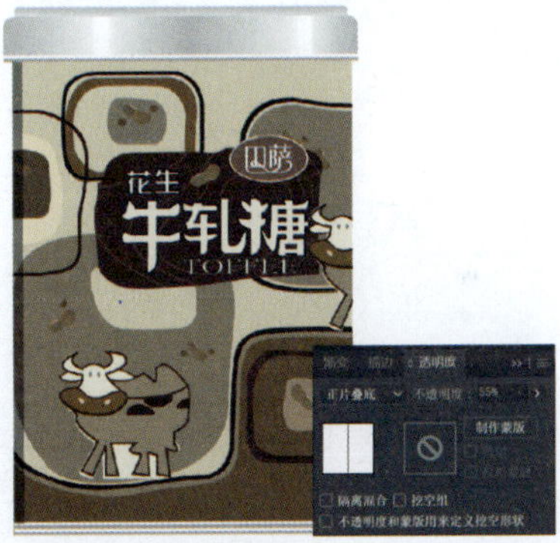

图 6-80

图 6-81

● 色彩的点面对比：这种对比主要用在一个包装画面的设计过程中，主要表现为小范围和大范围画面间的对比。

色彩的点面对比

● 色彩的雅俗对比：主要是以突出俗字而反衬它的高雅。而这种俗的表现方式，通过颜色的“脏”乱和无序进行(实际上独具匠心，一些西方油画很注重这种表现，即现代抽象艺术)。

色彩的雅俗对比

● 色彩的反差对比：这种对比实质上是由多种色彩的不同而形成的反差效果。这种反差效果通常表现方法为明暗反差(或称阴阳的反差)、冷暖反差、动静反差、轻重反差等。

色彩的反差对比

1
2
3
4
5
6
7
8
9
10

46 镜像复制图形并调整位置

框选矩形并将其编组，双击工具栏中的“镜像工具”按钮，在打开的“镜像”对话框中选中“垂直”单选按钮，单击“确定”按钮，并移动到如图6-82所示的位置。

47 绘制阴影图形

选择“钢笔工具”，绘制阴影轮廓，并为其填充渐变颜色，按【Ctrl+[】组合键将图像置于底层，效果如图6-83所示。

图 6-82

图 6-83

48 添加羽化效果

选择“效果”→“风格化”→“羽化”菜单命令，在打开的“羽化”对话框中设置“羽化半径”为2mm，单击“确定”按钮，完成设置，得到最终的包装展示效果。

综上所述，这些色彩的对比完全是因为一种图案需要通过不同颜色的对比而表现的一种方式，且这种色彩又是构成整个包装图案必不可少的要素，有些图案甚至就是不同色彩的巧妙组合。因此，在研究包装设计的过程中，需要把握色彩和色彩自身的对比关系。

拓展训练——洗发水包装设计

利用本节介绍的牛轧糖包装设计的相关知识，按照本书配套资源中提供的素材文件制作洗发水包装，最终效果如图6-84所示。

图6-84

- 技术盘点：“贝塞尔工具”“矩形工具”、渐变填充、“文本工具”。
- 素材文件：本书配套资源中的“素材与源文件\Chapter 6\6.3\拓展训练\洗发水包装设计.ai”。
- 制作分析：

实践●提高

6.4 饮料包装设计

● 难易程度 ★★★★

项目创设

本例制作的是一个饮料包装。该包装采用塑料及彩色标签，包装的设计色彩丰富而诱人。最终效果如图6–85所示。

图 6–85

制作思路

首先确定包装形态和尺寸；然后配合“钢笔工具”“网格工具”和“文字工具”制作平面图效果；最后根据一定的比例制作包装的立体反光效果。

素材文件：本书配套资源\素材与源文件\Chapter 6\6.4\素材

案例制作步骤

01 创建文档

选择“文件”→“新建”菜单命令，在打开的“新建文档”对话框中设置“名称”为“饮料包装设计”、“宽度”为210mm、“高度”为297mm、“颜色模式”为CMYK，如图6-86所示。

02 设置网格参考线

选择“编辑”→“首选项”→“参考线和网格”菜单命令，在打开的“首选项”对话框中设置网格颜色为淡灰色、“次分割线”为10，如图6-87所示。

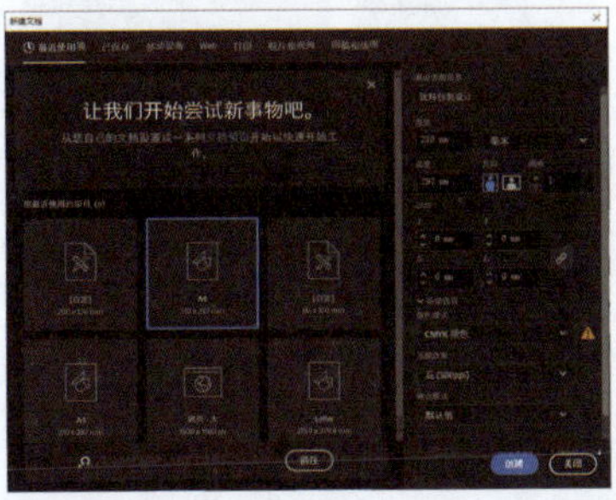

图 6–86

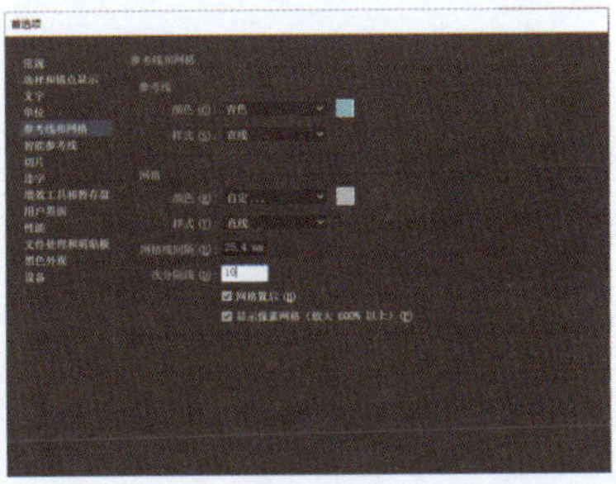

图 6–87

03 显示网格参考线

单击“确定”按钮，选择“视图”→“显示网格”菜单命令，网格参考线将显示在画板中，如图6-88所示。

行业知识

包装的作用

商品包装作为一种视觉传达工具，不是一种可有可无的东西，而是商品的脸面。现代商品包装正以其简单、明了的造型成为商品不可缺少的组成部分。

包装已经成为商品生产厂家和经销商的一种最直接的竞销手段。包装是商品向顾客的自我展现，已成为消费者判断商品质量优劣的先决条件。

包装的作用如下。

1. 保护功能

保护功能也是包装最基本的功能，即使商品不受各种外力的损坏。在商品包装设计中，应当根据商品的属性来考虑储藏、运输、展销、携带及使用等方面的安全保护措施。在选择包装材料时，既要保证材料的抗震、抗压、抗拉、抗挤、抗磨性能，还

1 2 3 4 5 6 7 8 9 10

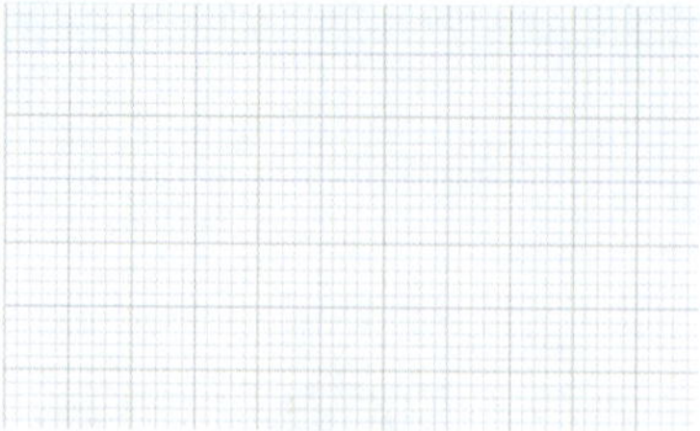

图 6-88

> **技巧 提示**
>
> 选择“视图”→“对齐网格”菜单命令，便可以捕捉锚点，使绘制图形更准确。

04 绘制瓶身底图

单击工具栏中的“钢笔工具”按钮，然后设置填充颜色值为（C:14.12、M:6.27、Y:24.31、K:0），绘制如图6-89所示的瓶身底图。

05 绘制标签底色

单击工具栏中的“矩形工具”按钮，设置颜色值为（C:0、M:0、Y:4、K:7），在相应位置绘制一个矩形，如图6-90所示。

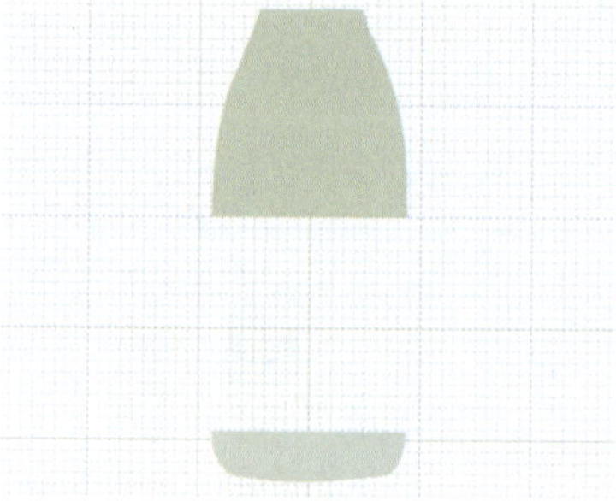

图 6-89

图 6-90

06 调整矩形弧边

使用“添加锚点工具”在步骤05绘制矩形的底边中线位置添加锚点，单击工具栏中的“直接选择工具”，将其下移，并使用“转换锚点工具”绘制弧边，如图6-91所示。

07 绘制瓶盖轮廓

使用“矩形工具”再绘制一个矩形，并参照步骤06中的调整矩形弧边方法，将此矩形的上、下两条边都调整为向上的弧边，效果如图6-92所示。

图 6-91

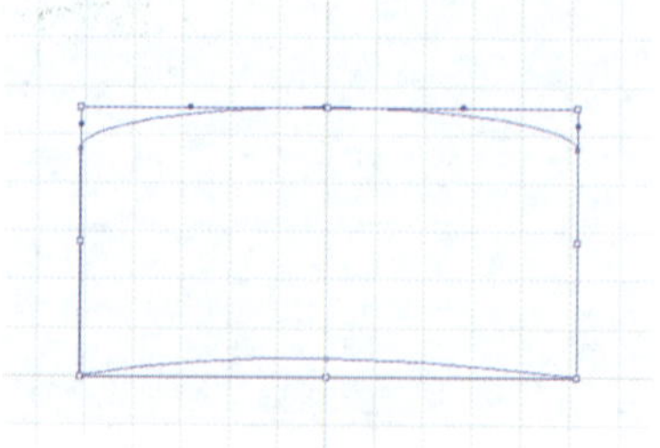

图 6-92

08 填充渐变色

选择“窗口”→“渐变色”菜单命令，打开“渐变”面板，选

要注意商品的防晒、防潮、防腐、防漏、防燃问题等。

2. 便利功能

便利功能是指商品的包装是否便于使用、存放和携带等。好的包装设计应该以人为本，站在消费者的角度考虑问题，以方便消费者为设计理念，这样就可以拉近商品和消费者的距离，提高消费者的购买欲望。

3. 销售功能

商品最直接面对消费者的是自身的包装。好的包装可以提升消费者对商品的好感度，刺激消费者的购买欲，达到促进消费的目的。

行业知识

产品包装策略

商品质量固然重要，但商品包装给人的印象也十分重要。通过销售包装进行促销已经成为企业销售竞争的一种重要手段。当前，国内外销售包装的策略，可谓多种多样。这里仅精选较为经典的几种包装策略进行介绍。

1. 创新包装策略

这种包装策略就是指企业产品包装的创新，尽量不与别的包装雷同，而是采用新材料、新工艺、新图案、新形状，给消费者耳目一新的感觉。

创新包装

2. 系列包装策略

这种包装策略可以说是类似包装策略的一种形式。系列包装是指一种商品采用风格统一的但在造型或装潢上略有差别的包装形

中步骤07制作的瓶盖轮廓，设置渐变类型为“线性”，为两侧滑块设置颜色，其颜色值分别为（C:0、M:0、Y:0、K:0）和（C:0、M:0、Y:0、K:28.17），效果及渐变设置如图6-93所示。

图 6-93

09 绘制图形并填充颜色

单击工具栏中的“钢笔工具”按钮，然后设置填充颜色值为（C:0、M:0、Y:0、K:48），绘制如图6-94所示的图形。

10 添加羽化效果

单击步骤09绘制的图形，选择“效果”→“风格化”→“羽化”菜单命令，打开“羽化”面板，设置“半径”为0.5mm，效果如图6-95所示。

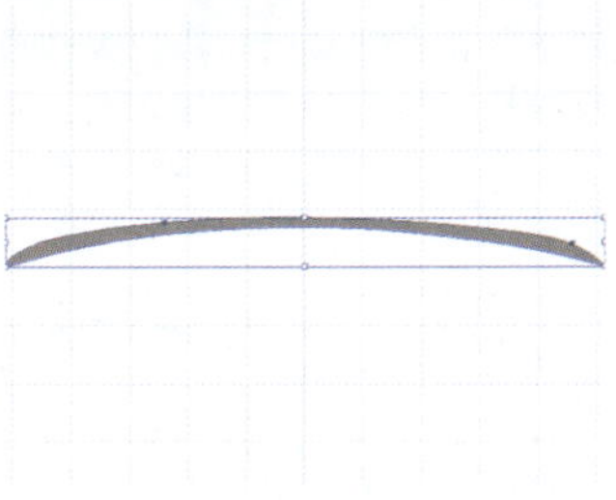

图 6-94

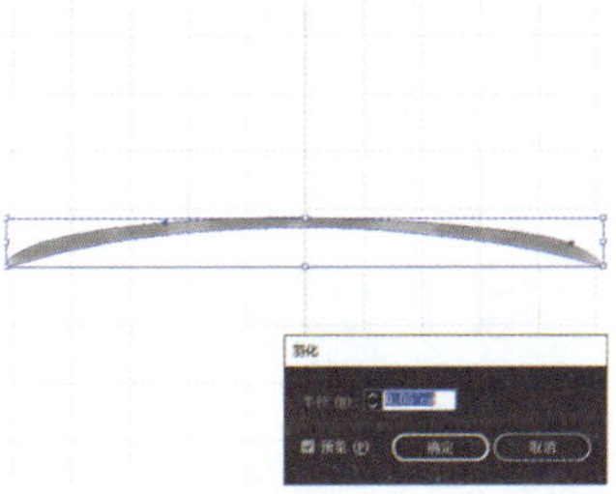

图 6-95

11 设置不透明度

选择“窗口”→“透明度”菜单命令，在打开的“透明度”面板中设置“不透明度”为20%，效果及参数设置如图6-96所示。

12 调整位置

选中步骤11绘制完成的图像，将其放置在如图6-97所示的位置。

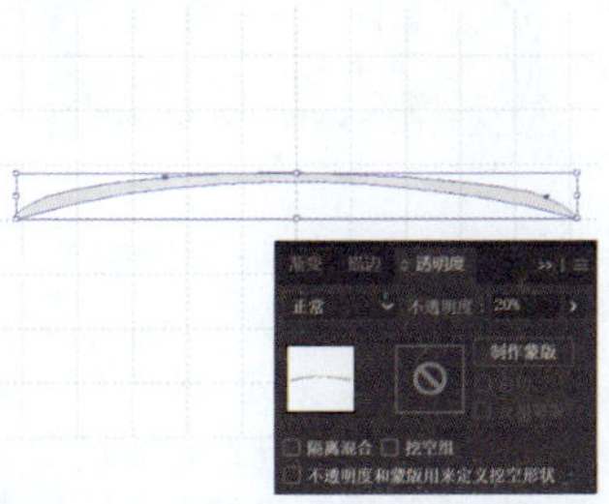

图 6-96

图 6-97

13 绘制图形并填充颜色

单击工具栏中的“钢笔工具”按钮，然后打开“渐变”面板，设置渐变类型为“线性”、“角度”为“-87.1°”，并为两侧滑块设置颜色，效果及参数设置如图6-98所示。

式。将这些单个包装摆在一起，犹如一个阵容庞大的包装大家族，形成一个包装系列，可以提高商品的整体效应，比起单一的包装更具有强烈的视觉冲击力。

系列包装

3.趣味包装策略

趣味包装也称幽默包装，是目前国际市场上较为流行的一种包装方式。这类包装主要是在造型及装潢上采用比喻、夸张、拟人等手法及别出心裁的构思设计，以增加包装趣味性和幽默感，强化对消费者的吸引力。

趣味包装

4.透明包装策略

透明包装采用透明的塑料玻璃纸等材料，使内装物品一目了然，既能体现商品的自然美感，又便于消费者识别、选购。因此，这类包装形式在国际市场上长久盛行不衰。透明包装有全透明的，也有非全透明的，如一些开窗式纸盒包装、纸板式泡罩包装等。

透明包装

14 添加羽化并设置不透明度

参照步骤10和步骤11相同的方法及参数设置为步骤13绘制的图像添加“羽化效果”，并设置“不透明度”，效果如图6-99所示。

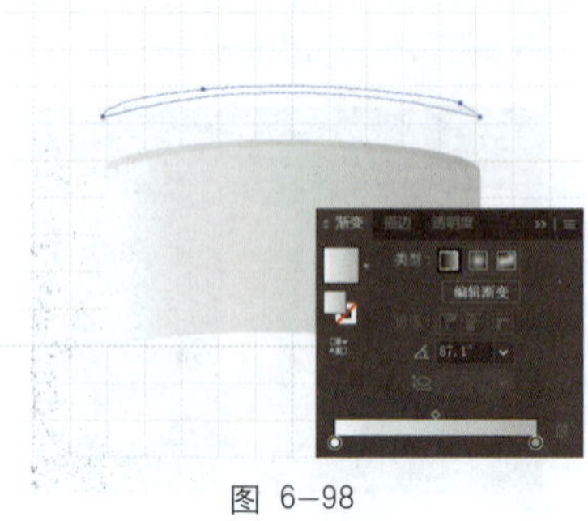

图 6-98

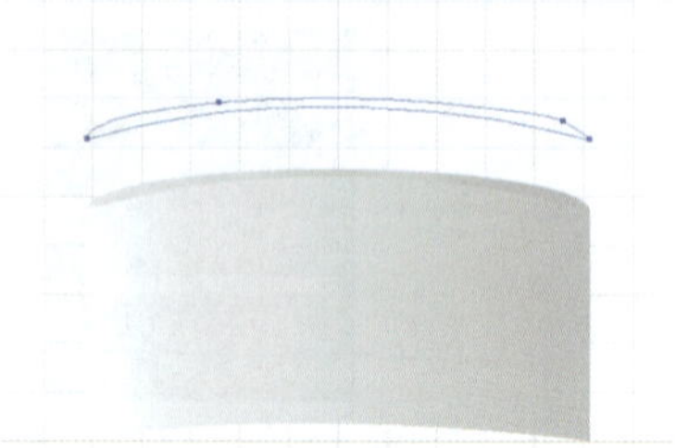

图 6-99

15 复制瓶盖图形

选中步骤08绘制好的瓶盖图形，选择“编辑”→“复制”菜单命令，再选择“编辑”→“粘贴”菜单命令，复制一个瓶盖图形，效果如图6-100所示。

16 填充渐变色

选择“窗口”→“渐变色”菜单命令，打开“渐变”面板，选中步骤15复制的瓶盖图形，设置渐变类型为“线性”、“角度”为“-87.1°”，效果及渐变设置如图6-101所示。

图 6-100

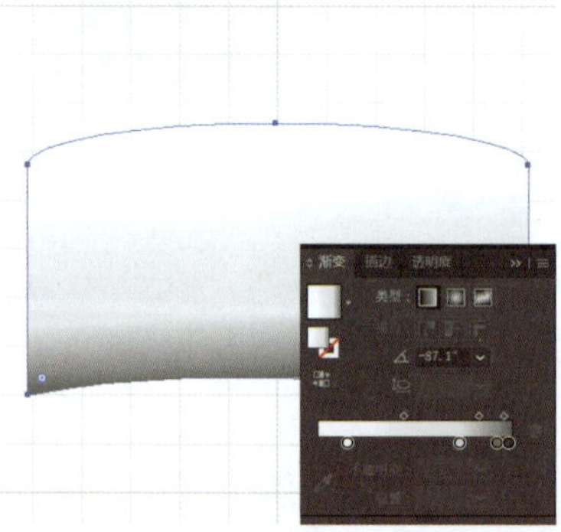

图 6-101

17 对齐并编组

同时选中步骤13和步骤15制作的图形，在属性栏中单击“垂直顶对齐”按钮，对齐对象，按【Ctrl+G】组合键对两个图形进行编组，效果如图6-102所示。

18 选中图形

同时选中步骤8和步骤16制作的图形，效果如图6-103所示。需要注意的是，此时不要选中步骤11制作的图形。

5. 名牌包装策略

这种包装策略就是通过知名度较高的名牌包装促进产品销售的一种包装策略。

名牌包装

设计师经验

直接表现法

包装装潢就是想方设法地去表现商品的整体或某种特点。因为任何事物都必然具有和其他某种事物的相关性及自身的特殊性，所以人们若要表现一种事物，就有两种基本方法：一种是直接表现对象的一定特征，另一种是借助于和该对象有关的其他事物间接表现该事物。前者称为直接表现或直叙法，后者称为间接表现或借助表现法。

对于直接表现法，可采用如下3种方式来进行。

- 运用彩色、黑白摄影的方式。

彩色摄影法设计

- 运用绘画的方式：绘画可以采用写实、归纳及夸张的手法来表现。归纳的手法是对主体形象进行简化处理，对于形体特征较为明显的主体，经过归纳概括，使主体形象的主要特征更加清晰。在处理方法上，可以对主体的形和色进行概括与归纳。

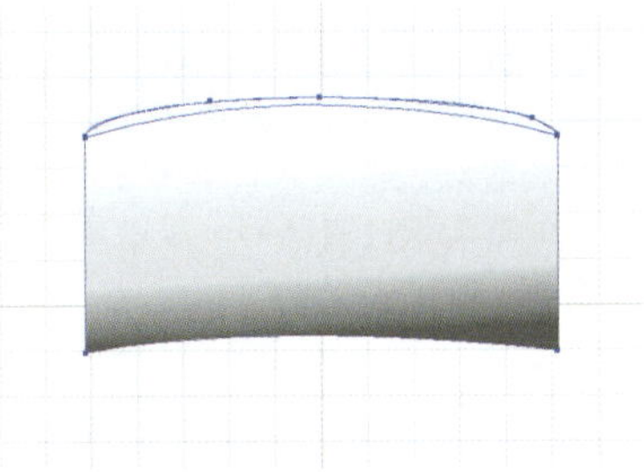
图 6–102

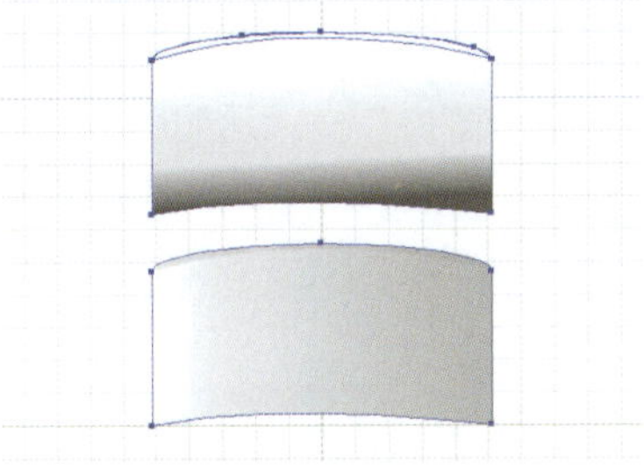
图 6–103

19 对齐图形并制作蒙版

将步骤18选中的图形，在属性栏中单击“垂直底对齐”按钮，对齐对象，效果如图6-104所示。然后选择“窗口”→“透明度”菜单命令，在打开的“透明度”面板中单击“制作蒙版”，效果及参数设置如图6-105所示。

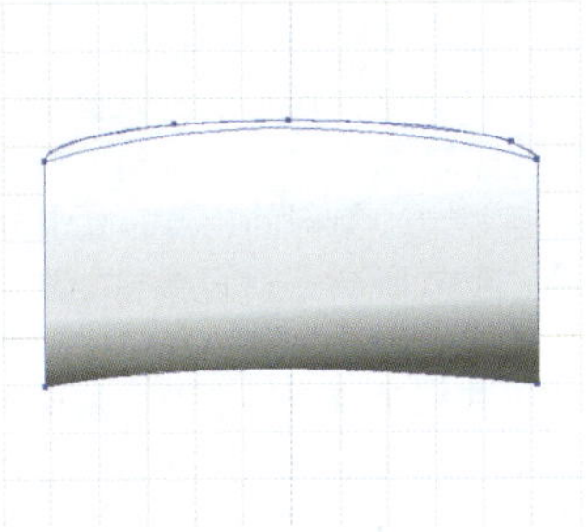
图 6–104

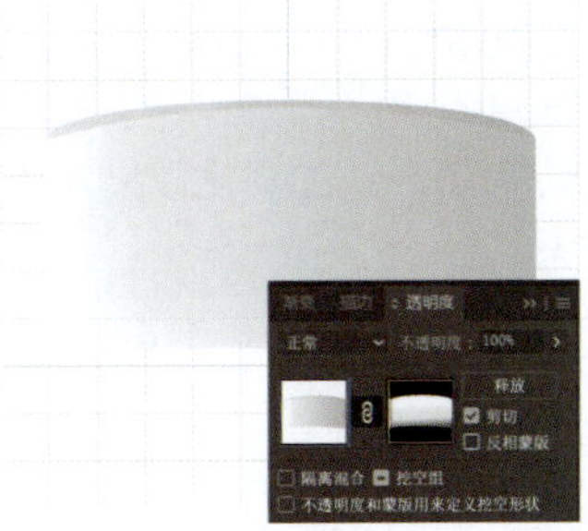
图 6–105

20 编组图形并调整位置

选中步骤11和步骤18制作的图形，按【Ctrl+G】组合键对两组图形进行编组，并放置在如图6-106所示的位置。

21 绘制图形

单击工具栏中的“钢笔工具”按钮，在瓶盖图形左侧绘制不规则图形，然后设置颜色值为（C:0、M:0、Y:0、K:48），效果如图6-107所示。

图 6–106

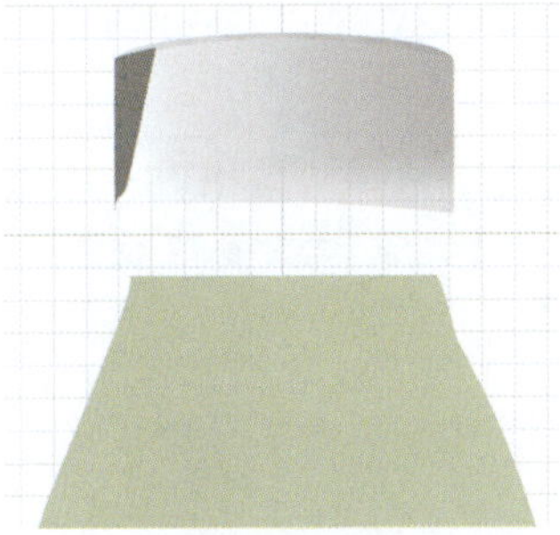
图 6–107

22 添加羽化效果

单击步骤21绘制的图形，选择“效果”→“风格化”→“羽化”菜单命令，打开“羽化”面板，设置“半径”为1mm，效果如图6-108所示。

归纳是以简化、概括来使主体特征更清晰、鲜明，而夸张的手法则是以变化使主体更鲜明、突出。二者的共同点是都要对主体的形象进行一些改变。夸张不但要有所取舍，而且还要有所强调，使主体形象虽然不合理，但却合情，使表现手法富有浪漫的情趣。但应该注意，包装装潢中的夸张要具有可爱、生动和有趣的特点，不宜采用丑化的形式。

绘画法设计

● 包装盒开窗的方式：能够直接向消费者展现商品的形象、色彩、品种、数量及质地，使消费者从心理上产生对商品放心、信任的感觉。开窗的形式及部位可以多种多样，不拘一格。

开窗方式设计

以上3种直接表现商品的方式可以独立运用，也可以运用一些辅助性方式为其服务，从而起到烘托主体、渲染气氛、锦上添花的作用。但应切记，通过辅助性的方式烘托主体形象时，在处理中不能够喧宾夺主。辅助方式一般有如下3种。

● 衬托：衬托可以使主体得到更充分的表现。起到衬托作用的形象可以是具象的，也可以是抽象的。

● 对比：这是衬托的一种转化形式，可以称为反衬，即采取从反面衬托的方式（如大与小、粗与细、密与疏、浓与淡、曲与直、

23 设置不透明度

单击添加羽化效果后的图形，选择“窗口”→“透明度”菜单命令，在打开的“透明度”面板中设置“不透明度”为20%，效果如图6-109所示。

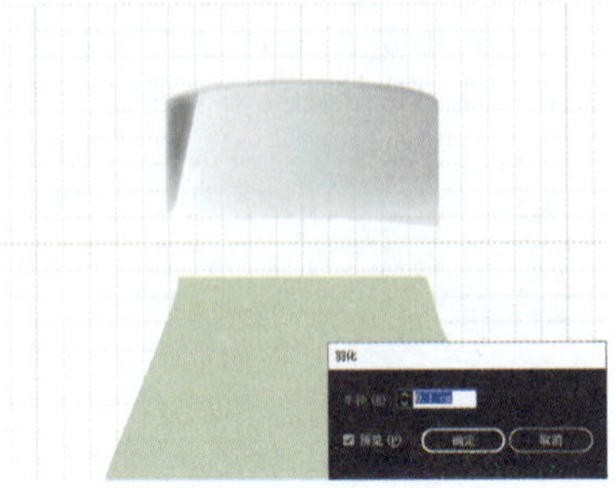

图 6—108

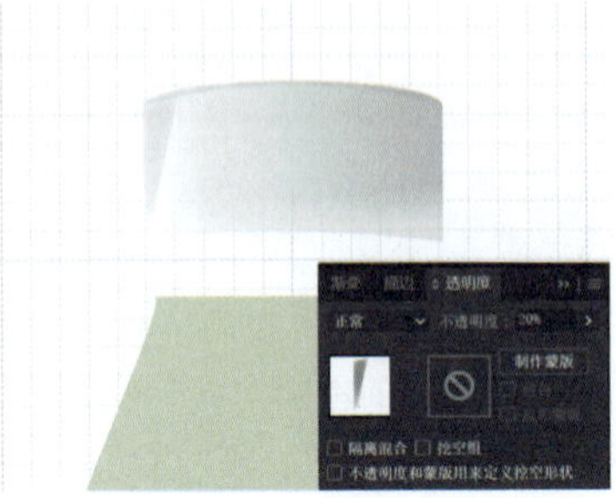

图 6—109

24 绘制不规则图形

单击“钢笔工具”按钮，在相应位置绘制不规则图形，填充渐变色，效果及参数设置如图6-110所示。然后选择“效果”→“风格化”→“羽化”菜单命令，为图形添加羽化效果，效果及参数设置如图6-111所示。

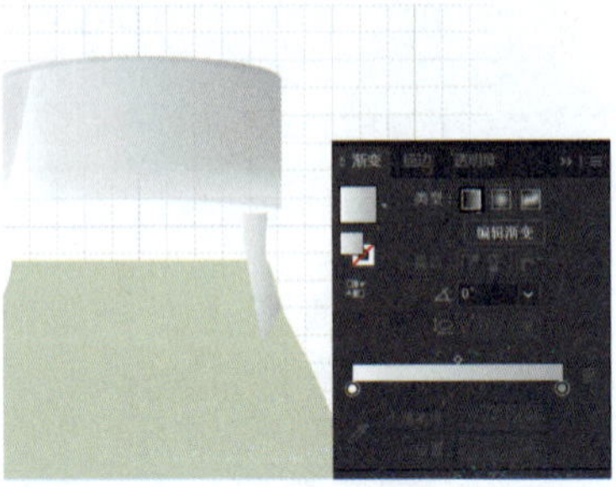

图 6—110

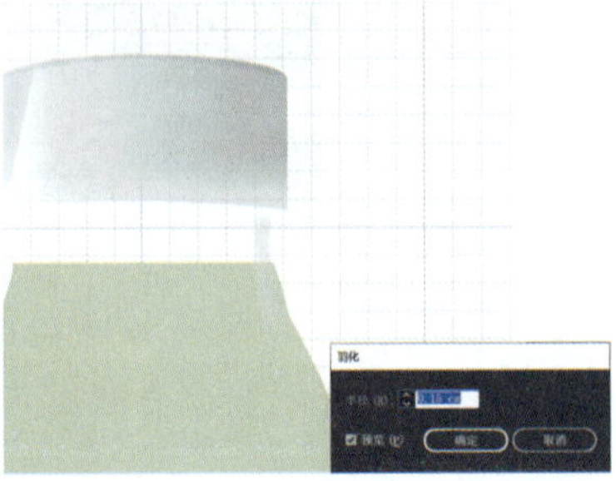

图 6—111

25 绘制两个向下弯曲的弧形

单击“钢笔工具”按钮，设置填充颜色值为（C:0、M:0、Y:0、K:21），在相应位置绘制两个向下弯曲的弧形图形，效果如图6-112所示。

26 添加羽化效果

同时选中步骤25绘制的两个弧形，选择“效果”→“风格化”→“羽化”菜单命令，添加羽化效果，效果及参数设置如图6-113所示。

图 6—112

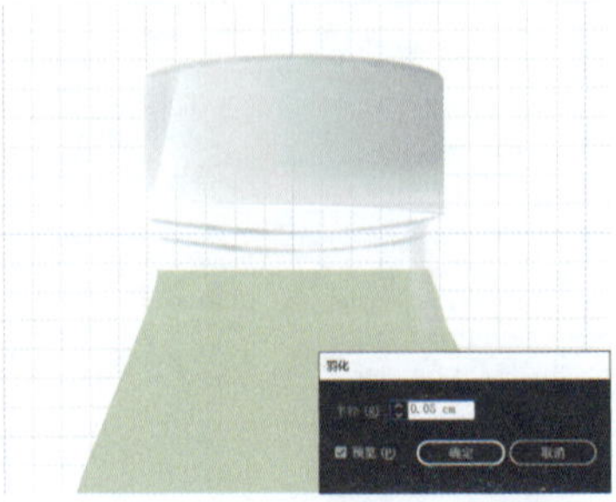

图 6—113

高与低、长与短、软与硬、干与湿、平整与散乱、光洁与粗糙、色彩的对比等）使主体得到更为强烈的表现。对比部分可以是具象的，也可以是抽象的。

● 特写：这是大取大舍，以局部表现整体的处理手法，以使主体的特点得到更为集中的表现。设计中要注意所取的局部性。

行业知识

包装设计的构图因素

1. 商标设计

商标是一种符号，是企业、机构、商品和各项设施的象征形象。商标是一种官用工艺美术，它涉及政治、经济、法制及艺术等各领域。商标的特点是由其功能、形式所决定。它要将丰富的传达内容以更简洁、更概括的形式，在相对较小的空间中表现出来，同时需要观察者在较短时间内理解其内在的含义。商标一般可分为文字商标、图形商标及文字与图形相结合的商标3种形式。成功的商标设计，应该是创意和表现有机结合的产物。创意是根据设计要求，对某种理念进行综合、分析、归纳、概括，通过哲理的思考抽象为形象，将设计概念由抽象的评议表现逐步转化为具体的形象设计。

商标设计

2. 图形设计

产品包装的图形主要指产品的形象和其他辅助装饰形象等。图形作为设计的语言，就是要把内在、外在的构成因素表现出来，以视觉形象的形式把信息传达给消费者。要达到此目的，准确定位图形设计是非常关键的。定位

27 设置不透明度

选择“窗口”→“透明度”菜单命令，在打开的“透明度”面板中分别设置两个弧形的“不透明度”、上方弧形为59%，下方弧形为71%，效果如图6-114所示。

28 为瓶盖添加底边

单击“钢笔工具”按钮，在瓶盖下方绘制向上弯曲的弧形图形，效果如图6-115所示。

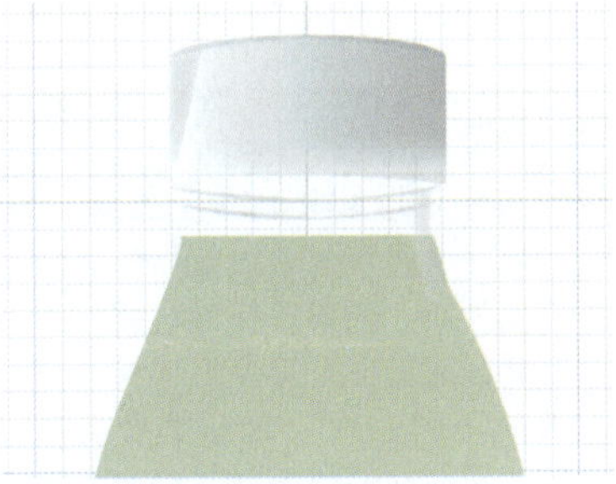

图 6-114

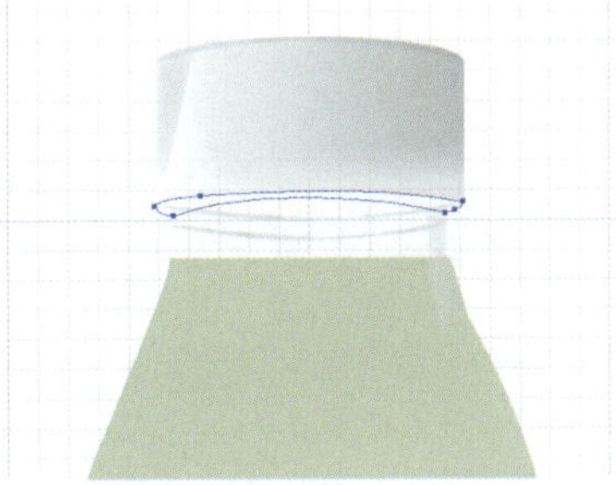

图 6-115

29 填充渐变色

选择“窗口”→“渐变色”菜单命令，打开“渐变”面板，为步骤28绘制的弧形填充渐变色，效果及参数设置如图6-116所示。

30 绘制两个向上弯曲的弧形

根据步骤25绘制向下弯曲弧形的方法，在空白区域绘制两条向上弯曲的弧形，效果如图6-117所示。

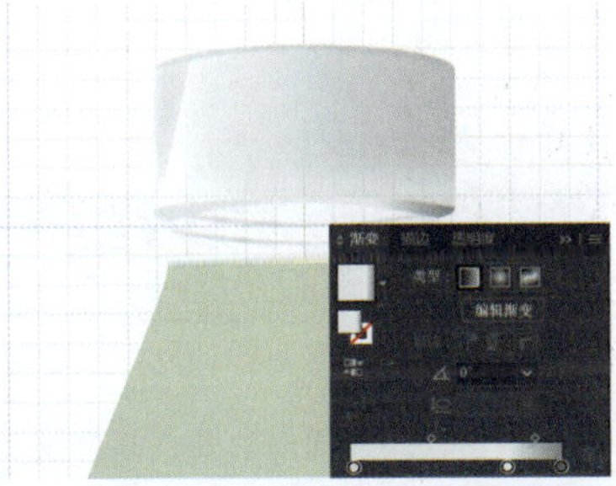

图 6-116

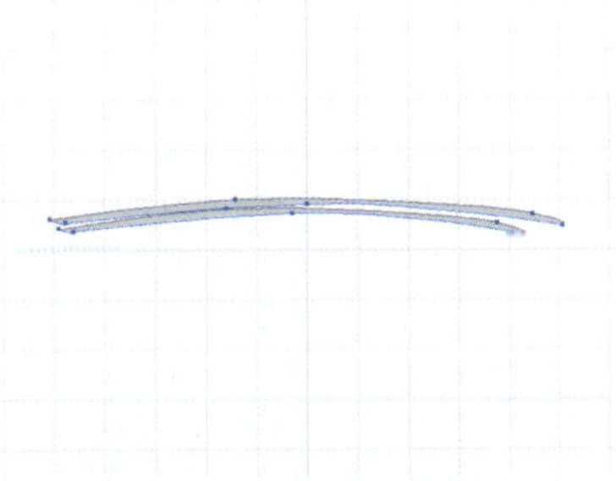

图 6-117

31 为弧形添加羽化效果

同时选中步骤30绘制的两个弧形，选择“效果”→“风格化”→“羽化”菜单命令，添加羽化效果，效果及参数设置如图6-118所示。

32 设置不透明度

选择“窗口”→“透明度”菜单命令，在打开的“透明度”面板中设置两个弧形的“不透明度”为71%，效果如图6-119所示。

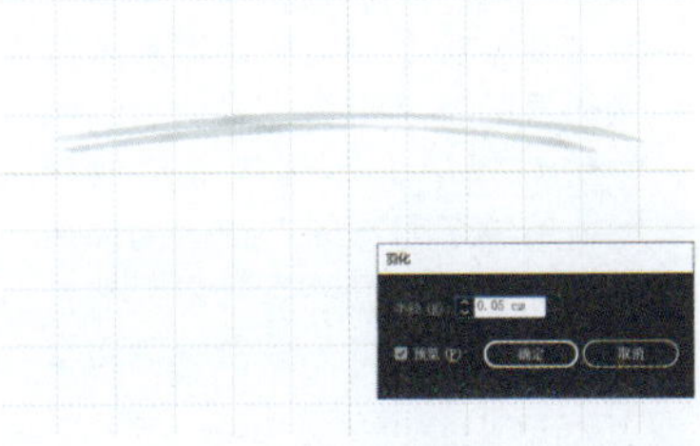

图 6-118

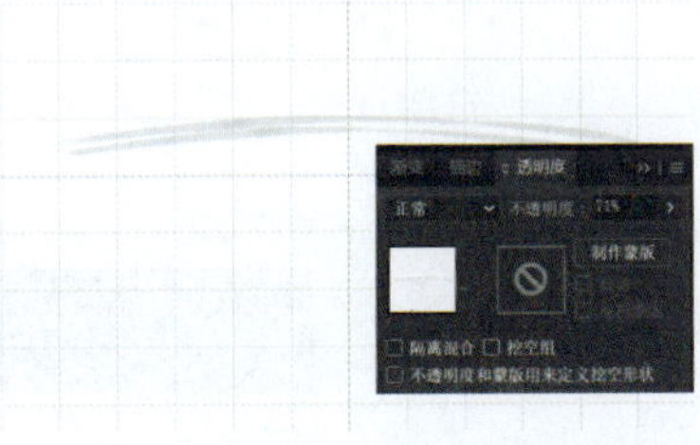

图 6-119

的过程即熟悉产品全部内容的过程，其中商品的商标、品名的含义及同类产品的现状等因素都要加以熟悉并进行研究。

包装图形与产品本身图形的统一性

3.色彩设计

色彩设计在包装设计中占据重要的位置。色彩是美化和突出产品的重要因素。包装色彩的运用是与整个画面设计的构思、构图紧密联系的。包装色彩要求平面化、匀整化，它以人们的联想和色彩的习惯为依据，进行高度的夸张和变色，是包装艺术的一种手段。包装的色彩必须结合产品的用户和使用氛围来进行设计，同时，包装的色彩还受到工艺、材料、用途和销售地区等的限制。

视觉冲击力强的色彩

4.文字设计

文字是传达思想、交流感情和信息、表达某一主题内容的符号。商品包装上的牌号、品名、说明文字、广告文字，以及生产厂家、公司或经销单位等，反映了包装的本质内容。设计包装时，必须把这些文字作为包装整体设计的一部分来统筹考虑。产品包装设计中的文字设计的要点包括文字内容简明、真实、生动、易读、易记；字体设计应反映商品的特点、性质、独特性，并具备良好的识别性和审美功能；文字的编排与包装的整体风格应和谐。

33 编组图形并调整位置

选中步骤32绘制完成的两个弧形，按【Ctrl+G】组合键对两组图形进行编组，并放置在如图6-120所示的位置。

34 绘制不规则图形

使用步骤21相同的方法，用“钢笔工具”在瓶颈左侧绘制一个不规则图形，并设置填充颜色值为（C:0、M:0、Y:0、K:21），效果如图6-121所示。

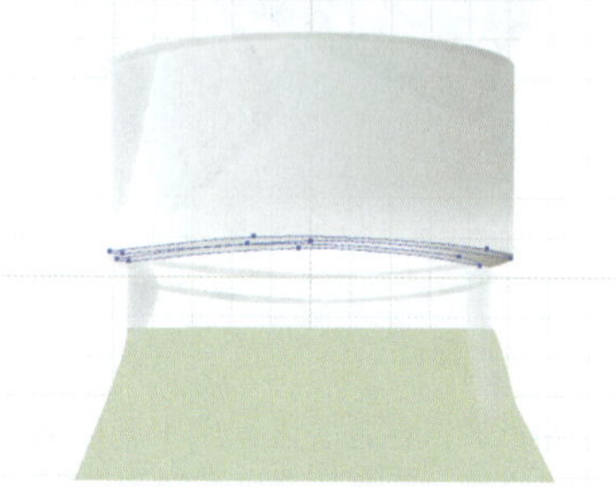

图 6–120

图 6–121

35 添加羽化效果并设置不透明度

单击步骤34绘制的不规则图形，选择“效果”→“风格化”→“羽化”菜单命令，并利用“透明度”面板调整不透明度，效果及参数设置如图6-122所示。

36 继续绘制不规则图形

单击“钢笔工具”按钮，在瓶颈处相应位置绘制不规则图形，并设置填充颜色值为（C:11.37、M:5.1、Y:21.18、K:0），效果如图6-123所示。

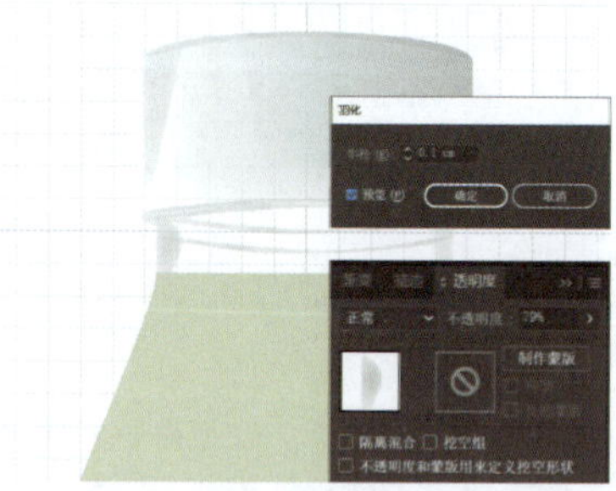

图 6–122

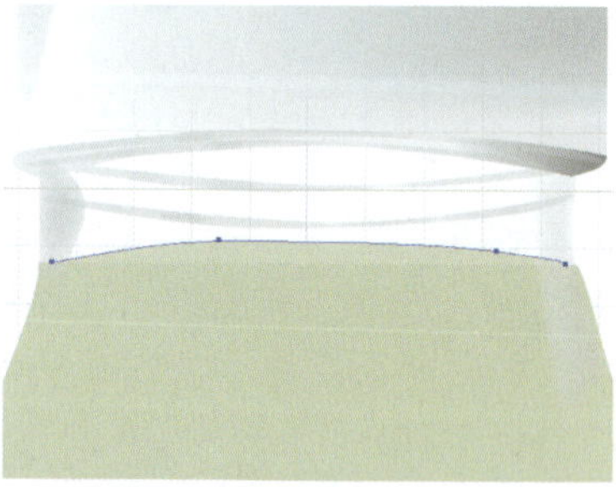

图 6–123

37 添加羽化效果

选中步骤36绘制的不规则图形，选择“效果”→“风格化”→“羽化”菜单命令，添加羽化效果，效果及参数设置如图6-124所示。

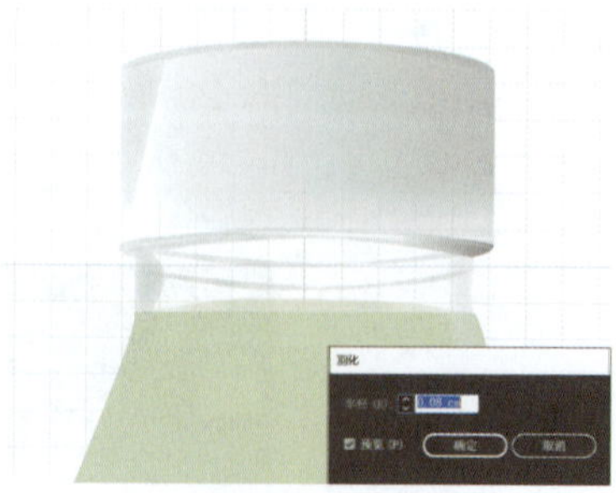

图 6–124

以文字本身的魅力衬托出包装的品位

行业知识

包装设计的材料要素

材料要素往往影响到商品包装的视觉效果。利用不同材料的表面变化或表面形状可以得到商品包装的不同效果。无论是纸类材料、塑料材料、玻璃材料、金属材料、陶瓷材料、竹木材料，还是其他复合材料，都有不同的质地肌理效果。运用不同的材料，并妥善地加以组合配置，可给消费者以新奇、冰凉或豪华等不同的感觉。材料要素是包装设计的重要环节，它直接关系到包装的整体功能、经济成本、生产加工方式及包装废弃物的回收处理等多方面的问题。

行业知识

包装设计的功能理念

1.安全理念

确保商品和消费者的安全是产品设计最基本的出发点。在产品的包装设计中，不同的商品需要的包装材料也不同。目前，可供选用的包装材料有木材、玻璃、陶瓷、塑料、金属、纸等。在选择包装材料时，应确保商品在任何情况下都完好无损。

2.促销理念

促进商品销售是包装设计最重要的功能理念之一。生产商品最重要的目的就是销售。在消费者购物的过程中，商品包装自然而然地就成了无声的广告。如果商品的包装设计能够吸引广大消费者的目光并能充分激发其购买欲

38 绘制瓶身左侧反光

单击“钢笔工具”按钮，在瓶身左侧相应位置绘制不规则图形，并设置填充颜色值为（C:11.37、M:5.49、Y:16.47、K:0），效果如图6-125所示。

39 添加羽化效果

选中步骤38绘制的瓶身左侧不规则图形，选择“效果”→“风格化”→“羽化”菜单命令，添加羽化效果，效果及参数设置如图6-126所示。

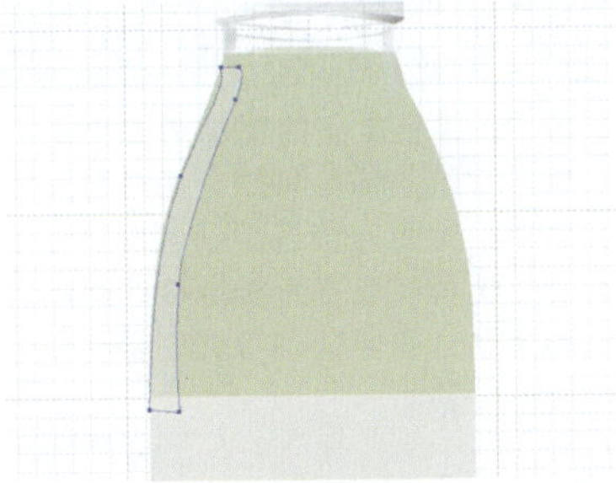

图 6-125

图 6-126

40 绘制不规则图形

单击“钢笔工具”按钮，在瓶身相应位置绘制不规则图形，并设置填充颜色值为（C:3.14、M:1.96、Y:8.63、K:0），效果如图6-127所示。

41 添加羽化效果并设置不透明度

单击步骤40绘制的不规则图形，选择“效果”→“风格化”→“羽化”菜单命令，并利用“透明度”面板调整不透明度，效果及参数设置如图6-128所示。

图 6-127

图 6-128

42 绘制不规则图形

按照步骤38的方法，在瓶身相应位置绘制不规则图形，并设置填充颜色值为（C:11.76、M:5.1、Y:21.96、K:0），效果如图6-129所示。

43 添加羽化效果

单击步骤42绘制的不规则图形，选择“效果”→“风格化”→“羽化”菜单命令，效果及参数设置如图6-130所示。

望，那么该包装设计才真正体现了促销理念。

3.生产理念

包装设计在确保造型优美的同时，还必须考虑该设计能否实现精确、快速、批量生产，能否利于工人快速、准确地加工、成型、装物和封合。在商品包装设计时，应当根据商品的属性、使用价值和消费群体等选择适当的包装材料，力求形式与内容的统一，并充分考虑节约生产加工时间，以加快商品流通速度。

4.人性化理念

优秀的包装设计必须适应商品的储藏、运输、展销及消费者的携带与开启等。为此，在进行商品包装设计时，必须使盒形结构的比例合理、结构严谨、造型精美，重点突出盒形的形态与材质美、对比与协调美、节奏与韵律美，力求盒形结构的功能齐全、外形精美，从而适应生产、销售乃至使用。常见的商品包装结构主要有手提式、悬挂式、开放式、开窗式、封闭式或几种形式的组合。

5.艺术理念

优秀的包装设计还应当具有完美的艺术性。包装是直接美化商品的一门艺术。包装精美、艺术欣赏价值高的商品更容易从大堆商品中跳跃出来，给人以美的享受，从而赢得消费者的青睐。

6.环保理念

现代社会的环保意识已经成为世界大多数国家的共识。在生态环境的保护潮流下，只有不污染环境、不损害人体健康的商品包装，才可能成为消费者最终的选择，特别是在食品包装方面，更应当注重绿色包装。

7.视觉传达理念

视觉传达的本质特点在于简单明了，过多的修饰内容只会造成互相干扰，使包装主题难以突出，

图 6-129

图 6-130

44 绘制不规则图形

继续使用“钢笔工具”，在瓶身相应位置绘制不规则图形，并设置填充颜色值为（C:11.37、M:5.1、Y:21.18、K:0），效果如图6-131所示。

45 添加羽化效果并设置不透明度

单击步骤44绘制的不规则图形，选择“效果”→“风格化”→“羽化”菜单命令，并利用“透明度”面板调整不透明度，效果及参数设置如图6-132所示。

图 6-131

图 6-132

46 继续添加反光效果

使用步骤42的方法再绘制一个不规则图形，设置填充颜色值为（C:3.92、M:2.35、Y:12.94、K:0），然后使用步骤43的方法为图形添加羽化并设置不透明度，效果及参数设置如图6-133所示。

47 绘制瓶身右侧反光

单击“钢笔工具”按钮，在瓶身右侧相应位置绘制不规则图形，并设置填充颜色值为（C:11.37、M:5.1、Y:16.86、K:0），并添加羽化效果，参数设置如图6-134所示。

图 6-133

图 6-134

不仅影响视觉冲击力，而且还可能误导消费者的思维。根据视觉传达规律，在商品包装设计过程中，应当尽量除去无谓的视觉元素，注重强化视觉主题，从而找出最具有创造性和表现力的视觉传达方式。

行业知识

包装设计的常用形象

① 以商品自身的图像为主体形象，也就是商品再现，通过写实的商品照片直接运用到包装设计上，这样可以更直接地传达商品的信息，也会让消费者更容易理解与接受。

以自身图像为形象

② 以生产原料为主体形象，这类包装设计主要是突出原料的个性功能。

以自身原料为形象

③ 以品牌、商标或企业标志为主体形象，这类往往是原有品牌、商标或标志在市场上已经有较大的知名度，只需要进一步强化就很容易得到消费者的认可。

④ 以商品用途为主体形象。

48 绘制白色不规则图形

单击“钢笔工具”按钮，在瓶身相应位置绘制一条不规则图形，设置填充颜色值为白色，并设置不透明度，参数设置如图6-135所示。

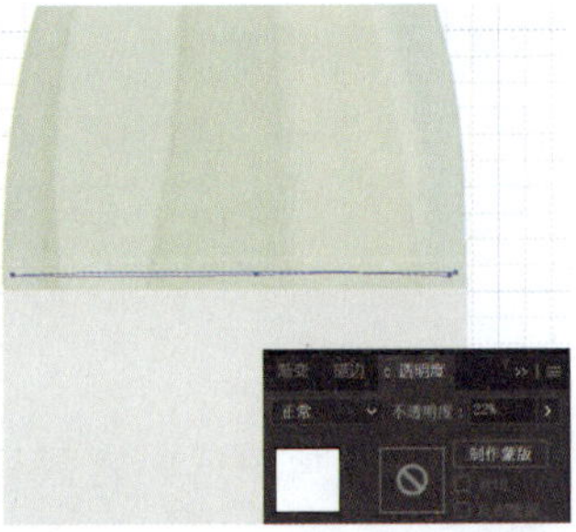

图 6-135

49 绘制瓶身底部不规则图形

使用“钢笔工具”，在瓶身底部相应位置绘制不规则图形，并设置填充颜色值为（C:47.45、M:35.69、Y:52.94、K:0），效果如图6-136所示。

50 添加羽化效果

单击步骤49绘制的不规则图形，选择“效果”→“风格化”→“羽化”菜单命令，对图像分别执行3次“羽化”，效果及参数设置如图6-137所示。

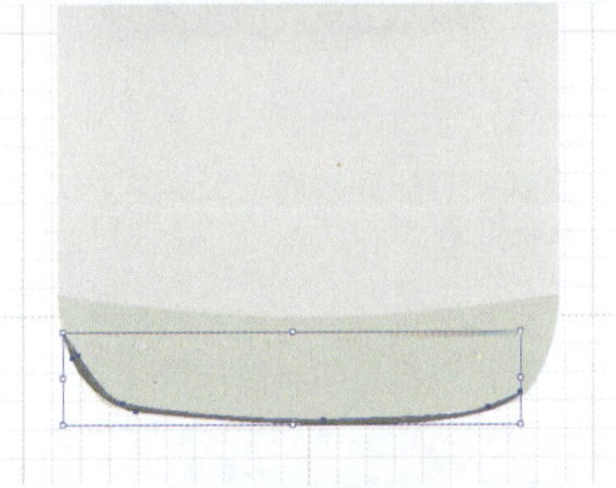

图 6-136

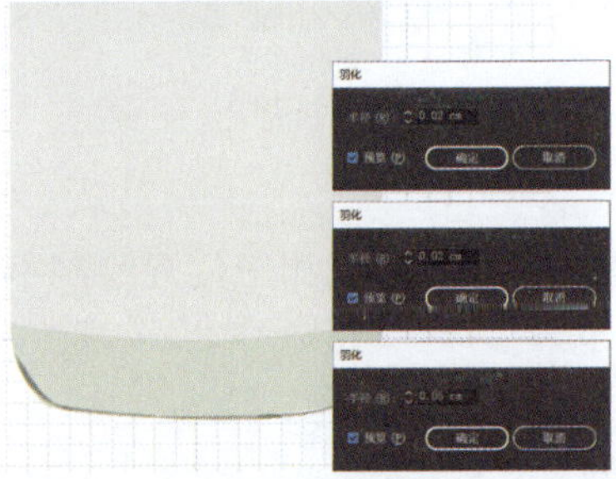

图 6-137

51 设置不透明度

选择“窗口”→“透明度”菜单命令，在打开的“透明度”面板中设置图形的“不透明度”为47%，效果如图6-138所示。

52 绘制椭圆形

单击“椭圆工具”按钮，在瓶身瓶底相应位置绘制一个椭圆形，并设置填充颜色值为（C:11.37、M:5.1、Y:21.18、K:0），效果如图6-139所示。

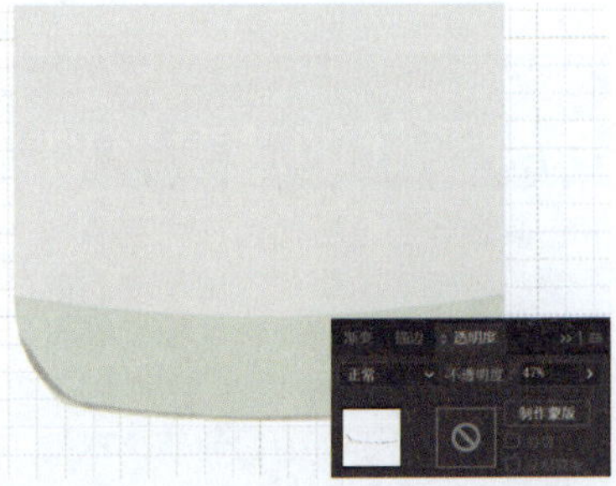

图 6-138

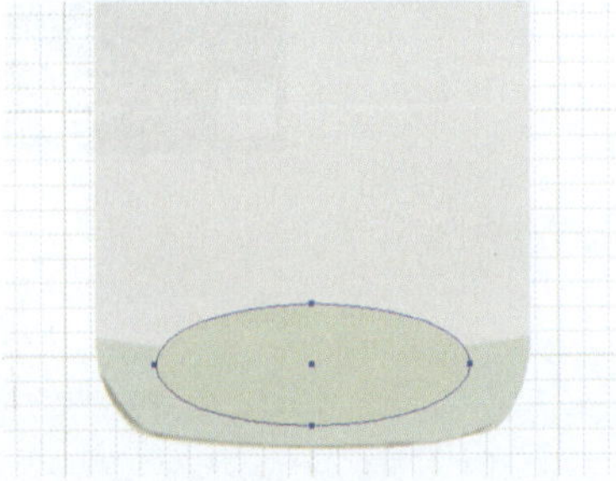

图 6-139

以自身商标为形象

以自身用途为形象

⑤ 以强调商品自身的特点作为主体形象。

以自身特点为形象

⑥ 以产品或原料产地作为主体形象。

以原料产地为形象

⑦ 以使用对象作为主题形象。

⑧ 以日常生活常见的动物、植物、花卉等作为主体形象。

⑨ 以文字的特殊效果作为主体形象。

文字是传达信息最直接的方式，符合不同层次的受众群体。

53 为椭圆形添加羽化效果并设置不透明度

单击步骤52绘制的椭圆形，选择“效果”→“风格化”→“羽化”菜单命令，并利用“透明度”面板调整不透明度，效果及参数设置如图6-140所示。

54 调整图层顺序

选择“选择工具”，选择新绘制的椭圆图形，将鼠标指针移动到区域的内部并右击，在弹出的快捷菜单中选择“排列”→“向后一层”命令，或者按【Ctrl+[】组合键，调整图层顺序。如果图层次序还是不对，则重复执行几次该命令，直至新区域图层在饮料瓶标签的下面，效果如图6-141所示。

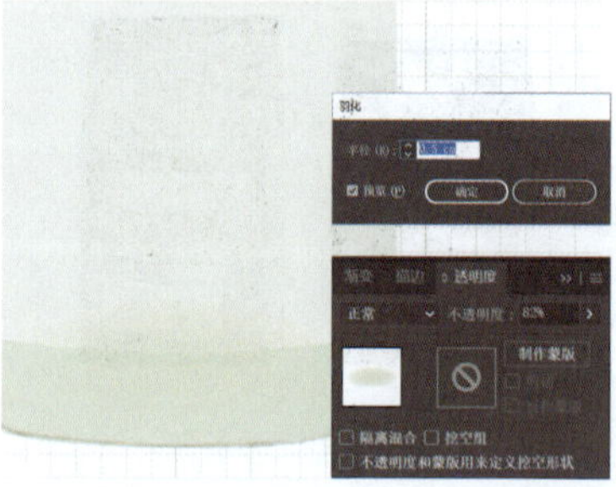

图 6-140

图 6-141

55 绘制瓶身底部两侧反光

单击“钢笔工具”按钮，在瓶身底部两侧相应位置绘制不规则图形，并填充颜色值为白色，效果如图6-142所示。

56 为右侧反光添加羽化效果

单击步骤55绘制的两个反光图形中的右侧图形，选择“效果”→“风格化”→“羽化”菜单命令，效果及参数设置如图6-143所示。

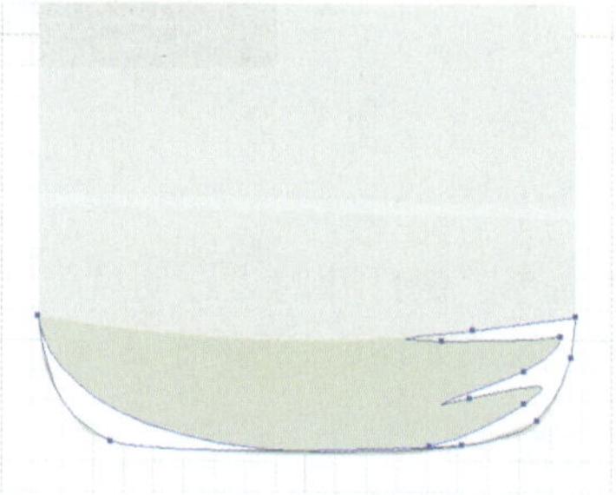

图 6-142

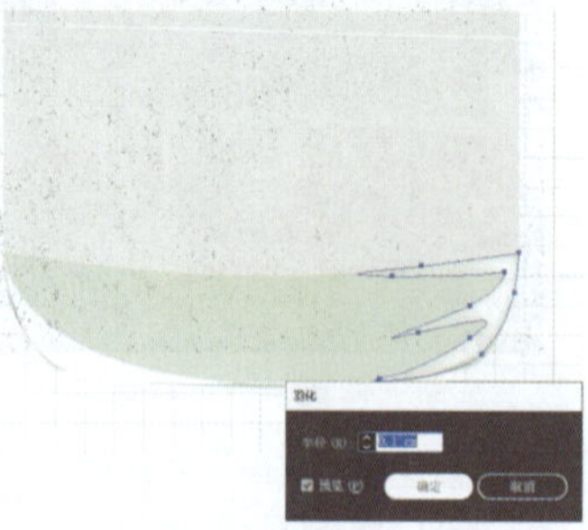

图 6-143

57 降低不透明度

单击步骤55绘制的两个反光图形，选择“窗口”→“透明度”菜单命令，在打开的“透明度”面板中设置图形的“不透明度”为40%，效果如图6-144所示。

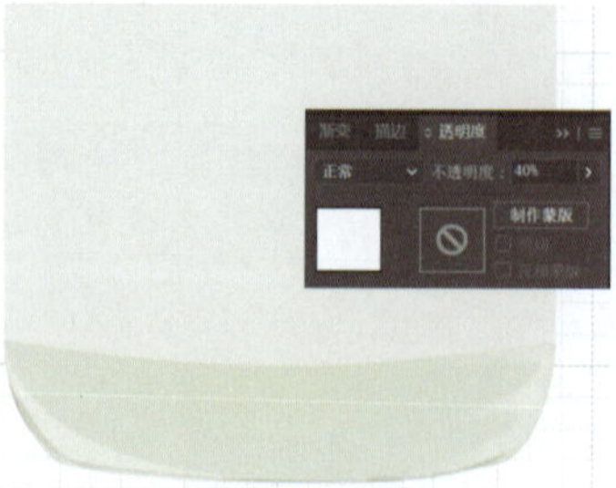

图 6-144

以常见植物为形象

以文字特效为形象

⑩以特有的底纹肌理或纹样作为主体形象。

这类包装设计要根据产品本身的性质而进行，如一些中国传统食品包装就可以运用中国传统的一些纹样，设计更具民族特色。

以特殊纹理为形象

行业知识

包装设计的注意事项

包装设计应当遵循适当、可靠、美观、经济的原则。由于产品的品种繁多，性能各有不同，要求也不一样，因此，在进行产品包装设计时所考虑的问题也不相同。一般要注意以下事项。

58 制作瓶身底部高光点

使用“钢笔工具”，在瓶身底部相应位置绘制不规则图形，填充颜色值为白色，效果如图6-145所示。然后为图形添加“羽化效果”，并调整不透明度，效果及参数设置如图6-146所示。

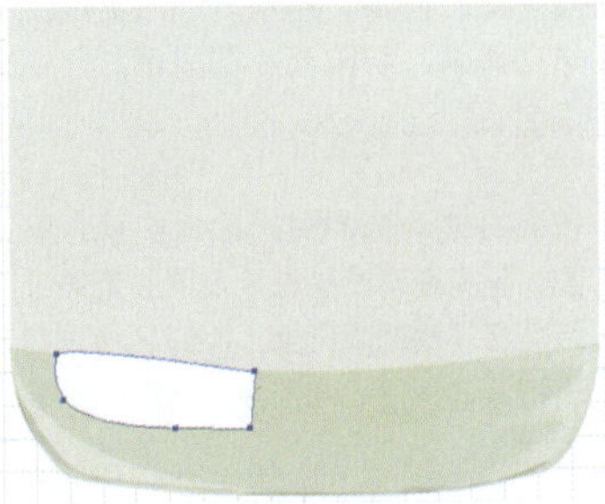

图 6–145

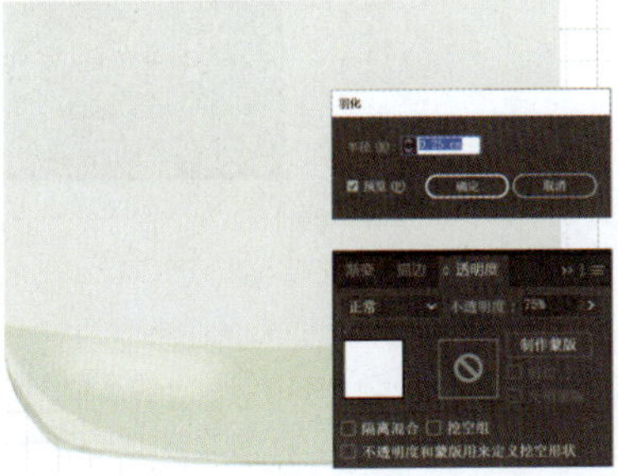

图 6–146

59 绘制标签云朵图案

单击“钢笔工具”按钮，在标签相应位置绘制不规则的云朵图案，并设置填充颜色值为（C:37、M:0、Y:15、K:0），效果如图6-147所示。

60 为云朵添加斑点

单击“椭圆工具”按钮，按住【Shift】键，在云朵上绘制一个正圆，并设置填充颜色值为（C:0、M:0、Y:0、K:19），得到效果如图6-148所示。

图 6–147

图 6–148

61 复制云朵斑点

按住【Alt】键移动斑点，执行“复制”命令，使圆点布满云朵，并使用【Ctrl+G】组合键执行“编组”命令，效果如图6-149所示。

62 制作雨线效果

单击“直线段工具”按钮，在云朵下方绘制多条直线段，并设置描边效果，参数设置及效果如图6-150所示。

1.被包装产品的性能

被包装产品的性能主要包括产品的物理形态、外形、强度、重量、结构、价值、危险性等，这是进行包装设计时首先应考虑的问题。

- 产品物态：主要有固态、液态、气态、混合等。不同的物态，其包装容器也不同。
- 产品外形：主要有方形、圆柱形、多角形、异形等。其包装要根据产品外形特点进行设计，要求包装体积小、固定良好、存放稳定、符合标准化要求。
- 产品强度：对于强度低、易受损伤的产品，要充分考虑包装的防护性能，在包装外面应有明显的标记。
- 产品重量：对于重量大的产品，要特别注意包装的强度，确保流通中不受损坏。
- 产品结构：不同的产品，往往结构也不同，如有的不耐压，有的怕冲击等。只有充分了解产品结构，才能对不同的产品进行合适的包装。
- 产品价值：不同产品的价值差异很大，对价值高的产品应重点考虑。
- 产品危险性：对易燃、易爆、有毒等具有危险性的产品，要确保安全，在包装外面应有注意事项和特定标记。

2.环境对产品的影响

产品在流通过程中会遇到不同的环境，它们对包装会产生不同的影响，故应采取相应措施。

- 气象条件：主要包括阳光、温度、湿度、雨雪和空气等。它们对不同产品的影响也不同，这需要针对不同气象条件分别加以考虑。
- 装卸条件：应考虑是人工装卸还是机械装卸，以及装卸次数等因素。
- 运输条件：产品在运输过程中会受到冲击，而且不同的运输工具对包装的影响也不同，应主要考

图 6-149

图 6-150

63 创建文本

单击“文字工具”按钮，单击标签相应位置，在属性栏中设置合适的字体及字符大小，并设置填充颜色值为（C:60.39、M:86.67、Y:94.51、K:51.76），效果如图6-151所示。

64 继续创建文本

用步骤63创建文本的方法，在下方输入相对较小字体的文本，并设置填充颜色值为（C:39、M:0、Y:97、K:0），效果如图6-152所示。

图 6-151

图 6-152

65 创建路径文本

单击“钢笔工具”按钮，在标签相应位置绘制一条填充和描边颜色均为无的弧线，使用“路径文字工具”，在路径左侧位置单击，输入相应文字，并设置文字颜色值为（C:69、M:86、Y:90、K:51.76），效果如图6-153所示。

66 编组所有图层

至此，“荔枝味饮料包装”已经制作完成，选中所有图层，按【Ctrl+G】组合键执行“编组”命令，将所有图层编组，效果如图6-154所示。

图 6-153

图 6-154

虑产品的固定与缓冲。

- 存储条件：存储多用堆码，包装应考察其耐压强度。另外，存储还分室内存储和室外存储，前者要注意防潮、防霉、防水等，后者要注意防雨雪、防阳光、防风等。

3. 包装方式的选择

包装方式的选择对产品保护甚为重要，只有在对产品性能及流通条件进行全面了解的基础上，制订几种方案进行经济评估，才能找到合适的包装方式。

- 选择包装材料：根据产品性能选择与之相适应的包装材料来制作包装容器，同时选择合适的附属包装材料来包装产品。
- 选择包装方法：根据对产品保护强度的要求，以及是否使用方便，是否便于机械装卸和运输等来选择适当的包装工艺和包装方法。

行业知识

包装设计的外形要素

外形要素就是商品包装展示面的外形，包括展示面的大小、尺寸和形状。日常生活中，人们所见到的形态有3种，即自然形态、人造形态和偶发形态。在研究产品的形态构成时，必须找到适用于任何性质的形态，即把共同的、规律性的东西提炼出来，称为抽象形态。

形态构成就是外形要素（或称为形态要素），即以一定的方法和法则构成的千变万化的形态。形态是由点、线、面、体这几种要素构成。包装的形态主要有圆柱体类、长方体类、圆锥体类和各种形体，以及有关形体的组合和因不同切割构成的各种形态。包装形态构成的新颖性对消费者的视觉引导起着十分重要的作用，奇特的视觉形态能给消费者留下深刻的印象。包装设计者必须熟悉形态要素本身的特性及其表情，并以此作为表现形式美的素材。考虑包装设计的外形要素时，还必须从形式美法则的

67 制作番茄味饮料包装

“番茄味饮料包装”的制作方法与“荔枝味饮料包装”基本相同，主要区别是在底图上，单击工具栏中的“钢笔工具”按钮，然后设置填充颜色值为（C:45.86、M:96.06、Y:100、K:16.08），绘制如图6-155所示的瓶身底图。

68 绘制瓶身各元素

按照“荔枝味饮料包装”瓶身的制作步骤，绘制“番茄味饮料包装”的瓶身各元素，得到效果如图6-156所示。

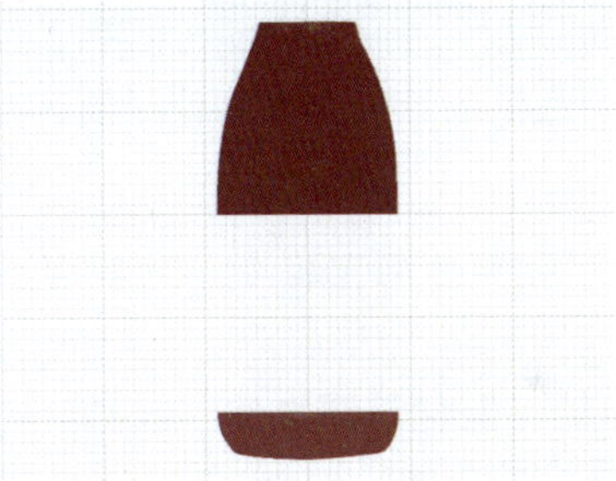

图 6-155

图 6-156

69 绘制标签心形图案并创建文本

单击“钢笔工具”按钮，在标签相应位置绘制不规则的心形图案，并填充渐变色，效果及参数设置如图6-157所示。仿照“荔枝味饮料包装”标签文本的制作方法，为“番茄味饮料包装”添加文本，效果如图6-158所示。

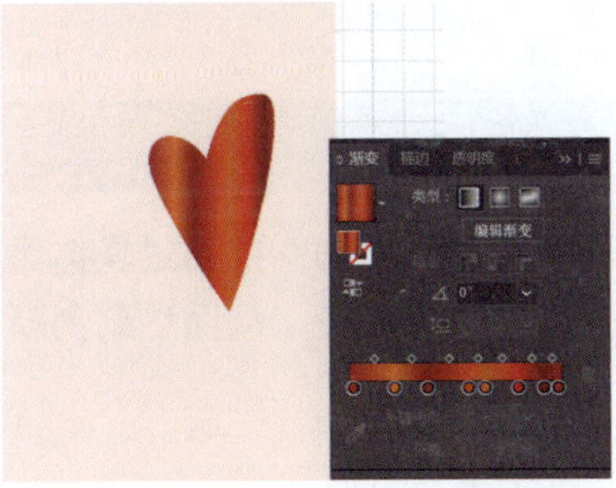

图 6-157

图 6-158

70 制作桔子味饮料包装

同样方法，用“钢笔工具”绘制瓶身底图轮廓，设置瓶身填充颜色值为（C:6.27、M:21.57、Y:57.25、K:0）、瓶身底部填充颜色值为（C:18.04、M:39.61、Y:94.51、K:0），效果如图6-159所示。按照“荔枝味饮料包装”瓶身的制作步骤及标签文本的制作方法，绘制瓶身各元素，得到的效果如图6-160所示。

角度去认识。按照包装设计的形式美法则结合产品自身功能的特点，将各种因素有机、自然地结合起来，以设计出完美、统一的形象。

包装设计的设计创意

1.创意的类别

- 灵感实现：灵感实现多是借着周围的环境事物触及思绪，是在一刹那撞击而出的。但在实际创意的过程中，这种情形很少，且多以一个人的知识积累及丰富的实践经验为前提。
- 创意培养：创意培育是指在掌握了一定的与设计任务相关的信息下，研究、思考、发现创意雏形，然后小心地去培育、保护，并不断对其进行测试和改进，使其成熟、完善。

2.设计创意的表达方式

- 文案表达：文案表达的内容主要是创意的切入点及实施计划。
- 图形表达：图形表达是将构思形象化、可视化的行为。

3.设计执行

- 定稿：是指将众多的设计草图与委托人一起研讨、分析，并测试初选方案的货架展示效果，以及征求部分消费者的意见，在共同协助中确定最佳的设计方案。
- 正稿制作：是印前设计稿的细化过程。在当今的数码时代，计算机的参与已使这一过程变得轻松、快捷。
- 修改样稿：有了计算机设计稿并不代表整个设计过程的完成，因为包装的最后成型还包括印刷成品。为了使所设计的效果能真实、准确地再现，还要对打样稿进行校正，如色彩修正、局部调整、品质监制等，以确保包装成品最终达到设计要求。

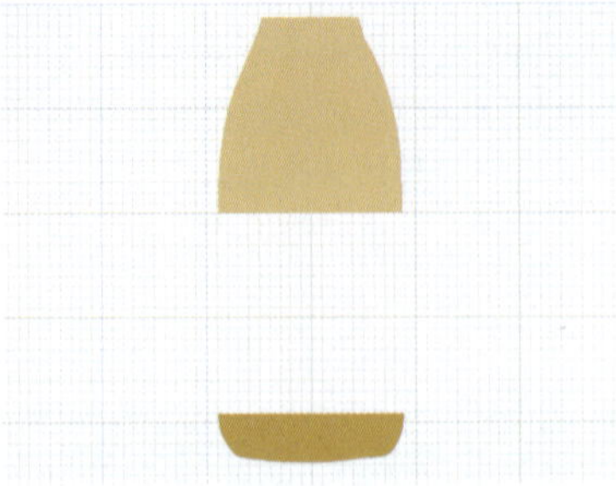

图 6–159

图 6–160

拓展训练——时尚运动鞋包装设计

利用本节介绍的饮料包装设计的相关知识，按照本书配套资源中提供的素材文件制作时尚运动鞋包装，最终效果如图6–161所示。

图 6–161

- 技术盘点：“贝塞尔工具”“圆角矩形工具”“渐变填充”“文本工具”。
- 素材文件：本书配套资源中的“素材与源文件\Chapter 6\6.4\拓展训练\时尚运动鞋包装设计.eps”。
- 制作分析：

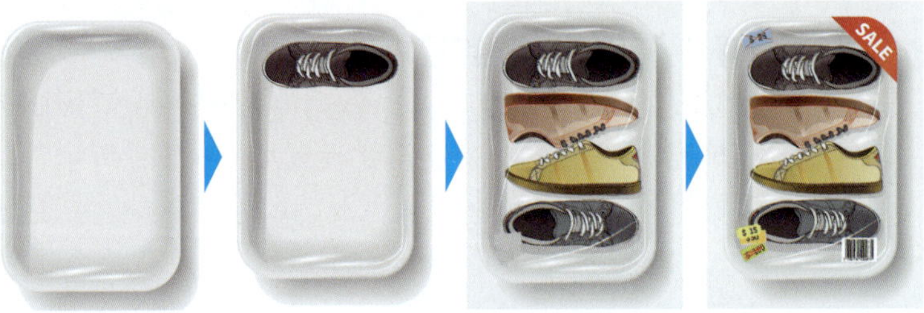

6.5 知识与技能梳理

通过本章的学习，已经掌握包装设计的基本概念、流程以及一些常用的设计方法，并通过具体案例的运用，逐步将理论转化为实践，在今后的学习中同学们应做到多看、多想、多练，从而达到创新的高度。

- 重要工具：“贝塞尔工具”“圆角矩形工具”“渐变填充”“文本工具”。
- 核心技术：利用“图形绘制工具”“文字工具”“透视网格工具”和图框精确剪裁的调整制作出各种形式的包装。
- 实际运用：酒水包装、香水包装、食品包装的制作及相关行业的包装设计。

Chapter 7

图书封面设计

图书可以记录人类生活，在人类社会的历史长河中起着重要的作用。最原始的图书是以竹简为载体，随着社会的发展，人们已不满足仅提供文字内容的图书，所以在图书装帧的审美上也有了需求，从而形成了图书装帧设计艺术。本章将详细讲解Illustrator CC 2021在图书封面设计中的常用方法和操作技巧。

	知识点	学习目标			
		了解	掌握	应用	重点知识
学习要求	图书封面设计的分类	☺			
	图书封面的基本结构		☺		
	图书封面的设计方法				☺
	书刊印刷的工艺和流程	☺			
	文字编排的基本原则		☺		
	图书装帧的制作要求		☺		
	平装书的封面设计		☺		
	精装书的封面设计		☺		
	玄幻小说封面设计			☺	
	游戏书籍封面设计			☺	

能力与素质目标

7.1 图书封面设计的基础知识

图书封面对于图书的销售起着至关重要的作用，因此，一本好的图书不仅需要其内容蕴涵丰富的知识，而且封面也要吸引消费者的眼球。本节将从不同的方面对图书封面的相关知识进行讲解。

7.1.1 图书封面设计的分类

按照图书封面设计的精致程度，可以分为精装书和平装书。

1.精装书

精装是指书籍的一种精致制作方法。精装书主要是通过在书的封面、书芯的脊背、书角上进行各种造型加工而制成。加工的方法和形式多种多样，如书芯加工分圆背（起脊或不起脊）、方背、方角和圆角等，封面加工分整面、接面、方圆角、烫箔、压烫花纹图案等。

精装书的封面设计更加精致，会添加一些细节修饰。例如，书名用金粉、电化铝、漆色、烫印等，扉页、环衬、内页的留白比较多，并增加了许多装饰性的页码，除书籍的封面和封底外，有的还增加了护封、函套等。图7-1所示为精装书。

图 7-1

2.平装书

平装书又称简装书，是一种最常见的书籍，主要由封面、封底、扉页及内芯正文部分组成，一般采用软质封面装订，装帧形式简单，材料普通，是一种经济型的书籍。由于其工艺简单、成本经济、价格低廉，目前被广泛采用。

平装书的封面是设计的核心部分。设计时，要将封面上的信息（书名、图形、作者姓名、出版单位、装饰字母、色彩等）进行合理的组织与恰当的表现，从而突出和强调主题。封底的构成元素主要为条码信息、价格、内容简介或图书描述等。书脊的构成元素为书名、作者姓名、出版单位等。图7-2所示为平装书。

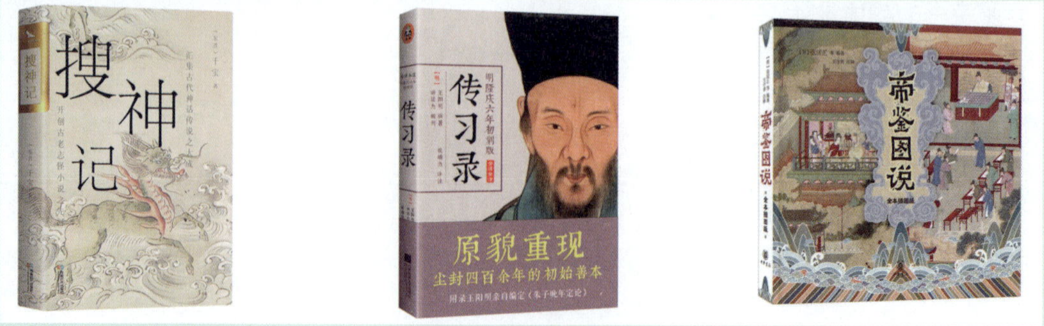

图 7-2

7.1.2 图书封面的基本结构

不同的图书，虽然封面内容不同，但是其基本结构却基本相同。

图书的封面包括外封、内封、环衬、腰封和函套，具体结构如图7–3所示。

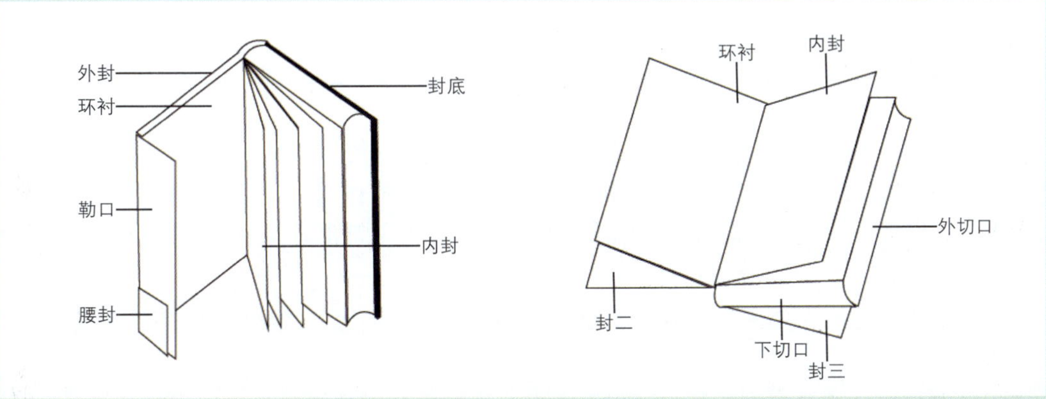

图 7–3

① 外封：分为前封、书脊、封底、勒口，以及封面的内部，即封二、封三。下面对外封的部分内容进行介绍。

前封：也就是常说的封面，是指书刊外面的一层，起着美化书刊和保护书芯的作用，常印有书名、出版者和作者等信息，是书刊信息的主要传达区域。

书脊：是指书刊前封、封底连接的部分，相当于书芯厚度。在印刷后加工时，为了制成书刊的内芯，需要按正确的顺序配页、折页，组成书帖后即可形成平的书脊边，再经过上胶等形成书脊。骑马订的杂志没有书脊。书刊的书脊上一般印有书名、期号和其他信息。

封底：是一本书书皮的底，是图书的重要构成元素，是前封、书脊的延展、补充、总结和强调。图书封底的右下方印着统一书号和定价，期刊封底印着版权页，也可以印目录及其他非正文部分的文字、图片。封底与前封二者之间紧密关联、相互补允、缺一不可。

勒口：是指前封和封底在翻口处向里折转的延长部分，前者称“前勒口”，后者称“后勒口”，其宽度一般不少于30mm。一般，勒口出现在精装书中，现在的平装书中也常出现，以增加书的美感。勒口尺寸以前封宽度的1/3~1/2为宜，如果前封封底有底图，需要使勒口的图文和前封、封底的图文连在一起，在装订时，如果尺寸发生了变化（书脊位大小等），则勒口也随之而变。

封二：又称封里，是指前封的背页。封二一般是空白的，但在期刊中常用它来印目录或有关的图片。

② 内封：又称扉页、里封面、副封面，指前封或衬页后的一页。上面的文字与前封类似，但比前封要详尽些。内封可以是彩色的，也可以添加装饰图案，有保护书页和装饰的作用。

③ 环衬：连接书芯和封皮的衬纸。当打开前封时，会有一张连接前封和内页的版面，称为环衬，目的在于增加前封和书芯的牢固性。

④ 腰封：也称“书腰纸”，是附封的一种形式，即包裹在图书封面中部的一条纸带，属于外部装饰物。腰封一般用牢固度较强的纸张制作，包裹在书籍封面的腰部，其宽度约为该书封面宽度的三分之一，主要作用是装饰封面或弥补封面的表现不足。

⑤ 函套：函套多用厚纸板外裱以蓝布（也有用绫锦者），随书的大小、厚度而制。函套的形式有两种：一种是四面包裹，露出书的上下口，称半包式；另一种是将书的六面全部包裹，称全包式。除

厚纸布面的函套外，还有夹板式函套和木匣式函套两种，夹板式函套是用两片与书相同大小的木板在书的上下夹住，再用布带捆牢。木匣式函套则是按一部书的大小制成木匣，再将书装入。

技巧 提示

需要注意的是，根据装订的不同，勒口、函套和腰封在某些书中可能没有。

7.1.3 图书封面的设计方法

封面是一本书的外貌和脸面，是书籍与读者直接沟通的桥梁。它不仅体现书的内容、性质，同时给读者以美的感受，而且还起着保护书芯和美化书籍的作用。封面设计的内容一般包括书名、作者名、出版社等文字，体现书的内容、性质、体裁的装饰形象、色彩和构图。

1. 文字

封面上的文字主要是书名、作者名和出版社名，这些封面上的文字信息在设计中起着举足轻重的作用。

在设计过程中，为了丰富画面，可重复书名、添加拼音或外文书名，也可以添加适量的广告语。有时，为了画面的需要，封面上也可以不出现作者名和出版社名，让它们出现在书脊或内封上，封面只留下不可缺少的书名。其余文字则根据设计需要安排在勒口、封底和内封上。封面上的字体要根据书籍的体裁、风格、特点而定，把它们视为点、线、面来进行设计，使它们能有机地融入画面结构中，参与各种排列、组合和分割，产生趣味、新颖的形式，给人言有尽而意无穷的感受，如图7-4所示。

2. 图形

封面上的图形包括摄影、插图和图案，有写实的，有抽象的，还有写意的。例如，具体的写实手法应用在少儿知识读物、通俗读物及某些文艺、科技读物的封面设计中的情况较多。如果科技读物和一些建筑、生活用品之类的画册封面运用具象图片，就具备了科学性、准确性和说服力。对于有些科技、政治、教育等方面的书籍封面设计，当很难用具体的形象去表现时，可以用抽象的形式表现，使读者意会其中的含义。

运用写意手法设计封面，会使封面的表现更具象征意义和艺术的趣味性。那些写意的中外古今图案，在体现民族风格和时代特点上也起着很大的作用，如图7-5所示。

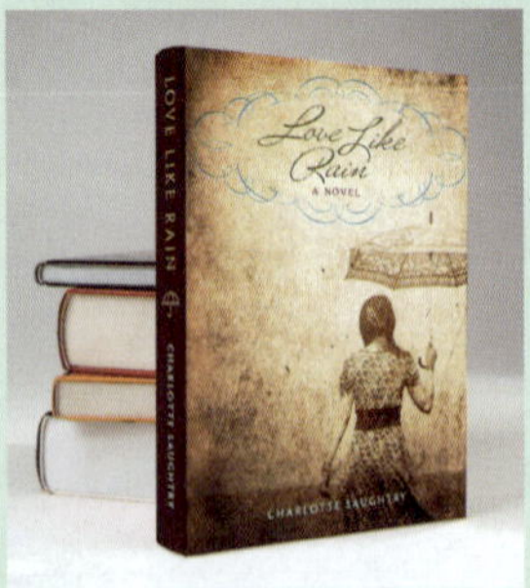

图 7-4

图 7-5

3. 封面的整体性

封面其实并不只是正面，虽然人们关心的主要是正面，但是出于审美的要求，不应当将反面弃之不顾。另外，书脊在书架上同样发挥着广告和美观的作用。因此，封面的正反面和书脊都应纳入封面设计的范围。封面是书籍装帧大整体中的一个小整体，正面、反面和书脊有着统一的构思和表现，这种关系处理得好坏，同样影响书籍装帧设计的整体效果。

正反面的设计应完全相同或大体相同。正反面中的文字可有所变动，正面采用中文书名，反面可采用拼音、外语。正反面的色彩、设计可有所变化。

可将一张完整的设计画面分成封面、封底和书脊，再分别装饰文字，如图7–6所示。

封底可使用前封缩小的画面、小标志、图案，与前封形成呼应关系，如图7–7所示。

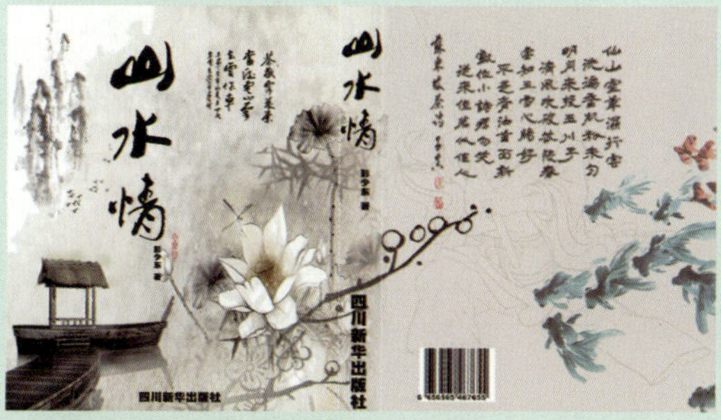

图 7–6

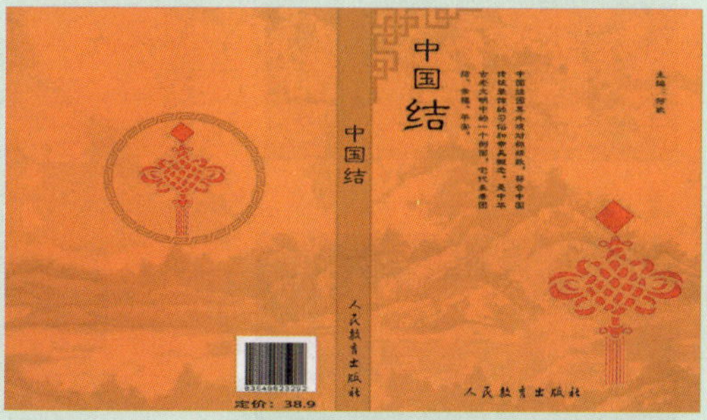

图 7–7

7.2 图书封面设计经典案例欣赏

晚熟的人
A LATE BLOOMER
莫言
尼尔斯骑鹅旅行记
中国神话传说
五万年中国简史
元代文学通论
宋词
GENGHIS KHAN AND THE MAKING OF THE MODERN WORLD
成吉思汗
DK儿童大百科
THE HUMAN FACTOR
人性的因素
麦家
风声
失落的卫星
深入中亚大陆的旅程
我们的中国
Philosophy
西方哲学史
三体
曼巴精神
科比自传
The EYE
眼界与品位
太空漫游
四部曲

实践●提高

7.3 玄幻小说封面设计

● 难易程度 ★★★☆

项目创设

本例将设计一个玄幻小说封面。该封面以人物为主题来突出封面的特色，最终效果如图7–8所示。

制作思路

首先制作封面背景，然后置入相应素材，最后输入文字，设置相应文字效果。

图 7–8

素材文件：本书配套资源\素材与源文件\Chapter 7\7.3\素材

案例制作步骤

01 创建文档

选择“文件”→“新建”菜单命令，在打开的“新建文档”对话框中，设置“名称”为“玄幻小说封面设计”、“宽度”为364mm、“高度”为248mm、“出血”均为3mm、“颜色模式”为CMYK，其他保持默认设置，如图7-9所示。单击“确定”按钮，得到的画板如图7-10所示。

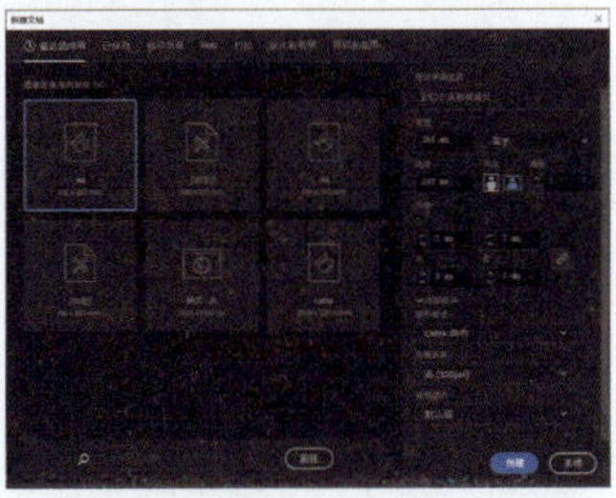

图 7–9

图 7–10

02 绘制矩形

单击工具栏中的“矩形工具”按钮，在画板中双击，在打开的“矩形”对话框中设置矩形的“宽度”为370mm、“高度”为254mm，单击“确定”按钮后，默认的填充颜色为白色、描边颜色为

行业知识

书籍的起源和发展

书籍的历史与文字、语言、文学、艺术、技术和科学的发展有着紧密的联系。它最早可追溯于石、木、陶器、青铜、棕榈树叶、骨、白桦树皮等物上的铭刻。将纸莎草用于写字，对书籍的发展起了巨大的推动作用。约公元前30世纪出现的埃及纸草书卷是最早的埃及书籍雏形。纸草书卷比苏美尔、巴比伦、亚述和赫梯人的泥版书更接近于现代书籍的概念。

埃及最早的莎草纸

黑色，使用“选择工具”将矩形移到画板的相应位置，效果及参数设置如图7-11所示。

03 添加参考线

选择“视图”→“标尺”→“显示标尺”菜单命令，即可在画板中显示标尺，使用“选择工具”在左侧标尺位置按住鼠标左键向右拖出一条参考线，并在属性栏中设置X轴为172mm，使用相同的方法再拖出一条参考线，设置X轴为192mm，如图7-12所示。

04 置入素材并调整

选择“文件”→“置入”菜单命令，将“素材与源文件\Chapter 7\7.3\素材\素材01.tif”文件置入画板的合适位置，在属性栏中单击“嵌入”按钮，并调整大小，效果如图7-13所示。

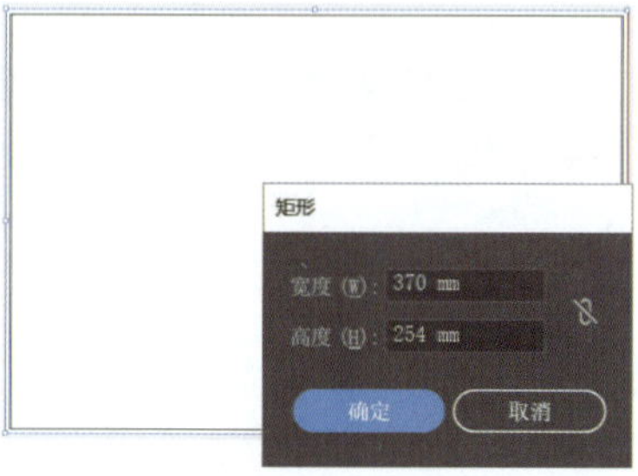

图 7-11

图 7-12

05 继续置入素材

使用相同的方法，将“素材与源文件\Chapter 7\7.3\素材\素材02.tif”和“素材03.tif”文件置入画板，并在属性栏中单击“嵌入”按钮，“素材02.tif”如图7-14所示，“素材03.tif”如图7-15所示。

图7-13

图 7-14

图 7-15

06 调整透明度

在“素材02.tif”被选中的情况下，按【Shift+Ctrl+F10】组合键，打开“透明度”面板，设置混合模式为“正片叠底”、

中国最早的正式书籍是在公元前8世纪前后出现的简策。西晋杜预在《春秋经传集解序》中说：“大事书之于策，小事简牍而已。”这种用竹木作为书写材料的“简策”（或“简牍”），在纸发明以前是中国书籍的主要形式。将竹木削制成狭长的竹片或木片，统称为“简”，稍宽长方形木片叫“方”。若干简编缀在一起叫“策”（册），又称为“简策”。编缀用的皮条或绳子叫“编”。

简策

中国古代的典籍，如《尚书》《诗经》《春秋左氏传》《国语》《史记》《竹书纪年》，以及近年在山东临沂出土的《孙子兵法》等书，都是用竹木书写而成。后来，人们用缣帛来书写，称为帛书。《墨子》有“书于帛，镂于金石”的记载。帛书用的是特制的丝织品，叫“缯”或“缣”，故“帛书”又称“缣书”。

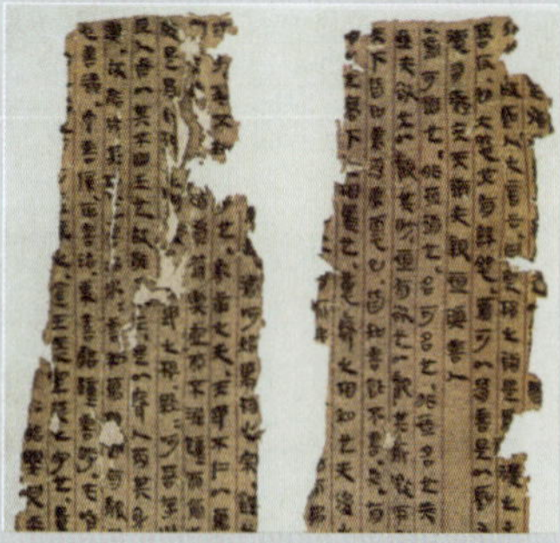

帛书

公元前2世纪，中国已出现用植物纤维制成的纸，如1957年在西安出土的灞桥纸。东汉蔡伦在总结前人经验，并加以改进制成蔡侯纸（公元105年）之后，纸张便成为书籍的主要材料，纸的卷轴逐

“不透明度”为35%，并调整位置及大小，效果及参数设置，如图7-16所示。

07 继续调整透明度

在“素材03.tif”被选中的情况下，在“透明度”面板中设置混合模式为“正片叠底”、“不透明度”为20%，并调整位置及大小，效果及参数设置如图7-17所示。

图 7-16

图 7-17

08 绘制闭合路径

使用“钢笔工具”在“素材03.tif”的上方绘制一个闭合路径，效果如图7-18所示。

09 剪切蒙版

使用“选择工具”选中刚刚绘制的路径和“素材03.tif”，选择“对象”→“剪切蒙版”→“建立”菜单命令，效果如图7-19所示。

图 7-18

图7-19

10 置入素材

选择“文件”→“置入”菜单命令，将“素材与源文件\Chapter 7\7.3\素材\素材04.tif”文件置入画板的合适位置，并在属性栏中单击“嵌入”按钮，效果如图7-20所示。

11 羽化效果

在“素材04.tif”被选中的情况下，调整大小及位置，再选择“效果”→“风格化”→“羽化”菜单命令，在打开的“羽化”对话框中设置“半径”为5mm，效果及参数设置如图7-21所示。

渐代替竹木书、帛书(缣书)。中国是最早发明并实际运用木刻印刷术的国家。

公元7世纪初期，中国已经使用雕刻木版来印刷书籍。在印刷术发明以前，中国书籍的形式主要是卷轴。公元10世纪，中国出现册叶形式的书籍，并且逐步代替卷轴，成为目前世界各国书籍的共同形式。

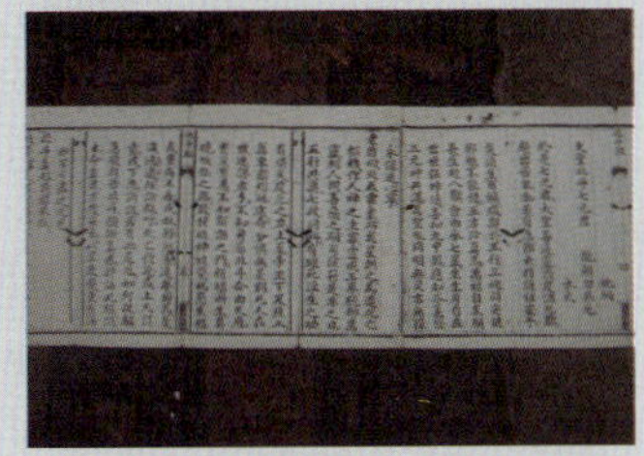

册叶形式的书籍

11世纪40年代，中国活字印刷术在世界上最早产生，并逐渐向世界各国传播。东到朝鲜、日本，南到东南亚各国，西到欧洲各国，促进了书籍的生产和人类文化的交流与发展。14世纪，中国发明套版彩印。15世纪中叶，德国人J.谷登堡发明了金属活字印刷。活字印刷术加快了书籍的生产进程，被欧洲国家普遍采用。15—16世纪，出现了经济、美观、便于携带的书籍，荷兰的埃尔塞维尔公司印制了袖珍本的书籍。15—18世纪初，中国编纂、缮写和出版了百科全书性质和丛书性质的出版物，如《永乐大典》《古今图书集成》《四库全书》等。

18世纪末，由于造纸机器的发明，推动了纸的生产，并为印刷技术的机械化创造了良好的条件。同时，印制插图的平版印刷的出现，为胶版印刷打下了基础。19世纪初，快速圆筒平台印刷机的出现，以及其他印刷机器的发明，大大提高了印刷能力，适应了社会政治、经济、文化对书籍生产的不断增长的要求。

图 7-20

图 7-21

12 添加参考线

使用“选择工具”在左侧标尺位置按住鼠标左键并向右拖出一条参考线，然后在属性栏中设置X轴为182mm，效果如图7-22所示。

图 7-22

13 绘制弧线

单击工具栏中的“钢笔工具”按钮，在属性栏中设置“描边”为4pt、颜色值为（C:0、M:30、Y:100、K:0），在相应位置绘制一条装饰线，效果如图7-23所示。

14 调整形状

使用“直接选择工具”调整各个锚点，效果如图7-24所示。

15 复制对象

选择刚刚调整好形状的弧线，在按住【Alt】键的同时按住鼠标左键向下拖动，将其进行复制，使用相同的方法再复制一份，效果如图7-25所示。

16 填充颜色

使用“直接选择工具”调整各个锚点，并调整位置，设置描边颜色值为（C:0、M:10、Y:40、K:0）和（C:0、M:25、Y:50、K:0），效果如图7-26所示。

行业知识

书刊印刷的工艺和流程

书刊的印刷工艺和流程对于提高书刊质量、扩大市场销售等的作用是至关重要的。在这方面，无论是设计人员、出版单位、印刷企业，还是客户，都要根据具体书刊印刷的质量选择和确定所需要的印刷工艺，并对印刷工艺提出严格的质量要求。

平版书刊的印刷工艺流程是：拼版→晒版→显影→擦版→烘版→装版→印刷。

平版印刷主要是胶版印刷。现以胶版印刷为例，就书刊印刷的工艺流程和印前、印中、印后加工进行介绍。

1. 印前准备

准备工作包括纸张的调湿处理、油墨的调制、润湿液的配制、印版的检查、印刷压力的调试等。

纸张调湿处理主要是防止环境气候造成纸张的含水量不均匀而引起纸张变形及产生静电现象，这种现象在印刷中是绝对不允许出现的。

2. 装版试印

印前准备工作做好之后，就可以装纸、装版、开机调试。开机运行中，要对输纸机构、收纸机构、输墨装置、输水装置、印刷压力等方面进行调节，以保证走纸顺畅，供水量、给墨量适中，印刷压力适宜，确保印出高质量的印品。上述工作准备好后，将机器运行一会儿，使给墨量、供水量适中且均匀，之后在给纸台上加一些过版纸进行试印。如果是多色印刷或套色印刷，还需要进行套准调节工作，确定版面位置是否合适，图文是否歪斜，天头、地脚、左右大小及方向是否套准（一般以规矩线进行套准调节）。套准作业完成后开始试印，印出几张样品，进行质量检查。

图 7-23

图 7-24

图 7-25

图 7-26

17 镜像对象

在3条弧线被选中的情况下，双击工具栏中的“镜像工具”按钮，在打开的“镜像”对话框中设置“轴”为垂直方向，单击“复制”按钮，应用到图中并调整位置，效果及参数设置如图7-27所示。

18 连接所选终点

使用“直接选择工具”选中最上面两条弧线的两个终点锚点，在属性栏中单击按钮后，即可连接所选的锚点。使用相同的方法连接其他终点锚点，效果如图7-28所示。

19 设置填充颜色

使用“选择工具”选中最下面的连接弧线，设置填充颜色为白色，效果如图7-29所示。

20 绘制矩形

单击工具栏中的“矩形工具”按钮，在相应的位置绘制两个矩形，设置“宽度”均为370mm、“高度”分别为9mm和7.5mm，

油墨调制工作包括专用油墨的配制、为常规油墨添加一些助剂等。如果油墨黏度不合适，应提高或降低黏度；如果油墨干燥性不好，可添加干燥剂。添加各种助剂必须根据工艺、设备、纸张及环境温度等情况，用量要适当。

● 印版的检查包括印版类别、色别的检查、印版厚度检测、印版叼口大小的检查、规矩线的检查、印版深浅的检查，以及版面图文的质量有无污损、划伤等方面的检查。

● 印刷压力的调试：根据印版厚度、纸张规格、橡皮布的厚度、包衬材料厚度、印刷工艺的要求等诸多因素选择合适的滚筒包衬，使得印刷压力能够符合印品工艺和质量要求。

3.正式印刷

正式印刷前，加一些过版纸，过版纸印完后使计数器归零。印刷中要经常进行抽样检查，注意上水的变化、油墨的变化、印版耐印力、橡皮布的清洁情况，以及印刷机供油、供气的状况和运转是否正常等。

行业知识

文字编排的基本原则

文字和其他事物一样，同样拥有生命，有自己的个性和脾气。如果想让它们很好地服务于设计，就必须对其特征进行深入的理解，并将此作为一种常识牢记在脑海中。只有这样，才能果断地决定：在页面什么位置应该出现什么样的字体，这些字体应该设置为多大的字号，应该为这些字体添加什么样的颜色等。

1.文字的适合性

文字最基本、最重要的功能是传递信息。在文字的设计活动中要服从表述主题的要求。文字和主

填充颜色值分别为（C:0、M:25、Y:50、K:0）和（C:0、M:30、Y:100、K:0），效果如图7-30所示。

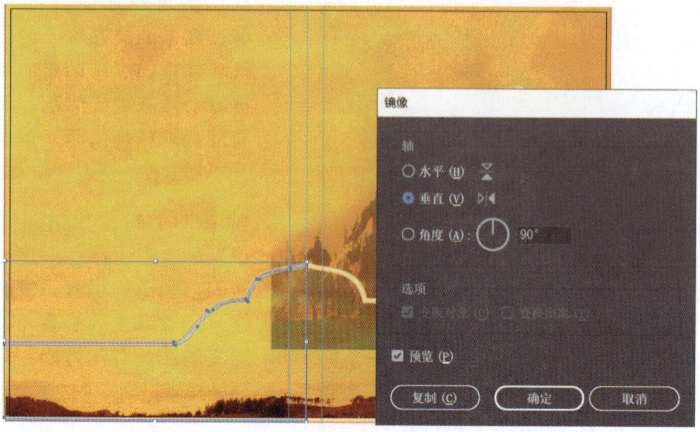

图 7-27

图 7-28

图 7-29

图 7-30

21 创建文字

单击工具栏中的“直排文字工具”按钮，在属性栏上设置颜色为黑色、字体为“叶根友刀锋黑草”、字号为90pt，在相应位置单击，输入“无上神位”，如图7-31所示。

22 复制对象并设置

选择“编辑”→“复制”菜单命令，再选择“编辑”→“就地粘贴”菜单命令，设置填充颜色为白色、描边宽度为1pt、颜色为白色，效果如图7-32所示。

23 添加外发光效果

选择“效果”→“风格化”→“外发光”菜单命令，在打开的“外发光”对话框中设置“模糊”为1mm，其他保持默认设置，应用到图中的效果如图7-33所示。

题要相互吻合，不能脱离，更不能制造冲突，破坏文字的诉求效果。每一个页面上的文字都有其自身内涵，把这些文字信息正确无误地传达给读者，是文字设计的根本目的。

文字通过形态、色彩的设计往往具有明确的倾向性，设计者需要将文字的这一形式感应与传递的信息达成一致。例如，一则宣传儿童用品的页面，其广告的文字必须具有天真、童趣的风格；而一则宣传中年男士用品的页面，其广告文字要体现出沉着、稳定的特点。

（1） 选择秀丽的字体表现女性柔美的特点

优美清新、线条流畅的字体给人以华丽、柔美之感。此种类型的字体最能够体现出女性柔美的特点，适用于女装或化妆品、饰品等宣传页面。此外，这类字体还适合表现日常生活用品、服务业等主题。

（2） 用活泼有趣的字体表现出浪漫时尚的气息

这类字体的特点主要表现为字体造型生动活泼，有鲜明的节奏韵律感，色彩丰富明快，给人以生机盎然的感受。这种个性的字体适用于儿童用品、运动休闲、时尚产品等主题的诉求。

与这类字体相匹配的颜色特点为高纯度、高明度、强烈的对比度。

（3） 利用稳重挺拔的文字表现出机械美和科技感

这类字体的特点主要表现为字体造型规整，富有力度，给人以简洁、爽朗的现代感，有较强的视觉冲击力。这种个性的字体适用于男性主题的宣传物、机械科技等主题。

与这类字体相匹配的颜色特点为冷静、理性，多为冷色，也可为无彩色。

24 调整位置

在白色文字被选中的情况下，选择“对象”→“排列”→“后移一层”菜单命令，效果如图7-34所示。

图 7-31

图 7-32

图 7-33

图 7-34

25 继续创建文字

使用“直排文字工具”，在属性栏中设置颜色为黑色、字体为“宋体”、字号为53pt，在相应位置单击，输入“长恨歌”，效果如图7-35所示。

26 复制对象并进行效果设置

在“长恨歌”文字被选中的情况下，按【Ctrl+C】组合键将其复制，再按【Shift+Ctrl+V】组合键将其就地粘贴，选择“效果”→“风格化”→“外发光”菜单命令，并调整顺序，效果如图7-36所示。

27 绘制路径

单击工具栏中的“钢笔工具”按钮，绘制一个闭合路径，设置填充颜色为白色，选择“效果”→“风格化”→“羽化”菜单命令，在打开的“羽化”对话框中设置“半径”为25mm，单击“确定”按钮，然后调整顺序，效果如图7-37所示。

（4） 利用苍劲、古朴的字体带来历史感和怀旧情

这类字体的特点主要表现为字体朴实无华，饱含古时之风韵，能带给人们一种怀旧的感觉。这种个性的字体适用于传统产品，民间艺术品等主题。

与这类字体相匹配的颜色特点为低纯度、低明度、对比温和，也可为无彩色。

2.文字的视觉美感

在视觉传达中，文字作为画面的形象要素之一，具有传达感情的功能，因而它必须具有视觉上的美感。人们对于作用于其视觉感官的事物以美丑来衡量，这已经成为有意识或无意识的标准。满足人们的审美需求和提高美的品位是每一位设计者的责任。在文字设计中，美不能只体现在局部，而要对笔形、结构及整个设计有所把握。文字是由横、竖、点和圆弧等线条组合成的形态，在结构的安排和线条的搭配上，怎样协调笔画与笔画、字与字之间的关系，强调节奏与韵律，创造出更富表现力和感染力的设计，把内容准确、鲜明地传达给读者，是文字设计的重要课题。优秀的字体设计能让人过目不忘，既起着传递信息的功效，又能达到视觉审美的目的。

（1） 为文字融入合适的装饰元素，提高文字的视觉美感

所谓字体设计，就是在保证文字基本辨别功能不变的情况下，对文字进行艺术形态的升华，具体表现为对文字造型、色彩、表面质感的重新设计。虽然文字本身拥有固定的形状，而且也代表一种特定的图形视觉，但有时这种固定的形态并不能更加确切地诉说主题，因此，对文字图形再修饰变得非常必要。将符合主题诉求的图形元素融入文字图形中是一个不错的方法。

28 创建其他文本

单击工具栏中的“直排文字工具”按钮，在属性栏上设置颜色为黑色、字体为“宋体”、字号为8pt，在相应位置单击，输入文本，效果如图7-38所示。

图 7-35

图 7-36

图 7-37

图 7-38

29 继续创建文本

单击工具栏中的“直排文字工具”按钮，在属性栏中设置字体为“华文楷体”、字号为14pt，在相应位置单击，输入“卷三”文字。按照相同的方法，使用“文字工具”设置字体为Arial、字号为12pt，在相应位置单击，输入“chang hen ge”，并旋转-90°，同时设置填充颜色值为（C:50、M:50、Y:100、K:0），效果如图7-39所示。

30 绘制正圆

单击工具栏中的“椭圆工具”按钮，绘制一个直径为7.123mm的正圆，设置填充颜色为无、描边宽度为1pt、描边颜色值为（C:50、M:50、Y:100、K:0），并将其复制一个，然后调整位置，效果如图7-40所示。

31 绘制不规则图形

使用“钢笔工具”在画板右上角绘制一个不规则的图形，在属性栏中设置填充颜色值为（C:0、M:100、Y:100、K:0）、描边颜色为无，效果如图7-41所示。

（2）合理安排文字间的结构，愉悦读者的视觉体验

为了主题的诉求需要，多个文字相互作用，联系成文本。单个文字的视觉美感对页面的影响可以看成平面设计中“点”的影响，而文本的视觉美感对页面的影响可以看成平面设计中“面”的影响。文本作为构成页面的两大元素（文本和图像）之一，对页面的视觉效果有关键性的影响。合理地安排文本中文字间的结构，可以增加页面的视觉美感。这种结构主要表现在字体、文字大小、字体颜色、文字间距、文字质感等。

3.文字设计的个性

根据广告主题的要求，极力突出文字设计的个性色彩，创造与众不同的独具特色的字体，给人以别开生面的视觉感受，将有利于企业和产品良好形象的建立。在设计时，要避免与已有的一些设计作品的字体相同或相似，更不能有意模仿或抄袭。在设计特定字体时，一定要从字的形态特征与组合编排上进行探求，不断修改，反复琢磨，这样才能创造出富有个性的文字，其外部形态和设计格调都能唤起人们的审美愉悦感受。

4.把握字体间的联系

使用有联系的字体可以避免视觉上的混乱。一次不要混合太多不同的字体，可以考虑改变字体的大小、分量或字形，但不要一次改变这3个方面。老式字体往往能与亚现代字体混合，这是因为亚现代字体在设计时融合了老式字体的风格，同时兼备现代字体的简单，这时的字体既不相同，又能相互协调。同一个设计中的不同字体应有自己的大小及间距，以便相互之间的融合。

32 设置作者署名

选择“直排文字工具”，在属性栏中设置颜色为白色、字体为“方正黄草简体”、字号为18pt，在刚绘制的不规则图形上方单击，输入作者信息，如图7-42所示。

图 7-39

图 7-40

图 7-41

图 7-42

33 绘制圆角矩形

单击工具栏中的“圆角矩形工具”按钮，在属性栏中设置填充颜色值为（C:10、M:25、Y:80、K:0），在空白处单击，在打开的“圆角矩形”对话框中可设置宽度、高度及圆角半径，效果及参数设置如图7-43所示。按住【Alt】键的同时按住鼠标左键向下拖动即可复制一个，效果如图7-44所示。

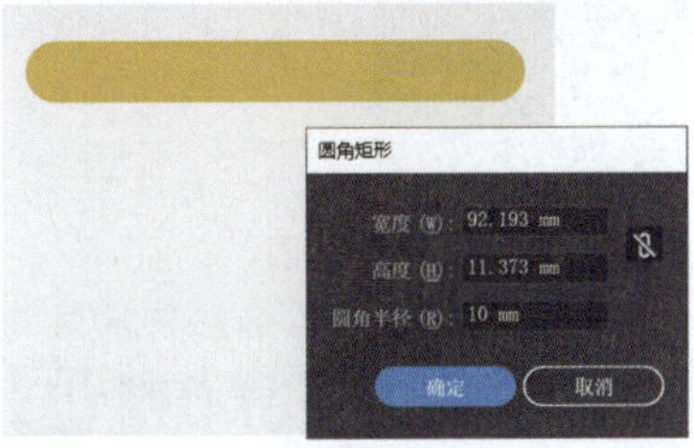

图 7-43

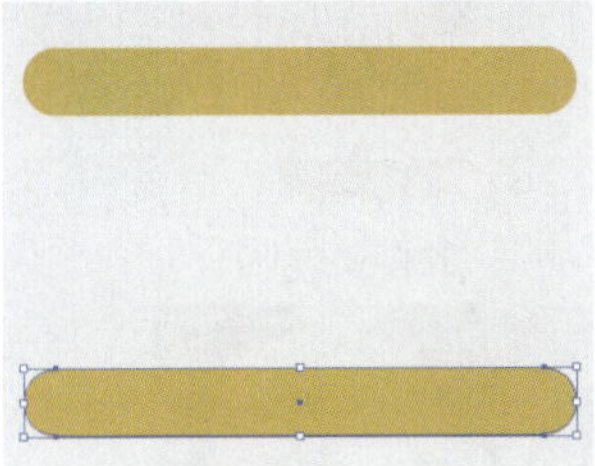

图 7-44

34 绘制矩形网格

单击工具栏中的“矩形网格工具”按钮，在属性栏中设置描边颜色值为（C:12、M:49、Y:90、K:0）、宽度为3pt，在复制的圆角矩形上方单击，在打开的“矩形网格工具选项”对话框中进行参数设置，如图7-45所示。单击“确定”按钮后，移动到相应位置，效果如图7-46所示。

行业知识

图书装帧的制作要求

1.侧重于某一点

好的图书封面设计应侧重于某一点，如以文字为主体的封面设计。即便如此，设计者也不能随意地将一些字体堆砌在画面上，否则只传达了信息，却不能给人一种艺术享受。在字体的形式、大小、疏密和编排设计等方面都应有所讲究，要有一种韵律美。另外，封面标题的字体形式必须与内容及读者对象相符合，成功的设计应该具有情感，如政治类读物的封面应该是严肃的，科技类读物的封面应该是严谨的，少儿类读物的封面应该是活泼的。

2.内容安排上要有主次

好的封面设计在内容安排上要做到繁而不乱，要有主有次、层次分明、简而不空。在色彩、印刷、图形的有机装饰设计上可以多下些功夫。

3.扉页设计

扉页是现代书籍装帧不断发展的需要，随着人们审美能力的提高，扉页的设计也越来越好。例如，有的扉页采用高质量的色纸；有的有肌理，散发出清香；有的附有一些装饰性的图案或与书籍内容相关并有代表性的插图设计等。这些会给爱书的人带来一种难以言辞的喜悦，从而也提高了书籍的附加价值，吸引更多的人购买。随着人类文化的不断进步，扉页设计也越来越受到重视，真正优秀的书籍应该仔细设计扉页，以满足读者的需求。

4.插图设计

插图设计是活跃书籍内容的一个重要因素，可以发挥读者的想象力，加深对内容的理解，并可以获得一些艺术享受。例如，少儿读物中有较多的插图，这样不仅可以引起读者的阅读兴趣，还易于他们理解图书的内容。目前，书籍的插图设计主要有设计者的

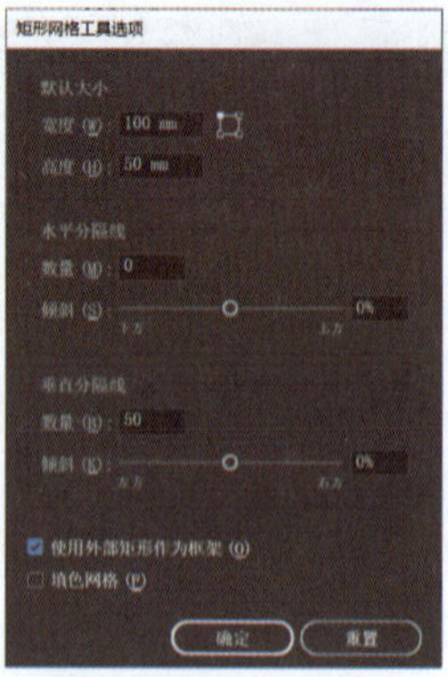

图 7-45

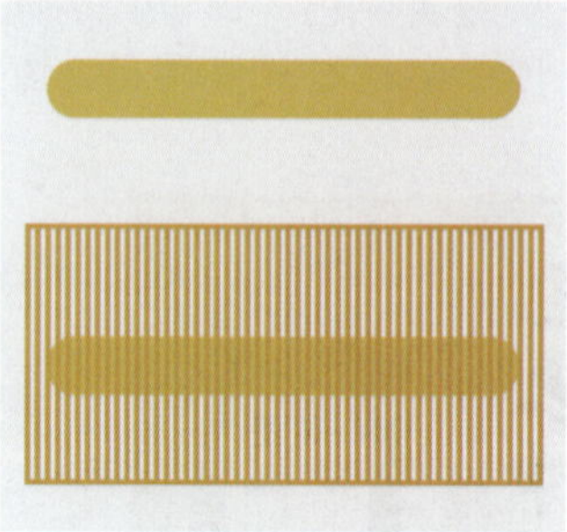

图 7-46

35 调整倾斜

在矩形网格被选中的情况下，选择“对象”→“变换”→“倾斜”菜单命令，在打开的“倾斜”对话框中设置“倾斜角度”为30°，并调整圆角矩形使其后移一层，框选复制的圆角矩形和矩形网格，按【Ctrl+7】组合键剪切蒙版，移动到圆角矩形上方，将其应用到图形中，效果如图7-47所示。使用相同的方法再绘制一个圆角矩形和矩形网格，并使矩形网格倾斜，再将其剪切蒙版，应用到图形中的效果如图7-48所示。

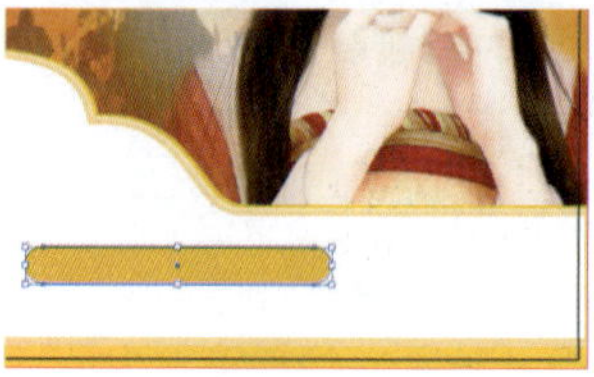

图 7-47

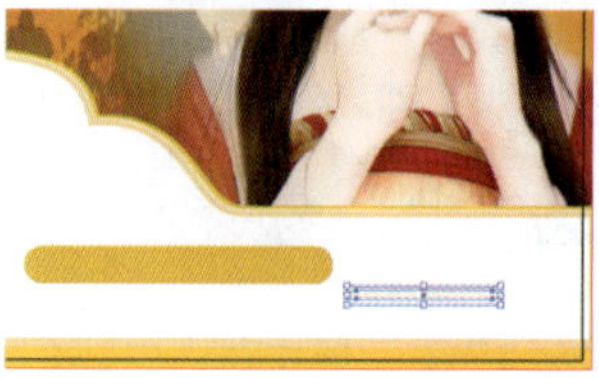

图 7-48

36 创建其他文字

使用“文字工具”在相应位置输入说明性文字，并在属性栏中进行颜色、字符及大小的设置，效果如图7-49所示。

37 绘制装饰线及圆

单击工具栏中的“直线段钢笔工具”按钮，在属性栏中设置“描边”为0.5pt、颜色值为（C:10、M:25、Y:80、K:0），在相应位置绘制两条直线，再使用“椭圆工具”绘制一个正圆，设置填充颜色值为（C:10、M:25、Y:80、K:0），效果如图7-50所示。

图 7-49

图 7-50

38 复制对象

使用“选择工具”选中封面部分内容并将其复制一份，调整大小，将其放置到书籍的位置，效果如图7-51所示。

创作稿、摄影和计算机设计等几种，摄影插图很逼真，所以很受欢迎，但是印刷成本较高。有的插图由于受条件限制，通过摄影很难实现，如科幻读物，必须靠设计者创作或通过计算机设计，有时手绘出的作品会更具有艺术性。

总体来说，好的书籍不但要从内容上吸引读者，而且要耐人寻味。设计者必须要具有良好的立意和构思，使书籍从形式到内容形成一个完美的艺术整体。

行业知识

封面设计的基本要素

封面设计包括文字、图形和色彩三大要素。

1. 文字

字体的排列与广告设计构图规律一样，把它们视为点、线、面来进行设计，有机地融入画面结构中，参与各种排列组合和分割，产生趣味、新颖的形式，让人感到言有尽而意无穷。

2. 图形

封面上的图形包括摄影、插画和图案，有写实的、抽象的、还有写意的。具体的写实手法在少儿读物、通俗读物和某些文艺读物中应用较多，因为具体的形象更容易理解。运用具象图片可以使图书更具有科学性、准确性和感人的说服力。

3. 色彩

色彩是书籍装帧重要的艺术语言，代表着作品的风格和情感暗示，是一种特殊的语言表达形式。封面设计可以没有图形，但不能没有色彩，而色彩的运用要与书籍内容的基调相吻合。与绘画色彩设计不同的是，书籍色彩应采用装饰性的色彩，这样更具概括力，也更醒目。

39 绘制圆角矩形

使用“圆角矩形工具”在画板的左上方绘制一个圆角矩形，按【Shift+Ctrl+F10】组合键打开“透明度”面板，设置“不透明度”为20%，效果如图7-52所示。

图 7-51

图 7-52

40 创建文本

使用“文字工具”在刚绘制的圆角矩形上方绘制一个文本框并输入文本，在属性栏中设置颜色、字符及大小，按【Ctrl+A】组合键全选对象，再按【Shift+Ctrl+O】组合键创建轮廓，效果如图7-53所示。

图 7-53

41 置入条形码

选择“文件”→“置入”菜单命令，将“素材与源文件\Chapter 7\7.3\素材\素材05.tif”文件置入画板的合适位置，并在属性栏中单击“嵌入”按钮，效果如图7-54所示。

图 7-54

行业知识

封面设计的基本原则

图书设计应兼具艺术性、技术性、实用性和经济性，必须遵循以下一些原则。

① 整体性原则：封面设计应与图书出版过程中的其他环节相配合（如材料、工艺、技术等）；图书封面应与内容相统一，封面审美应与内容的使用价值相统一，封面设计的艺术化应与图书主题的内涵相统一。

② 艺术性原则：要充分体现艺术特点和独特创意，体现时代特色和民族特色，同时又要体现图书不同性质和门类的特点。

③ 实用性原则：要充分考虑不同层次的读者使用不同类别图书的便利，充分考虑读者经济上的承受能力和审美需求，充分考虑审美需要对提高读者阅读兴趣的导向作用。

④ 效益比差原则：又称“适度原则”，要求兼顾以下两方面的比差。

- 所需资金投入与带来实际经济效益的比差。
- 设计方案导致的图书定价与读者承受能力的比差。

行业知识

封面设计的字体介绍

用于书籍的字体应以严谨、端庄为主，有两大类：一类是常用印刷体，另一类是变体字，即美术字。

1.印刷体

常用印刷体有宋体、黑体、仿宋体、楷体、幼圆等。

- 宋体起源于宋代，当时盛行刻拓、法帖及套印。为使雕刻方便、规范，并适应雕版印刷，将楷书变成横笔细、竖笔粗，朴实、清晰、工整的正方形字体。
- 黑体的特点是笔画粗壮有力，横竖均匀、突出醒目，具有现代感。

42 置入素材

选择“文件”→“置入”菜单命令，将“素材与源文件\Chapter 7\7.3\素材\素材06.tif”文件置入空白处，并在属性栏中单击“嵌入”按钮，效果如图7-55所示。

43 应用对象

将刚置入的素材移动到相应位置，并调整大小，然后使用“旋转工具”旋转角度，再调整顺序，效果如图7-56所示。

图 7-55

图 7-56

44 复制并调整对象

选中“素材06.tif”，按住【Alt】键的同时拖动鼠标左键，释放鼠标左键即可将其复制一份，使用相同的方法再复制一份，调整大小、旋转角度及位置，效果如图7-57所示，最后将其保存。

图 7-57

45 完成制作

至此，玄幻小说封面设计的平面效果制作完成，读者可尝试制作其立体展示效果（本书将在7.4节详细介绍书籍立体展示效果的制作）。

- 仿宋体是由宋体演变而来的，有仿宋、长仿等。仿宋为正方形，长仿呈长方形，其特点是横竖笔画均匀，起笔和落笔呈倾斜形，清秀雅致，常用于散文、诗歌、图表等。长仿多用于小标题。
- 楷体是中国传统的书法字体，历史悠久，具有很强的文化特征。其特点是婉转圆滑、柔中带刚、古朴秀美，常用于儿童读物、小学课本、古诗词等。
- 幼圆是黑体的改良字体，其特点是笔画粗细相同、纤秀柔和、活泼潇洒，常用于小说、序言、解说词等。

2. 变体字

变体字的种类很多，特别是在计算机广泛应用的今天，字体不断创新，变体字种类越来越多。变体字大致分为书法字体、广告字体、艺术字体三大类。

常用字母文字，与汉字相比，文字结构简单得多。英文是西方运用比较广泛的一种文字，有4种基本字体，即罗马体、埃及体、无衬线体、手写体。

拓展训练——诗词书籍封面设计

利用本节介绍的玄幻小说封面设计的相关知识，按照本书配套资源中提供的素材文件制作诗词书籍封面，最终效果如图7-58所示。

图 7-58

- 技术盘点：“贝塞尔工具”“矩形工具”“渐变填充”“文本工具”。
- 素材文件：本书配套资源中的“素材与源文件\Chapter 7\7.3\拓展训练\诗词书籍封面平面图.ai”和“诗词书籍封面立体效果.ai”。
- 制作分析：

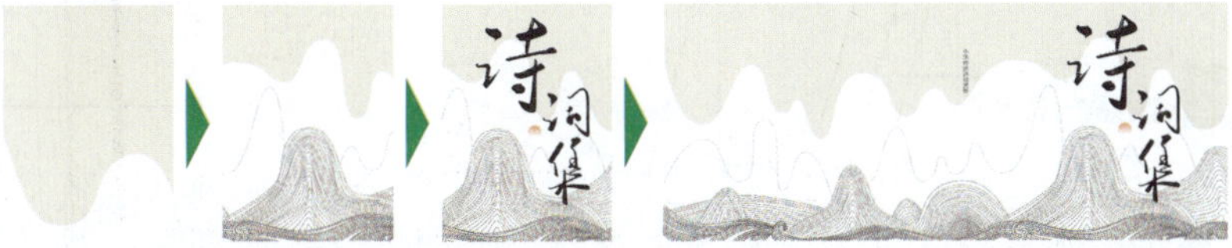

实践●提高

7.4 游戏书籍封面设计

● 难易程度

★★★★

项目创设

本例将制作一个游戏书籍的封面。该封面以古老的装饰图案和强有力的文字美化画面，最终效果如图7-59所示。

制作思路

首先制作出背景色，然后置入相应素材，最后输入文字并制作文字效果。

图 7-59

素材文件：本书配套资源\素材与源文件\Chapter 7\7.4\素材

案例制作步骤

01 创建文档

选择“文件”→“新建”菜单命令，在打开的“新建文档”对话框中设置“名称”为“封面设计

微课：
游戏书籍封面设计（1）

行业知识

平装书的封面设计

封面设计是书籍装帧艺术的重要

1”、画板“宽度”为385mm、“高度”为290mm、“颜色模式”为RGB，如图7-60所示，单击“确定”按钮，即可新建空白文档，如图7-61所示。

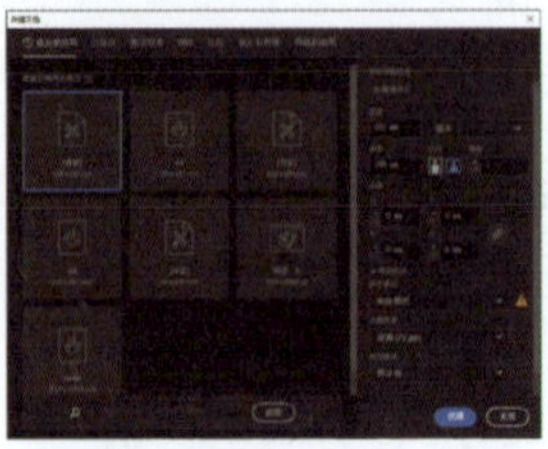

图 7-60

图 7-61

02 设置出血

按【Ctrl+R】组合键调出标尺，然后拖动标尺，在画板的四边设置出血为3mm，并在画板中间设置15mm的书脊，将封面、书脊、封底分开，效果如图7-62所示。

03 绘制矩形

选择“矩形工具”，绘制与封面大小相同的矩形，调出“渐变”面板，设置渐变类型为“径向”，然后填充渐变色，效果及参数设置如图7-63所示。

图 7-62

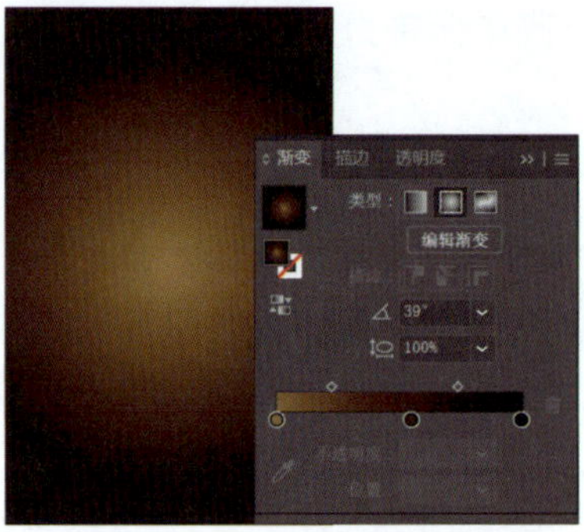

图 7-63

04 置入地图素材

选择“文件”→“置入”菜单命令 ，将“素材与源文件\Chapter 7\7.4\素材\背景图.eps”文件置入画板，按【Shift+Ctrl+G】组合键，将多余的部分删除，效果如图7-64所示。

微课：
游戏书籍封面设计（2）

05 为素材填充颜色

将背景图素材放置在封面中间偏上的位置，设置填充颜色值为（R:211、G:132、B:53），设置描边大小为1pt、描边颜色值为（R:127、G:71、B:9），效果如图7-65所示。

06 置入纸素材

选择“文件”→“置入”菜单命令 ，将“素材与源文件\Chapter 7\7.4\素材\纸.jpg”文件置入画板，将不需要的部分删除，然后放置在封面下方，效果如图7-66所示。

组成部分，它除了保护书以外，更重要的是表达书籍的内容和格调，使读者在阅读之前有所了解，具有一定的宣传作用，可以说它是这本书的小型广告。但书籍封面并不是一个独立的设计，它是书籍整体的一个不可分离的部分。

平装是目前书籍市场普遍采用的一种形式，其装订方法简易，成本低廉，便于携带，受到大众的普遍欢迎，常用于期刊及较薄但印数较大的书籍。

平装书设计

- 前封的设计一般有书名、作者名和出版社名，如果在书脊上有了作者名和出版社名，在必要时，在前封上也可只有书名。书脊上至少要印上书名和作者名，以方便书籍在书架上快速识别。

平装书前封

- 文字的竖排、横排或断行，要根据整体设计的情况和实际的厚薄来决定。
- 后封相对于前封的设计更简单，一般有条码、价格或与书内容相关的介绍。
- 在设计时，一定要注意后封与书脊、前封的一致性，不要破坏封

07 调整素材亮部

将纸素材全部解锁，复制中间的部分并将其缩小，然后填充亮一点的渐变色，效果如图7-67所示。

图 7-64

图 7-65

图 7-66

图 7-67

08 制作圆环

选择“椭圆形工具”，按住【Shift】绘制正圆，然后将圆复制并缩小，使其与大圆中心对齐，调出“路径查找器”面板，将两个圆选中后单击“减去顶层”按钮，得到一个圆环，效果如图7-68所示。

微课：游戏书籍封面设计（3）

09 为圆环填充颜色

为圆环填充和地图一样的颜色，设置描边为3pt，然后将地图上的一些细节复制到圆环上，效果如图7-69所示。

10 置入天空素材

选择“文件”→“置入”菜单命令，将“素材与源文件\Chapter 7\7.4\素材\天空.jpg”文件置入画板，然后使用“椭圆工具”绘制一个与内环圆相同大小的圆，并放置在天空素材上方，将素材和圆选中后右击，选择“建立剪切蒙版”菜单命令，得到的效果如图7-70所示。

11 添加高斯模糊效果

使用“椭圆工具”绘制一个与外环圆相同大小的圆，然后按【Ctrl+[】组合键将圆放置在圆环下方，选择“效果”→“模糊”→“高斯模糊”菜单命令，在打开的“高斯模糊”对话框中设置模糊半径为“9像素”，效果如图7-71所示。

面的完整性。对于有勒口的平装书封面，可以在勒口上印上该书的作者简介或简短的内容评论，也可以将前封的设计因素延伸到勒口上来。如延伸的线、相应的色块、简单的插图等，这些都能对勒口起分隔和装饰的作用，同时也可起到贯穿封面与内文的作用。

平装书整体设计

在材料运用上，平装书一般采用纸材，有的也采用上光和表印透明膜等技术，以便封面的牢固和清洁。具体使用应结合书籍的性质、内容、定价等多方面的因素。

从某种意义上说，透明封面本身就代表了一种装帧形式。相反，有些东西会被包装所掩盖，人们会只看书的外在包装，而忽略了书的内容。因此，在进行书籍设计时不能想当然地以为平装书就是简单、不精美，而要从本质上了解设计的真谛。

平装书设计

行业知识

精装书的封面设计

精装书比平装书更加精美、耐用，多用于需要长期保存的经典著作、精美画册等贵重书籍和经常供人翻阅的工具书籍。在材料和装订上都比平装书讲究。

1.精装书的封面特点

- 精装书的封面也称为内封，这

图 7-68

图 7-69

图 7-70

图 7-71

12 制作指南针

参照步骤08制作圆环的方法再制作两个圆环，然后使用“钢笔工具”绘制针的形状并填充颜色，双击“镜像工具”，在打开的对话框中分别进行水平复制和垂直复制，将复制的图形放在圆环上，效果如图7-72所示。

13 剪切图形

将圆环和针同时选中，调出“路径查找器”面板并单击“差集”按钮，得到的效果如图7-73所示。

微课：
游戏书籍封面设计（4）

图 7-72

图 7-73

14 复制指南针并调整

复制圆环，填充白色，缩小后放置在针的尾部，把制作好的指南针群组并复制两个，然后进行放大，填充渐变色，并放置在原指南针的下方，效果及渐变设置如图7-74所示。

是由于其封面外一般都有一张护封来保护封面，其作用和平装书的封面一样，具有保护、美化、宣传的作用。如果是有护封的精装书，其内封应放弃广告企图，追求简洁大方，并采用适宜的材质来体现书籍的性格特征。

- 精装书的封面有软和硬两种。

硬封面是把纸张、织物等材料裱糊在硬纸板上制成的，适宜于放在桌上阅读的大型和中型开本的书籍。

硬封面设计

- 软封面使用的是牛皮纸、白板纸、特种纸或薄纸板，从而减轻了书的重量，适宜于经常携带的中型本和袖珍本。

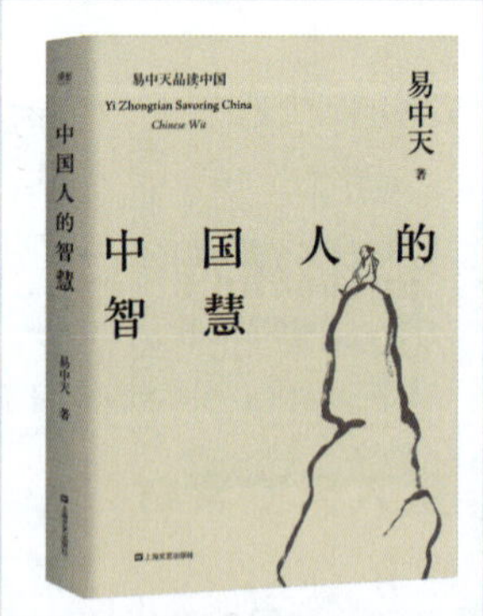

软封面设计

- 封面应均匀地大于书芯2mm，

即冒边或称飘口，便于保护书芯，也增加了书籍的美观。硬纸板的厚薄要根据书页的多少和开本大小决定，使之与整书的设计相协调。

- 书脊有圆脊和平脊两种。圆脊是精装书常见的形式，其脊面

15 调整指南针透明度

将指南针与圆环的中心对齐，然后调出“透明度”面板，设置“不透明度”为50%，效果如图7-75所示。

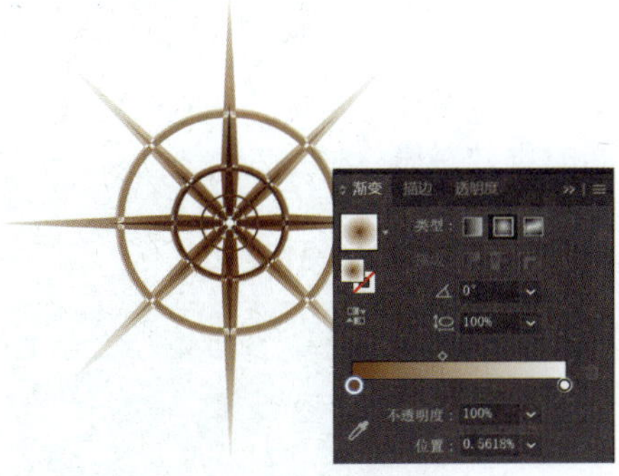

图 7-74

图 7-75

16 设置标题文字

选择“文字工具”T，输入文字“我”，设置填充颜色值为（R:255、G:224、B:0），然后选择“文字”→“创建轮廓”菜单命令，使用“直接选择工具”▶选择锚点并进行变形，效果如图7-76所示。

微课：
游戏书籍封面设计（5）

17 输入其他文字

使用“文字工具”输入文字，参照步骤16对文字创建轮廓并填充颜色，效果如图7-77所示。

图 7-76

图 7-77

18 置入铁素材

选择“文件”→“置入”菜单命令，将“素材与源文件\Chapter 7\7.4\素材\铁.jpg”文件置入画板，然后将文字复制一份放置在“铁.jpg”素材上方，将素材和文字选中后右击，在弹出的快捷菜单中选择“建立剪切蒙版”命令，得到的效果如图7-78所示。

19 设置混合模式

将修剪好的文字放置在原文字上方稍偏下的位置，然后调出“透明度”面板，设置混合模式为“颜色加深”，效果如图7-79所示。

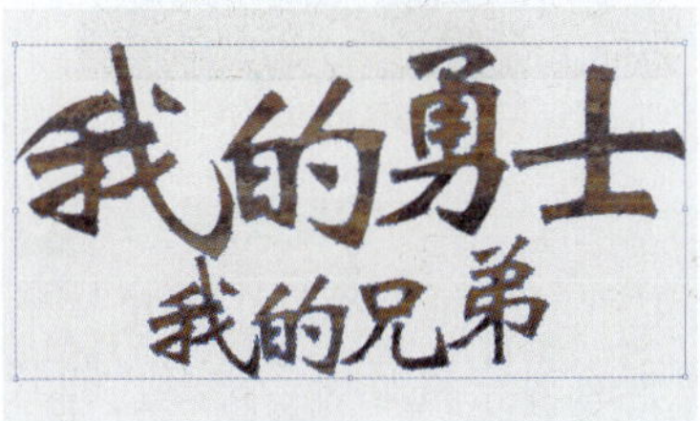

图 7-78

图 7-79

呈月牙形，优雅的弧度给人以柔软、饱满的感觉。圆脊既可以使薄书增加厚重感，又可以使厚书具有温和感，打开后会形成一个小的空间。有的书籍甚至在书脊的内页进行必要的设计，以增加书籍的感染力。

- 平脊则与封面成90°，此种书脊大多与硬封匹配，形成挺拔之感，现代感较强。另外，粘连书页的脊头和丝带的颜色也要和封面及书芯的色调一致。
- 对于精装书的设计，一定要注意各要素之间的关系，对整体性的把握要比平装书强。
- 精装书的设计形式更加多样，这主要针对那种精心设计的、出版数量相对较少的精装书。

2.精装书封面材质的选取

对于精装书的设计，材质的选择很重要，不同的材质形成不同的肌理和质感，它关系到整本书的格调和设计方式。材质的合理运用，有时会达到意想不到的效果。

- 纸张是最常用的材料之一，它轻便、价格适中、形式多样，不同的色泽、厚度传达出不一样的感受。

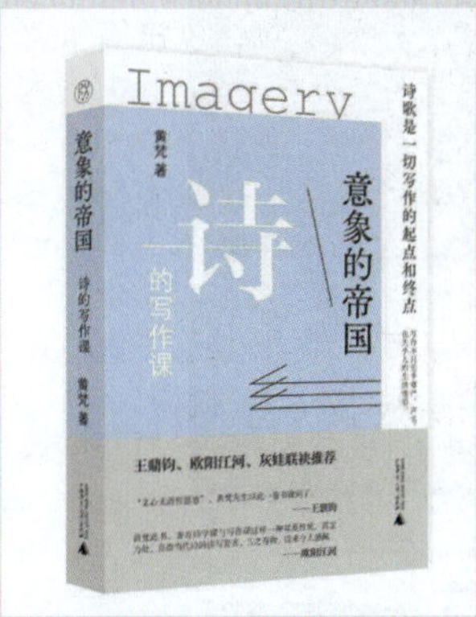

纸质包装书籍

- 除了纸张外，纺织物是精装书内封设计常用的材料之一。它包括稠密的棉、麻、人造纤维等，也包括光润平滑的柞绸、天鹅绒、涤纶、贝纶等。设计者应根据需要选择合适的丝织物。如

20 为文字制作投影

将原文字复制并填充黑色，设置“描边”为5pt，然后选择“效果”→“模糊”→“高斯模糊”菜单命令，在打开的“高斯模糊”对话框中设置“模糊”为“2像素”，效果如图7-80所示。

21 放置文字

调整文字大小，然后放置在封面合适的位置，效果如图7-81所示。

图 7-80

图 7-81

22 置入人物素材

选择“文件”→“置入”菜单命令，将“素材与源文件\Chapter 7\7.4\素材\人物.png”文件置入画板，然后按【Ctrl+[】组合键，将素材放置在图纸的下方，效果如图7-82所示。

微课：
游戏书籍封面设计（6）

23 输入文字并进行调整

使用“文字工具”输入相应文字，然后进行适当排列，效果如图7-83所示。

图 7-82

图 7-83

24 丰富画面

将指南针缩小并放置在左上角和文字旁边，再将“纸.jpg”素材中的竖条缩小并放置在左上角，效果如图7-84所示。

25 为背景添加纹理

选择最底层的背景，然后选择“效果”→“纹理”→“颗粒”菜单命令，在打开的“颗粒”对话框中设置“强度”为8、“对比度”为54、“颗粒类型”为“柔和”，效果如图7-85所示。

经常翻阅的书可考虑用结实的丝织物装裱，表达细腻风格则可选用光滑的丝织物等。目前也有人直接使用衣物材质进行书籍封面包装。

纺织物书籍封面

- 考虑到书的内容、种类、使用对象、销售价格等多方面因素，故在内封设计时有的是全纺织物的，有的是半纺织物的，有的是特种纸，形式多样，因地制宜。若底色是深色，则用明暗对比强的色，如白、烫金、烫银、起凸等，把书名、作者名等文字编排好。若是浅底色，则用黑色、纯色或灰色设计上面的文字，设计必须简单，避免多余。前封通常有一组文字或一个小装饰图案，以便和后封区别。

半纺织物封面

- 皮革作为封面设计的材料之一，相对来说价格较贵，而且加工困难。通常，数量较少的、需

图 7-84

图 7-85

26 输入出版社名称

将图纸上的文字稍微上移，然后输入出版社名称及拼音，效果如图7-86所示。

27 制作封底

使用“矩形工具”沿着辅助线绘制矩形，调出“渐变”面板，设置填充渐变色，然后选择“效果”→“纹理”→“颗粒”菜单命令，设置“强度”为8、“对比度”为54、“颗粒类型”为“柔和”，效果及渐变设置如图7-87所示。

图 7-86

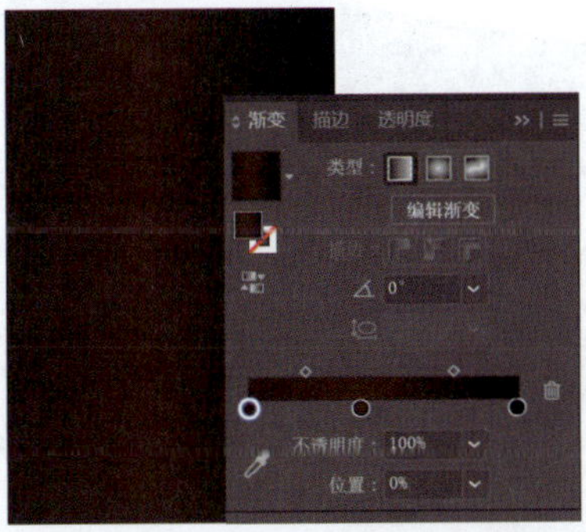

图 7-87

微课：
游戏书籍封面设计（7）

28 添加辅助线

在标尺上标记出条形码与边缘的距离，以及网址与边缘的距离，效果如图7-88所示。

29 置入条形码

选择“文件”→“置入”菜单命令，将“素材与源文件\Chapter 7\7.4\素材\条形码.jpg”文件置入画板，并放置到标记的位置，效果如图7-89所示。

30 添加封面信息

在标记左下方输入网址信息，然后在封底中间输入内容简介，将封面上的指南针复制两个，分别填充颜色后放置在封底，效果如图7-90所示。

31 制作书脊

沿着制作好的辅助线绘制矩形并填充黑色，然后输入标题文字及出版社名称，效果如图7-91所示。

要珍藏的精美版本，才使用这种昂贵的材料。不同的皮革有不同的技术加工和艺术上的特点，在使用时要注意各种皮革的不同特性。例如，猪皮的皮纹比较粗糙，可体现粗犷有力的文学；羊皮较为柔软细腻，但容易磨损；牛皮质地坚硬、韧性好，但加工较为困难，适用于大开本的设计。优质的皮革，由于其美观性的皮纹和色泽，以及烫印后明显的凹凸对比，使它在各种封面材质中显得出类拔萃。

牛皮封面精装书

另外，人造革和聚氯乙烯涂层可以擦洗、烫印，加工方便，价格便宜，是精装书封面经常使用的材料，尤其是使用量较大的系列丛书封面，也常用于平装书的封面。

人造革封面精装书

3.护封和勒口的设计

护封可称为精装书籍的外貌，是包在书籍外面的树皮，作用是保护封面，同时也起到装饰和宣传作用，使读者注意书的精神和内容。

- 精装书的护封设计和平装书的封面设计基本相同，只是护封有前后勒口，平装书则不一定有。再者，护封可以从书上取下来，因此，除了在前后封、书脊、勒口上下功夫外，还应考虑护封里

图 7-88

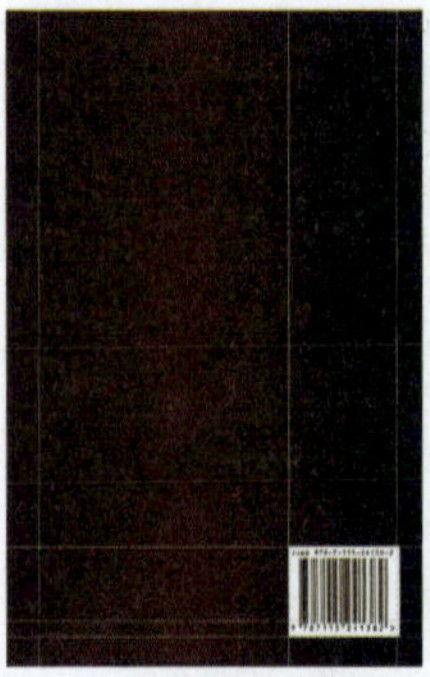

图 7-89

微课：
游戏书籍封面设计（8）

图 7-90

图 7-91

32 制作立体效果

将封面和书脊群组，然后右击，在弹出的快捷菜单中选择“变换”→“倾斜”命令，打开“倾斜”对话框，分别设置垂直方向倾斜度为-10° 和10°、角度为90°，此时即可完成制作，如图7-92所示。

图 7-92

页的设计。简单的里页设计，哪怕只是文字的编排，都可以给读者耳目一新的感受，从而传达相应的信息。

护封的设计

- 护封的勒口设计更加灵活多样，面积较小的勒口很容易从封面上脱落下来，故设计时应十分注意。勒口一般都在5~10cm，但有的与前后封的大小相当，有的甚至是前后封的两倍。这样的勒口设计除了增加牢固性外，主要是扩大整个护封的面积，从而增加更多的广告内容或加强设计的形式美感，以增加书籍的感染力。

勒口设计

拓展训练——散文书籍封面设计

利用本章介绍的游戏书籍封面设计的相关知识，按照本书配套资源中提供的素材文件制作散文书籍封面，最终效果如图7-93所示。

图 7-93

- 技术盘点：“钢笔工具”“渐变工具”“矩形工具”“文字工具”。
- 素材文件：本书配套资源中的“素材与源文件\Chapter 7\7.4\拓展训练\散文书籍封面设计.ai”。
- 制作分析：

7.5 知识与技能梳理

在图书封面设计中，封面的样式及文字能够最直接地触动人的感受，能够直接刺激消费者的购买欲望。在封面设计中运用字体时应考虑字体的表现形式及人们的心理反应、宜人性及民族欣赏习惯。

- 重要工具：“钢笔工具”“矩形工具”“渐变填充”“文字工具”。
- 核心技术：利用图形绘制工具、“文字工具”、效果的表现等制作出特色封面。
- 实际运用：文学类书籍封面、杂志封面的制作及相关行业的封面设计。

Chapter **8**

产品造型设计

产品造型设计使用工程技术和艺术手法设计、塑造产品的形象，并将其统一在产品的功能、结构、工艺、宜人性、视觉传达、市场关系等方面，从而使人、机（产品）、环境和谐的一项创造性设计。本章将详细讲解Illustrator CC 2021在产品造型设计中的运用方法与使用技巧。

	知识点	学习目标			
		了解	掌握	应用	重点知识
学习要求	产品造型设计概述	☺			
	产品造型的美学法则	☺			
	产品色彩设计的程序	☺			
	产品的色彩设计	☺			
	产品造型设计中的人机工程学	☺			
	产品造型的要素	☺			
	新产品的可行性分析	☺			
	设计制图和设计报告	☺			
	时尚智能手机设计			☺	
	数码单反相机造型设计			☺	

能力与素质目标

8.1 产品造型设计的基础知识

产品造型设计是实现企业形象统一识别目标的具体表现。它以产品设计为核心而展开系统形象设计，塑造和传播企业形象，显示企业个性，创造品牌，赢利于激烈的市场竞争中。产品形象的系统评价基于产品形象的内部和外部评价因素，用系统和科学的评价方法去解决形象评价中错综复杂的问题，为产品造型设计提供理论依据。

8.1.1 产品造型设计概述

产品造型设计服务于企业的整体形象设计，以产品设计为核心，围绕人们对产品的需求，更大限度地适合个体与社会的需求，从而获得普遍的认同感，改变人们的生活方式，提高生活质量和水平。因此，对产品造型的设计和评价系统的研究具有十分重要的意义，评价系统复杂且变化多样，有许多不确定因素，涉及人的感官因素，包括生理和心理因素。

产品的造型设计是实现企业总体形象目标的细化。它是以产品设计为核心而展开的系统形象设计，对产品的设计、开发、研究的观念、原理、功能、结构、构造、技术、材料、造型、色彩、加工工艺、生产设备、包装、装潢、运输、展示、营销手段、广告策略等进行一系列统一的策划、设计，形成统一的感官形象和统一的社会形象，起到提升、塑造和传播企业形象的作用，使企业在经营信誉、品牌意识、经营谋略、销售服务、员工素质、企业文化等多方面显示企业的个性，强化企业的整体素质，造就品牌效应，于激烈的市场竞争中赢利。

8.1.2 产品造型的美学法则

造型设计是一门工程技术与美学艺术相结合的新型的边缘学科，以工业产品造型、外观质量及人机协调系统为主要研究内容，是现代工业产品设计理论的重要组成部分。

一个较成熟的工业产品需要遵循一定的形式美法则，简约而不乏味，精巧而不哗众，具体包括以下几方面。

统一与变化：统一是指同一个元素在一个产品中多次出现，或同一产品中的不同元素趋向安置在某一个元素之中，使得形体有条理，给人宁静和安定感。但是，如果一个产品只有统一而没有变化，则会显得呆滞、沉闷，所以在统一的同时还需要一定的变化。变化是指同一产品的元素与元素之间、同一环境中的不同对象之间存在着差异性，相同元素以一种变化的方法出现，可使人产生视觉上的差异感。变化使得产品有动感，克服呆滞、沉闷的感觉，使形体生动活泼，具有吸引力。如图8-1所示，手机保护壳图案统一的排列方式营造出了统一的美感，变化的图案又彰显出个性，增加了消费者的选择空间。

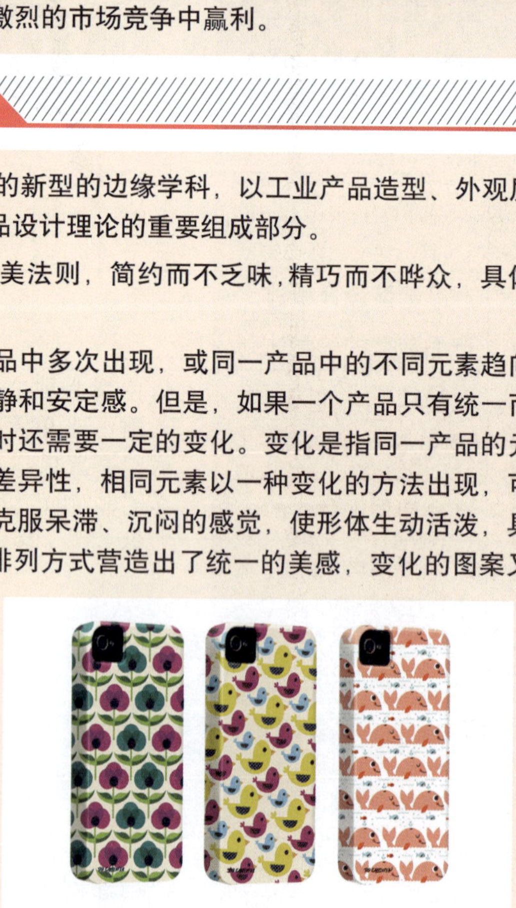

图 8-1

对比与调和：对比是事物内部各要素之间的相互对立、对抗的关系，可产生丰富的变化，使事物的个性更加鲜明。当然，如果只有对比，就会使事物的元素显得不协调，不能使所有的元素浑然一体，所以还需要调和。调和是指将事物内部具有差异性的形态进行调整，使之整体和谐，形成具有同一因素的关系。对比与调和反映了事物内部发展的两种状态，有对比才有事物的个别形象，有调和才有某种相同特征的类别。如图8-2所示，古典元素和现代色彩形成了鲜明对比，朴素的材料又将对比进行了调和，降低了不协调感。

均衡与对称： 均衡是指造型在上下、左右、前后双方在布局上出现等量不等形的状态，即事物双方虽然外形的大小不同，但在分量、运动的力上却是对应的关系。均衡所表现出的形式美要比对称更丰富。均衡的造型在视觉上可给人一种内在的、有秩序的动态美，比对称更富有趣味和变化，具有动静有致、生动感人的艺术效果。但是，均衡的重心不稳定，也不准确，视觉上的庄严感和稳定程度远远不及对称造型。对称是生物自身结构的一种合乎规律的存在方式，具有稳定的形式美感，同时也体现着功能的美感。

在外观上，均衡是对称的破坏，实质上又是对称的保持。均衡是对称形式的发展，而对称是最简单的均衡形式。图8-3所示的手机保护套，上下采用了均衡设计，左右采用了对称设计。

图 8-2

图 8-3

节奏与韵律： 节奏即事物内部各要素有规律、有秩序地重复排列，形成整齐的美感形式。节奏体现了事物普遍的发展状态，事物的发展虽是错综复杂的，但在一定的单位中还是能找到一定规律的，在错综复杂中反复即形成节奏感。节奏可使艺术作品富有条理性、一致性，加强艺术的统一、秩序、重复的美感。节奏强弱起伏、悠扬缓急的变化，可表现出更加活跃和丰富的形式感，这就形成了韵律。韵律是节奏的更高形式。节奏体现为工整、宁静之美，而韵律则表现为变化、轻巧之美。节奏是韵律的前奏，韵律是节奏的升华。图8-4所示为具有节奏感和韵律感的组合沙发设计。

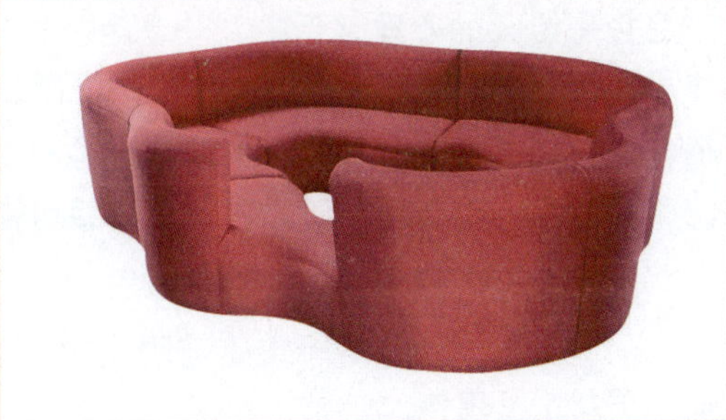

图 8-4

8.1.3 产品造型设计的程序

产品造型设计的程序基本分为4个阶段，即设计准备阶段、设计发展阶段、评估与实施阶段、验证与反馈阶段。

设计准备阶段： 产品设计的准备阶段主要是设计规划的制定、设计调查、资料整理、资料分析和设计预测。

设计发展阶段： 产品造型设计的原则是实用、经济、美观。实际上，在进行设计时应考虑的具体因素有很多，其中，主要包括产品的功能性、美观性、宜人性和经济性。

设计发展阶段多半是设计师的创作阶段，期间需要绘制大量的草图、效果图，还需要计算多种人机工程数据。

评估与实施阶段：在评估与实施阶段，设计者要根据设计图纸制作模型，并根据模型外观调整设计细节。在此期间，还会跟客户进行沟通讨论，进一步修改方案，确定产品材质、包装、色彩等。在投资前会进行小批量生产试制，试制成功后就可以批量生产并投放市场了。

验证与反馈阶段：产品投入市场后，客户和设计方都会根据产品的销量情况和消费者使用情况进行相应的统计，这些数据为设计者的下一次设计提供了良好的指导性。

8.1.4 产品的色彩设计

色彩学是科学与艺术的综合学科，其科学范畴包含物理、化学、生理学及心理学；而艺术的范畴则在于色彩的应用表现。色彩是一种富有象征性的形式媒介。色彩对造型设计的风格有着决定性的影响。在设计中，运用不同的色彩，能使设计的形态给人轻重、进退、胀缩等多种感觉。

1. 产品色彩的生理层次

产品配色时，应首先考虑人的感觉、知觉、人体尺度等因素，如色彩的知觉度。

色彩知觉度包括色彩的辨认度和醒目程度。

色彩的辨认度：指对底色上的图形色的辨认程度。产品色彩辨认对产品功能的发挥有很大的意义，良好的色彩辨认度能提高工作效率，减少失误，利于人机协调。

色彩的醒目程度：指人们对色彩的注意程度，纯度高的鲜艳色醒目程度高，鲜艳的红、橙、黄等色彩最容易引起注意。纯度高、明度高的色彩比较容易引起注意。紧急情况下适用的产品需要较高的醒目程度，如消防器材、救生器材等。

2. 产品色彩的心理层次

产品色彩给人的心理感受中，一是色彩本身带来的感受，更重要的则是视觉感受同其他感官相互作用而衍生出的心理感受，如色彩的通感。

通感指人类利用其他器官的感受经验来认识、理解、描述新事物的方式。色彩通感主要包括冷暖感、轻重感、胀缩感、动静感、距离感和软硬感。

色彩的冷暖感：红、橙、黄属于暖色，蓝、绿为冷色，紫为中性色。

色彩的轻重感：色彩的轻重感与明度关系最大。颜色从轻到重依次排列为白、黄、橙、红、灰、绿、蓝、紫、黑色。

色彩的胀缩感：明度高和偏暖的色彩有膨胀感，低明度和偏冷的色彩有缩小的感觉。

色彩的动静感：指色彩引起的兴奋或安静的反应，暖色和高纯度的色彩可对观察者产生强烈的刺激，冷色和明度、纯度较低的色彩会使人产生静默的倾向。

色彩的距离感：暖色、高明度色、高纯度色可使人产生拉近距离的感觉，冷色、低明度色可使人产生距离远的感觉。色彩的距离感是产品设计用来丰富层次感的工具。

色彩的软硬感：纯度高的色彩和冷色使人感觉比较硬，纯度低的色彩和暖色使人感觉比较软。对比度高的配色使人感觉较硬，反之，感觉较软。

3. 产品色彩的文化层次

色彩的象征性：色征性与人的社会文化属性有关，是人的社会文化属性在色彩感受上的映射。例如，绿色象征青春活力、新生事物、生命；红色象征热情、喜庆、革命、活力；黄色象征光明、丰收，欢快等。

4. 产品色彩的地域文化特点

一定地域文化中的色彩文化情绪是在历史过程中由社会、文化活动相互作用而凝聚成的，具有一定的稳定性。例如，各国和地区对色彩的不同喜好，意大利人喜欢绿色和灰色，日本人喜欢红、白、橙、黄等颜色。

5. 产品色彩设计的基本原则

功能性原则：色彩表达以功能为主。

环境性原则：人、机、环境相协调。

工艺性原则：充分考虑工艺对产品可能产生的影响。

嗜好性原则：不同国家和地区对色彩的爱好和禁忌。

经济性原则：充分考虑成本控制、绿色设计、材质本色。

人性化原则：以人为本，考虑人的生理、心理、社会属性和人机关系等因素。

美学原则：运用统一、调和、均衡、比例与分割、韵律等审美法则。

6. 产品色彩设计的常用手法

功能主导：以功能为主导。

卓尔不群：显示个性，特立独行，吸引眼球。

时尚流行：追随季节和潮流，不断翻新色彩。

入乡随俗：与现有同类产品相适用，与目标使用环境相协调。

价值攀附：通过参考造型相似和逻辑相关的物体获得被参考物体的意义和价值。

7. 产品的色彩定位

根据产品发展阶段定位：产品的生命周期分为4个阶段，即导入期、成长期、成熟期和衰退期。不同阶段的色彩设计策略不同。其中前两个时期的配色应主要突出产品的功能特点，使其形象清晰，易于辨认，有助于扩大认知度。后两个阶段的色彩设计应采取能引起关注和挖掘市场潜力的策略，可以通过修改色彩设计体系方式延长产品线。例如，增加色彩方案、采用流行色等。

根据品牌定位：在为既定的品牌开发新产品时，产品色彩设计要严格与品牌推广策略、品牌形象保持一致。

根据流行的消费价值定位：在消费文化的背景下，产品开发应以消费价值为主导。产品色彩设计常常从产品的消费价值出发并进行定位，如倡导至尊体验的礼品可用富丽堂皇的金色、黄色，炫耀的高科技产品可使用神秘的蓝色。

根据流行色定位：时尚产品的色彩设计占据重要的位置，需要密切关注市场的色彩，预测色彩的流行趋势，根据权威部门发布的流行色不断改进产品的色彩设计。

8. 产品色彩的设计程序

市场调查及色彩设计定位：色彩设计的主要依据是从对市场的调查和实践中得来的，通过对市场信息的收集整理得出科学的结论，确定产品色彩设计定位，并应用于具体的产品设计中。

建立感性坐标系统，选择适当的色彩：通过语义分析法建立色彩感性坐标系统，使感性形容词与产品色彩和产品色彩设计方案建立对应关系，在坐标系中根据相应的语义色彩进行色彩设计。

主色调的选择：产品色彩设计主要包括主色调和辅助色，首先主色调是设计的总倾向、总效果。任何色彩设计方案均有主色调和辅助色。主色调以一到两种颜色为佳，辅助色应与主色调相协调，形成统一的整体色调。

重点部位的色彩设计：主色调确定后，为了强调某一部位而进行重点配置，重点配色常用于操作部位、引人注目的运动部位和商标等。

实验与实施：通过实验来确定色彩设计与产品的配合方案，发现并修正相关问题。

追踪与管理：收集产品在市场上的相关信息，根据市场反馈信息调整色彩设计策略，为色彩设计改进找到切实的依据。

9. 产品的形态与色彩

产品形态色彩设计的功能：以形态结合色彩暗示功能，以色彩制约和诱导行为，以色彩象征功能。

产品形态色彩设计的原则：产品形态色彩应符合产品形象及企业整体形象的色彩应用，所选用的色彩不仅能应用于单位产品，还要适用于纵横系列的产品。系列产品应使用较为一致的色彩，并结合一些装饰性的细节，使各产品之间产生某种联系，形成系列感、家族感，以色彩区分模块，体现产品的组合性能和功能区分；以某种标准的用色为参考，进行同类产品的调和配色；以销售业绩好的产品为参考配色；推广及研究流行色；使用公众持续看好、富于生命力的产品色彩；对潜在消费者进行色彩喜好分析；恰当、及时地运用季节感的配色；色彩要体现企业的品质。

10. 产品形态色彩的设计方法

强化：加强产品形态的色彩效果，从而加强人们对产品局部形态的感受，最终表达产品的设计概念。

丰富：用色彩来丰富单一的产品形态，改善产品的整体效果。

归纳：用色彩归纳、整理和概括形态，使形态单纯、统一。

对比：通过明度对比、色相对比、纯度对比、面积对比等手段，可以烘托、陪衬和加强主体形象。

划分：用不同的色彩对产品的局部和整体进行合理划分，以减轻形态的笨重和单调感，增加视觉分辨率。

11. 产品配色的基本原则

整体色调：指从配色整体得到的感觉，由一组色彩中的面积占绝对优势的色调来决定。色调的设计必须满足以下基本要求：产品的物质功能要求、人机协调要求、色彩的时代感要求、不同国家和地区对色彩的好恶。

配色的平衡：主要指色彩的强弱与平衡关系、色彩的轻重对比与平衡关系、色彩的面积对比与平衡关系。

配色的层次感：不同的色彩具有不同的层次感，是人们的视觉透视和习惯造成的。在产品设计时，可利用色彩的层次感来增强产品的立体感。一般来说，纯度高，有前进感；反之，有后退感。明度高，有扩张感；反之，有收缩感。面积大，有前进感；面积小，有后退感。

12.产品配色的基本方法

渐变色：渐变色是柔和晕染开来的色彩，可以从明到暗、由深转浅，也可以从一种色彩过渡到另一种色彩，充满了变幻无穷的神秘浪漫气息。

支配色：所谓支配，即可对周围环境起引导控制作用。可把支配色作为主要色彩，从而浸染或主导其他色彩。

分隔色：分隔就是隔开、离开的意思。分隔色是指在两色或多色的配色中，在过于融合或过于强烈的情况下，在相互连接的色彩中插入一种分离色来达到色彩调和的目的。

13.产品设计与流行色

流行色，广义上是指在社会生活中较为突出的、活跃的、广泛使用的色彩，也指带有前卫先锋特质的色彩，是一种泛指的人们对色彩的形容和称呼。狭义上是指，在流行色协会的组织下，从事装饰色彩设计的专家们根据国内外市场消费心理和社会时尚研究、预测市场流通变化，提前18个月拟定并向产品生产者推出的若干色相和相互搭配的色组。

在产品更新越来越快的今天，能否抓住潮流是一个企业掌握市场的关键。在产品色彩层面，让生产出来的产品顺应色彩流行趋势，并成为市场上的流行色，或者引领某种色彩潮流，将是企业获胜的法宝。

鲜明性特点：具有鲜明特征，能与其他色彩相区别。

延时性特点：不是即时性的显现和应用，某一季的流行色不会因为下一季流行色的公布而立刻宣告结束。

周期循环性特点：7年为一个周期，与人的生物规律相符合。

流行色与常颜色：是一对互相联系、互相区别、相辅相成的概念，二者互相依存、互相补充、互相转化。

流行色预测中的因素：主要包括地理环境因素、重要背景事件因素、不同阶层人群因素、材料因素。

流行色预测方法：通过对纵向与横向流行色资料的分析、研究，根据当前的流行趋向，抓住即将显露的萌芽因素并进行判断。国际流行色委员会每年2月与7月在巴黎召开各委员国专家会议，各国专家会介绍本国的流行色提案，通过评论，最后通过表决推荐国际流行色。

8.1.5 产品造型设计中的人机工程学

人机工程学和工业设计在基本思想与工作内容上有很多一致性。人机工程学的基本理论——产品设计要适合人的生理、心理因素，工业设计的基本观念——创造的产品应同时满足人们的物质与文化需求，这两者的意义基本相同，侧重稍有不同。工业设计与人机工程学研究的都是人与物之间的关系、人与物交接界面上的问题，不同于工程设计(以研究与处理“物与物”之间的关系为主)。由于工业设计在历史发展中融入了更多的美的探求等文化因素，工作领域还涉及视觉传达设计等方面，而人机工程学则在劳动与管理科学中有广泛应用，这是二者的区别。

工业设计是一项综合性的规划活动，是一门技术与艺术相结合的学科，同时受环境/社会形态、文化观念及经济等多方面的制约和影响，即工业设计是功能与形式、技术与艺术的统一。工业设计的出发点是人。工业设计必须遵循自然与客观的法则来进行。以上内容明确地体现了现代工业设计强调“用”与“美”的高度统一，“物”与“人”的完美结合，将先进的技术科学和广泛的社会需求作为设计风格的基础。概括地说，工业设计的主导思想以人为中心，着重研究“物”与“人”之间的协调关系。

人机工程学研究的内容及其对设计学科的作用可以概括为以下几方面。

为工业设计中考虑“人的因素”提供人体尺度参数：应用人体测量学、人体力学、生理学、心理学等学科的研究方法，对人体结构特征和机能特征进行研究，提供人体各部分的尺寸、体重、体表面积、比重、重心，以及人体各部分在活动时的相互关系和可及范围等人体结构特征参数，提供人体各部分的发力范围、活动范围、动作速度、频率、重心变化及动作时的惯性等动态参数，分析人的视觉、听觉、触觉、嗅觉及肢体感觉器官的机能特征，分析人在劳动时的生理变化、能量消耗、疲劳程度及对各种劳动负荷的适应能力，探讨人在工作中影响心理状态的因素及心理因素对工作效率的影响等。人体工程学的研究，为工业设计全面考虑“人的因素”提供了人体结构尺度、人体生理尺度和人的心理尺度等数据，这些数据可有效地运用到工业设计中。

为工业设计中“产品”的功能合理性提供科学依据：在现代工业设计中，如果只进行纯物质功能的创作活动，不考虑人机工程学的需求，那将是创作活动的失败。因此，如何解决“产品”与人相关的各种功能的最优化，创造出与人的生理和心理机能相协调的“产品”，将是当今工业设计在功能问题上的新课题。人机工程学的原理和规律是设计者在设计前应考虑的问题。

为工业设计中考虑“环境因素”提供设计准则：通过研究人体对环境中各种物理因素的反应能力和适应能力，分析声、光、热、振动、尘埃和有毒气体等环境因素对人体的生理、心理及工作效率的影响程度，确定人在生产和生活活动中所处的各种环境的舒适范围和安全限度，从保证人的健康、安全、合适和高效出发，为工业设计方法中考虑“环境因素”提供了设计方法和设计准则。

以上几点充分体现了人机工程学为工业设计开拓了新设计思路，并提供了独特的设计方法和理论依据。 社会发展、技术进步、产品更新、生活节奏紧张，这一切必然导致“产品”质量观的变化。人们将会更加重视“方便”“舒适”“可靠”“价值”“安全”和“效率”等方面的评价，人机工程学等边缘学科的发展和应用，也必然会将工业设计的水准提升到人们所追求的崭新高度。

8.2 产品造型设计经典案例欣赏

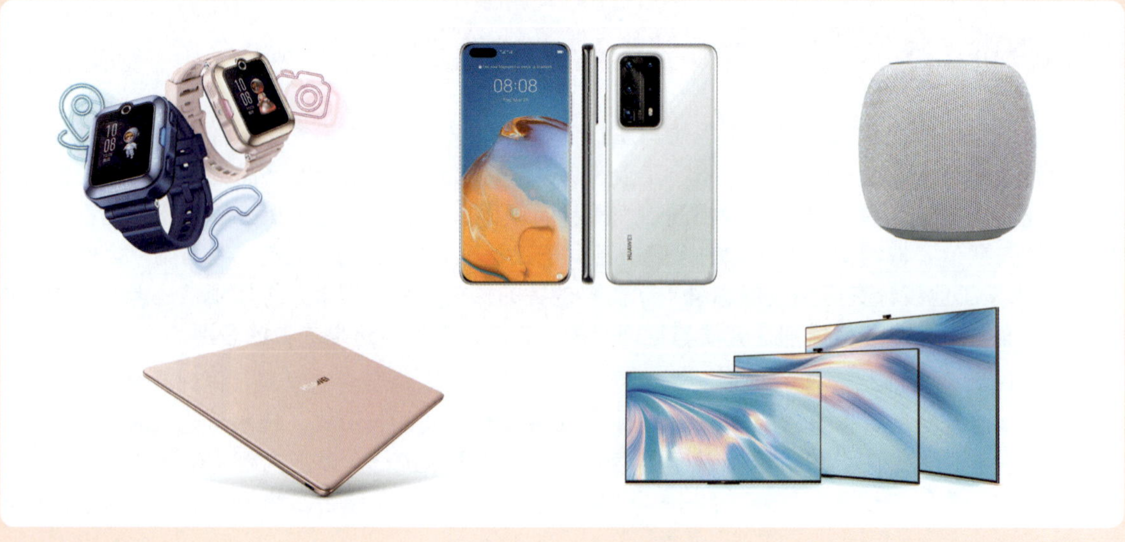

HUAWEI
FABER-CASTELL

实践●提高

8.3 时尚智能手机设计

● 难易程度 ★★☆☆

项目创设

本案例制作的是一个时尚智能手机。该手机造型圆滑、流畅，颜色搭配和谐，最终效果如图8–5所示。

制作思路

先利用贝塞尔工具绘制出智能手机的外形，然后使用“填充工具”填充颜色并调整明暗关系，以增加立体感，最后应用图标，完成制作。

图 8–5

素材文件：本书配套资源\素材与源文件\Chapter 8\8.3\素材

案例制作步骤

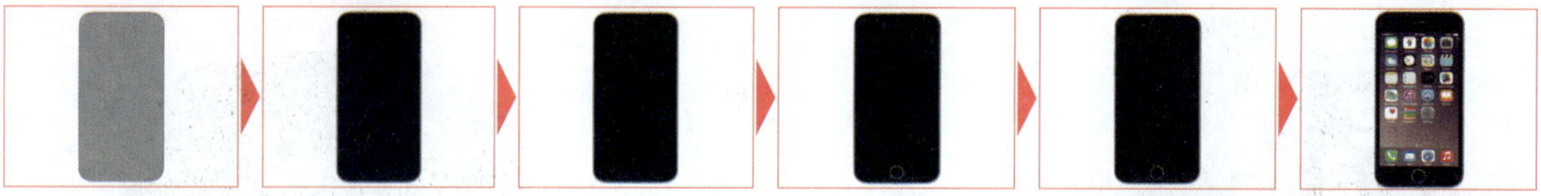

01 创建文档

选择“文件”→“新建”菜单命令，在打开的“新建文档”对话框中设置“名称”为“时尚智能手机设计”、“宽度”和“高度”均为500mm、“颜色模式”为RGB，如图8-6所示。

02 绘制智能手机外壳

单击工具栏中的“圆角矩形”按钮，单击画板空白区域，在打开的“圆角矩形”对话框中设置“宽度”为207.685mm、“高度”为413.294mm、“圆角半径”为31mm，效果及参数设置如图8-7所示。

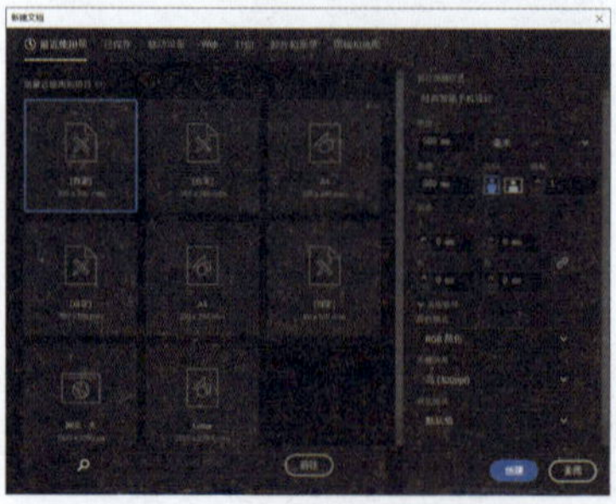

图 8–6

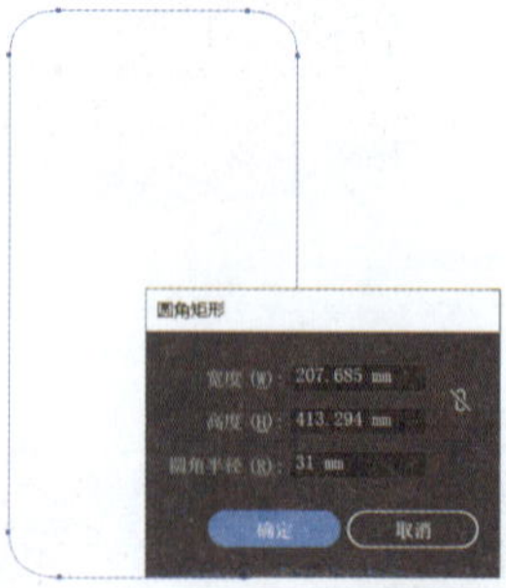

图 8–7

03 为手机外壳填充颜色

为步骤02绘制的手机外壳填充颜色，设置填充颜色值为（R:147、G:148、B:148）、描边颜色为（R:82、G:86、B:91），描边粗细为0.667pt，效果如图8-8所示。

行业知识

产品造型的要素

产品造型设计是用创造性的构思，以艺术的形式和造型手段去充分发挥和体现产品的功能特点及其科学性和先进性，是现代科学技术与艺术的有机结合。构成产品造型设计的基础要素是产品的功能、物质技术基础和美学艺术内容。

1.功能基础

功能基础是指产品特定的技术功能，是产品造型设计的主要目的，是产品最基本的使用要求。造型设计要充分体现功能的科学性、使用的合理性、舒适性及加工、维修等方面的基本要求。对于一般产品而言，其功能要求主要包括功能范围、工作精度、可靠性与有效度、宜人性等方面。

2.物质技术基础

产品的功能是靠物质技术条件来

04 绘制手机内边缘

用步骤02同样的方法绘制手机内边缘，设置“宽度”为201.737mm、“高度”为407.332mm、“圆角半径”为29mm，并与手机外边缘居中对齐，效果及参数设置如图8-9所示。

图 8-8

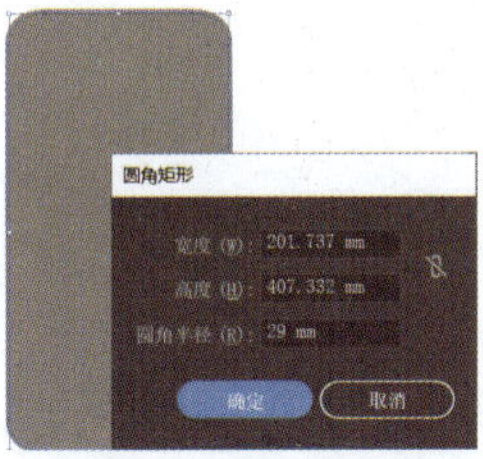

图 8-9

05 填充颜色并添加高斯模糊

为步骤04绘制的手机内边缘填充颜色，设置颜色值为（R:155、G:160、B:166），选择“效果”→“模糊”→“高斯模糊”菜单命令，在打开的“高斯模糊”对话框中设置“模糊半径”为4.3mm，单击“确定”按钮，效果及参数设置如图8-10所示。

06 绘制屏幕并填充颜色

用步骤02同样的方法绘制图形，设置“宽度”为201.723mm、“高度”为407.332mm、“圆角半径”为28mm，并设置填充颜色值为（R:4、G:0、B:0）、描边颜色为（R:180、G:180、B:181），描边粗细为1.355pt，调整与手机内边缘居中对齐，效果及参数设置如图8-11所示。

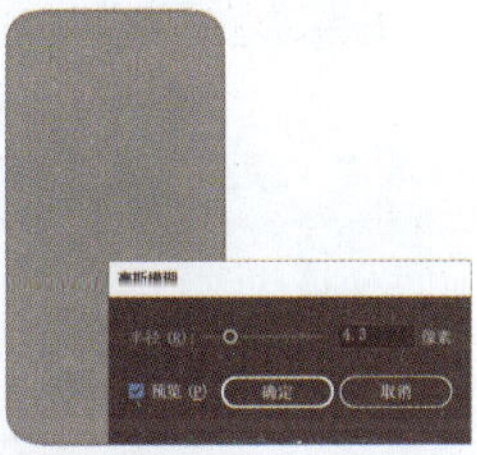

图 8-10

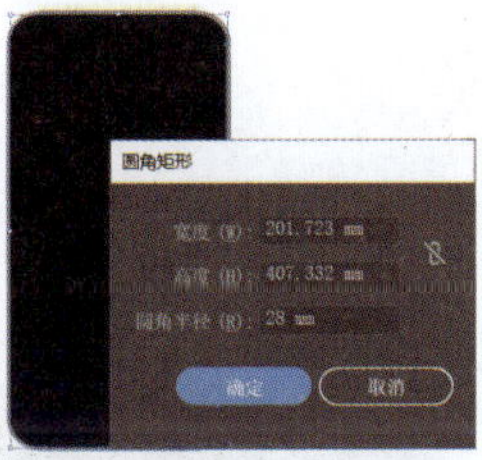

图 8-11

07 为屏幕绘制高光图形

选择“钢笔工具”，设置填充颜色值为（R:255、G:255、B:255）、描边颜色为无，绘制屏幕右上角边缘的高光图形，效果如图8-12所示。

图 8-12

08 绘制另外两个高光图形

用步骤07同样的方法，绘制屏幕左上角与左下角的两个高光图形，效果如图8-13所示。

图 8-13

具体实现的，产品的造型表现也必须依赖于物质技术条件来体现。实现产品造型的物质技术条件主要包括结构、材料、工艺、新技术、经济性等方面。

3.美学基础

产品造型设计除充分地表现产品功能特点，反映现代的先进科学技术水平外，还要求给人以美的感受。因此，产品造型设计必须在表现功能的前提下，在合理运用物质技术条件的同时，充分地将美学艺术内容和处理手法融合在造型设计之中。同时，还要充分利用材料、结构、工艺等条件体现造型的形体美、线形美、色彩美、材质美。美学基础的内容主要包括美学原则、形体构成、色彩、装饰等方面。

产品造型的3个基础要素互相影响、互相促进和互相制约。功能基础是产品造型的主要因素，起主导和决定性的作用。物质技术基础是功能基础的保证条件，如果缺乏良好的物质技术条件，就不能体现出良好的功能。但是，单纯强调功能而忽视造型形象美的追求，又不能满足现代人对现代工业产品的时代审美要求，因此，产品的功能和形式美感必须紧密地结合在一起。它既要包含科学的时代成果，又能体现时代美感的规律。

组成造型的3个基础要素中，功能基础体现产品造型的实用性，物质技术基础体现产品造型的科学性，美学基础体现产品造型的艺术性。三者之间的作用相辅相成，共同构成了产品造型设计的功能特征。

- 实用性与艺术性的结合，构成产品造型的精神功能。
- 实用性与科学性的结合，构成产品造型的物质功能。
- 科学性与艺术性的结合，构成产品造型的时代性。

09 添加高斯模糊

同时选中步骤07和步骤08绘制的3个屏幕高光图形，按【Ctrl+G】组合键为3个图形编组，选择“效果”→“模糊”→“高斯模糊”菜单命令，在打开的“高斯模糊”对话框中设置“模糊半径”为4mm，单击“确定”按钮,效果及参数设置如图8-14所示。

10 添加羽化效果

为步骤09添加“高斯模糊”效果的三个屏幕高光图形添加羽化效果，选择“效果”→“风格化”→“羽化”菜单命令，在打开的“羽化”对话框中设置“半径”为2.71mm，单击“确定”按钮,效果及参数设置如图8-15所示。

图 8-14

图 8-15

11 降低高光不透明度

按【Shift+Ctrl+F10】组合键打开“透明度”面板，设置3个高光图形的“不透明度”为40%，效果及参数设置如图8-16所示。

12 绘制智能手机侧面天线条图形

选择“钢笔工具”，设置填充颜色值为（R:166、G:170、B:173）、描边颜色为无，绘制智能手机侧面天线条图形，效果如图8-17所示。

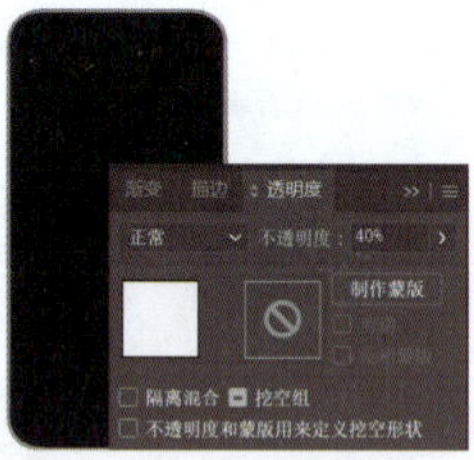

图 8-16

图 8-17

13 调整天线图形图层顺序并降低不透明度

选中天线图形，按【Ctrl+[】组合键，调整天线图层顺序，使其位于屏幕图层的下面，然后按【Shift+Ctrl+F10】组合键打开“透明度”面板，设立“不透明度”为50%、“模式”为“正片叠底”，效果及参数设置如图8-18所示。

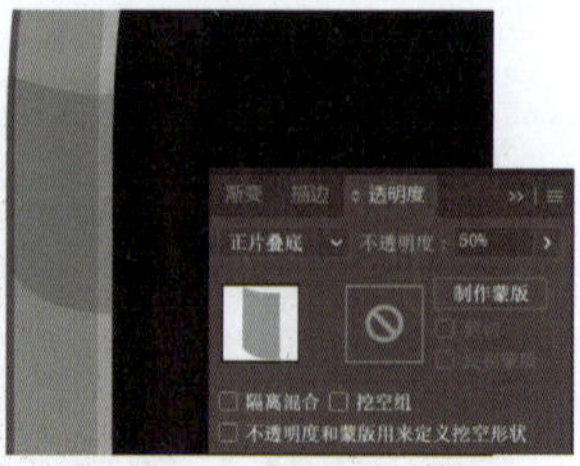

图 8-18

工具详解

羽化效果

使用“羽化”效果可以使选定对象的内部到外部逐渐产生透明效果，操作方法如下。

利用“选择工具”选中需要添加羽化的图形，选择“效果”→“风格化”→“羽化”菜单命令，打开“羽化”对话框。

选中图形并执行“羽化”命令

在该对话框中设置“半径”数值。羽化半径的数值越大，柔化程度就越大；反之，柔化的程度就越低。

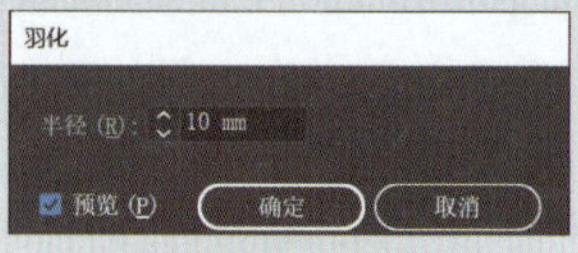

设置羽化参数

选中“预览”复选框可对效果进行预览，单击“确定”按钮即可应用效果。

应用“羽化”效果

工具详解

内发光与外发光效果

使用内发光效果可以将发光的效果应用到对象的内部，包括“中心”和“边缘”两种内发光方式。使用外发光效果，可以将发光的效果应用到对象的外部。

下面简单介绍内发光与外发光效果的使用方法。

14 绘制智能手机其他侧面天线条图形

利用与步骤12和步骤13同样的方法绘制其他3个侧面天线条图形，效果如图8-19所示。

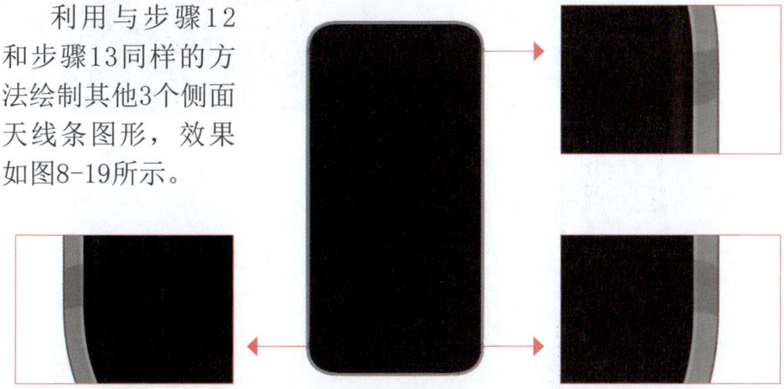

图 8-19

15 绘制手机听筒

选择“圆角矩形”工具，绘制3个同样大小的圆角矩形，设置“宽度”为32.902mm、“高度”为3.028mm、“圆角半径”为2mm，并分别设置填充颜色值为（R:255、G:255、B:255）、（R:35、G:24、B:21）、（R:96、G:95、B:94），效果及参数设置如图8-20所示。

16 绘制线段

单击工具栏中的“直线段”按钮，设置描边颜色为（R:35、G:24、B:21）、粗细为0.271pt，绘制两条线段，并复制这两条线段使其整齐排列，按【Ctrl+G】组合键，分别合并两组线段，效果如图8-21所示。

图 8-20

图 8-21

17 建立剪切蒙版

使用步骤15的方法，绘制一个同样大小的圆角矩形，并设置填充颜色和描边颜色均为无，效果如图8-22所示。同时选中圆角矩形及步骤16绘制的两组线段，使用“水平居中分布”工具和“垂直居中对齐分布”工具将它们居中对齐，使用【Ctrl+7】组合键，建立剪切蒙版，效果如图8-23所示。

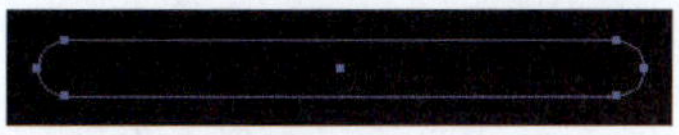

图 8-22

图 8-23

18 调整图层

将步骤15绘制的3个圆角矩形与步骤17的剪切蒙版图形进行对齐处理，并放置于手机屏幕相应位置，效果如图8-24所示。

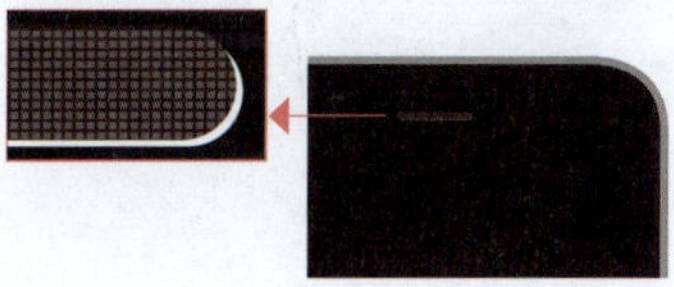

图 8-24

选择需要添加内发光的图形，选择“效果”→“风格化”→“内发光”菜单命令，打开“内发光”对话框。

选中图形并执行“内发光”命令

在该对话框中设置参数，其中“模式”可指定发光的混合模式，“不透明度”可调整内发光的透明度，“模糊”可调整发光范围大小，“中心”可使发光颜色由中心过渡，“边缘”可使颜色由边缘向中心过渡。

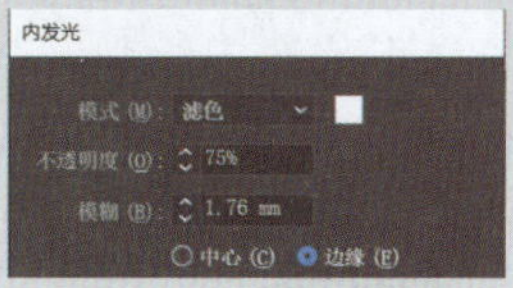

设置内发光参数

设置好参数后，可通过选中“预览”复选框对效果进行预览，单击“确定”按钮，即可应用内发光效果。

中心发光效果

边缘发光效果

选择需要添加外发光的图形，选择“效果”→“风格化”→“外发光”菜单命令，打开“外发光”对话框。

在该对话框中设置参数，单击“确定”按钮，即可应用外发光效果。

19 绘制手机感应器

使用绘制手机听筒同样的步骤，用“椭圆工具”制作手机感应器，效果如图8-25所示。

20 绘制手机摄像头

选择“椭圆工具”，在空白区域单击，在打开的“椭圆”对话框中设置“宽度”为6.904mm、“高度”为6.904mm，单击“确定”按钮，创建一个颜色和描边均为无的正圆，如图8-26所示。

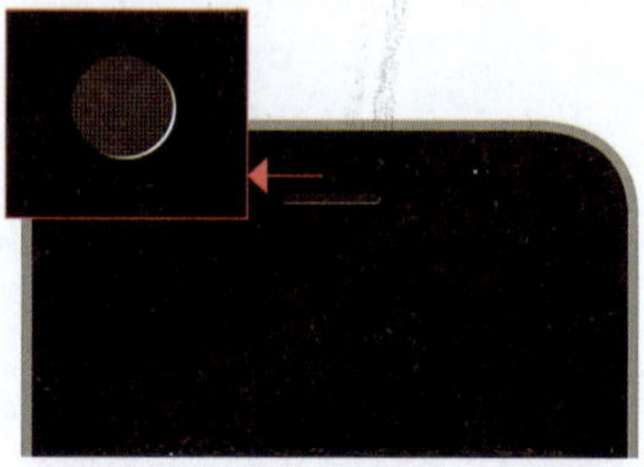

图 8-25

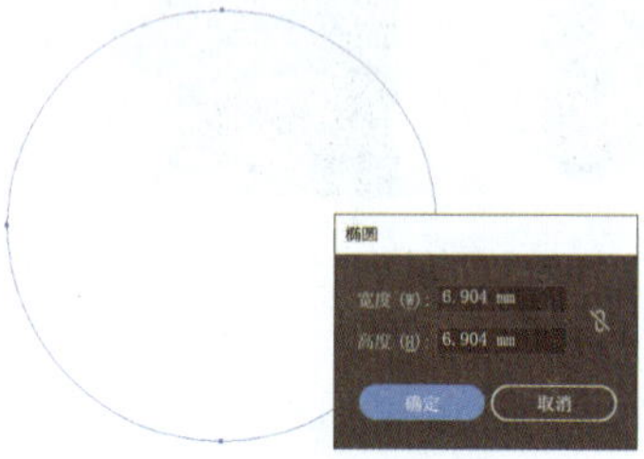

图 8-26

21 填充渐变效果并设置不透明度

选择步骤20中绘制的圆形，选择“窗口”→“渐变”菜单命令，打开“渐变”面板，设置渐变类型为“径向”，效果及参数设置如图8-27所示。设置“不透明度”为90%，效果如图8-28所示。

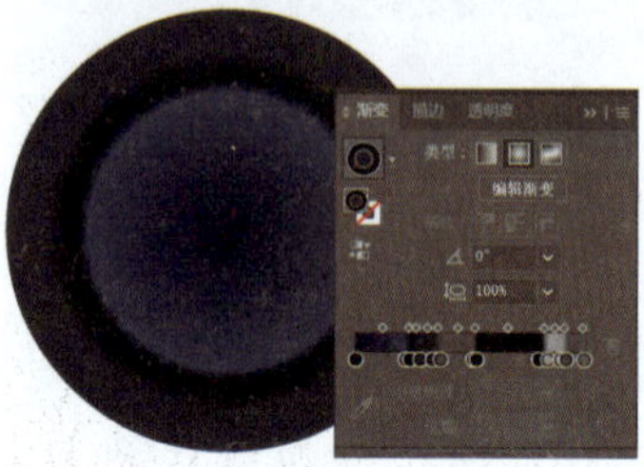

图 8-27

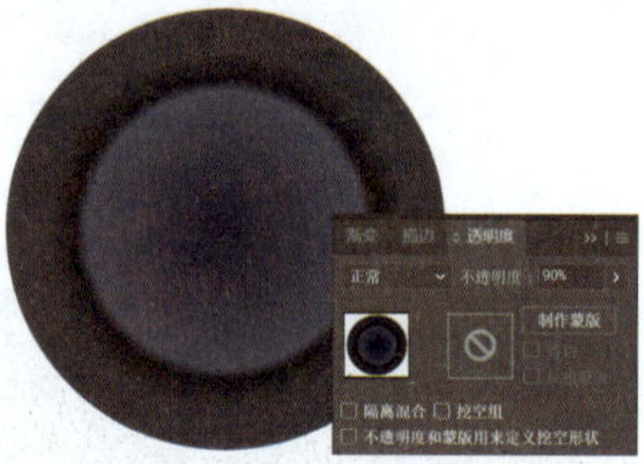

图 8-28

22 绘制环状渐变

同样的方法绘制两个正圆，两个圆大小分别设置为“宽度”6.904mm、“高度”6.904mm和“宽度”为4.646mm、“高度”为4.646mm，并填充渐变色，效果及参数设置如图8-29所示。使用“水平居中对齐”工具和“垂直居中对齐”工具将两个圆居中对齐，使用【Ctrl+8】组合键，建立复合路径，同时设置“不透明度”为90%，效果如图8-30所示。

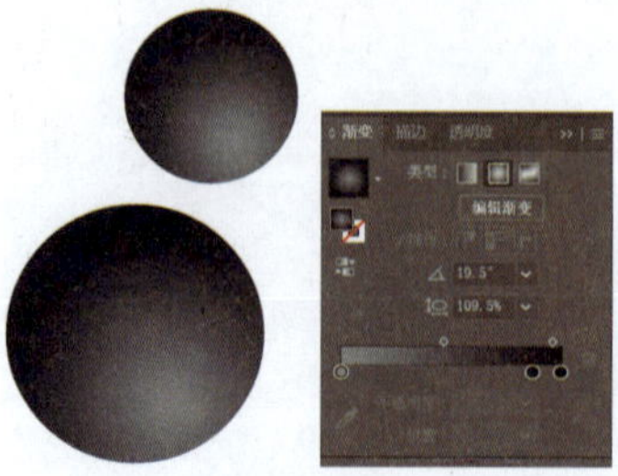

图 8-29

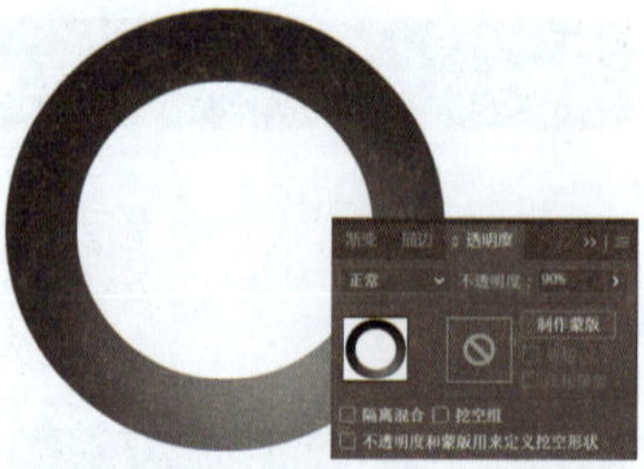

图 8-30

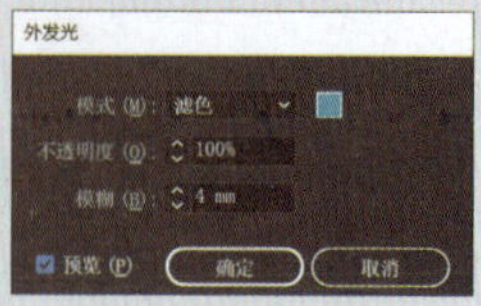

设置外发光参数

边缘发光效果

行业知识

新产品的可行性分析

1.企业产品现状综述

对企业目前的市场占有率、销售额、产品组合、产品生命周期等情况进行分析描述，从而找出企业的弱点和发展机会。

2.新产品描述

根据新产品开发前的产品构思、产品概念形成等，对将要开发的新产品进行描述，主要描述新产品的创新要点、形式、相关因素。

3.市场分析

市场分析的主要内容有人口基数、满足消费者的情况、消费者对该产品的了解程度、产品服务的可获得性、潜在消费者中购买产品的意向、根据竞争者以前的业绩估计市场容量及产品进入市场的运作情况、根据互补产品的销售情况预测未来的销售情况、对竞争对手及产品定位进行详细分析等。市场分析的核心在于掌握将要推出的新产品的市场容量及目前市场上的竞争状况，从而确定目前的市场情况对于新产品的推出是否有积极作用，即新产品在市场上是否具有推出的可行性。

4.技术分析

该部分主要包含两部分内容：新技术与原技术的相容性情况分析和狭义上的技术可行性情况分析。狭义上的技术可行性分析又

23 添加一个渐变圆形

使用步骤20的方法绘制一个同样大小的圆，打开“渐变”面板，填充渐变色，效果及参数设置如图8-31所示。然后设置“不透明度”为50%、混合模式为“正片叠底”，效果如图8-32所示。

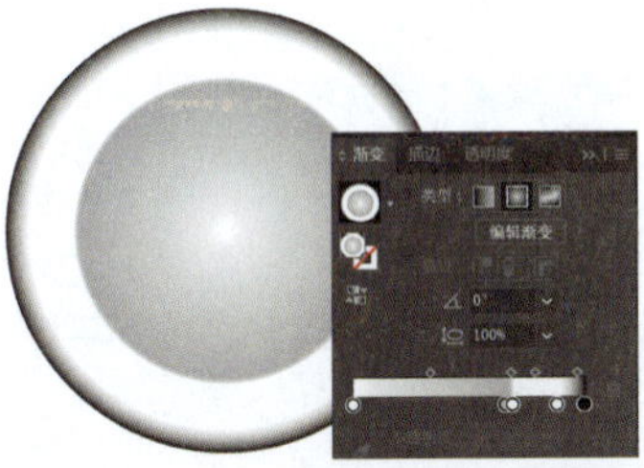

图 8-31

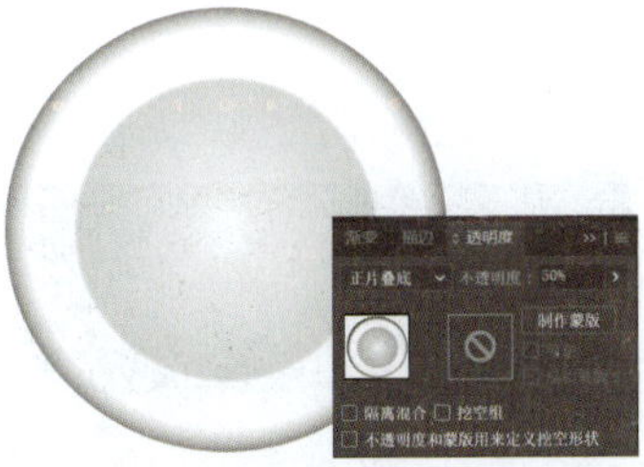

图 8-32

24 对齐并组合图形

将步骤20～23制作好的3个图形居中对齐，使用【Ctrl+G】组合键编组，如图8-33所示。

图 8-33

25 绘制镜头高光

选择“钢笔工具”，在合适的位置绘制一个填充颜色值为（R:0、G:32、B:61）、描边颜色为无的图形，并设置“透明度”选项，效果及参数如图8-34所示。

26 添加镜头光晕

同理，绘制镜头的光晕效果，设置“不透明度”为70%，并添加“高斯模糊”，效果及参数设置如图8-35所示。

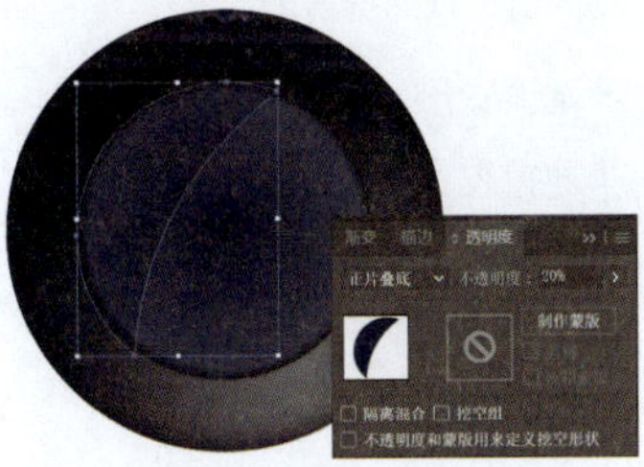

图 8-34

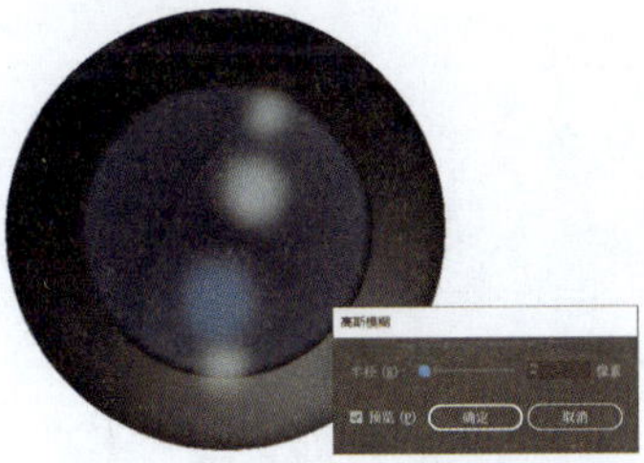

图 8-35

27 放置手机摄像头

至此，手机摄像头已经绘制完成，使用【Ctrl+G】组合键将摄像头图形编组，调整到如图8-36所示的位置。

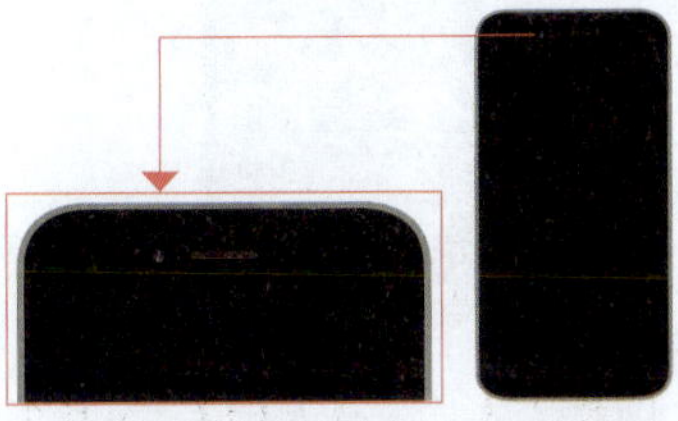

图 8-36

28 绘制手机功能键

利用制作手机摄像头的方法绘制手机功能键，效果及参数设置如图8-37所示。

包含新产品开发的各种技术问题是否可行和新产品开发中是否能够保证质量。技术分析的核心在于新技术与原技术的匹配程度如何，技术上是否可以实现新产品的正常推出。

5.经济分析

经济分析包含商业价值预测和财务分析两部分。商业价值预测即对新产品的未来销售情况及利润空间进行理性预测，财务分析即对新产品的各项投入进行合理评估及财务预算。经济分析的核心在于从财务角度理性地分析该新产品的经济可行性，即它的推出是否能够为企业带来足够的净利润及确定未来的经济发展空间。

6.负面效应

任何事物都有双面性，对于新产品的开发也是如此。一项新事物的出现必然要带来一些负面效应。从企业角度来看，或者对原有的组织架构有影响，或者对原有的资源技术有影响、或者对原有的市场渠道有影响等。所以，在可行性分析报告中这部分必不可少，通过前面的分析预测可能存在的负面效应并进行评估，用辩证的观点最终确定该新产品是否具有推出的可行性。

行业知识

设计制图和设计报告

设计制图包括外形尺寸图、零件详图及组合图等。这些图的制作必须严格遵照国家标准的制图规范进行。设计制图为以后的工程结构设计提供了依据，也是对外观造型的控制，所有进一步的设计都必须以此为依据，不得随意更改。

设计报告书是以文字、图表、照片、表现图及模型照片等形式所构成的设计过程的综合性报告，是交由企业高级管理者最后决策的重要文件。设计报告的制作既要全面，又要精练。其形式可视

图 8-37

29 放置手机功能键

手机功能已经绘制完成，使用【Ctrl+G】组合键将功能键图形编组，调整到如图8-38所示的位置。

图 8-38

30 绘制手机侧面按键图形

选择“圆角矩形”工具，绘制3个同样大小的圆角矩形，设置“宽度”为1.624mm、“高度”为30.431mm、“圆角半径”为2mm，分别设置填充纯色与渐变色，并对齐编组3个图形，效果及参数设置如图8-39所示。将侧面按键放置在相应位置，按照同样方法制作手机左侧的3个按键图形，效果如图8-40所示。

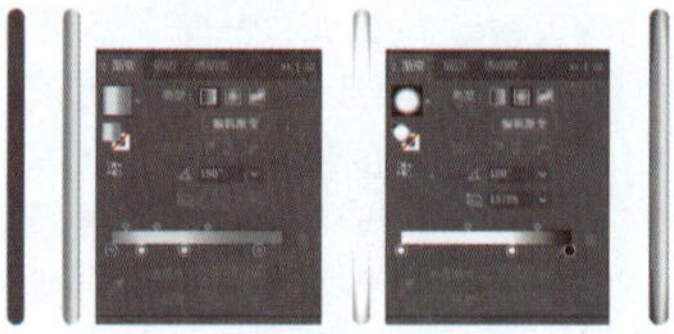

图 8-39

图 8-40

31 绘制手机底部插孔阴影图形

使用“钢笔工具”绘制两个图形，并放置在相应位置，作为手机的侧面插孔阴影，效果如图8-41所示。

32 置入手机桌面图片及应用图标

选择“文件”→“置入”菜单命令，将“素材与源文件\Chapter 8\8.3\素材\素材01.tif”文件置入画板的合适位置，并在属性栏中单击“嵌入”按钮，效果如图8-42所示。

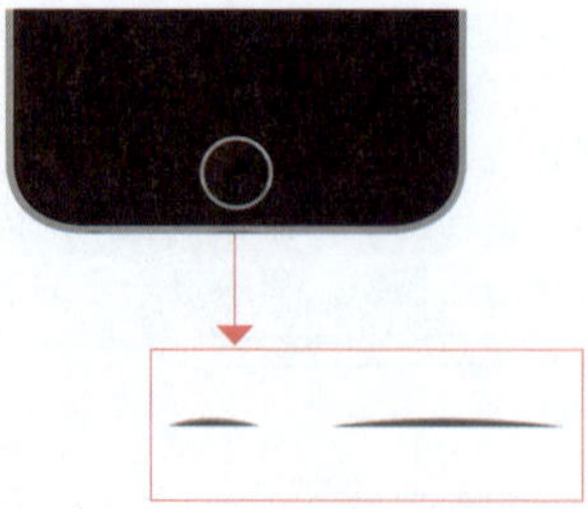

图 8-41

图 8-42

33 完成智能手机造型制作

至此，框选绘制完成的所有图形，按【Ctrl+G】组合键编组，智能手机造型即完成制作。

具体情况而定，一般可按下列步骤进行。

1. 封面

封面要标明设计标题、设计委托方全名、设计单位全名、时间、地点等。如果产品已有标志，还可以对封面进行一些专门的设计。

2. 目录

目录排列要一目了然，并且要标明页码。

3. 设计计划进度表

设计计划进度表要易读，可以用不同的色彩标明不同时间段里的不同工作。

4. 设计调查

主要对市场现有产品、国外同类产品销售与需求的调查，常采用文字、照片、图表相结合的方式来表现。

5. 分析研究

对市场调研进行市场分析、材料分析、使用功能分析、结构分析、操作分析等，从而提出设计概念，确定该产品的市场定位。

6. 设计构思

以文字、草图等形式进行设计，反映出设计深层次的内涵。

7. 设计展开

主要以图示与文字说明的形式来表现，其中包括分析与决定设计条件、展开设计构思、设计效果图、人机工程学研究、色彩计划、模型制作等。

8. 方案确定

主要包括按制图规范绘制的详细结构图、外形图、部件图、精致模型及使用说明等内容。

9. 综合评价

添加一幅精致模型（样机）的照片，并以简洁、明了、鼓动人心的词语表明该设计方案的全部优点及突出点。

拓展训练——时尚智能手机背面设计

利用本节介绍的制作时尚智能手机设计的相关知识，按照本书配套资源中提供的素材文件制作出时尚智能手机背面造型，最终效果如图8–43所示。

图 8–43

- 技术盘点：“贝塞尔工具”“圆角工具”“形状工具”“渐变填充”“混合工具”。
- 素材文件：本书配套资源中的“素材与源文件\Chapter 8\8.3\拓展训练\时尚智能手机背面设计.ai”。
- 制作分析：

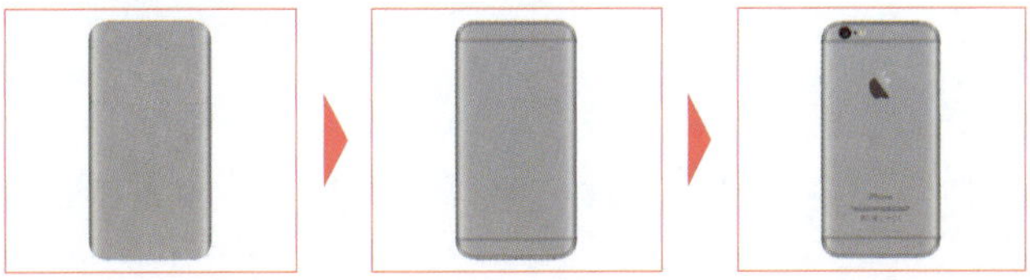

实践●提高

8.4 数码单反相机造型设计

● 难易程度 ★★★★

项目创设

本案例制作的是一个数码单反相机。相机的质感真实，立体感强，最终效果如图8–44所示。

图 8–44

制作思路

先利用“钢笔工具”绘制相机的外形，然后给相机填充颜色并添加材质，增加立体感，最后添加文字及按钮，完成制作。

素材文件：本书配套资源\素材与源文件\Chapter 8\8.4\素材

案例制作步骤

01 创建文档

选择“文件”→“新建”菜单命令，在打开的“新建文档”对话框中设置“名称”为“数码单反相机造型设计”、“大小”为A4，单击“横向”按钮，设置“颜色模式”为RGB，如图8–45所示。

微课：数码单反相机造型设计（1）

02 绘制相机外轮廓

单击工具栏中的“钢笔工具”按钮，绘制相机的外轮廓，

行业知识

产品概念设计

产品创新有两类：第一类是原理上的改变，如从无到有的创新（科技发明等）；第二类是在第一类基础上进行改进的，这类改进更符合用户的行为习惯和个性

效果如图8-46所示。

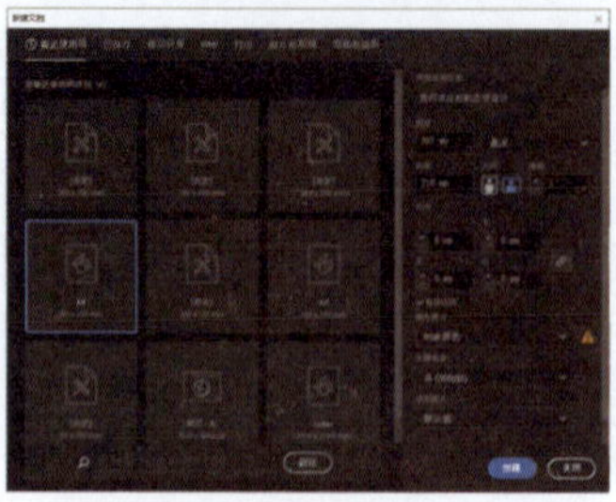

图 8-45

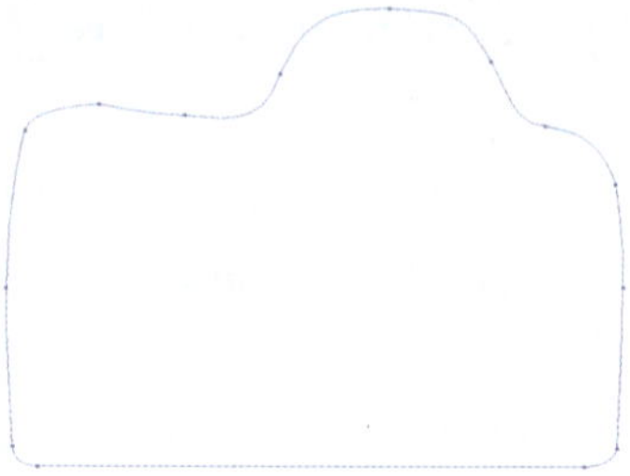

图 8-46

03 填充渐变色

选择绘制好的相机外轮廓，按【Ctrl+F9】组合键打开“渐变”面板，设置渐变色值由左至右分别为（R:0、G:0、B:0）、（R:92、G:102、B:106）、（R:0、G:0、B:0）、（R:82、G:91、B:94）、（R:92、G:102、B:104）、（R:0、G:0、B:0），设置“类型”为“线性”、“角度”为0°，设置完成后，利用“渐变工具”对渐变效果进行调整，效果及参数设置如图8-47所示。

04 绘制正圆形

制作镜头。单击工具栏中的“椭圆工具”按钮，设置填充颜色值为（R:50、G:50、B:50）、描边颜色为无，按住【Shift】键在空白处绘制一个正圆，效果如图8-48所示。

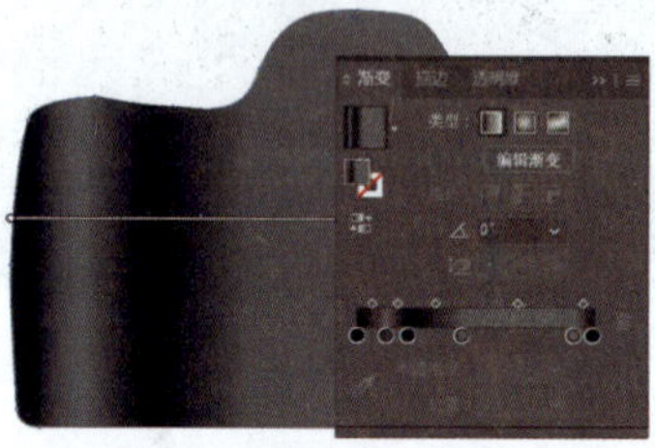

图 8-47

图 8-48

微课：

数码单反相机造型设计（2）

05 复制正圆形

选择绘制好的正圆，按【Ctrl+C】组合键进行复制，按【Shift+Ctrl+V】组合键原位粘贴，并更改填充颜色为白色，效果如图8-49所示。

06 绘制矩形

单击工具栏中的“矩形工具”按钮，在正圆顶部绘制一个矩形框，效果如图8-50所示。

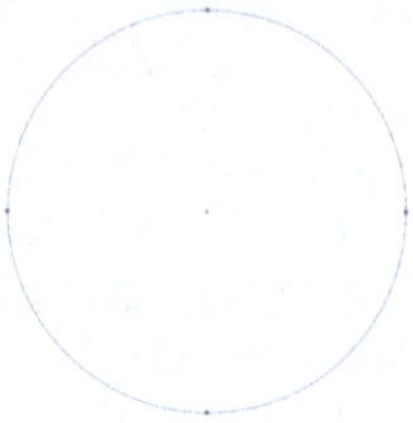

图 8-49

图 8-50

需求。在产品设计过程中，能集中体现这两类创新的工作就是产品概念设计。

随着设计过程的逐渐紧凑、目标分化，概念设计的内涵也在不断发生变化。为了对概念设计进行较全面的形式化定义，可针对其发展状况从以下3方面加以考虑。

1.定位的完整性

从设计方法学的角度看，完整意义上的概念设计包含工程设计与工业设计两大部分，两者密不可分。

2.计算机系统

在信息技术迅猛发展的今天，产品概念设计已离不开计算机的支持。概念设计内涵不断变化，其最大的驱动因素就在于计算机技术的不断发展。

3.以产品创新为目的

产品的创新性是产品是否具有竞争能力的关键因素。概念设计是产品设计过程中创新表现最集中、突出的一个阶段，其目的就在于追求产品的创新。

综上所述，可将概念设计定义为产品早期设计，包括产品在功能、原理、形态、色彩、布局、人机工程和结构这7方面的创新活动。

- 功能创新：将需求分析转化为功能设计任务书，并针对市场需求进行功能上的改进或创新的过程。
- 原理创新：按照功能设计说明书进行产品原理的求取和创新的过程。
- 形态创新：包括形状、材料、工艺、表面造型、机理在内的产品形态创新过程。
- 色彩创新：在功能、材料批量生产的加工手段、时尚、生理、人机工程学等条件的制约下，对设计的形体赋予色彩。

07 复制矩形

单击“旋转工具”按钮，按住【Shift+Alt】组合键拖动矩形框的中心点到正圆的中心处，在打开的“旋转”对话框中设置“角度”为-5°，单击“复制”按钮，将矩形框旋转复制。多次按【Ctrl+D】组合键，重复上述操作，旋转复制多个矩形，效果及参数设置如图8-51所示。

08 修剪图形

框选白色正圆和所有环绕在正圆周围的矩形框，选择“窗口”→“路径查找器”菜单命令，单击“减去顶层”按钮，将上方的图形减去，得到的新图形及“路径查找器”面板如图8-52所示。

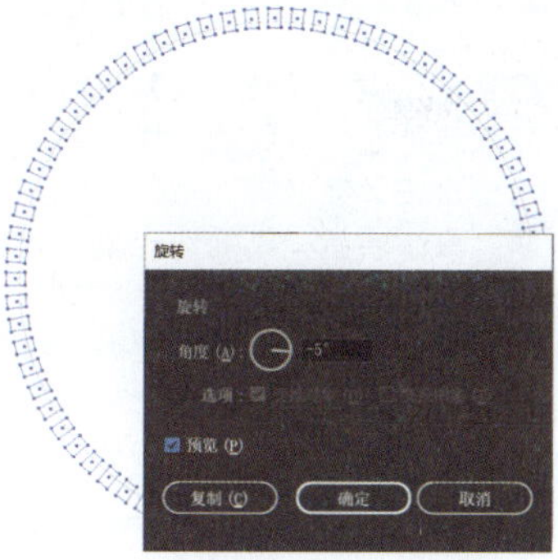

图 8-51

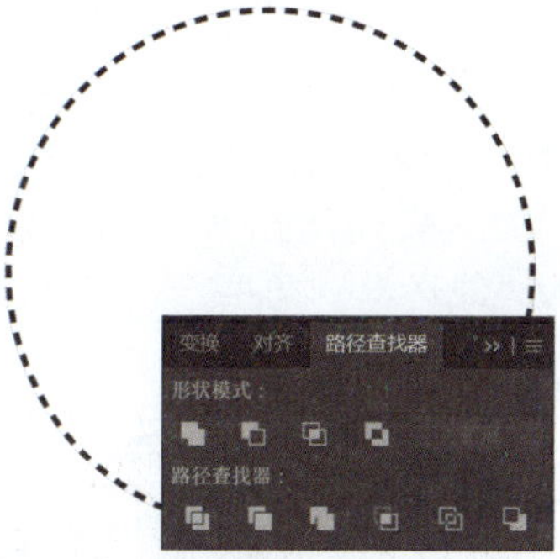

图 8-52

09 填充渐变色

选中修剪后的图形，打开“渐变”面板，设置渐变色值由左至右分别为（R:32、G:34、B:35）、（R:56、G:62、B:65），设置渐变“类型”为“线性”、“角度”为90°、描边颜色为（R:150、G:150、B:150），效果如图8-53所示。

10 创建渐变网格

选择“椭圆工具”，绘制一个正圆形，单击工具栏中的“网格工具”按钮，在正圆内部多次单击，创建网格，效果如图8-54所示。

微课：
数码单反相机造型设计（3）

图 8-53

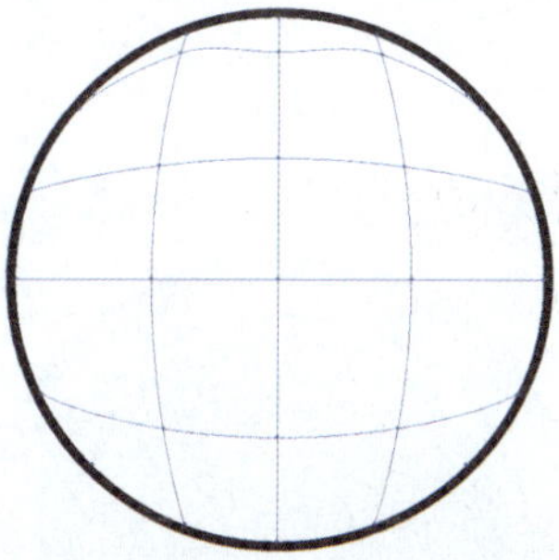

图 8-54

11 设置并填充网格颜色

选中网格中的一个锚点，设置填充颜色值为（R:174、G:174、B:174），效果如图8-55所示。同理，选择其他锚点，并设置合适的填充颜色，效果如图8-56所示。

- 布局创新：根据排列方式、配置方式、尺寸比例等要素进行产品布局。
- 人机工程设计创新：考虑产品与人及环境的全部联系，全面分析人在系统中的具体作用，明确人与产品的关系，确定人与产品关系中各部分的特性及人机工程学要求设计的内容。
- 结构创新：包括尺寸、结构、部件之间连接关系在内的产品结构创新过程。

其中，以功能创新和原理创新为主的产品概念设计往往是创造性设计，而以布局创新、形态创新、色彩创新、人机工程设计创新和结构创新为主的产品概念设计主要是变型性设计。它们虽存在一定的相互独立性，但在实际的概念设计过程中往往相互影响、相互制约。

行业知识

造型设计的构思与方法

构思是一种思想活动，是一种打算、概念、想象。

1. 定向设计法

在进行设计构思时，往往采用定向设计法：男女之别、老少之差、健残之分，以及职业、文化程度、生活习惯、生活方式、地区民族的不同，使各个具体的人具有特殊性。简单地说，就是根据产品的不同特征和人们的不同需求，有的放矢地进行产品设计。定向设计的定向范围越明确，在一定程度上的使用范围就越窄，功能往往较少或较单一。由于目的明确，其造型往往容易做得有个性，有视觉冲击力。

2. 反向设计法

所谓反向设计，就是设计者把习惯的事反过来思考，从似乎是无道理中寻求道理。反向思考的方法为社会提供了种类繁多的物品，让人们从固定不变的观念中解脱出来，创造了新的概念。进

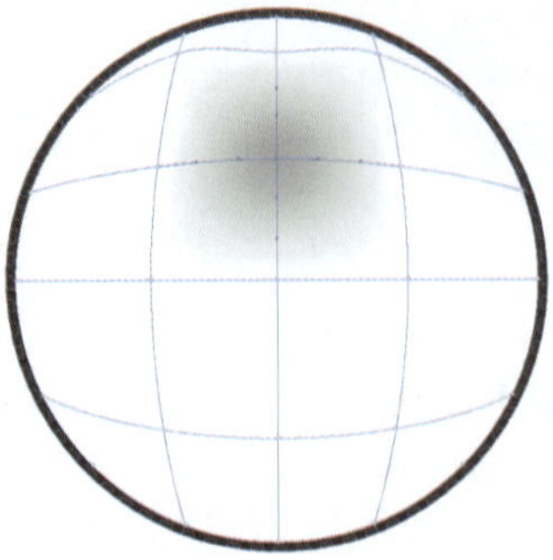

图 8-55

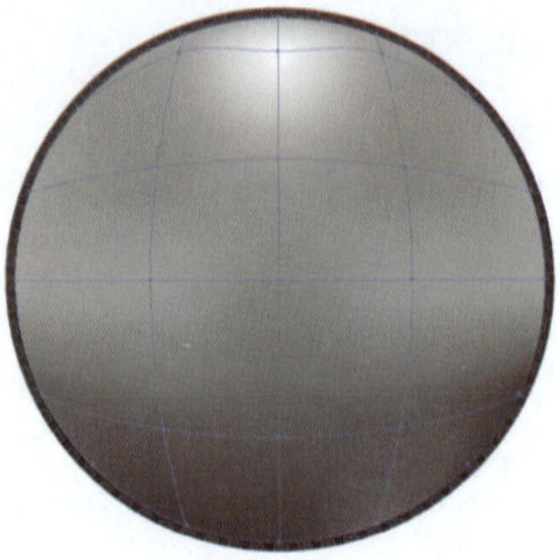

图 8-56

12 绘制正圆形

选择“椭圆工具”，绘制一个黑色正圆，如图8-57所示。

13 复制正圆并填充渐变色

将黑色正圆进行复制并原位粘贴，打开“渐变”面板，设置渐变色值由左至右分别为（R:226、G:226、B:226）、（R:72、G:72、B:72），设置渐变“类型”为“线性”、“角度”为-45°，效果及参数设置如图8-58所示。

图 8-57

图 8-58

14 设置描边效果

将正圆形的描边粗细设置为2pt，选择合适的画笔样式，效果及参数设置如图8-59所示。

微课：
数码单反相机造型设计（4）

15 绘制正圆形

同理，绘制一个填充颜色值为（R:43、G:48、B:51）、描边颜色为无的正圆，效果如图8-60所示。

图 8-59

图 8-60

行反向思考时，必须从某种状态的反面进行彻底的观察，从而发现新的、有效的方法。

3.组合设计法

把原来不能单独存在的、相近的东西组合起来，或者将两种功能让一件制品来担当，这种方法称为组合设计法。在组合设计中必须注意的是，组合不能理解成简单的“拼接”，这一设计法特别强调协调性和合理性。

4.仿生设计法

仿生学是根据模仿生物系统的原理来建造技术系统的科学。在运用仿生设计时必须注意，“仿生学”只是启示，不能取代设计者的创造。设计者在模拟生物有机体时，必须加以概括、提炼、强化、变形、转换、组合，从而产生全新的冲击力。

5.借鉴设计法

在其他产品领域中得到启发，并将其原理、构造或造型借鉴过来，以产生新的产品，这就是借鉴设计的方法。这种方法有点“抄袭”的味道，它受别的产品的形态启发，“直接”拿过来运用到自己的设计上。应该注意的是，同类制品的造型借鉴是仿造，必须从无关的制品中引入某种概念，再加以设计，才能得到真正的发展。

6.模仿创新设计法

谈模仿，切忌照搬照抄，而是通过改良使产品质量更好、生产成本更低、造型更美，以达到创新的目的。在具体设计时，人们通常采用“推移法”对原有产品不断地向前改良推移。虽然这一步与下一步的区别并不明显，但随着推移的深入，最后的结果与最初的产品会有着明显的区别。当然，最后的结果应该比最初的产品更完美。

7.自我视角设计法

由于每个人天赋的不同，以及后天的社会背景和生活经历的不同，使得每个人的心中都有一套

16 添加内发光效果

选中正圆，选择“效果”→“风格化”→“内发光”菜单命令，在打开的“内发光”对话框中设置内发光颜色为黑色、“模式”为“正片叠底”、“不透明度”为100%、“模糊”为1.76mm，单击“确定”按钮，即可得到内发光效果，效果及参数设置如图8-61所示。

17 完成镜头制作

参照上述方法，制作镜头其他部分的构件，效果如图8-62所示。

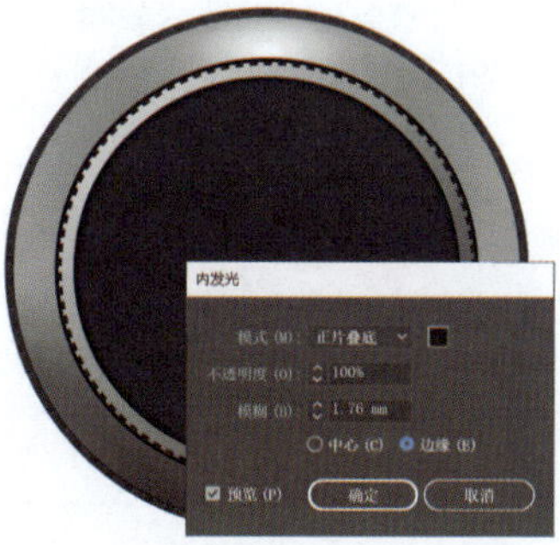

图 8-61

图 8-62

18 制作镜头放光效果

选择“椭圆工具”，绘制一个椭圆，并进行旋转，打开“渐变”面板，在渐变预设下拉列表框中选择“绿色，黄色，橙色”渐变，效果及参数设置如图8-63所示。

19 添加高斯模糊效果

选择渐变椭圆，选择“效果”→“模糊”→“高斯模糊”菜单命令，在打开的“高斯模糊”对话框中设置“半径”为“46像素”，单击“确定”按钮，效果及参数设置如图8-64所示。

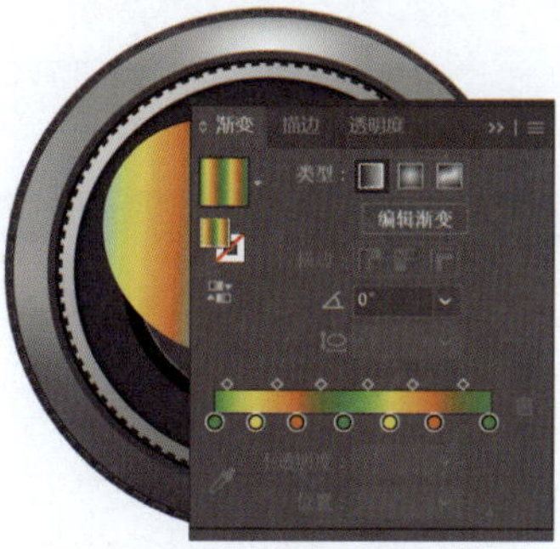

图 8-63

图 8-64

20 设置透明度效果

选择“窗口”→“透明度”菜单命令，打开“透明度”面板，设置混合模式为“正片叠底”、“不透明度”为100%，效果及参数设置如图8-65所示。

21 设置透明度效果

框选镜头图形，按【Ctrl+G】组合键进行编组，并调整到如图8-66所示的位置。

由独具个性的观念、价值、情感等要素组成的“标准尺度”，形成了自己的独特世界。当然，并不是完全不同，因为大家都生活在社会环境中，会遇到大致相同的问题，而且生理结构方面更是相差无几。因此，正确的个性常常是大多数人所共有的。有时，设计者可以抛开他人，完全以自我视角来考虑造型设计，可以不考虑其他人的想法而随心所欲地想象。这样得到的设计往往个性鲜明，可能会受到大多数人的欢迎。

当然，由于工业产品是大量生产的产物，因此客观性很重要，过分追求个人兴趣爱好以及惊人的离奇古怪的造型效果，也并不可取。优秀的设计者应该在平凡之中找新颖，从而赢得用户的好感。

8.非我视角设计法

非我视角要求人们在思维过程中尽力摆脱自我的狭小天地，从非我的角度对同一事物和观念进行思考，这样有可能得出不同的结论，发现创意的苗头。

非我视角实际上是一种研究用户需求，排开自我，完全为他人着想的设计方法。

工具详解

模糊效果

模糊效果通过削弱与相邻像素之间的对比度，使图像达到柔化的效果。

原图

1.径向模糊

可以使图像中的景象产生旋转或运动的效果。

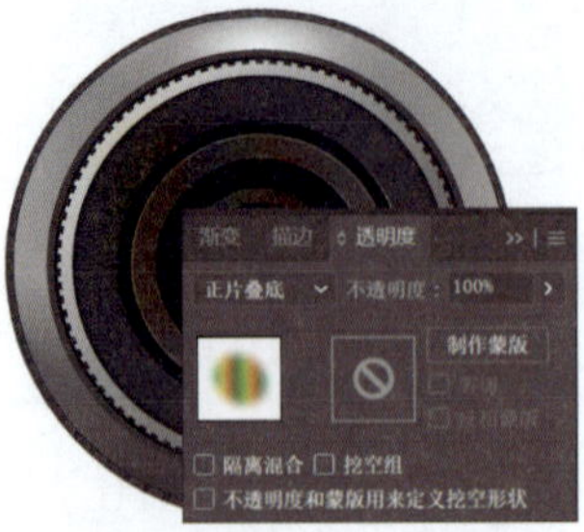

图 8–65

图 8–66

22 绘制图形

单击工具栏中的“钢笔工具”按钮，设置填充颜色和描边颜色均为无，绘制一个如图8-67所示的图形。

微课：
数码单反相机造型设计（5）

23 添加纹理

选择“文件”→“置入”菜单命令，将“素材与源文件\Chapter 8\8.4\素材\素材01.jpg”文件置入画板，在属性栏上单击“嵌入”按钮，将图像嵌入，如图8-68所示。将前面绘制的图形调整到图像上方，同时选中图形与图像，按【Ctrl+7】组合键建立剪切蒙版，效果如图8-69所示。

图 8–67

图 8–68

24 添加光泽效果

将剪切蒙版图形原位复制一个，释放剪切蒙版，并将图像删除，打开“渐变”面板，设置渐变颜色，效果如图8-70所示。

图 8–69

25 创建剪切蒙版

将渐变图形调整到剪切蒙版图形的下方，选择剪切蒙版图形，打开“透明度”面板，设置混合模式为“正片叠底”，效果如图8-71所示。

图 8–70

图 8–71

径向模糊

2．特殊模糊

可以用来制作一些边缘模糊等特殊的模糊效果。

特殊模糊

3．高斯模糊

这是常使用的一种模糊效果，可以通过设置“半径”值来调节模糊的程度。

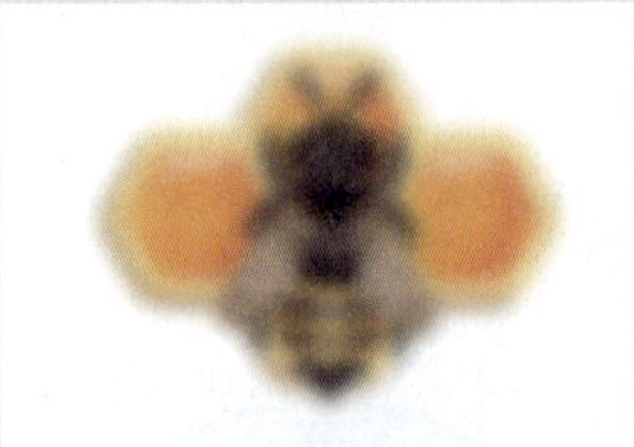

高斯模糊

工具详解

剪切蒙版

剪切蒙版可以剪切部分图形，从效果上来说，就是将图形裁剪为蒙版的形状。因此，使用剪切蒙版，只能看到蒙版形状内的图形。

要创建剪切蒙版，首先制作需要遮罩的对象，也就是要创建蒙版的图形对象。该对象可以是矢量图形，也可以是置入的位图。

- 置入一幅位图图像。
- 创建要作为蒙版的对象。此对象称为剪贴路径，只能为矢量图形（要从两个或多个对象重叠的

26 添加投影效果

选择“效果”→“风格化”→“投影”菜单命令，在打开的“投影”对话框中设置“X位移”为1mm、“Y位移”为0mm、“模糊”为0.5mm、投影颜色为黑色，效果及参数设置如图8-72所示。

27 绘制图形

同理，利用“钢笔工具”绘制两个填充颜色值均为（R:53、G:57、B:60）、描边颜色为无的图形，并设置相应的投影效果，效果如图8-73所示。

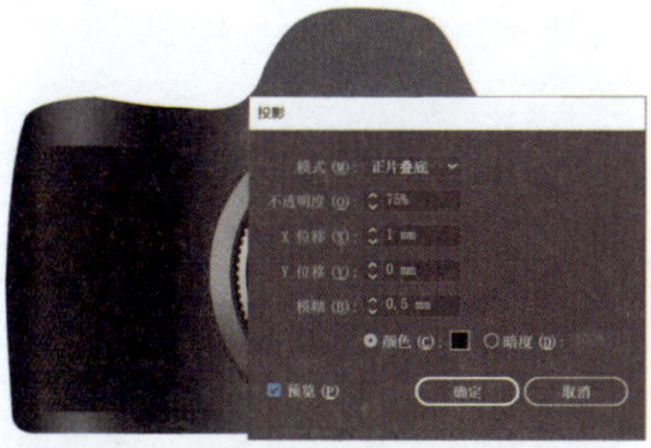

图 8-72

图 8-73

28 绘制相机构件

参照上面的方法，绘制如图8-74所示的相机构件。

29 制作闪光灯

选择“椭圆工具”，创建一个带有投影的正圆，设置该正圆的填充颜色为渐变色、描边颜色为无，效果如图8-75所示。

图 8-74

图 8-75

微课：数码单反相机造型设计（6）

30 添加图案纹理

绘制两个白色正圆，为上方白色正圆填充“铜版雕刻”图案，效果如图8-76所示。

31 完善闪光灯的制作

再绘制一个白色正圆，添加模糊效果，将闪光灯的所有构件编组，并调整到如图8-77所示的位置。

图 8-76

32 制作快门按钮

单击工具箱中的“圆角矩形工具”按钮，设置填充颜色为黑色、描边颜色为无，绘制一个圆角矩形，效果如图8-78所示。

区域创建剪切路径，需先将这些对象进行组合），如绘制一个星形。

导入遮罩对象

导入剪切路径

● 选中剪贴路径及想要遮盖的对象。

选中路径及对象

● 选择“对象”→“剪切蒙版”→“建立”菜单命令，即可得到剪切蒙版的图案效果。

蒙版效果

行业知识

造型设计的经济法则

造型设计是市场竞争的产物，它来源于市场经济，又服务于市场经济。在市场经济体制下，工业设计者的每一项设计都必须把经

微课：
数码单反相机造型设计（7）

图 8-77

图 8-78

33 复制圆角矩形并设置填充颜色

复制两个圆角矩形，设置第一个圆角矩形的填充颜色值为（R:125、G:125、B:125）、第二个圆角矩形的填充颜色值为（R:34、G:39、B:43），并调整相对位置，如图8-79所示。

34 继续复制圆角矩形并调整图形

再次将黑色圆角矩形复制，利用“直接选择工具”选中相应的锚点，调整锚点位置，改变图形形状，效果如图8-80所示。

图 8-79

图 8-80

35 填充渐变效果

打开“渐变”面板，设置渐变颜色为黑色到白色再到黑色的渐变，效果如图8-81所示。

36 创建组合图形

利用“钢笔工具”绘制3个图形，设置上方图形的填充颜色值为（R:36、G:32、B:32）、左侧图形的填充颜色值为（R:129、G:136、B:134）、右侧图形的填充颜色值为（R:43、G:49、B:50），效果如图8-82所示。

图 8-81

图 8-82

37 复制并调整图形

将3个图形全部选中，按【Ctrl+G】组合键编组，将编组后的图形复制多个，对复制后的图形进行大小和位置的调整，效果如图8-83所示。

图 8-83

38 调整快门按钮的位置

将快门按钮的所有图形编组，并移动到如图8-84所示的位置。

39 绘制其他按钮

参照上述方法，绘制相机上的其他按钮，效果如图8-85所示。

济上的可行性放在首位。

要实施一项设计，需要有资金，一个人只有当他确信其资本不会受到损失，并且还可以在其投资额上预期得到一笔可观利润的时候，才可能对某项事业进行投资。如果一项设计既不能使制造者赚钱，又不能给用户带来足够的好处，也就无法证明它的合理性，那么，这项设计就失去了它的实际应用价值。

设计、制造和销售产品只是企业经营的开始，企业经营的真正重点是使用户在使用产品的过程中感到满意。这时，不仅要求产品的使用性能完全满足用户的需求，而且要求产品的使用费用最少。当然，产品的使用性能、使用费用和制造费用，并不是一致的，它们的综合结果就表现为产品设计的经济效果。

因此，设计者在设计产品时，要着重抓好以下几方面的工作，以节约设计成本。

1. 优化设计方案

设计方案的优劣直接决定产品成本的高低，因此，要十分重视方案论证工作。设计经济工作是一项十分认真、严肃的事情，来不得半点马虎。在每一个方案的设计中，均应在充分调查研究的基础上进行深入的技术经济分析，通过比较多种方案，最终选择最佳方案。

2. 保证设计质量

高质量的设计不仅能给企业和社会带来较好的经济效益，而且还能合理地利用资金，最大限度地发挥投资效益和产品效益。每个设计者都必须以科学参数和可靠的资料为依据，认真按照设计程序工作，确保设计质量。

3. 做好预算

对于预测性投资额，要做好计算。对于产品设计方案，必须考虑该产品生产的投入，无论是材料、模具、零部件的加工难易，

图 8-84

图 8-85

40 绘制高光细节

选择“钢笔工具”，在如图8-86所示的位置绘制高光的形状。选择“效果”→“模糊”→“高斯模糊”菜单命令，在打开的“高斯模糊”对话框中设置“半径”为“5像素”，打开“透明度”面板，设置“不透明度”为50%，效果如图8-87所示。

微课：
数码单反相机造型设计（8）

图 8-86

图 8-87

41 制作侧面阴影效果

选择“钢笔工具”，在相机右侧绘制一个如图8-88所示的黑色图形。

42 设置图形效果

为步骤41中绘制的黑色图形添加高斯模糊和不透明度效果，如图8-89所示。

图 8-88

图 8-89

43 制作底部阴影效果

参照上面的方法，制作底部的阴影，效果如图8-90所示。

44 创建文字路径

选择“椭圆工具”，绘制一个填充和描边均为无的正圆，单击工具栏中的“路径文

图 8-90

还是造型部件的连接、套色及表面印刷形式等，都有成本核算的问题。设计者如果不考虑这些，势必增加成本。设计师通过精心设计，把投资控制在经济合理的范围之内，会起到事半功倍的作用。

工具详解

创建路径文字

使用“路径文字工具”和“直排路径文字工具”可以在开放路径或闭合路径上输入文字，使文字沿路径的形态排列，具体方法如下。

- 绘制路径：选择相应的文字工具（“路径文字工具”和“直排路径文字工具”），在路径上单击，就会出现闪动的文字插入光标，确定插入点的位置。

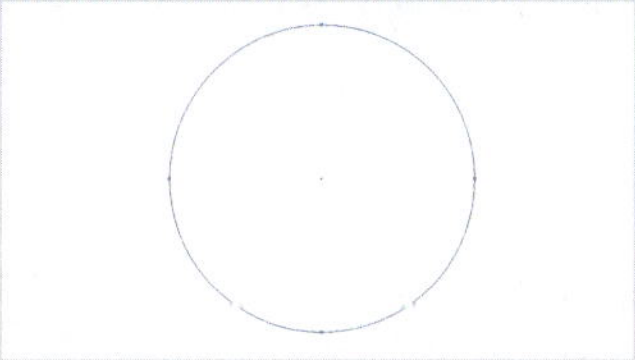

绘制路径

- 输入文字：文字将会自动沿路径排列。

创建路径文字

- 移动路径文字：使用“选择工具”或“直接选择工具”单击并拖动路径上的文字插入点，可以改变文字在路径上的起点，即沿路径移动文字。

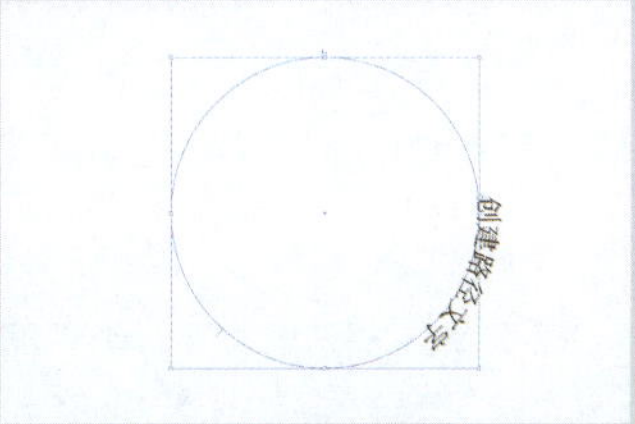

移动路径文字

字工具”按钮，在正圆路径的合适位置单击，此时会出现光标，如图8-91所示。

微课：数码单反相机造型设计（9）

45 设置并输入文字

在属性栏中设置字体为Arial、样式为Bold、大小为13pt、字体颜色为白色，在路径上输入文字，效果如图8-92所示。

图 8-91

图 8-92

46 创建其他文字

参照上述方法，添加相机上的其他文字，完成数码相机的造型设计与制作，最终效果如图8-93所示。

图 8-93

● 选择“文字”→“路径文字”→“路径文字选项”菜单命令，在打开的“路径文字选项”对话框中选中“翻转”复选框，可以翻转路径文字；设置相应参数，可以改变路径文字的效果。

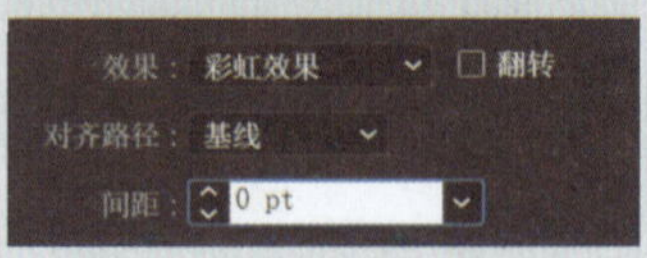

路径文字选项

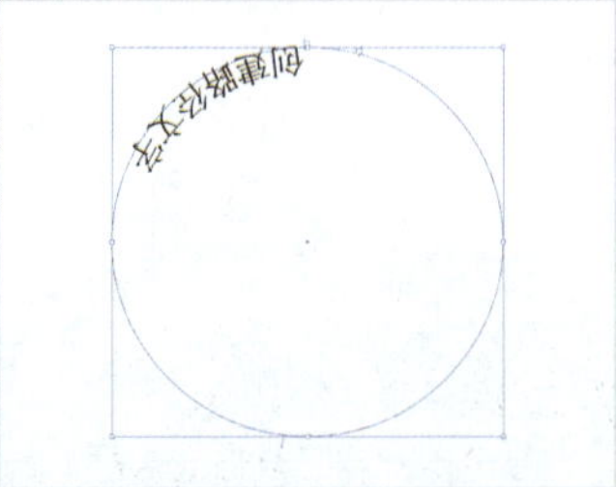

翻转路径文字

拓展训练——卡片式数码相机造型设计

利用本节介绍的制作数码相机的相关知识，按照本书配套资源中提供的素材文件制作卡片式数码相机的造型，最终效果如图8-94所示。

图 8-94

- 技术盘点：“贝塞尔工具”“椭圆工具”“形状工具”“渐变填充”“混合工具”。
- 素材文件：本书配套资源中的“素材与源文件\Chapter 8\8.4\拓展训练\卡片式数码相机造型设计.ai”。
- 制作分析：

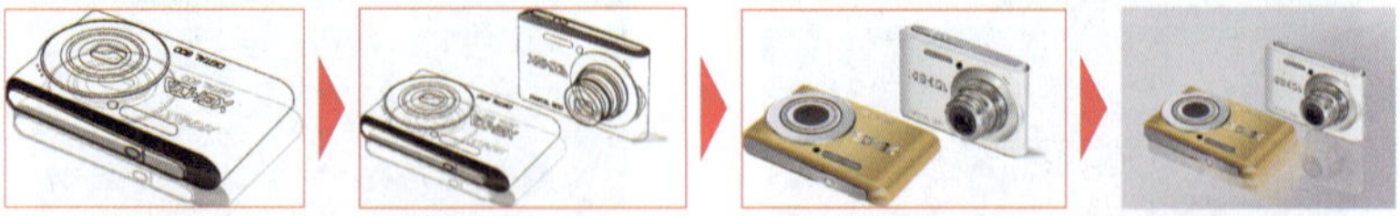

8.5 知识与技能梳理

通过本章的学习，同学们对于产品设计的基本概念、方法和技术有了全面的了解，并在此基础上掌握了如何利用Illustrator CC 2021软件中的绘图、特效等工具来制作产品造型效果图。

- 重要工具：“贝塞尔工具”“文字工具”“图层顺序”“透视网格工具”“图框精确剪裁”。
- 核心技术：利用“图形绘制工具”“文字工具”“透视网格工具”和“图框精确剪裁”的调整制作出各种形式的产品造型。
- 实际运用：各种产品的造型设计。

Chapter 9

UI设计

好的UI设计不仅会让软件变得有个性，有品位，还会使软件的操作变得舒适、简单、自由，从而充分体现软件的定位和特点。本章将通过不同的UI设计实例对该行业目前的发展趋势进行一个全面的阐述，并在使用Illustrator CC 2021制作实例之前，对UI设计的重点基础知识进行论述。

	知识点	学习目标			
		了解	掌握	应用	重点知识
学习要求	UI设计的概述	☺			
	UI设计的原则	☺			
	UI设计的基本流程	☺			
	质感和立体感的体现			☺	
	外发光设置		☺		
	图层蒙版的应用	☺			☺
	交互式设计		☺		
	音乐播放器设计			☺	
	平板电脑UI设计			☺	

能力与素质目标

9.1 UI设计的基础知识

UI（User Interface，用户界面）设计是指对软件的人机交互、操作逻辑、界面美观的整体设计。

9.1.1 UI设计概述

UI的本意是用户界面，但实际上还包括用户与界面之间的交互关系。软件界面设计与工业产品中的工业造型设计一样，是产品的重要卖点。一个拥有美观界面的电子产品会给人带来舒适的视觉享受，拉近人与商品的距离，为商家创造卖点。

界面设计不是单纯的美术绘画，需要定位用户、使用环境、使用方式，是为最终用户而设计的，是建立在科学性之上的艺术设计。检验一个界面的标准既不是某个项目开发组领导的意见，也不是项目成员的投票结果，而是终端用户的感受。所以，界面设计要和用户研究紧密结合，是一个不断为最终用户设计满意视觉效果的过程。

从工作内容上，UI设计可分为3个方向，分别是研究界面、研究人与界面的关系、研究人，这主要是由UI研究的3个因素决定的。

1.研究界面

国内目前的大部分UI工作者都从事研究界面的工作，这类工作者也称为美工，但其实际上不是单纯意义上的美术工人，而是软件产品的产品外形设计师。

2.研究人与界面的关系

图形界面产生之前，UI设计师通常指交互设计师。交互设计师的工作内容就是设计软件的操作流程、树状结构、软件的结构与操作规范等。一个软件产品在编码之前需要交互设计，并且需要确立交互模型、交互规范。交互设计研究的是人与界面的关系。如图9-1所示，蓝色代表工具，红色代表关系，绿色代表人。

图 9-1

3.研究人

为了保证质量，任何产品都需要测试，软件的编码需要测试，UI设计也需要测试。这个测试和编码没有任何关系，主要是测试交互设计的合理性及图形设计的美观性。对于测试方法，一般都分成焦点小组，通过向目标用户问卷的形式来衡量UI设计的合理性。这个职位很重要，如果没有这个职位，UI设计的好坏只能凭借设计师的经验或者领导的审美来评判，这样就会给企业带来严重的风险。

9.1.2 UI设计的原则

要成为一名优秀的UI设计师，其设计风格与内涵是必不可少的。UI设计师应遵循的原则如下。

1.规范性原则

简易性：UI设计图片要让用户便于使用，便于了解，并能减少用户错误选择发生的可能性。

用户语言：界面中要使用能反应用户本身的语言，而不是游戏设计者的语言。

记忆负担最小化：人脑不是计算机，在设计界面时必须要考虑人类大脑处理信息的限度。人类的短期记忆极不稳定，很有限，24h内有25%的遗忘率。所以对用户来说，浏览信息要比记忆更容易。

2.一致性原则

设计目标一致：软件往往具有多个组成部分（组件、元素），不同组成部分之间的交互设计目标需要一致。例如，如果以计算机操作初级用户作为目标用户，以简化界面逻辑为设计目标，那么该目标需要贯通软件（软件包）整体，而不是局部。

元素外观一致：交互元素的外观往往影响用户的交互效果。同一个（类）软件采用一致风格的外观，对于保持用户焦点，改进交互效果有很大帮助。遗憾的是，如何确认元素外观的一致并没有统一的衡量方法，因此需要对目标用户进行调查以取得反馈。

交互行为一致：在交互模型中，不同类型的元素用户触发其对应的行为事件后，其交互行为需要一致。例如，所有需要用户确认操作的对话框都至少包含确认和放弃两个按钮。对于交互行为一致性原则比较极端的理念是，相同类型的交互元素所引起的行为事件相同。这个理念虽然在大部分情况下正确，但是也有例子证明，不按照这个理念设计，会更加简化用户操作流程。

3.可用性原则

可理解：软件要为用户使用，用户必须理解软件各元素对应的功能。如果不能被用户理解，那么需要提供一种非破坏性的途径，使用户可以通过对该元素的操作理解其对应的功能。例如，删除操作元素，用户可以单击删除操作按钮，提示用户如何删除操作或者是否确认删除操作，用户可以更加详细地理解该元素对应的功能，并可以取消该操作。

可达到：用户是交互的中心，交互元素对应用户需要的功能，因此，交互元素必须可以被用户控制。用户可以用诸如键盘、鼠标之类的交互设备通过移动和触发已有的交互元素来得到需要的效果。要注意的是，交互的次数会影响效果。当一个功能被深深隐藏（一般来说超过4层）时，用户达到该元素的概率就大大降低了。可得到的效果也与界面设计有关，过于复杂的界面会影响可得到的效果（参考简单导向原则）。

可控制：用户可以控制软件的交互流程。也就是说，用户可以控制功能的执行流程。如果软件或功能确实无法提供控制，那么使用能被目标用户理解的方式提示用户。

9.1.3 UI设计的基本流程

下面介绍UI设计的基本流程。

1.确认目标用户

在UI设计过程中，需求设计角色会确定软件的目标用户，获取最终用户和直接用户的需求。用户交互要考虑到目标用户的不同所引起的交互设计重点的不同。例如，对于科学用户和对于计算机入门用户的设计重点就不同。

2. 采集目标用户的习惯交互方式

不同类型的目标用户有不同的交互习惯。习惯的交互方式往往来源于其原有的针对现实的交互流程、已有软件工具的交互流程。当然，还要在此基础上通过调研分析找到用户希望达到的交互效果，并以流程确认下来。

3. 提示和引导用户

软件是用户的工具，因此应该由用户来操作和控制。软件响应用户的动作和设定的规则，提示用户结果和反馈信息，引导用户进行下一步操作。

9.2 UI设计经典案例欣赏

1
2
3
4
5
6
7
8
9
10

ERKE
一触即发
α-FLEX 2.0
MEIJIAN
GREEN PLUM
WINE
限量完熟南高梅，支起梅酒风骨
品牌故事
产品介绍
品牌活动
PEAK
YIYIART
你的空间 我的画
满300享9折
WORKS 作品推荐
SPECIAL 艺术专题
京东艺术
百年经典 百年青啤

实践●提高

9.3

● 难易程度

★★★★

音乐播放器设计

项目创设

本例将设计一个播放器。该播放器以强烈的质感和立体效果呈现，细节和光感也给播放器增色不少，最终效果如图9-2所示。

制作思路

首先利用“钢笔工具”和“网格工具”绘制立体的图形，然后利用纹理的填充赋予质感，最后添加颜色及效果。

图 9-2

素材文件：本书配套资源\素材与源文件\Chapter 9\9.3\素材

案例制作步骤

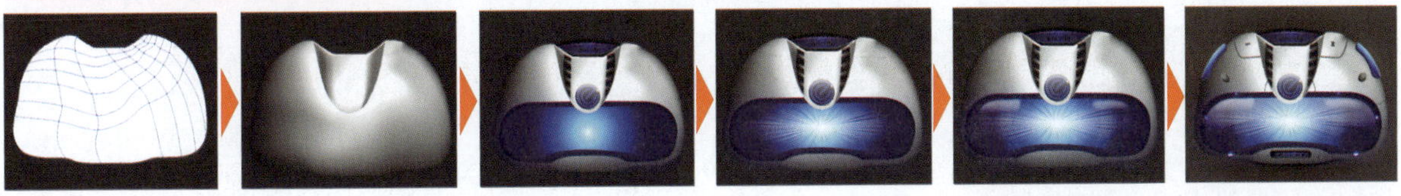

01 创建文档

选择“文件”→“新建”菜单命令，在打开的“新建文档”对话框中设置“名称”为“音乐播放器设计”、“宽度”为210mm、“高度”为297mm、全部“出血”为3mm、“颜色模式”为RGB，如图9-3所示，单击“确定”按钮，即可新建空白文档，如图9-4所示。

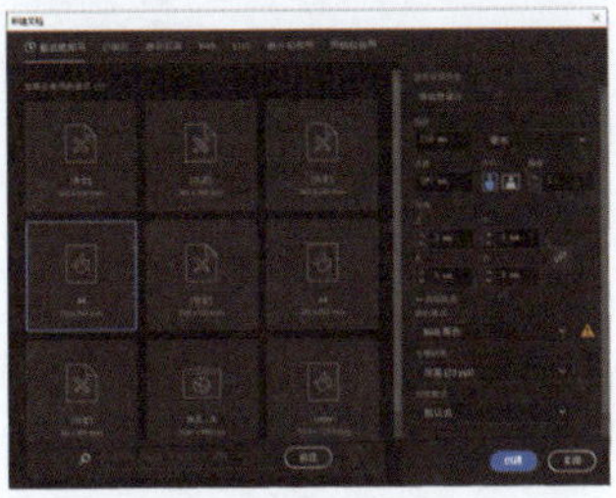

图 9-3

图 9-4

02 制作背景

选择“矩形工具”，在画板中拖动鼠标，绘制一个与页面大小相同的矩形，设置填充颜色值为（R:35、G:35、B:35），无描边色，如图9-5所示。

图 9-5

行业知识

UI设计理论知识

随着规范的产品设计流程的引入，每一个岗位在产品设计中所起的作用及所承担的责任越来越清晰，但是有些时候，并不能因为清晰的产品设计流程，就划清明确的职能界限。下面是常规性互联网产品项目的流程。

1. 制定MRD

当市场需求文档获得项目发起部门的认同后，产品进入实施阶段，需要先确定MRD。具体来说，要有更细致的市场与竞争对手分析，通过哪些功能来实现商业目的，功能/非功能需求分哪几块，功能的优先级等。在实际工作中，这个阶段可能的产出物有Mind Manager的思维图、Excel的Feature List等。

03 绘制播放器的外形

选择"钢笔工具"，在画板上绘制播放器的外形，然后使用"转换锚点工具"进行细致的调整，效果如图9-6所示。

04 创建网格图形

选择"网格工具"，在播放器的外形上单击创建网格线，使用"直接选择工具"进行细致的调整，效果如图9-7所示。

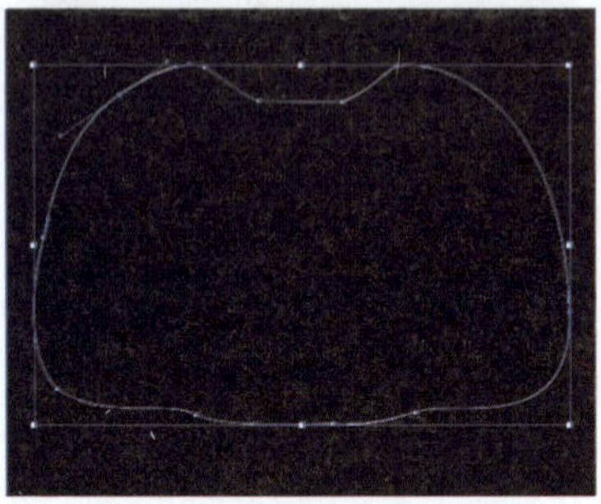

图 9-6

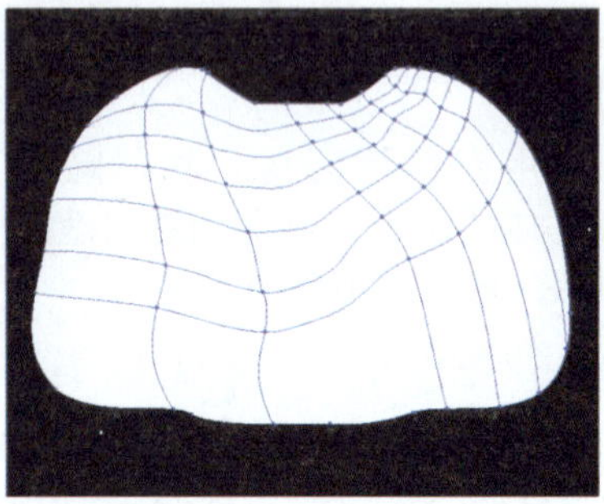

图 9-7

05 创建网格渐变效果

使用"直接选择工具"选中左右两边的锚点并填充为黑色，为中间锚点填充灰色，效果如图9-8所示。

06 绘制凹槽外形

选择"钢笔工具"，在播放器的外形上绘制凹槽的形，然后使用"转换锚点工具"进行细致的调整，效果如图9-9所示。

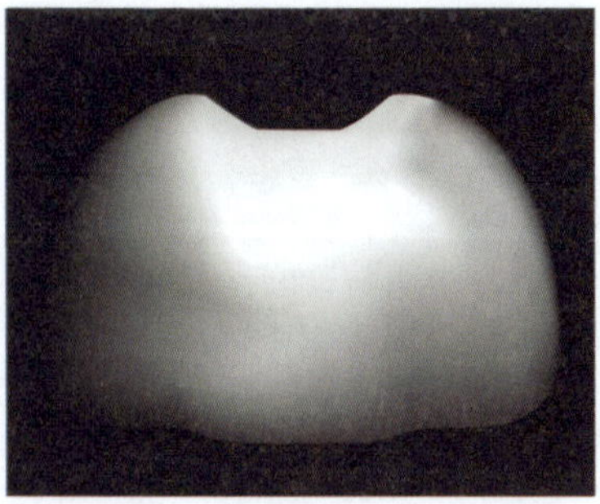

图 9-8

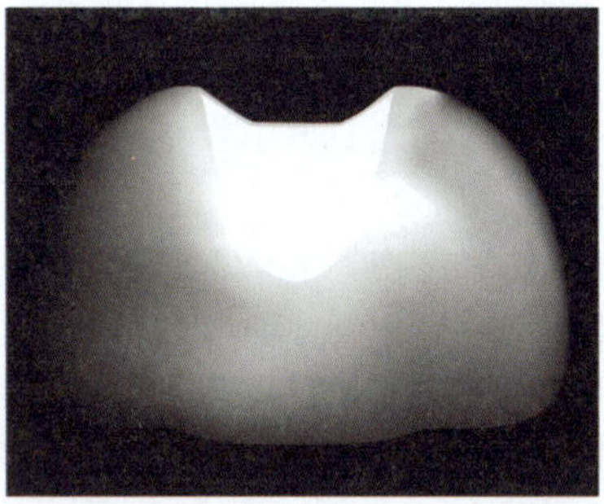

图 9-9

07 为凹槽创建网格渐变

参照制作播放器外形网格渐变的方法，制作凹槽的网格渐变，效果如图9-10所示。

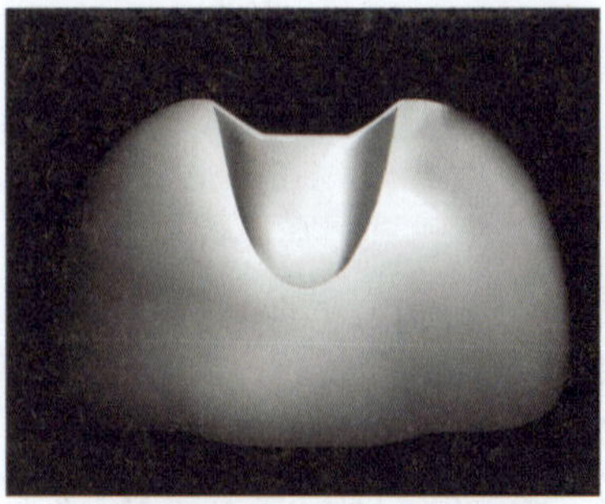

图 9-10

08 添加纹理

选择制作好的播放器外形和凹槽，选择"效果"→"纹理"→"颗粒"菜单命令，设置"强度"为9、"对比度"为97、"颗粒类型"为"柔和"，效果如图9-11所示。

2.用户分析报告

通过搜集相关资料分析目标用户的使用特征、情感、习惯、心理、需求等，写出用户研究报告，并提出可用性设计建议。这部分工作也可和团队配合完成。在时间与项目需求允许的情况下，还可以进行实景用户分析。

3.产品架构设计

这里涉及比较多的是界面交互与流程的设计，根据可用性分析结果确定交互方式、操作与跳转流程、结构、布局、信息和其他元素。

4.产品原型设计

产品原型设计就是将页面模块、元素进行粗放式的排版和布局，还会加入一些交互性的元素，使其更加具体、形象和生动。

5.UI设计

进行UI设计时，一定要结合分析结果进行，否则作品会很难让人信服。色调、风格、界面、窗口、图标、皮肤的表现是本环节的关键。

6.UI输出

UI输出主要是页面工程师与前端程序员进行配合，将界面代码化。

7.分析用户报告

分析用户报告包括可用性的循环研究、用户体验回馈、测试回馈。同时，UI人员也应该对一些可行性建议进行完善。很多设计者做了东西之后不喜欢修改，这是一个大忌。

行业知识

质感和立体感的体现

物体材质及表面所形成的视觉特征包括表面肌理的粗糙或细腻、光洁度的高或低、透明感的强或弱、质地的松或紧、材质的轻或重等。质感与各种材质对光的吸收和反射性质有关，它是人们的

09 绘制凹槽内部结构

使用“钢笔工具”在凹槽上绘制一个不规则的形状，填充为黑色，效果如图9-12所示。

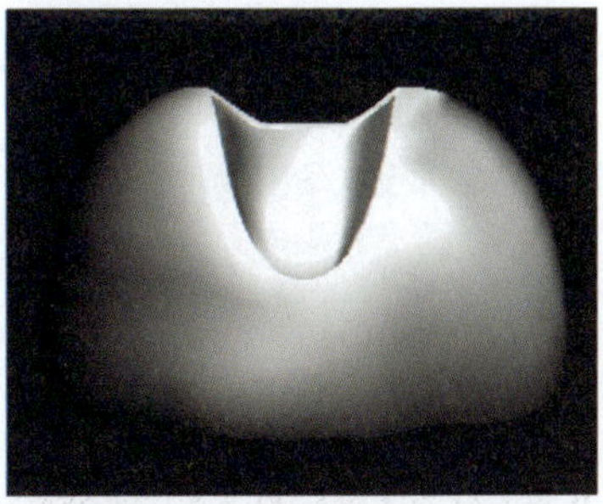

图 9-11

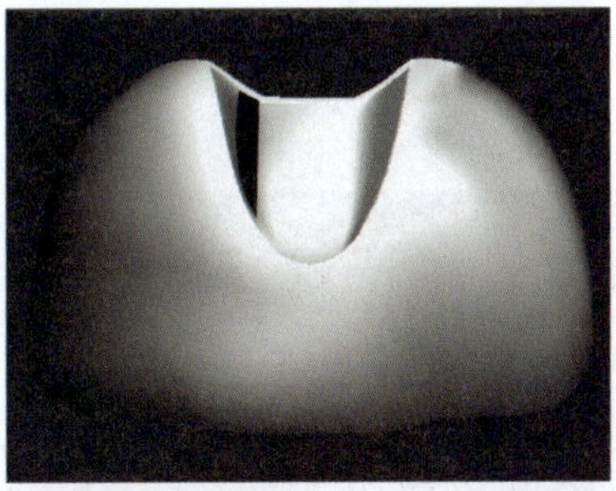

图 9-12

10 制作发光效果

使用“钢笔工具”在刚绘制的图形上绘制一个三角形，调出“渐变”面板，设置渐变色类型为“线性”、角度为3.9°，设置左边的滑块颜色为黑色、“透明度”为20%，设置右边的滑块颜色为白色、“透明度”为100%，效果及参数设置如图9-13所示。

11 复制效果图形

按住【Alt】键复制制作好的发光效果并调整大小，依次排在黑色图形上，如图9-14所示。

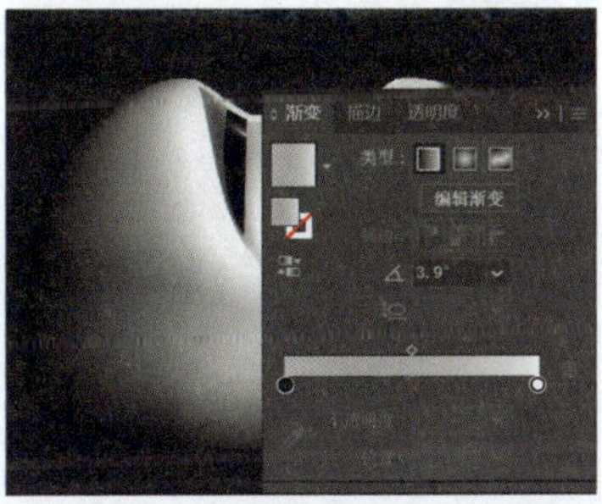

图 9-13

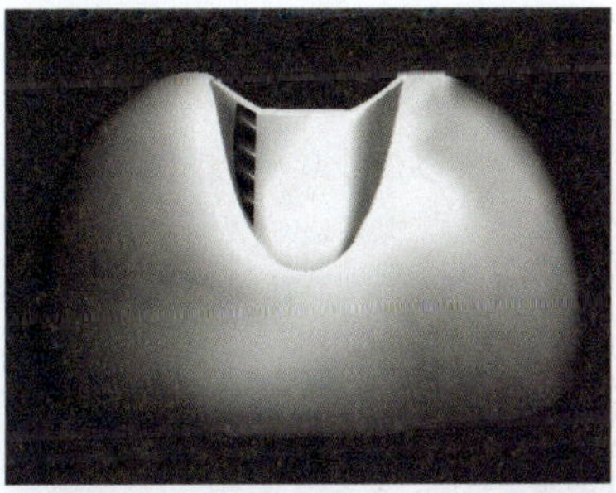

图 9-14

12 复制整体结构

选中制作好的图形并按【Ctrl+G】组合键进行编组，然后双击“镜像工具”按钮，在打开的对话框中设置轴向为“垂直”、“角度”为90°，单击“复制”按钮，调整位置，效果及参数设置如图9-15所示。

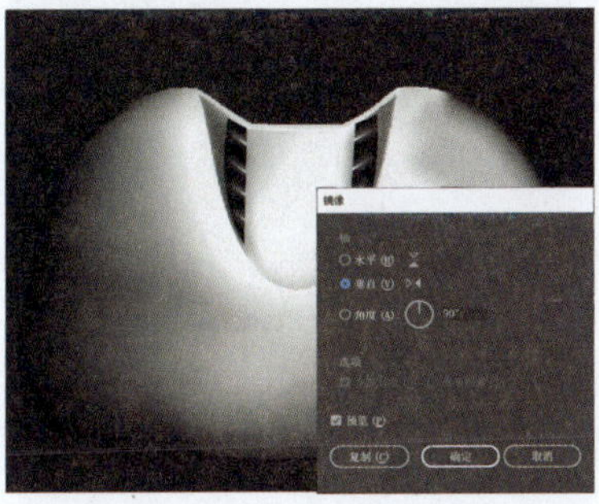

图 9-15

13 制作凹槽上的LOGO

选择“椭圆工具”，按住【Shift】键绘制一个正圆，设置填充颜色为黑色，使用“钢笔工具”绘制LOGO的外形，设置填充颜色为蓝色，效果如图9-16所示。

触觉经验与视觉经验结合时透过视觉感官所反映的一种心理。在广告设计中，经常通过对质感的刻画来让观众感受到设计者所要表现的主体及内涵。有一定视觉经验的人，并不是单靠触觉来感知物体的重量、软硬、粗细、厚薄、干湿等，而是直接靠视觉去感受，因为有时人们面前的不是实物，而是计算机屏幕。

质感的展现除了表现物体的固有色以外，最有效的办法是表现物体的光感，把物体的光与透光的情况表现出来。

1.反光而不透光的物体

金属、抛光花岗岩、大理石、陶瓷、不透明塑料、镜面、油漆涂饰的物体表面一般质地紧密，有较为光洁的表面，明暗过渡比较柔和，但对比强烈。多数金属物体在加工以后具有强反光的质感特点，而且质地坚硬，表面光洁度高，因此表面的明暗和光影反差极大，往往会产生强烈的高光和阴影。同时，由于反光力强，对光源色和环境色极为敏感。在表现强反光的金属质感时，如不锈钢、镀铬等物体，应注意使用明暗对比的手法表现其光影闪烁的特点。另外，应对明暗层次加以概括和归纳，避免过花而产生凌乱的感觉。要表现金属质感，在处理其边缘时要清晰、干净、利落，同时应根据物体表面的形体特点，采用不同的明暗方向，表现不同体面之间的起伏和转折关系。

具有光感的游戏手柄

14 为LOGO制作玻璃效果

将步骤13绘制的圆复制一个并置于顶层，调出“渐变”面板，设置渐变效果为“线性”、“角度”为90°，设置左边滑块颜色值为（R:0、G:36、B:139）、“不透明度”为30%，设置右边滑块的颜色为白色、“不透明度”为70%，效果及左边滑块的参数设置如图9-17所示。

图 9-16

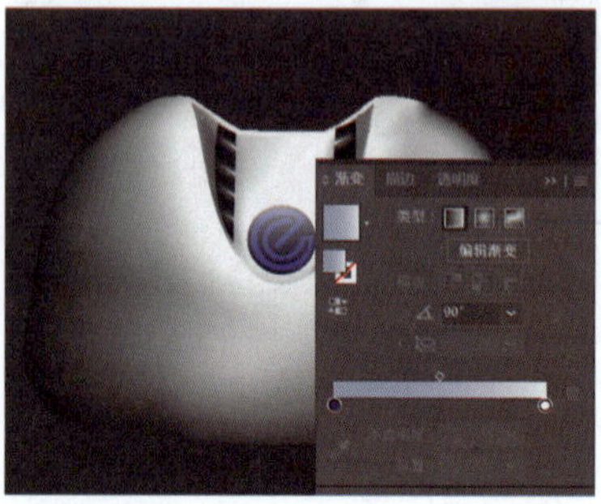

图 9-17

15 制作文字背景

使用“钢笔工具”绘制背景外形，设置填充颜色为黑色，然后复制图形，将其缩小并进行调整，填充一个渐变色，设置渐变类型为“线性”、描边为0.25pt、颜色为浅蓝色，效果及参数设置如图9-18所示。

16 制作高光

使用“钢笔工具”绘制一个弧形，设置填充颜色值为（R:208、G:215、B:247）、“不透明度”为31%，效果及参数设置如图9-19所示。

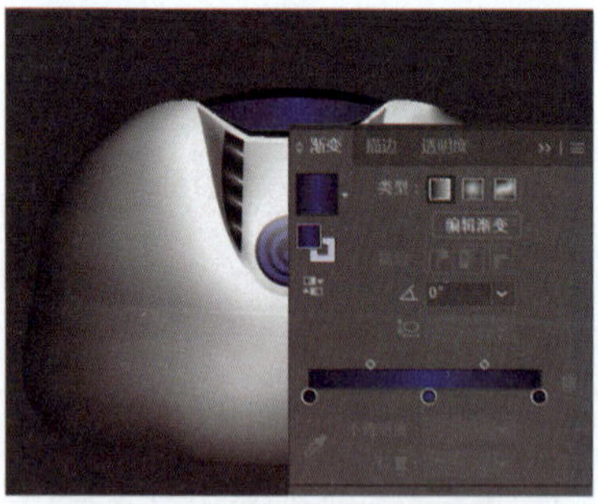

图 9-18

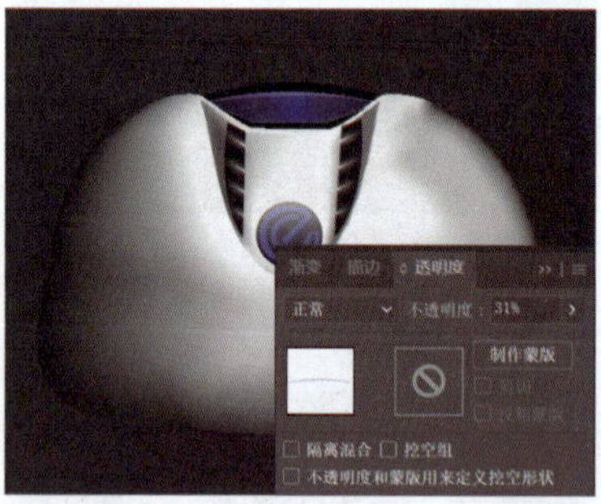

图 9-19

17 输入文字

使用“文字工具”输入英文，调整文字大小并放置在背景上，效果如图9-20所示。

18 绘制图形并进行设置

使用“钢笔工具”绘制一个椭圆形，再利用“转换锚点工具”进行细致的调整，以使曲线变得光滑，然后填充黑色并置于凹槽下方，效果如图9-21所示。

2.反光且透明的物体

透明的玻璃、水、冰块、透明或半透明塑料等表面大都经磨砂工艺处理过。反光性、透明性较弱，高光强烈。例如，在水形成冰的过程中，其内部结构发生了变化，在受光线照射时会产生漫反射，会在其表面上形成不规则形状的明暗区域，产生反射效果。水在静止时，清澈、透明的表面平整如镜；如果在波动或流动的情况下，将会产生像冰块那样的反射效果。由于这些物体具有透明性，其色彩往往透射出它们所遮挡的部分或背景的色彩，根据其透明度来确定其透出的背景或物体的颜色。如果透明物体本身有颜色，在表现其质感时需要考虑到本身固有色和背景色之间的关系。

反光且透明的图标

3.不反光而透光的物体

在设计中，纱网、纱巾等一些网状编织物常用来遮挡光线对某种物体的直接照射，使光线柔和或在被射物表面映射其网状纹影，用来烘托浪漫的气氛。在设计中，要多分析其质感的视觉特征，结合设计要求提炼出一种简单有效的质感表现方法或过程。

网状纹理界面背景

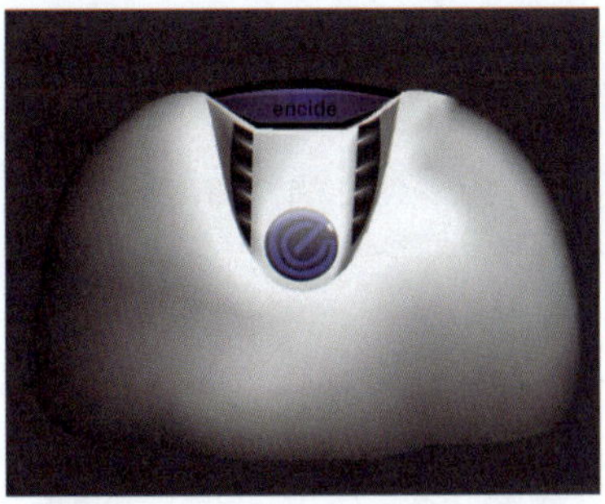

图 9-20

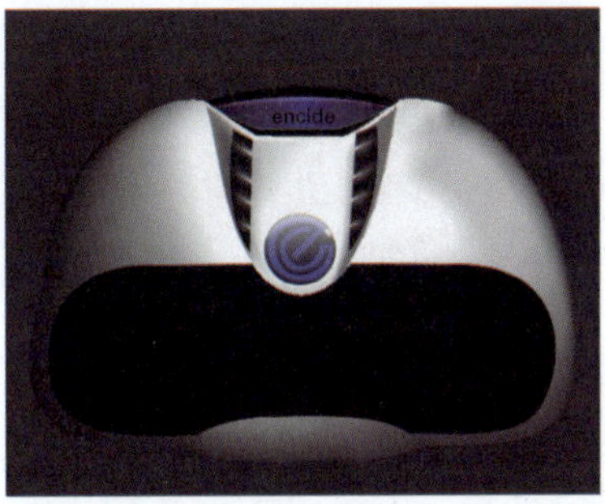

图 9-21

19 制作颜色图层

使用“钢笔工具”在黑色图形上绘制一个内部的形状，填充渐变色，设置渐变类型为“径向”，然后选择“效果”→“风格化”→“外发光”菜单命令，在打开的“外发光”对话框中设置混合模式为“滤色”、颜色为深蓝色、“不透明度”为100%、“模糊”为9.88mm，效果及参数设置如图9-22所示。

20 置入素材文件

选择“文件”→“置入”菜单命令，将“素材与源文件\Chapter 9\9.3\素材\线光.eps”文件置入画板，将其进行缩小变形，效果如图9-23所示。

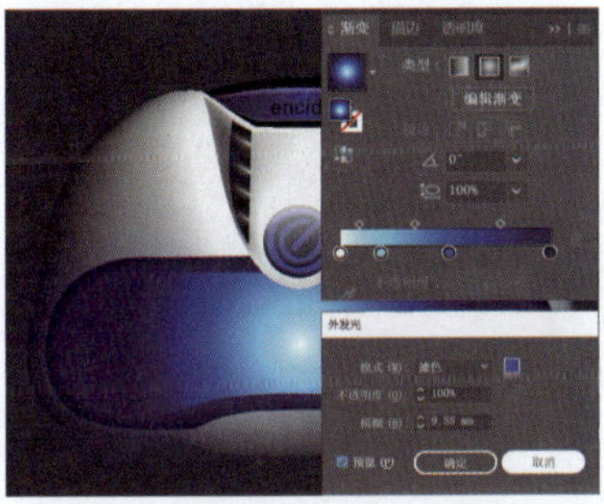

图 9-22

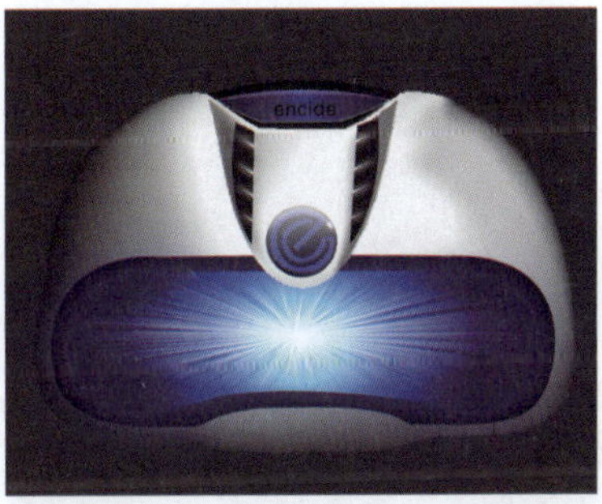

图 9-23

21 为显示屏制作光感

使用“钢笔工具”绘制不规则的图形，然后填充白色并设置透明度，效果如图9-24所示。

22 复制图形并调整

使用“镜像工具”将绘制的不规则图形垂直复制，移动到右侧，用相同的方法绘制一个大半圆并设置透明度，覆盖在上面，效果如图9-25所示。

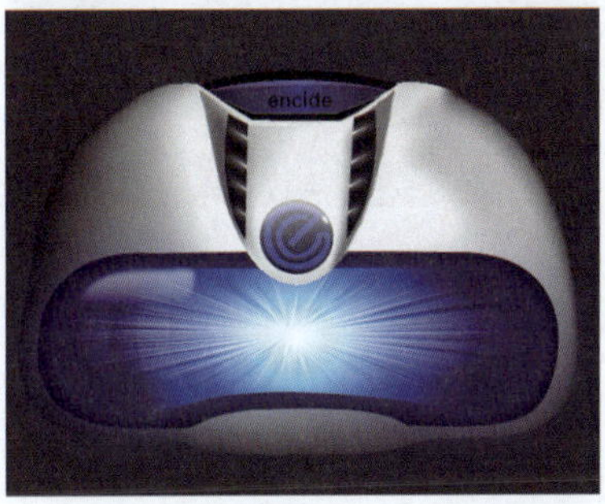

图 9-24

工具详解

“渐变网格工具”的使用

“渐变网格工具”是Illustrator中最神奇的工具之一，它把贝赛尔曲线网格和渐变填充完美地结合在一起，通过贝赛尔曲线的方式控制节点和节点之间的色彩渐变，得到很棒的效果。

1.渐变网格物体的创建方式

严格来说，渐变网格物体都是由其他物体转化而来的。未封闭的开放路径在转换后自动变成封闭图形。在Illustrator中，这种转变是一个不可逆的过程，一旦转化就无法再恢复为普通物体。渐变网格物体的创建方式主要有以下几种。

- 使用“渐变网格工具”创建渐变网格物体。
- 使用菜单命令创建渐变网格物体。
- 由渐变填充创建渐变网格物体。

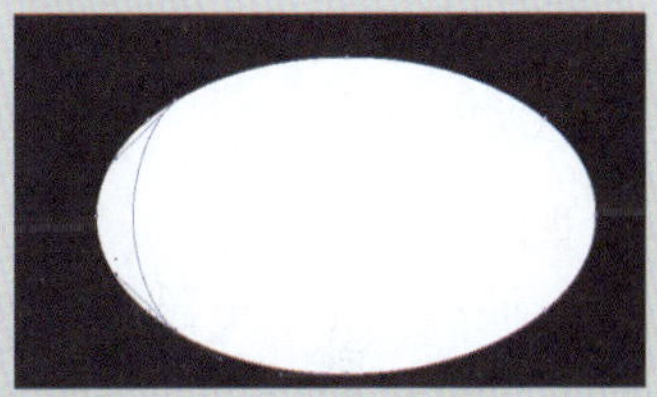

创建网格物体

2.渐变网格物体的修改

对渐变网格物体主要进行以下几方面的修改。

- 增加和减少网格密度。
- 网格点和线的编辑。

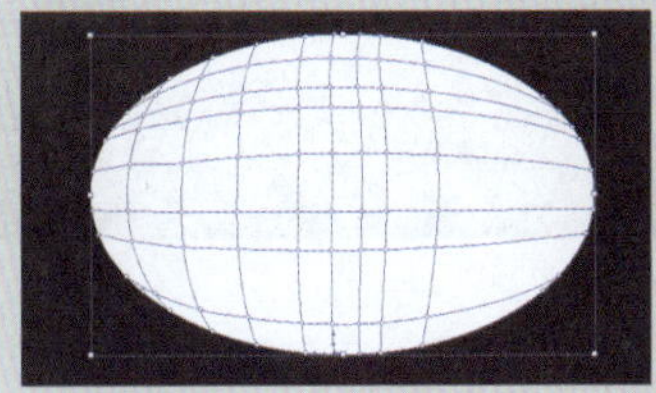

增加网格密度

3.渐变网格对象的颜色调整

- 通过在“颜色”面板中设置参数，在网格点或网格单元中调整颜色。
- 使用拖放的方式向网格点或网格单元中添加颜色。

23 制作点光源

使用“椭圆工具”绘制一个小圆，设置填充颜色为白色、描边色为深蓝色、描边大小为2pt，然后选择“效果”→“模糊”→“高斯模糊”菜单命令，在打开的“高斯模糊”对话框中设置模糊“半径”为“0.5像素”，继续选择“效果”→“风格化”→“外发光”菜单命令，在打开的“外发光”对话框中设置混合模式为“滤色”、颜色为深蓝色、“不透明度”为90%、“模糊”为2.47mm，效果如图9-26所示。

图 9-25

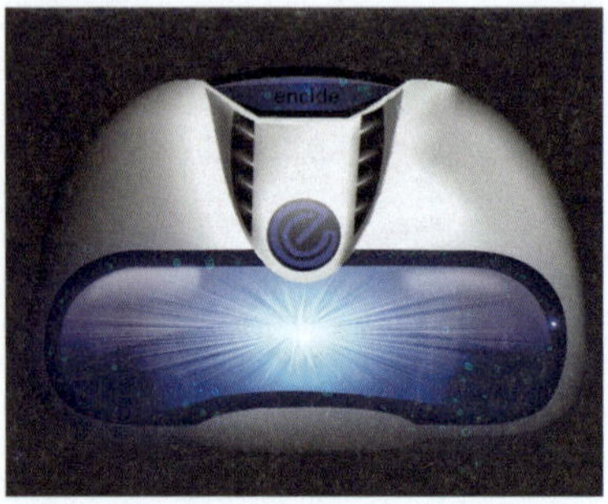

图 9-26

24 复制点光源

将制作好的点光源复制并调整大小，放置在显示屏的四周，效果如图9-27所示。

25 制作播放按钮

按照制作显示屏底色的方法制作按钮的底色，然后使用“矩形工具”和“多边形工具”绘制正方形和三角形，填充黑色并放置在背景图上方，效果如图9-28所示。

图 9-27

图 9-28

26 制作指示灯

使用“钢笔工具”绘制指示灯的外形，设置填充颜色为深蓝色、描边色为黑色、描边大小为2pt，然后在其上方绘制一个同样的图形并将其缩小，填充渐变色，设置渐变类型为“线性”，同时选中两个图形，打开“高斯模糊”对话框，设置模糊“半径”为“0.3像素”，效果及渐变设置如图9-29所示。

- 使用颜料桶给网格点或网格单元上色。
- 用“吸管工具”给网格点或网格单元上色。
- 使用颜色滤镜改变网格点的颜色。

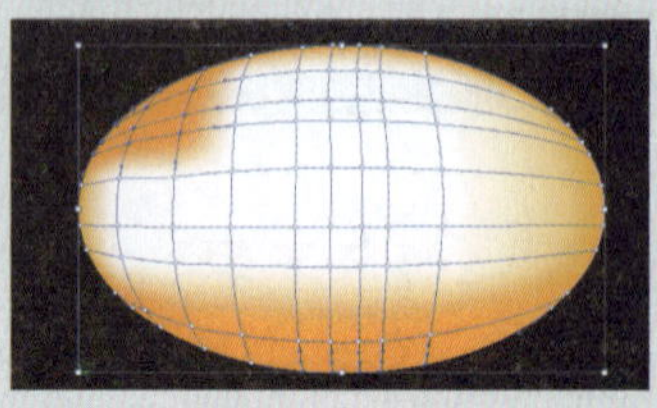

调整网格颜色

工具详解

外发光设置

要在Illustrator中制作物体发光效果，应选择“效果”→“风格化”→“外发光”菜单命令，会弹出“外发光”对话框，在该对话框中进行参数设置即可。下面对一些选项进行讲解。

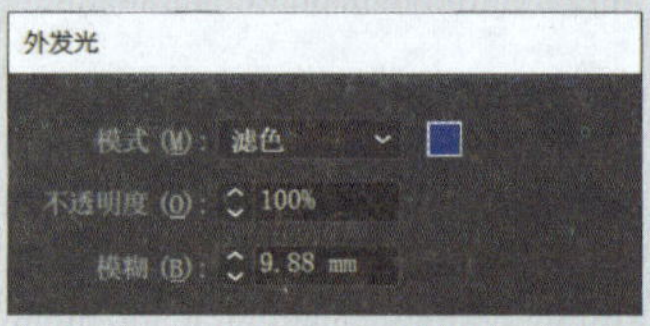

“外发光”对话框

- 模式：“滤色”模式的特点是可以使图像产生漂白效果，该模式与“正片叠底”模式产生的效果相反。
- 不透明度：通过调整不透明度来改变颜色渐变的虚实。
- 模糊：可控制颜色的模糊程度和范围。

很多读者不明白什么是混合模式，下面对混合模式进行详解。

- 正常：当不透明度小于100%时产生混合效果。
- 变暗：显示并处理比当前图像更暗的区域。
- 正片叠底：使当前图像中的白色完全消失，另外，除白色以外

27 制作指示灯边缘发光效果

使用“钢笔工具”沿着指示灯边缘绘制一条曲线，设置描边色为白色、大小为1pt，然后设置“半径”为“0.3像素”的高斯模糊，打开“外发光”对话框，设置混合模式为“滤色”、颜色为白色、“不透明度”为100%、“模糊”为3.53mm，效果及参数设置如图9-30所示。

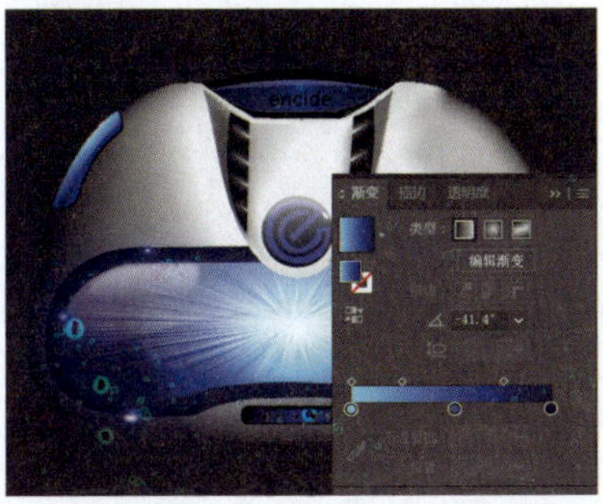

图 9-29

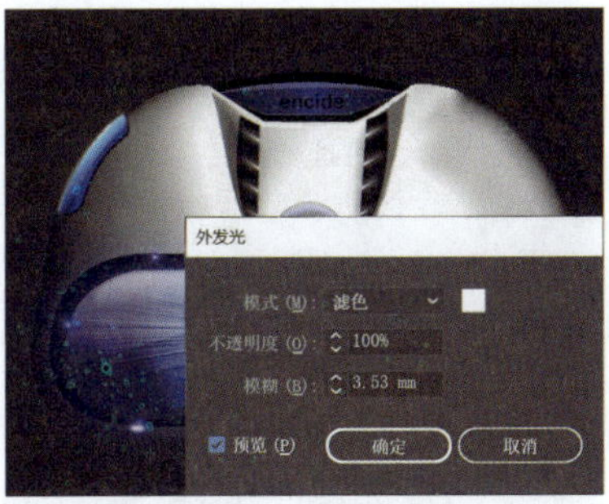

图 9-30

28 复制指示灯

使用“镜像工具”将制作好的指示灯垂直复制，并移动到右侧，效果如图9-31所示。

29 制作指示灯按钮

使用“椭圆工具”绘制3个不同大小的椭圆，设置描边颜色为无以及填充颜色值分别为（R:175、G:175、B:175）、（R:109、G:109、B:109）、（R:0、G:0、B:0），效果如图9-32所示。

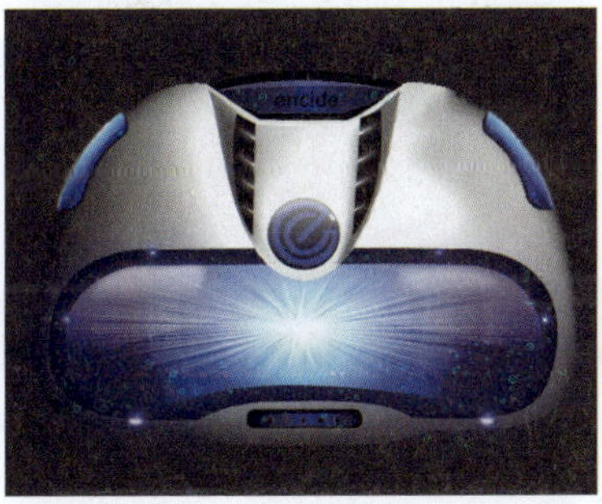

图 9-31

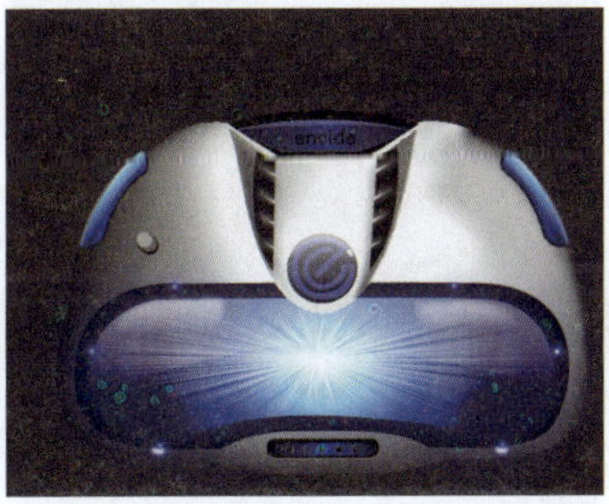

图 9-32

30 为按钮制作模糊效果

选择最底层的椭圆，设置描边颜色值为（R:25、G:16、B:18）、大小为1pt，然后将3个椭圆选中，设置“半径”为“0.3像素”的高斯模糊，将制作好的按钮复制一个并放置在右侧，效果如图9-33所示。

图 9-33

的其他区域都会使底层图像变暗。

- 颜色加深：保留当前图像中的白色区域，并加强深色区域。
- 变亮：显示当前图像中比下面图像亮的区域，效果与“变暗”模式相反。
- 滤色：使图像产生漂白效果，效果与“正片叠底”模式相反。
- 颜色减淡：增亮底层图像，同时使颜色变得更加饱和，由于对暗部区域的改变有限，因而可以保持较好的对比度。
- 叠加：为底层添加颜色时，可保持底层图像的高光和暗调。
- 柔光：产生比“叠加”或“强光”模式更为精细的效果。
- 强光：增加图像的对比度。
- 差值：当前图像中的白色区域会使底层图像产生反相效果，而黑色区域则会接近底层图像。
- 排除：比“差值”模式更柔和。
- 色相：将当前图像的基本颜色应用到底层图像中。
- 饱和度：将当前图像的饱和度应用到底层图像中，并保持底层图像的亮度和色相。
- 混色：将当前图像的色相与饱和度应用到底层图像中，并保持底层图像的亮度。
- 明度：将当前图像的亮度应用于底层图像中，并保持底层图像的色相与饱和度。

31 制作凹痕

使用“钢笔工具”绘制凹痕处的曲线，然后设置不同灰度值的描边，效果如图9-34所示。

32 制作符号

使用“钢笔工具”绘制一个减号和一个乘号，设置填充颜色为黑色，效果如图9-35所示。

图 9-34

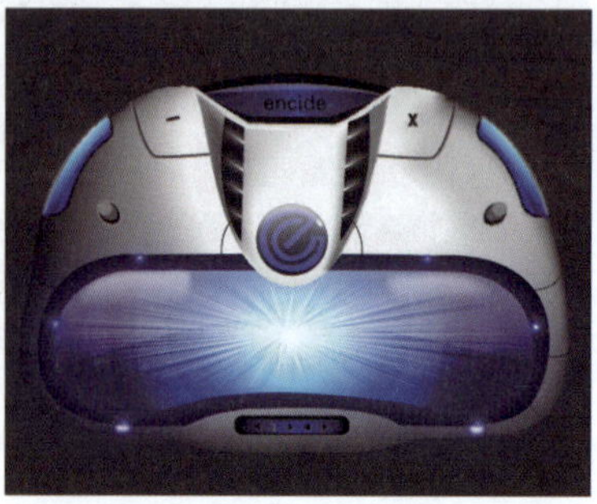

图 9-35

33 制作投影

使用“钢笔工具”沿着播放器底部绘制图形，设置填充颜色为黑色，然后打开“高斯模糊”对话框，设置高斯模糊“半径”值为“2.5像素”，效果如图9-36所示。

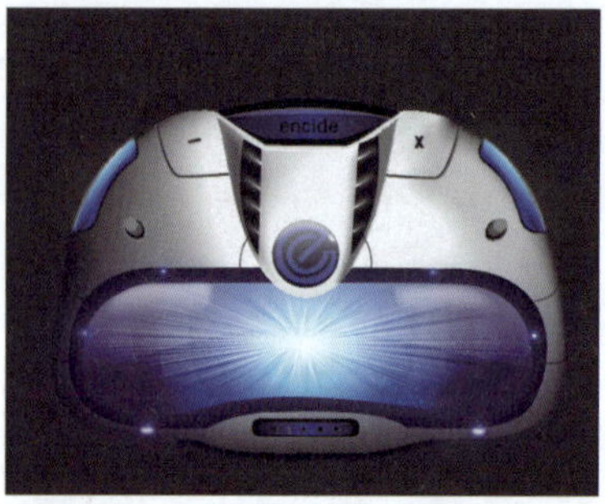

图 9-36

34 制作背景

为背景图层设置一个灰度的渐变色，得到最终效果。

行业知识

UI设计规范

① 以用户为中心。设计由用户控制的界面，而不是界面控制用户。

② 清楚、一致的设计。所有界面的风格保持一致，所有具有相同含义的术语保持一致，且易于理解和使用。

③ 拥有良好的直觉特征。以用户所熟悉的现实世界事务的抽象来给用户暗示和隐喻，从而帮助用户迅速学会软件的使用。

④ 较快的响应速度。

⑤ 简洁、美观。

拓展训练——汽车播放器设计

利用本节介绍的制作音乐播放器的相关知识，按照本书配套资源中提供的素材文件制作汽车播放器，最终效果如图9-37所示。

图 9-37

- 技术盘点：“椭圆工具”“矩形工具”“文本工具”“渐变填充”。
- 素材文件：本书配套资源中的“素材与源文件\Chapter 9\9.3\拓展训练\汽车播放器设计.eps”。
- 制作分析：

实践●提高

9.4 平板电脑UI设计

● 难易程度 ★★★★

项目创设

本案例将制作3个平板电脑UI设计，该界面以简洁的UI风格和合理的结构布局为突出展现，最终效果如图9-38所示。

制作思路

首先利用“圆角矩形工具”绘制各种矩形，再利用“渐变工具”填充渐变色，最后制作图标效果。

图 9-38

素材文件：本书配套资源\素材与源文件\Chapter 9\9.4\素材

案例制作步骤

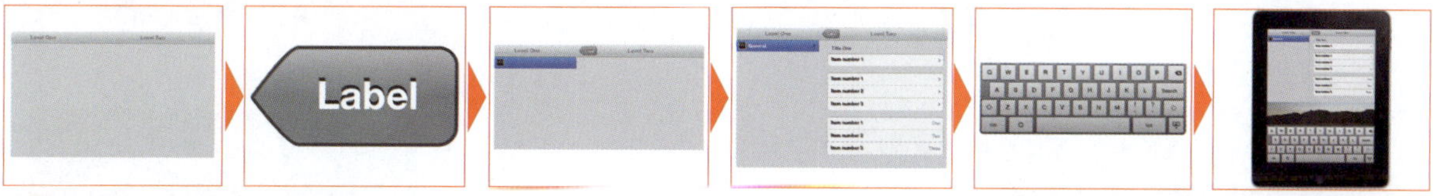

01 创建文档

选择“文件”→“新建”菜单命令，在打开的“新建文档”对话框中设置“名称”为“平板电脑UI设计”、画板“宽度”为1252.82mm、“高度”为524.83mm、“颜色模式”为RGB，如图9-39所示，单击“确定”按钮，即可新建空白文档，如图9-40所示。

微课：平板电脑UI设计（1）

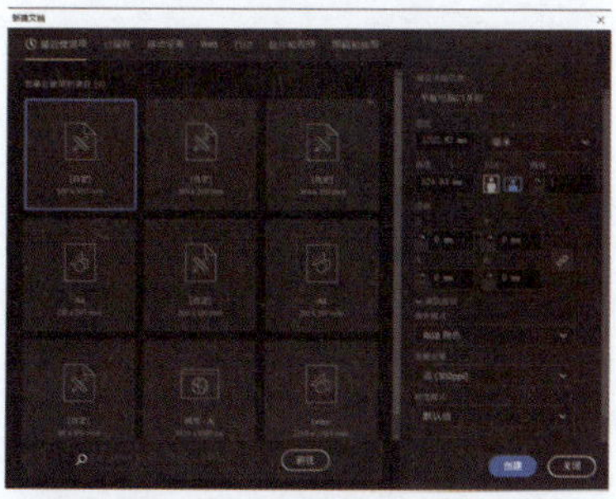

图 9-39

图 9-40

02 置入素材文件

选择“文件”→“置入”菜单命令，将“素材与源文件\Chapter 9\9.4\素材\界面背景.jpg”文件置入画板，选择界面背景，在属性栏中单击“嵌入”按钮，如图9-41所示。

行业知识

界面设计要素

1. 布局

● 平衡原则：注意屏幕上、下、左、右的平衡。不要堆积数据，过分拥挤的显示会产生视觉疲劳和接收错误。

● 预期原则：对屏幕上所有对象的处理应一致化，如窗口、按钮、菜单等，使对象的动作可预期。

● 顺序原则：对象显示的顺序应依需要排列，通常最先出现对话，然后通过对话将系统分段实现。

● 规则化：画面应对称，显示命令、对话框及提示行等在一个应用系统的设计中尽量统一。

2. 文字与用语

● 注意用语的简洁性：避免使用计算机专业术语；尽量用肯定句而不要用否定句；用主动语态而

03 制作左侧菜单栏

选择“圆角矩形工具”，设置描边和填充均为无，并在打开的对话框中设置“圆角半径”为2mm，然后单击“确定”按钮，效果及参数设置如图9-42所示。

图 9-41

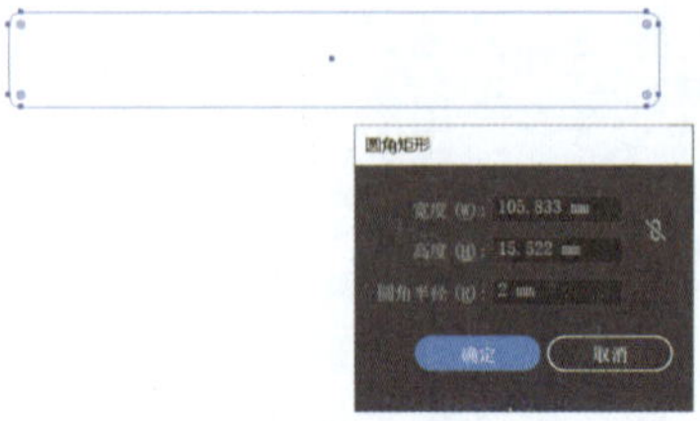

图 9-42

04 绘制矩形

选择“矩形工具”，设置描边和填充均为无，在画板上绘制矩形，效果及参数设置如图9-43所示。

05 联集路径

同时选中步骤03和步骤04绘制的矩形，在属性栏中单击“水平居中分布”按钮和“垂直底分布”按钮，然后打开“路径查找器”面板，单击“联集”按钮，效果如图9-44所示。

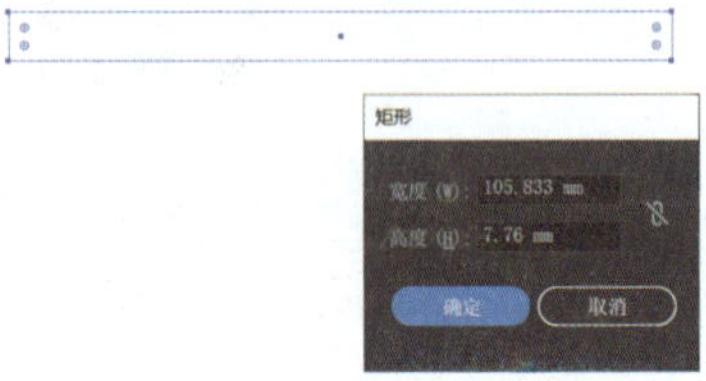

图 9-43

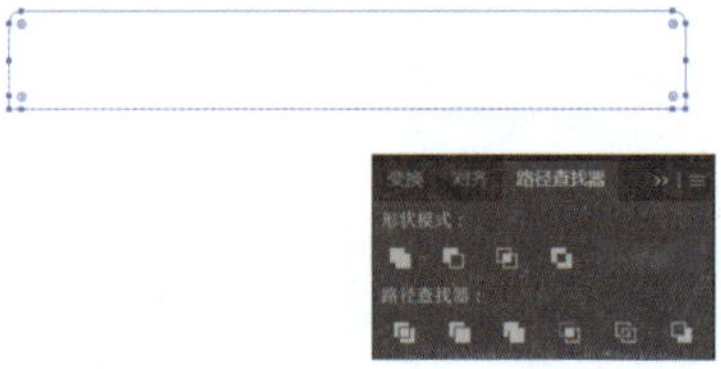

图 9-44

06 填充颜色

选中步骤05绘制完成的图形，设置填充颜色值为（R:112、G:112、B:112）、描边颜色为无，效果如图9-45所示。

图 9-45

图 9-46

07 复制图像

单击步骤06绘制完成的图形，按住【Alt+Shift】组合键垂直拖动，执行“复制”命令，并填充颜色值为（R:189、G:197、B:201），效果如图9-46所示。

不用被动语态；用礼貌而不过分的强调语句进行文字会话；英文词语应尽量避免缩写；在按钮、功能键的标示中应尽量使用描述动作的动词；当文字较长时，可用压缩法减少字符数或采用一些编码方法。

- 格式：在屏幕显示设计中，一幅画面中的文字不要太多。若必须有较多文字，应尽量分组分页，在关键词处进行加粗、变字体等处理，但同行的文字尽量字形统一。英文词除标语外，尽量采用小写和易认的字体。

布局完美化

文字格式要统一

- 信息内容：信息内容的显示不仅要简洁、清楚，还应使用用户熟悉的简单句子，尽量不用左右滚屏。当内容较多时，应以空白分段或以小窗口分块，以便记忆和理解。重要字段可用粗体或通过闪烁吸引注意力及强化效果。强化效果有多种，可针对实际进行选择。

3. 颜色的使用

- 限制同时显示的颜色数。一般，同一幅画面中不宜超过4或5

08 绘制矩形并填充渐变

利用步骤03～05同样的方法，绘制一个宽度为105.833mm、高度为11.994mm的半圆角矩形，然后填充渐变色，效果及参数设置如图9-47所示。

09 按层次效果对齐矩形

将绘制完成的3个矩形按层次效果对齐，效果如图9-48所示。

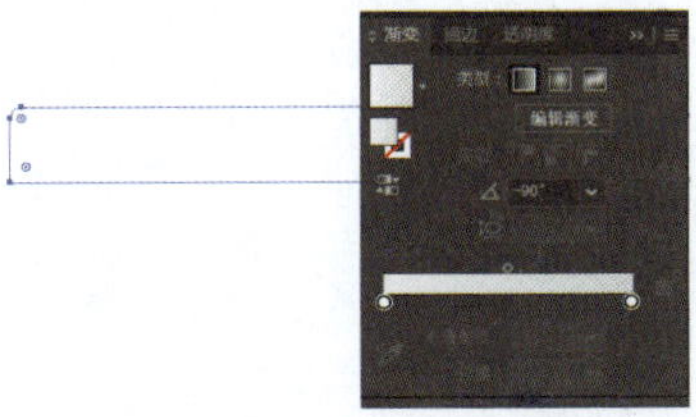

图 9-47

图 9-48

10 绘制亮边

按住【Alt+Shift】组合键垂直拖动步骤08制作的渐变矩形，执行“复制”命令，另外复制两个渐变矩形，将两个矩形错落对齐，并打开“路径查找器”面板，单击“减去顶层”按钮，效果如图9-49所示。

11 对齐并编组矩形

将步骤10绘制完成的两边与前面绘制的3个矩形对齐，并使用【Ctrl+G】组合键执行“编组”命令，效果如图9-50所示。

微课：平板电脑UI设计（2）

图 9-49

图 9-50

12 绘制矩形并填充颜色

利用步骤03～05同样的方法，绘制一个宽度为105.833mm、高度为166.159mm的半圆角矩形，设置填充颜色值为（R:213、G:216、B:222），并调整位置，使其与矩形组底边对齐，效果如图9-51所示。

13 制作右侧菜单栏

参照步骤03～12左侧菜单栏的制作方法，绘制一个宽度为164.563mm、高度相等的右侧菜单栏，并使用【Ctrl+G】组合键执行“编组”命令，效果如图9-52所示。

种颜色，可通过不同层次及形状来配合颜色，增加变化。

- 画面中的活动对象颜色应鲜明，而非活动对象的颜色应暗淡。
- 尽量避免将不兼容的颜色放在一起，如黄与蓝、红与绿等，除非进行对比时使用。
- 若用颜色表示某种信息或对象属性，应使用户懂得这种表示，且尽量用常规准则表示。

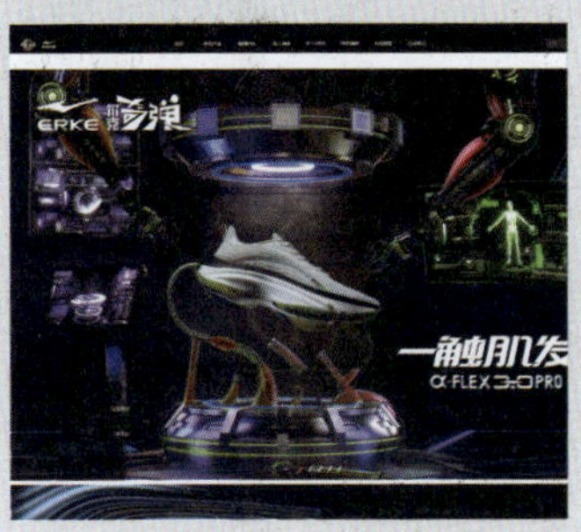

颜色搭配要和谐

行业知识

界面设计分类

界面设计主要包括软件界面设计、手机界面设计、网站界面设计三大类。

1.软件界面设计

软件界面设计是为了满足软件专业化、标准化的需求而产生的对软件的使用界面进行美化、优化、规范化的设计分支。

- 软件启动封面设计：设计内容包括高清晰度的图像、安全色、整体设计的统一性和延续性，以及品牌标识、公司标志、产品商标、软件名称、版本号、网址、版权声明、序列号等。
- 软件框架设计：应与软件产品的程序开发员及程序使用对象进行共同沟通，从而设计出友好的、独特的、符合程序开发原则的软件框架。另外，还要符合视觉流程和用户使用心理。
- 按钮设计：软件按钮设计应该

图 9-51

图 9-52

14 制作半圆角矩形

利用步骤03～05同样的方法，绘制一个宽度为164.571mm、高度为15.522mm的半圆角矩形，设置填充颜色值为（R:35、G:110、B:216），效果如图9-53所示。

图 9-53

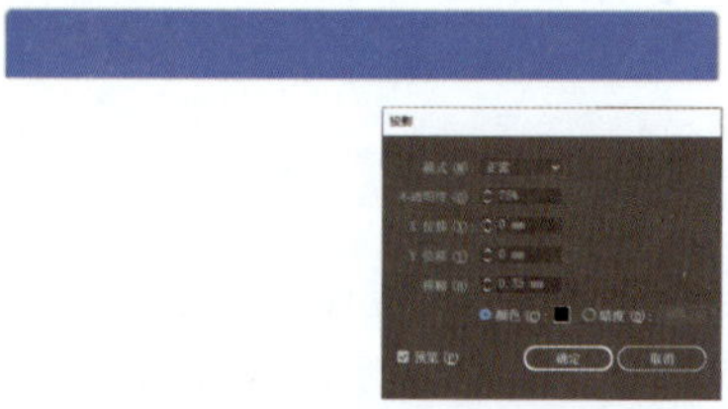

图 9-54

15 添加投影效果

选中步骤14制作的半圆角矩形，然后选择“效果”→“风格化”→“投影”菜单命令，打开“投影”对话框，投影效果及参数设置如图9-54所示。

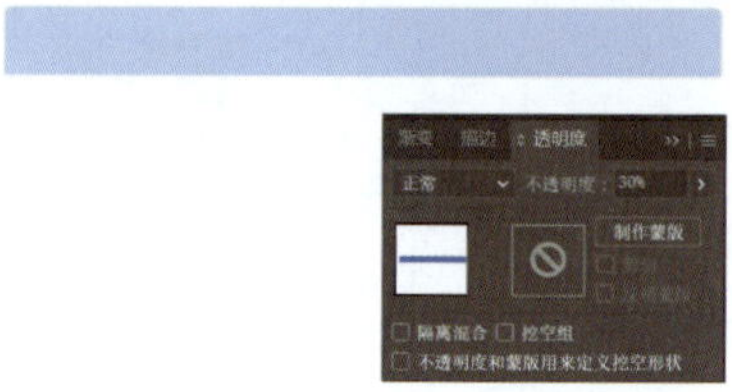

图 9-55

16 设置不透明度

按【Shift+Ctrl+F10】组合键打开“透明度”面板，设置半圆角矩形的“不透明度”为30%，效果及参数设置如图9-55所示。

17 调整位置

选择新绘制的半圆角矩形，调整至相应位置，然后将鼠标指针移动到该矩形区域的内部并右击，在弹出的快捷菜单中选择“排列”→“向后一层”命令，或者按【Ctrl+[】组合键，调整图层顺序。如果图层次序还是不对，则重复执行几次该命令，直至新区域图层在右侧菜单栏的下方，效果如图9-56所示。

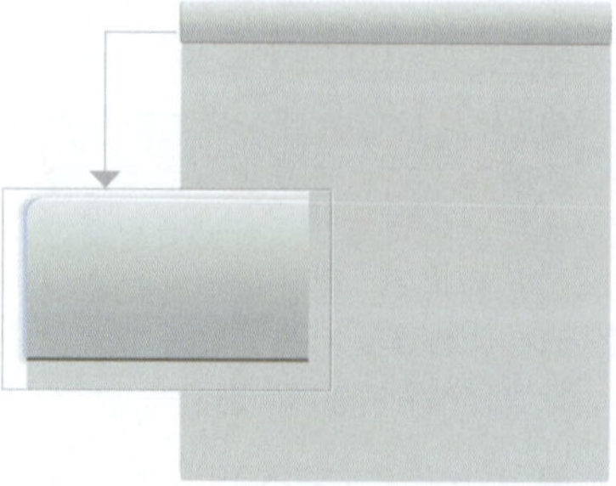

图 9-56

图 9-57

具有交互性，即应该有3~6种状态效果：单击时状态；鼠标指针放在上面但未单击的状态；单击前鼠标未放在上面时的状态；单击后鼠标未放在上面时的状态；不能单击时的状态；独立自动变化的状态。按钮应具备简洁的图示效果，应能够让使用者产生功能关联反应，群组内按钮的风格应该统一，功能差异大的按钮应该有所区别。软件的各类设计复杂且多样化，这里不一一列举，只要遵循软件设计规范及要求，就能制作出完美的软件界面。

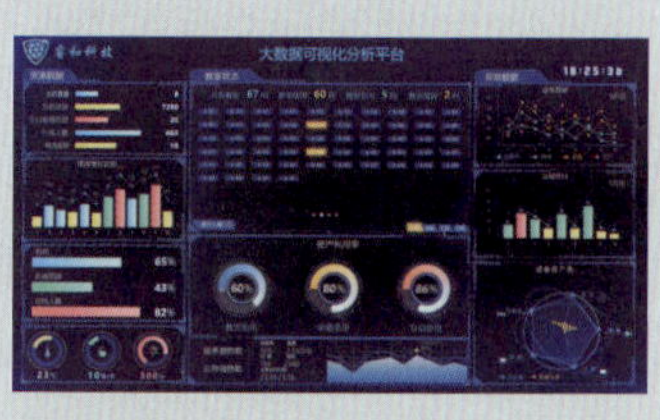

软件界面设计

2. 手机界面设计

- 界面效果的整体性：界面的色彩及风格应与系统界面统一，操作流程应系统化。

- 界面效果的个性化：包括特有的界面构架、专用的界面图标和界面色彩的个性化设置。

- 界面视觉元素的规范：包括图形图像元素的质量、线条色块与图形图像的结合。

手机界面设计

3. 网站界面设计

- 简洁：标题常常采用图形来表示，但图形要简洁。另一种保持简洁的方法是限制所用的字体和

18 编组并对齐菜单栏

选中步骤17调整完成的右侧菜单栏，使用【Ctrl+G】组合键执行“编组”命令，并对齐左侧菜单栏，放置于相应位置，效果如图9-57所示。

微课：平板电脑UI设计（3）

19 制作左侧菜单栏标题文本

选择“文字工具”，输入“Level One”，在工具属性栏中设置字体为Helvetica 75 Bold、字号为20pt、填充颜色值为（R:113、G:120、B:128），如图9-58所示。

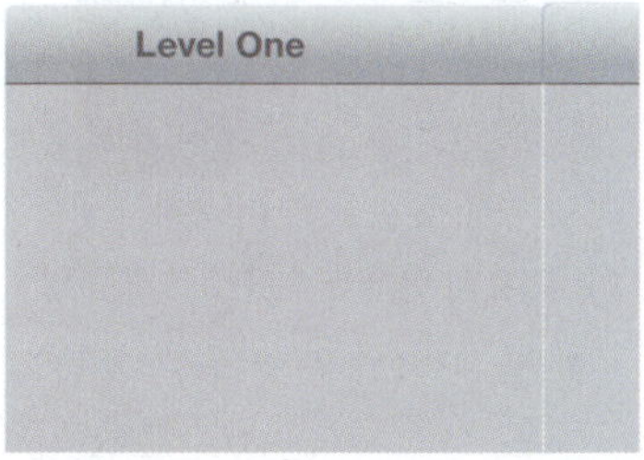

图 9-58

图 9-59

20 添加投影效果

选中步骤制作的文本，然后选择“效果”→“风格化”→“投影”菜单命令，打开“投影”对话框，投影效果及参数设置如图9-59所示。

21 制作右侧菜单栏标题文本

使用步骤19和步骤20的制作方法为右侧菜单栏添加标题文本，如图9-60所示。

22 制作右侧菜单栏标签

选择“圆角矩形工具”，设置描边粗细为1pt、描边颜色值为（R:64、G:64、B:65）、填充颜色值为（R:129、G:137、B:146），单击画板，打开“圆角矩形”对话框，效果及参数设置如图9-61所示。

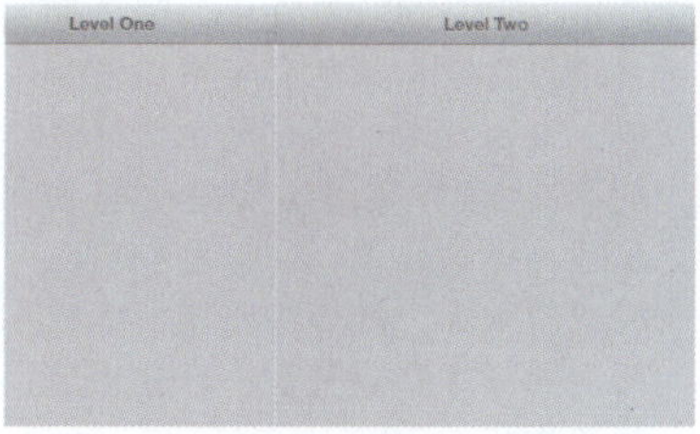

图 9-60

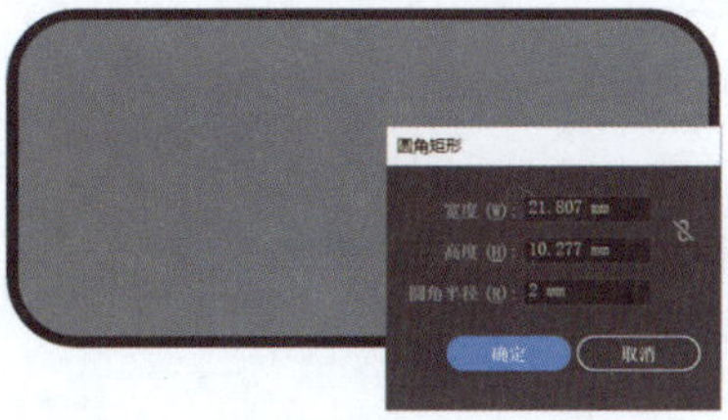

图 9-61

23 设置描边类型

选择步骤22绘制的圆角矩形，使用【Ctrl+F10】组合键打开“描边”对话框，设置“对齐描边”类型为“使描边外侧对齐”，效果及参数设置如图9-62所示。

颜色的数目。一般每页使用的字体不超过3种，一个页面中使用的颜色应少于256种。页面上的所有元素都应当有明确的含义和用途。不要用无关的图片装点页面，初学者容易犯的一个错误是把页面搞得花里胡哨，别人很难明白他到底要表达什么内容、主题。

- 一致性：排版时，各页面使用相同的页边距；文本、图形之间保持相同的间距；主要图形、标题或符号旁边留有相同的空白；如果在第一页的顶部放置了公司标志，那么在其他各页面都要放上这一标志；如果使用图标导航，则各页面都应当使用相同的图标。

- 对比度：使用对比是突出某些内容最有效的办法之一。

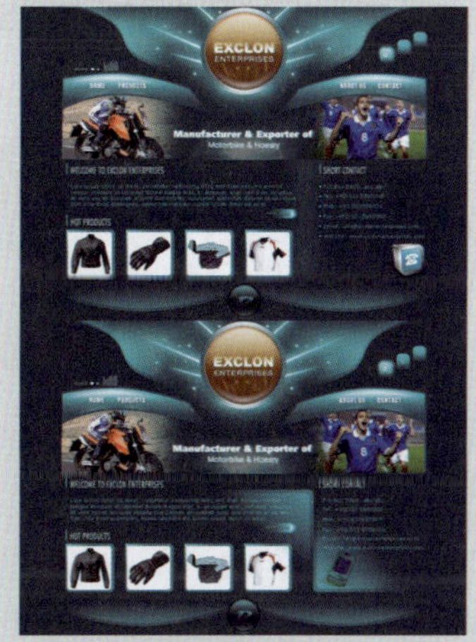

网站界面设计

行业知识

界面设计指南

1. 遵循一致的准则，并确立标准

无论是控件、提示信息，还是颜色、窗口的布局风格，都应遵循统一的标准，做到真正的一致。

这样得到的好处有如下几点。

- 使用户使用起来能够建立精确的心里模型，当熟悉一个界面

24 修改锚点

使用“添加锚点工具”为步骤23绘制的圆角矩形左侧添加锚点，使用“删除锚点工具”删除左侧两个锚点，效果如图9-63所示。

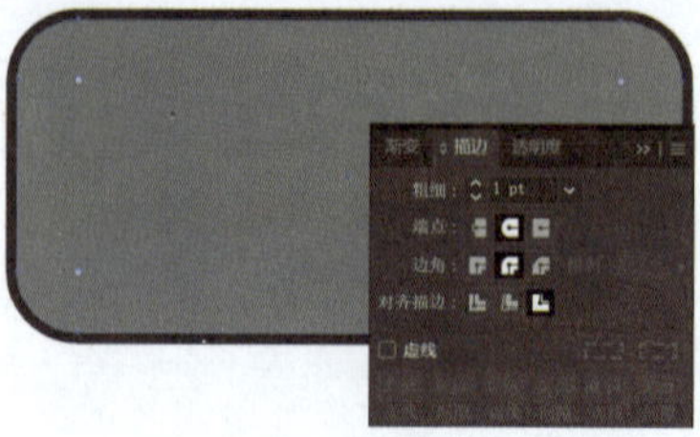

图 9-62

图 9-63

25 移动锚点

使用“直接选择工具”，选中左侧两个锚点并按住【Shift】键向右平移，得到的效果如图9-64所示。

26 添加投影效果

选中步骤25制作的矩形，然后选择“效果”→“风格化”→“投影”菜单命令，打开“投影”对话框，投影效果及参数设置如图9-65所示。

图 9-64

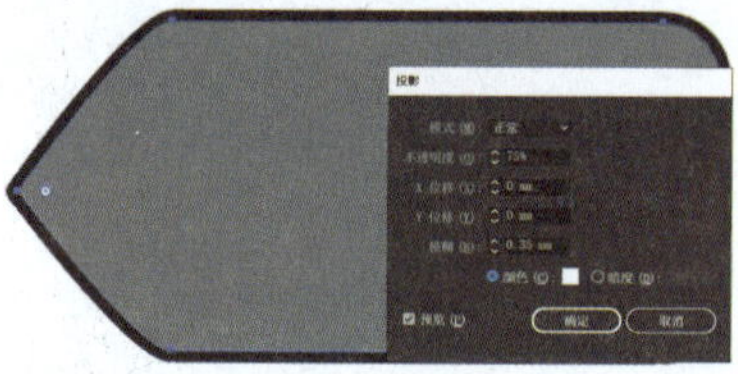

图 9-65

27 复制圆角矩形

按住【Alt】键，拖动已经修改完成的圆角矩形，执行“复制”命令，将复制完成后的圆角矩形描边设置为无，并结合“添加锚点工具”和“删除锚点工具”，将圆角矩形形状调整为如图9-66所示。

28 填充渐变色并调整位置

选择“窗口”→“渐变色”菜单命令，打开“渐变”面板，选中步骤27绘制的图像，为其添加渐变色，并调整至相应位置，效果及参数设置如图9-67所示。

图 9-66

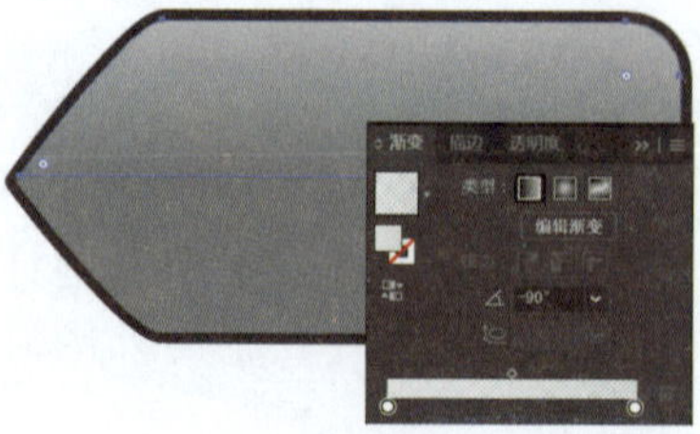

图 9-67

后，切换到另外一个界面，能够很轻松地推测出各种功能，语句理解也不需要费神。

- 降低培训、支持成本。
- 给用户统一的感觉，使其不觉得混乱，用户的支持度增加。

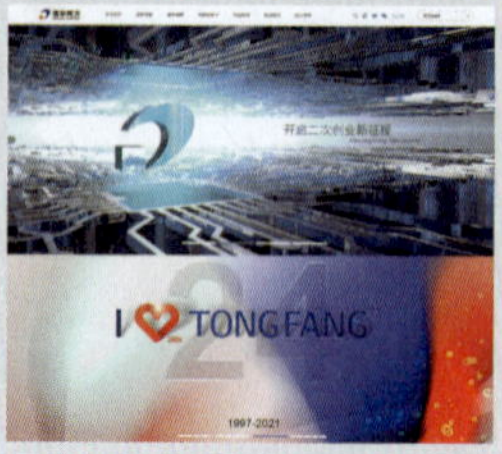

简洁的视觉呈现

2. 颜色使用恰当，遵循对比原则

- 统一色调：针对软件类型及用户工作环境选择恰当的色调，如安全软件，根据工业标准，选取黄色、绿色体现环保，蓝色表现时尚，紫色表现浪漫，淡色可以使人舒适，暗色做背景使人不会觉得累等。
- 如果没有自己的系列界面，可采用标准界面，做到与操作系统的统一。
- 对于色盲、色弱的用户，即使使用了特殊颜色表示重点或者特别的东西，也应该使用特殊指示符，如着重号、图标等。
- 颜色方案也需要测试，常常由于显示器、显卡的问题，不同机器显示的色彩不一样，应该经过严格测试。
- 遵循对比原则：在浅色背景上使用深色文字；在深色背景上使用浅色文字；蓝色文字在白色背景上容易识别，而在红色背景上则不易分辨，原因是红色和蓝色没有足够的反差，而蓝色和白色的反差很大。除非特殊场合，杜绝使用对比强烈的让人产生憎恶感的颜色。
- 整个界面色彩应尽量少使用类别不同的颜色，具体标准需参考美术学统计学术标准。色表的建设在图案设计、包装设计上起着标准参考作用，对程序界面设计人员进行控件、窗体调色设计起

29 输入标签文本并添加投影

微课：平板电脑UI设计（4）

选择“文字工具”T，输入“Label”，在工具属性栏中设置字体为Helvetica 75 Bold、字号为12pt、为文字填充白色，效果如图9-68所示。然后按照步骤20的方法为文本添加投影，参数设置如图9-69所示。

图 9-68

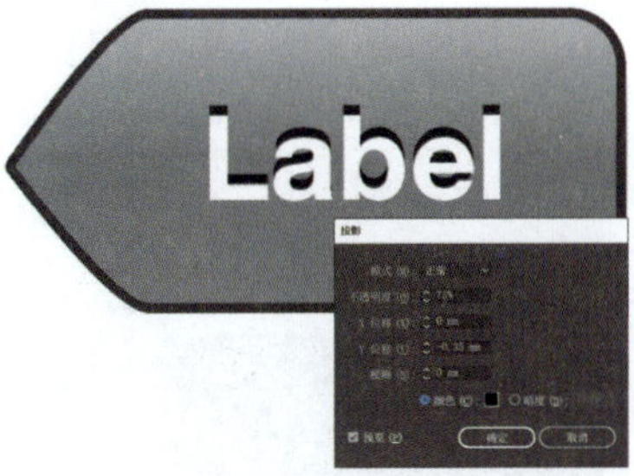

图 9-69

30 编组并调整标签位置

选中步骤29制作完成的右侧菜单栏标签，使用【Ctrl+G】组合键执行“编组”命令，并放置到右侧菜单栏相应位置，效果如图9-70所示。

31 制作左侧功能菜单选项

选择“矩形工具”，设置描边为无、填充颜色值为（R:35、G:110、B:116），在画板上单击，打开“矩形”对话框，效果及参数设置如图9-71所示。

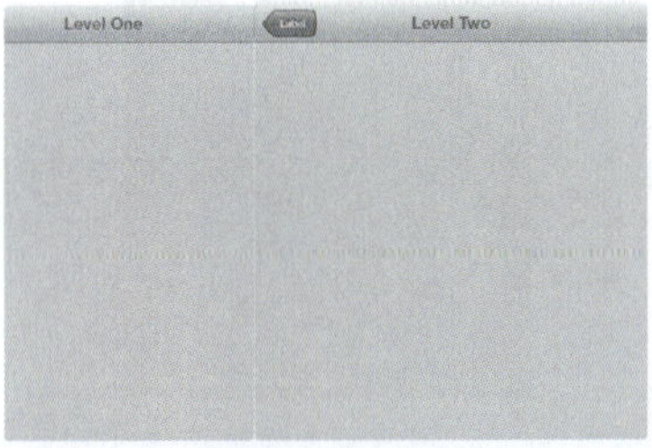

图 9-70

图 9-71

32 绘制渐变矩形

选择“矩形工具”，绘制一个矩形并填充渐变色，效果及参数设置如图9-72所示。

33 调整不透明度

选中渐变矩形，按【Shift+Ctrl+F10】组合键打开“透明度”面板，设置“类型”为“叠加”，效果如图9-73所示。

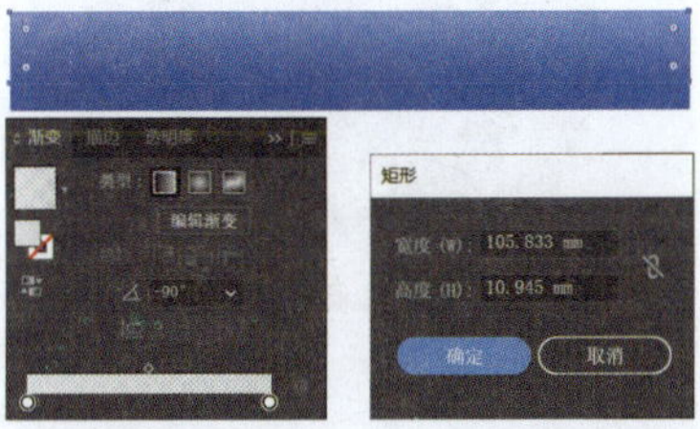

图 9-72

图 9-73

到有章可循的作用。

3.资源

一个丰富多彩的人机交互界面，少不了精美的图标、指示图片、底图等。

- 需要遵循统一的规则，包括颜色表的建立、图标的建立，步骤也应该尽可能地形成标准。
- 有标准的图标风格设计，有统一的构图布局，有统一的色调、对比度、色阶及图片风格。
- 底图应该使用浅色，应尽量少使用颜色。
- 图标、图像应该能很清晰地表达出意思，遵循常用标准，不允许使用奇怪的图案。
- 鼠标光标的样式应统一，尽量使用系统标准，杜绝出现重复的情况。例如，某些软件中一个手的形状就有4种不同的样子。
- 使用统一的字体。字体的选择应依据操作系统的类型决定。

中文采用标准字体——“宋体”，英文采用标准的Microsoft Sans Serif字体，不考虑特殊字体（隶书、草书等，特殊情况可以使用图片取代），保证在每个用户界面的显示都正常。

4.细节

细节是美化界面和体现设计感的唯一要素，也是关键因素。

1
2
3
4
5
6
7
8
9
10

34 制作图标

选择“圆角矩形工具”▢，设置描边粗细为1pt、描边颜色值为（R:230、G:231、B:232）、填充颜色值为（R:31、G:31、B:31），单击画板，打开“圆角矩形”对话框，效果及参数设置如图9-74所示。

35 添加投影效果

选中步骤34制作的矩形，然后选择“效果”→“风格化”→“投影”菜单命令，打开“投影”对话框，投影效果及参数设置如图9-75所示。

微课：
平板电脑UI设计（5）

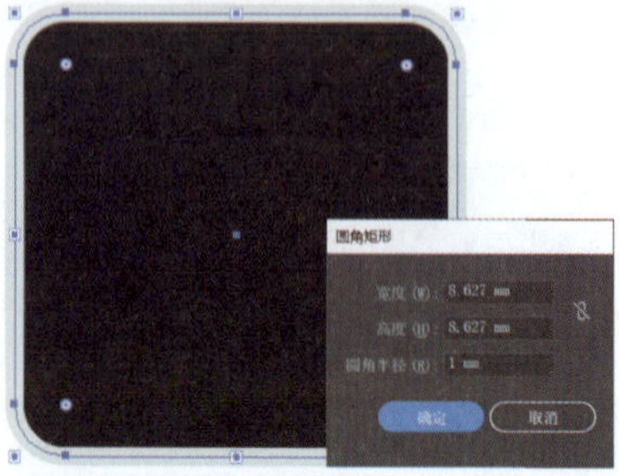

图 9-74

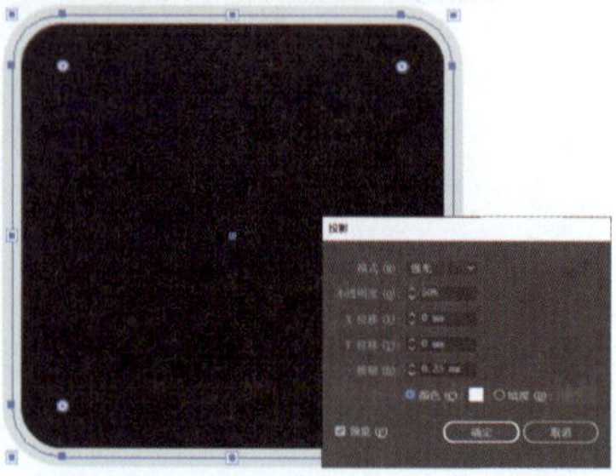

图 9-75

36 制作渐变

复制步骤35制作的圆角矩形，将描边颜色设置为无，利用“直接选择工具”▷修改图形形状，并填充渐变色，效果及参数设置如图9-76所示。

37 编组并调整位置

选中制作完成的渐变矩形及图标，使用【Ctrl+G】组合键执行“编组”命令，并放置到相应位置，效果如图9-77所示。

图 9-76

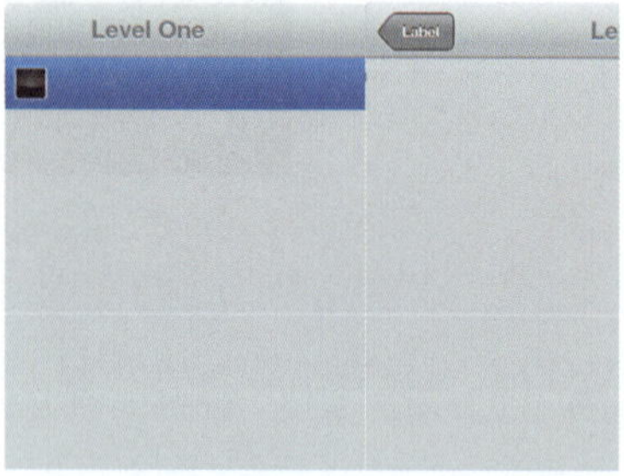

图 9-77

38 输入文本并添加投影

选择“文字工具”T，在功能菜单选项的相应位置输入“General”，在工具属性栏中设置字体为Helvetica 75 Bold、字号为17pt、为文字填充白色，并添加投影效果，如图9-78所示。

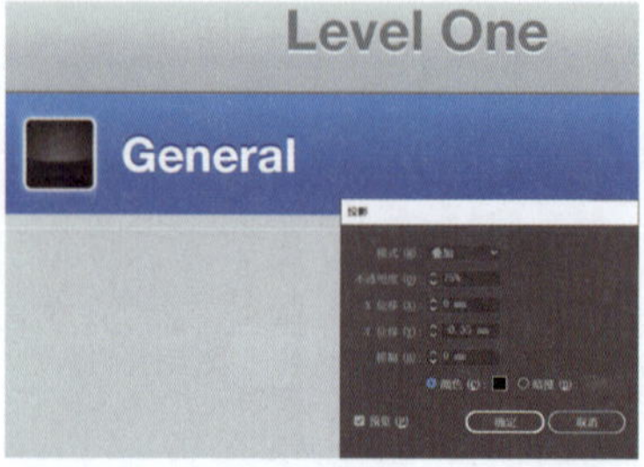

图 9-78

工具详解

渐变填充

很多读者都很想了解渐变填充的方法和技巧，渐变填充运用好了可以给画面带来意想不到的效果。渐变填充可为所选的图形填充两种或多种颜色，并且使各种颜色之间产生过渡渐变的效果。下面学习如何巧妙地使用渐变填充。

① 首先使用“椭圆工具”绘制圆形。

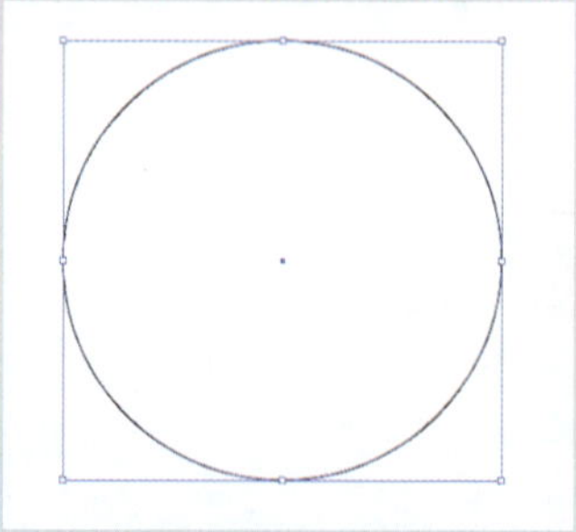

绘制圆形

② 调出“渐变”面板，设置其中的参数（技巧：拖动滑块可增加颜色层次）。

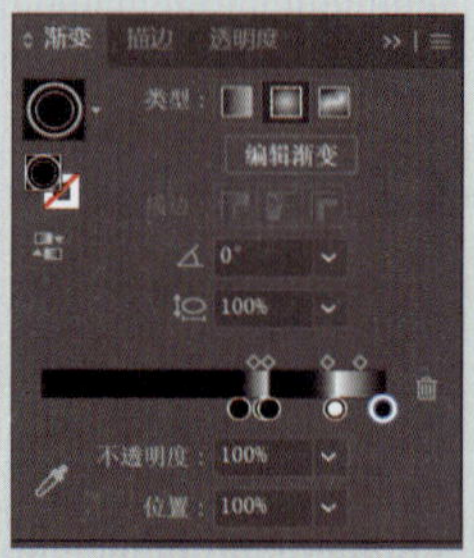

设置渐变颜色

③ 这里的“渐变”面板中，一共有5个滑块，选择的颜色有两种，即黑和白，通过拖动滑块可得到经典的图形。

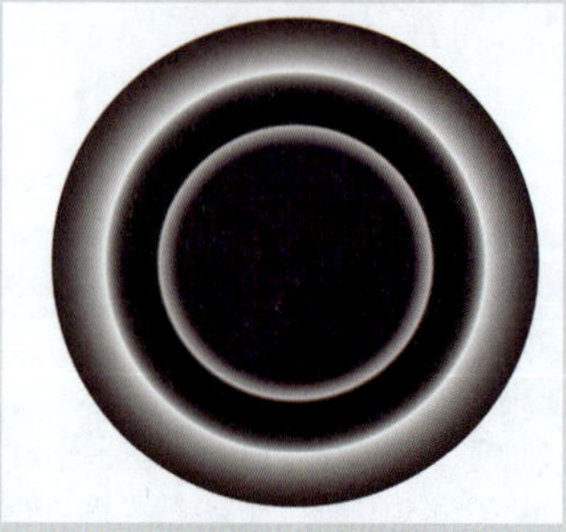

填充渐变效果

39 绘制箭头

选择“钢笔工具”，设置填充颜色值为（R:10、G:30、B:130），在功能菜单选项的相应位置绘制箭头，如图9-79所示。

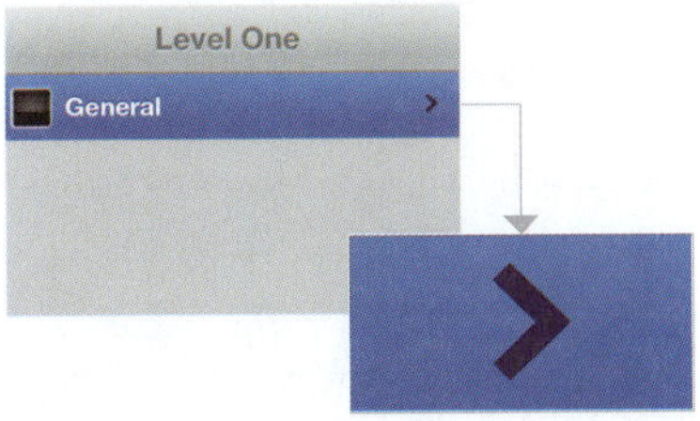

图 9-79

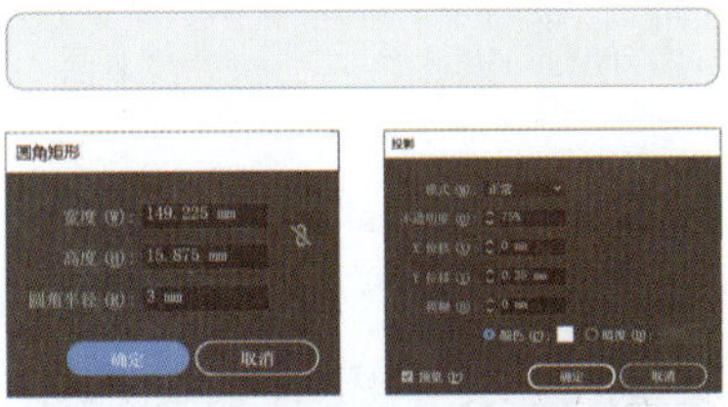

图 9-80

40 制作右侧功能菜单选项

选择“圆角矩形工具”，绘制描边粗细为1pt（使描边外侧对齐）、描边颜色值为（R:166、G:168、B:171）、填充颜色值为（R:247、G:247、B:247）的圆角矩形，并添加投影效果，参数设置如图9-80所示。

41 制作内阴影

按住【Alt+Shift】组合键垂直拖动步骤40制作的圆角矩形，执行“复制”命令，另外复制两个图形，将它们错落对齐，并打开“路径查找器”面板，单击“减去顶层”按钮，效果如图9-81所示。

微课：
平板电脑UI设计（6）

42 填充渐变色并调整不透明度

将步骤41制作的图形描边设置为无，并填充渐变色和调整不透明度，然后放置在相应位置，效果及参数设置如图9-82所示。

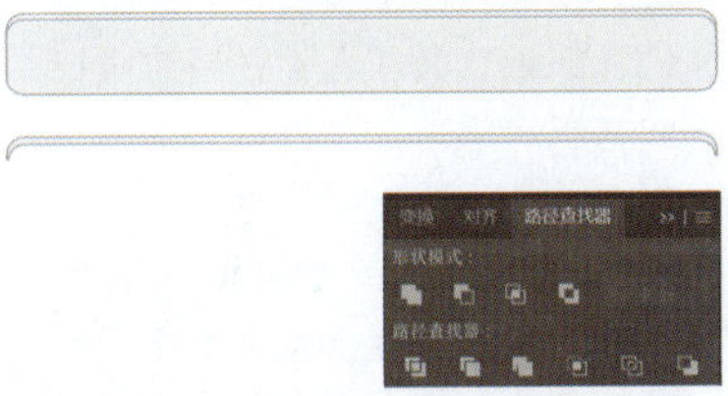

图 9-81

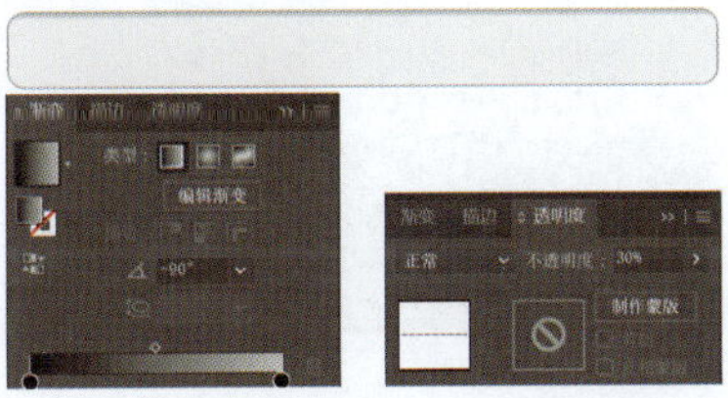

图 9-82

43 调整位置并添加箭头

把制作完成的右侧功能菜单选项编组并调整位置，同时，复制步骤39绘制的箭头图形，设置颜色值为（R:133、G:133、B:133），放置其中，效果如图9-83所示。

44 制作右侧其余功能菜单选项

按照步骤40～43的方法，绘制右侧其余功能菜单选项，效果如图9-84所示。

工具详解

图层蒙版的应用

蒙版主要用于保护、显示或隐藏图像，当要改变图像某个区域的颜色，或要对该区域应用特殊效果时，蒙版可以隔离并保护图像的其余部分。

置入素材后往往需要对素材进行修改或变形，这时图层蒙版就可以起作用。例如，要把素材放置在五角星里面。首先绘制一个五角星并放置在素材上，然后一起选中，在“图层”面板的下方单击“建立/释放剪切蒙版”按钮即可得到想要的效果。

置入素材并绘制图形

应用图层蒙版后的效果

建立图层蒙版之后，若发现效果不理想，怎样才能解除呢？可以在“图层”面板上单击“建立/释放剪切蒙版”按钮。

设计师经验

交互式设计原则

交互是指用户通过某种方式发出指令，系统对此指令作出相应的反应。交互设计是关于创建新的用户体验的问题，目的在于增强

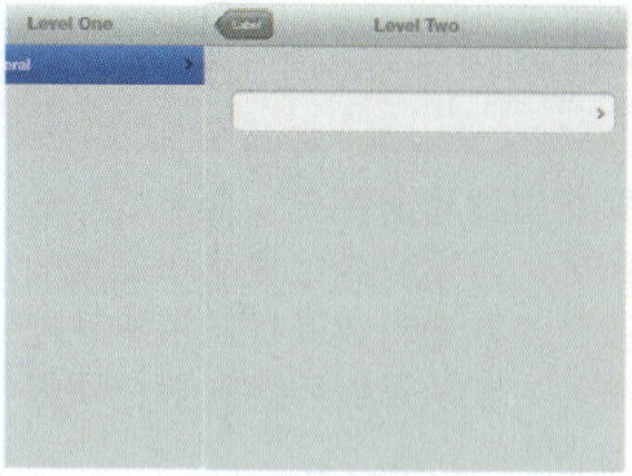

图 9-83

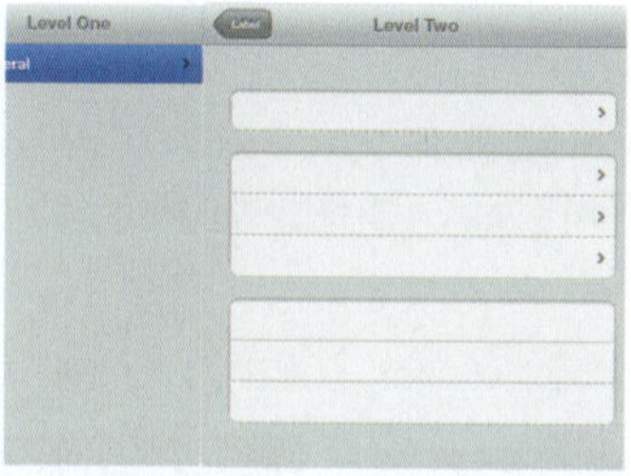

图 9-84

45 输入其他文本

参考前面文本的输入方法，输入右侧功能菜单的其他文本，并将制作完成的左右功能菜单全部选中编组，放置在步骤02置入的界面背景中，效果如图9-85所示。

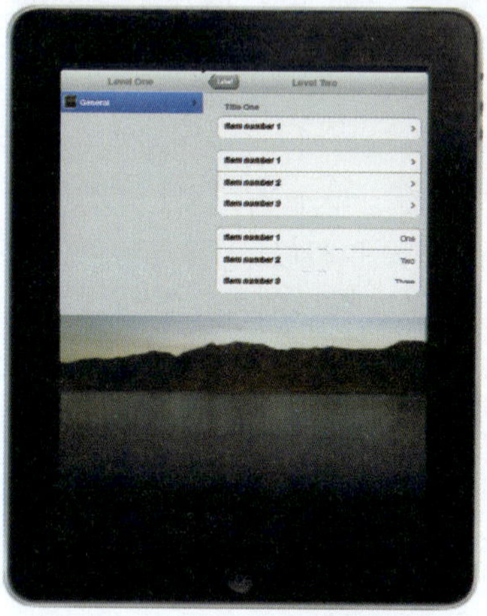

图 9-85

46 制作平板电脑软键盘

利用步骤03～05同样的方法，绘制一个宽度为270.933mm、高度为92.649mm、圆角半径为5mm的半圆角矩形，并填充渐变色，效果及参数设置如图9-86所示。

47 绘制直线段

选择“直线段工具”，设置描边粗细为1pt、颜色为（R:48、G:50、B:54），填充颜色值为无，并放置于相应位置，效果如图9-87所示。

微课：

平板电脑UI设计（7）

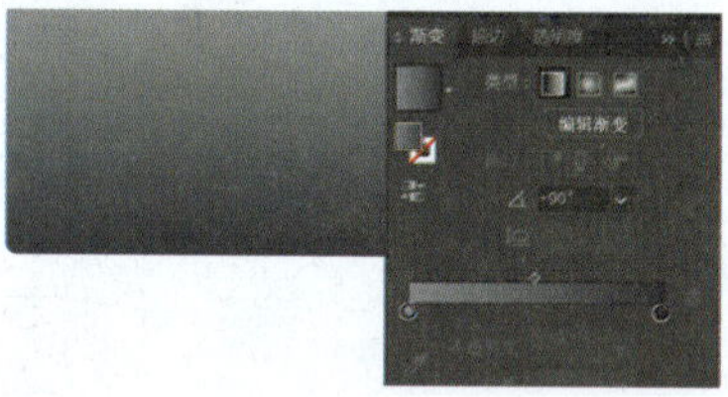

图 9-86

图 9-87

48 绘制键盘按键

选择“圆角矩形工具”，在画板上单击，制作圆角矩形并填充渐变色，效果及参数设置如图9-88所示。然后添加投影效果，如图9-89所示。

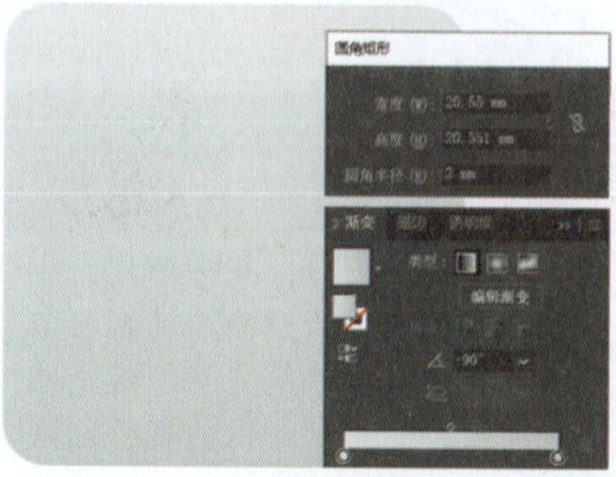

图 9-88

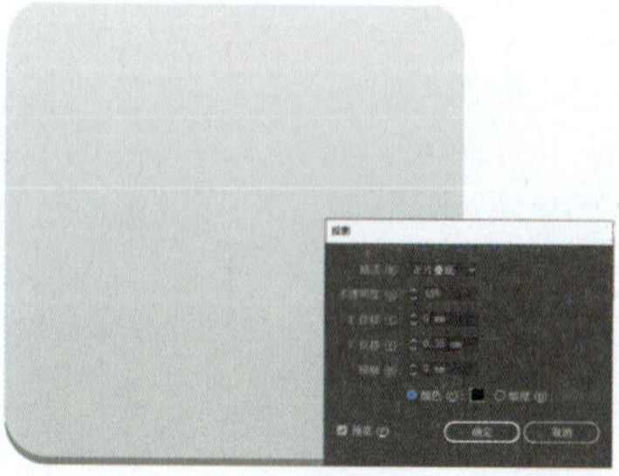

图 9-89

和扩充人们的工作、通信及交互方式，使他们能够更加有效地进行日常工作和学习。交互式设计有以下一些原则。

- 力求一致性。网站视觉应统一，如网站首页需要和每一个下级页面保持一致的风格。导航要放在屏幕的左上角。具有高度一致性的界面能给人清晰、整洁的感觉，尽力使按钮或其他功能性的区域固定在一个位置，让浏览者在网站中尽快找到。
- 允许频繁使用快捷键（或尽可能地让浏览者少使用鼠标）。快捷键可显示产品使用时的灵活性，提高工作效率。
- 提供明确的反馈。出现错误时，要明确提示错误的含义，而且需要考虑用户能否理解，并引导用户进入正确的路径。
- 设计对话，告诉用户任务已完成。要在用户完成某项任务或操作后进行提示。如果用户进行了很多操作却得不到反馈，他们就无法知道是否已达成目标，也不知道目前是什么状态。
- 提供错误预防和简单的纠错功能。例如，把某些当前不能单击的按钮设置为灰色；在系统执行时让用户确认一下，再次提醒用户，以减少错误率。
- 应该方便用户取消某个操作。大多数的应用软件都有撤销和恢复的功能。如果用户总是惧怕出错，那样的用户体验可想而知。
- 用户应掌握控制权。一般而言，用户希望自己去控制系统交互，在执行任务时，用户应该可以随时中止或退出。
- 减轻用户记忆负担。应该尽可能不要求用户记忆各种信息，例如各菜单项之间的逻辑关联，更好地分类就会帮助用户找出功能按钮在什么地方。

49 制作亮边

按照步骤10绘制亮边的方法为键盘按键制作亮边，并填充白色，效果如图9-90所示。

图 9-90

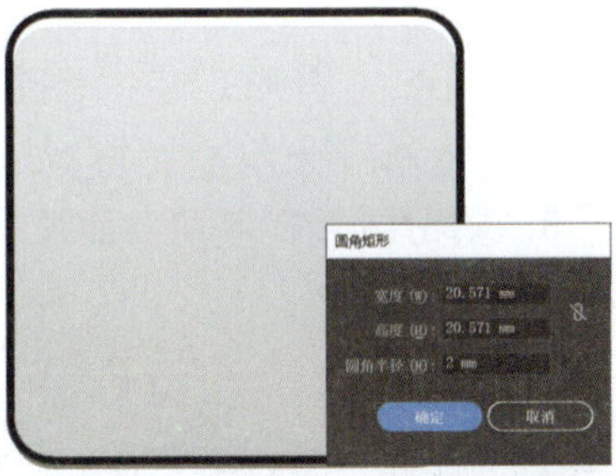

图 9-91

50 添加黑边

用“圆角矩形工具”绘制一个描边大小为1pt的圆角矩形，并放置在相应位置，效果及参数设置如图9-91所示。

51 输入字母

选择“文字工具”T，输入“Q”，在工具属性栏中设置字体为Helvetica、字号为22pt、为文字填充黑色，并添加投影效果，如图9-92所示。

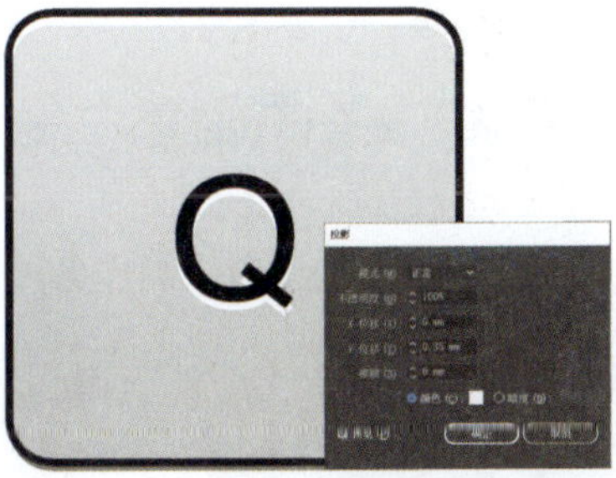

图 9-92

图 9-93

52 绘制键盘其他按键

使用步骤48～52的方法绘制键盘上的其他按键，并放置于相应位置，效果如图9-93所示。

53 编组键盘并调整位置

将绘制完成的键盘按键及底色进行编组，放置在步骤02置入的界面背景中，效果如图9-94所示。至此，平板电脑UI设计完成。

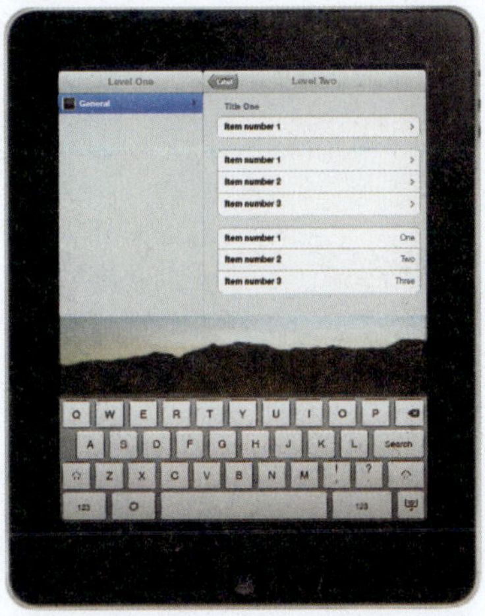

图 9-94

设计师经验

界面欣赏及点评

设计方案一：细微的浅灰色渐变、边缘2个像素的内发光、各控制按钮有内阴影、1像素的边缘高光的组合是最常见的设计方案之一，整个播放器看上去感觉边缘锋利，能划破手指一般。

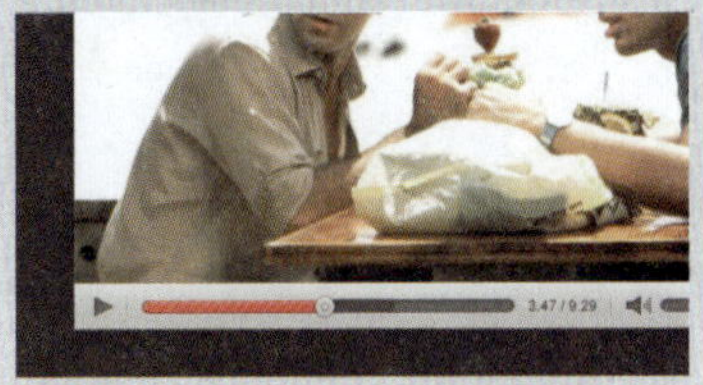

设计方案二：宽大的面板让设计方案有一种整体感，好像一个简单的遥控器，玻璃质感、高饱和度的蓝色让重要的控制按钮醒目易见，音量调节界面的设计也很有特点。

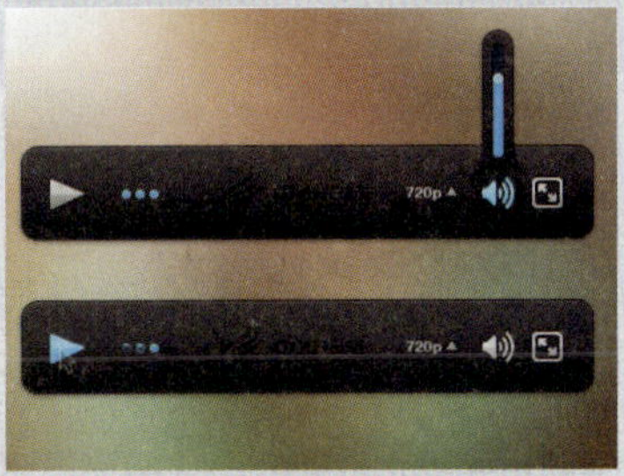

设计方案三：控制条中所有元素周围都有深色的1像素描边和细微的内发光效果，采用直角设计，并且添加了杂色的材质，整个控制条看上去不是光溜溜的感觉，而是清晰明了、硬朗、有质感的心理感受。

拓展训练——手机界面设计

利用本节介绍的制作平板电脑UI的相关知识，按照本书配套资源中提供的素材文件制作手机界面，最终效果如图9-95所示。

图 9-95

- 技术盘点："矩形工具""椭圆工具""文本工具""渐变填充"。
- 素材文件：本书配套资源中的"素材与源文件\Chapter 9\9.4\拓展训练\手机界面设计.ai"。
- 制作分析：

9.5 知识与技能梳理

UI设计能够传达一种特殊的商业价值，因此，好的UI能够促进一定的商业发展。本章通过两个不同性质的实例来讲解工具和命令，使读者能够掌握相应的商业知识。

- 重要工具："贝塞尔工具""矩形工具""文字工具""渐变填充""混合模式设置""透明度设置"。
- 核心技术："利用图形绘制工具""文字工具""渐变填充"和"透明度"的设置来制作各种UI设计。
- 实际运用：音乐播放器设计、平板电脑UI设计。

Chapter 10

插画设计

在现代设计领域中，插画设计可以说是最具有表现意味的，它与绘画艺术有着密切的关系。纵观插画发展的历史，其应用范围不断扩大，特别是信息高速发展的今天，人们日常生活中充满了各式各样的商业信息，插画设计已成为现实社会不可替代的艺术形式。本章将详细讲解Illustrator CC 2021在插画设计中的运用方法与使用技巧。

学习要求	知识点	学习目标			
		了解	掌握	应用	重点知识
	插画的概述	☺			
	插画的功能与作用		☺		
	插画的形式		☺		
	“钢笔工具”的使用			☺	
	插画中的颜色表情		☺		
	插画设计的要点		☺		
	中国插画艺术发展史	☺			
	海洋动物插画设计			☺	
	卡通插画设计			☺	

能力与素质目标

10.1 插画设计的基础知识

插画在中国被人们俗称为插图。今天通行于国外市场的商业插画包括出版物插图、卡通吉祥物、影视与游戏美术设计和广告插画4种形式。实际上，在中国，插画已经广泛应用于平面和电子媒体、商业场馆、公众机构、商品包装、影视演艺海报、企业广告，甚至T恤、日记本、贺年片。

10.1.1 插画的概述

“插画”就是人们平常所看的报纸、杂志或儿童图画书中文字间所插的图画，统称为“插画”。在拉丁文的字义中，插画是“照亮”的意思。插画原来是用以增加刊物中文字所给予的趣味性，使文字部分能更生动、具象地活跃在读者的心中。而在现今的各种出版作品中，插画的重要性已远远超过之前的陪衬地位。它不但能突出主题的思想，而且还能增强艺术的感染力。

插画是一种艺术形式，作为现代设计的一种重要的视觉传达形式，以其直观的形象性、真实的生活感和美的感染力在现代设计中占有特定的地位，已广泛用于现代设计的多个领域，涉及文化活动、社会公共事业、商业活动、影视文化等方面。

10.1.2 插画的功能与作用

现代插画的功能性非常强。偏离视觉传达目的，往往使现代插画的功能减弱。因此，设计时不能让插画的主题产生歧义，必须鲜明、单纯、准确。

1. 插画界定

插画与一般意义上的艺术插画有一定的区别，两者在功能、表现形式、传播媒介等方面具有差异。现代插画的服务对象首先是商品。商业活动要求把所承载的信息准确、明晰地传达给观众，观众对这些信息正确接收、把握，并在采取行动的同时获得美的感受，因此说它是为商业活动服务的。而一般意义的艺术插画具有3个功能和目的：作为文字的补充；让人们得到感性认识的满足；表现艺术家的美学观念、技巧以及世界观、人生观。

2. 插画诉求功能

插画的基本诉求功能就是将信息简洁、明确、清晰地传递给消费者，展示生动、具体的产品和服务形象，激发消费者的兴趣，增强广告的说服力，强化商品的感染力，刺激消费者的需求。

10.1.3 插画的形式

插画的形式多种多样，根据传播媒体，基本上可分为两大部分，即印刷媒体插画与影视媒体插画。印刷媒体插画包括招贴广告插画、报纸插画、杂志书籍插画、产品包装插画、企业形象宣传品插画等。影视媒体插画包括电影、电视、计算机显示屏中出现的插画等。

1. 招贴广告插画

招贴广告插画也称为宣传画、海报。在广告还主要依赖于印刷媒体传递信息的时代，可以说招贴广告插画处于主宰广告的地位。但随着影视媒体的出现，其应用范围逐渐缩小。图10-1所示为招贴广告插画。

2. 报刊插画

报刊是信息传递的最佳媒介之一。它具有大众化，成本低廉，发行量大，传播面广，速度快，制作周期短等特点。图10-2所示为报刊插画。

3. 杂志书籍插画

杂志书籍插画包括封面、封底的设计和正文的插画，广泛应用于各类书籍，如文学书籍、少儿书籍、科技书籍等。这种插画正在逐渐减少。但在今后的电子书籍、电子报刊中仍将大量存在，如图10-3所示。

图 10-1

图 10-2

图 10-3

4. 产品包装插画

产品包装使插画的应用更广泛。产品包装设计包含标志、图形、文字3个要素。产品包装插画有双重使命：一是介绍产品，二是树立品牌形象。最为突出的特点在于它介于平面与立体设计之间。图10-4所示为产品包装插画。

5. 企业形象宣传品插画

企业形象宣传品插画是企业VI（Visual Identity）设计的一部分，包含在企业形象设计的基础系统和应用系统的两大部分之中。图10-5所示为企业形象宣传品插画。

6. 影视媒体中的影视插画

影视媒体中的影视插画是指电影、电视中出现的插画，一般在广告片中出现得较多。影视插画也包括计算机显示屏中出现的插画。计算机显示屏如今成了商业插画的表现空间，众多的图形库动画、游戏节目、图形表格都成了商业插画的一员。

图 10-4

图 10-5

10.2 插画设计经典案例欣赏

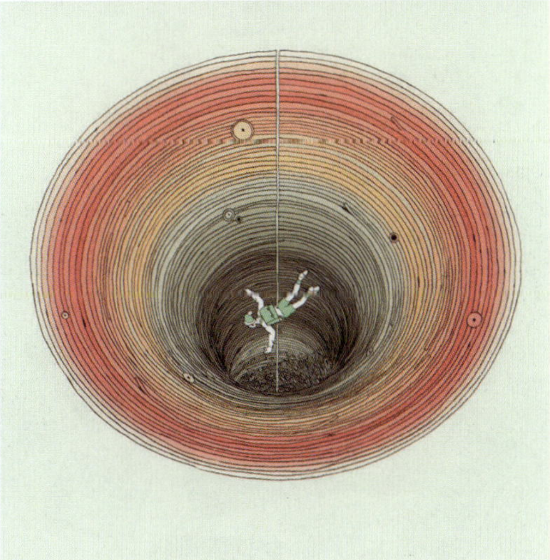

ASTHIK
KENZO
MAISON KITSUNE

实践●提高

10.3 海洋动物插画设计

● 难易程度

★★★★

项目创设

本例制作的是一个海洋动物插画。本例在颜色设计上采用了冷暖色调结合的表现形式，最终效果如图10-6所示。

制作思路

首先确定平面图的尺寸，然后配合“渐变工具”“形状生成器工具”和“偏移路径”制作出展示效果。

图 10-6

素材文件：本书配套资源\素材与源文件\Chapter 10\10.3\素材

案例制作步骤

01 创建文档

选择“文件”→“新建”菜单命令，在打开的“新建文档”对话框中设置“名称”为“海洋动物插画设计”、“宽度”为600px、“高度”为600px，其他保持默认，如图10-7所示。

02 绘制轮廓

选择“矩形工具”■，设置描边和填充均为无，在画板上单击，弹出对话框，效果及参数设置如图10-8所示。

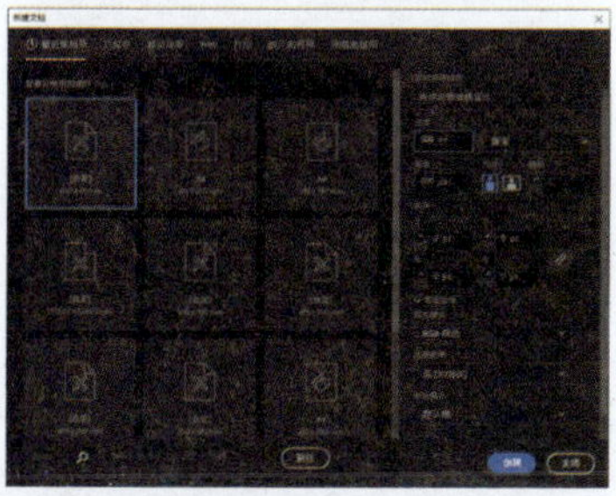

图 10-7

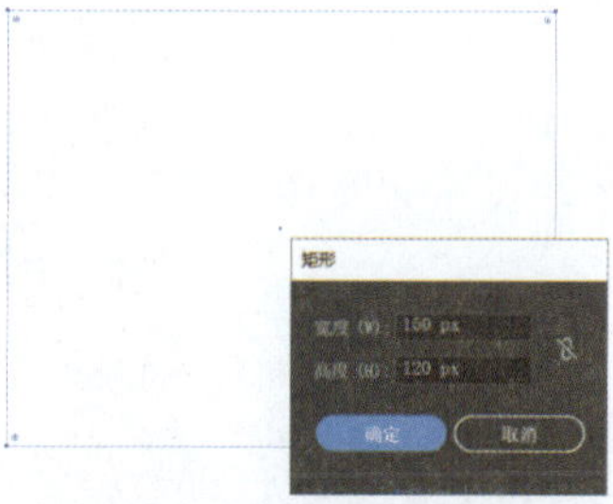

图 10-8

03 填充渐变色

调出“渐变”面板，设置渐变色类型为“线性”、角度为90°，设置左边滑块的颜色值为（R:255、G:82、B:100）、右边

行业知识

插画的定义

插画是人们平常所看的报纸、杂志、各种刊物或儿童图书里在文字间所加插的图画。

插图设计是指在商业活动中用直观的视觉形象来达到信息传递、宣传商品和服务、推进商业活动、塑造企业和品牌形象等目的。它能将所承载的信息内涵简明扼要、生动形象地传递给目标受众，是一种图像化视觉传达形式。

插画艺术的许多表现技法都是借鉴了绘画艺术的表现技法。插画艺术与绘画艺术的结合使得前者无论是在表现技法多样性的探求方面，还是在设计主题表现的深度和广度方面，都有着长足的滑块的颜色值为（R:255、G:82、B:100），效果及参数设置如图10-9所示。

04 调整矩形圆角

使用“直接选择工具”选中矩形上方的两个锚点，并拖动任意一角中的圆点向中心拖动，如图10-10所示。使用“直接选择工具”选中矩形下方的两个锚点，并拖动任意一角中的圆点向中心拖动，如图10-11所示。最终得到的效果如图10-12所示。

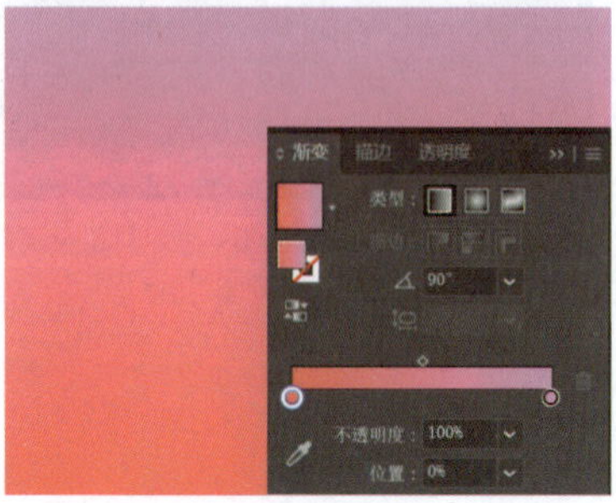

图 10–9

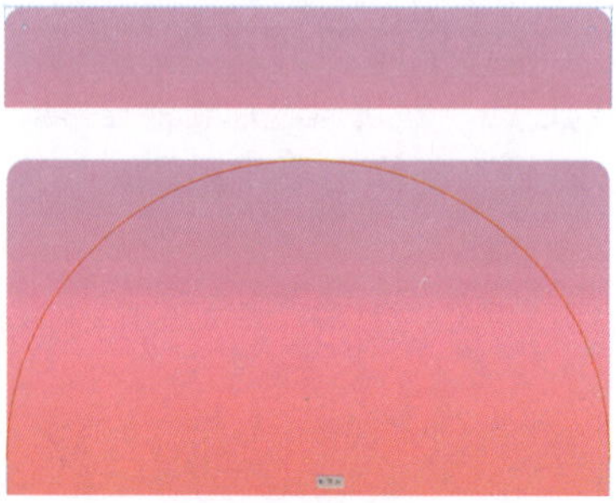

图 10–10

图 10–11

图 10–12

05 绘制圆形

选择“椭圆工具”，绘制一个直径为20px的正圆，效果及参数设置如图10-13所示。

技巧 提示

在调整矩形圆角时，在选中的状态下，也可以使用任务栏中的“边角”选项 边角：74.9999 进行参数设置。

06 填充渐变色

设置正圆渐变色类型为“线性”、角度为90°，设置左侧滑块的颜色值为（R:255、G:82、B:100）、右侧滑块的颜色值为（R:170、G:0、B:104），效果及参数设置如图10-14所示。

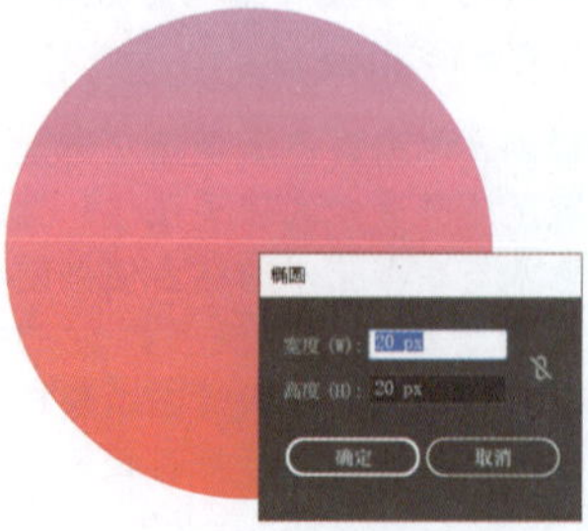

图 10–13

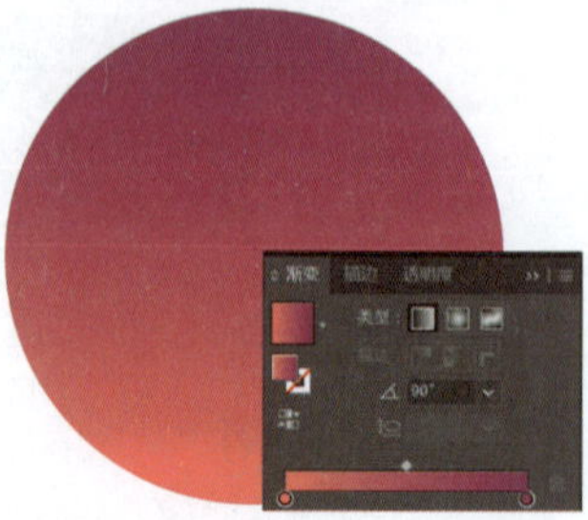

图 10–14

进展，展示出更加独特的艺术魅力，从而更具表现力。从某种意义上讲，绘画艺术是基础学科，插画艺术是应用学科。

行业知识

中国的插画艺术发展史

中国的插画艺术源远流长，可以追溯到史前时代的洞穴石刻。

1. 史前时代

原始岩画是史前旧石器时代遗留下来的刻凿或涂饰于岩石表面的珍贵史料。

中国的原始插画多以线条构图，或刻凿，或涂饰，以线成面，富有幼稚、夸张的特点，充满写实装饰之美。

史前壁画

2. 六朝时期

六朝时代佛教盛行，著名的敦煌莫高窟和洛阳龙门石窟均形成于六朝时期。

六朝时期的插画是通过图形或图形结合文字的壁画形式来阐述故事内容的一种艺术形式，具有浓厚的宗教色彩，如著名的飞天等。六朝时期的插画多以彩色涂饰的形式来体现。

3. 隋唐时期

唐代插画多是以雕版印刷的方式完成的木刻版画。唐代的雕版印刷术促进了书籍的广泛应用，而书籍的繁荣又推动了插画的发展。

07 图层位置调整

将正圆放置在相应位置，并在“图层”面板中将其拖动至最下方，效果如图10-15所示。

08 制作其他圆形

复制6个相同的正圆并利用【Ctrl+G】组合键进行编组，然后将其与圆角矩形“水平居中对齐”（■），效果如图10-16所示。

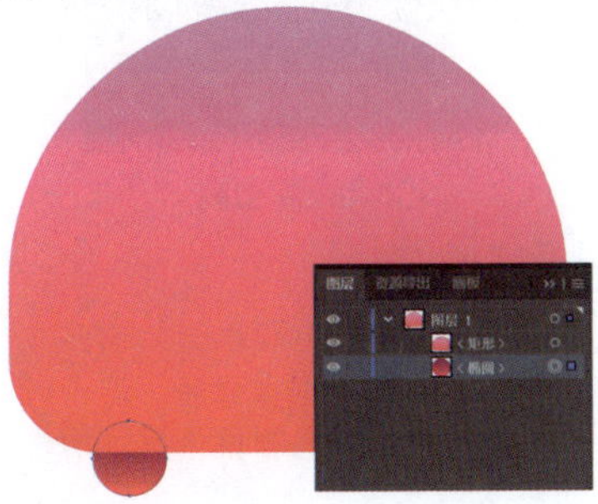

图 10-15

图 10-16

09 绘制直线段

选择“直线段工具”■，设置描边粗细为“8pt”，端点为“圆头端点”、颜色为（R:130、G:11、B:93）、填充颜色值为无，并调整图层顺序，放置于相应位置，效果如图10-17所示。

10 设置直线段效果

选择“效果”→“扭曲和变换”→“波纹效果”菜单命令，设置“大小”为2、“每段的隆起数”为8、“点”为“平滑”，效果如图10-18所示。

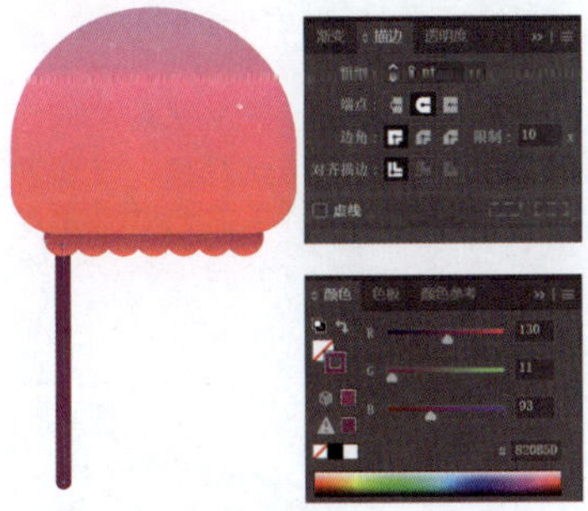

图 10-17

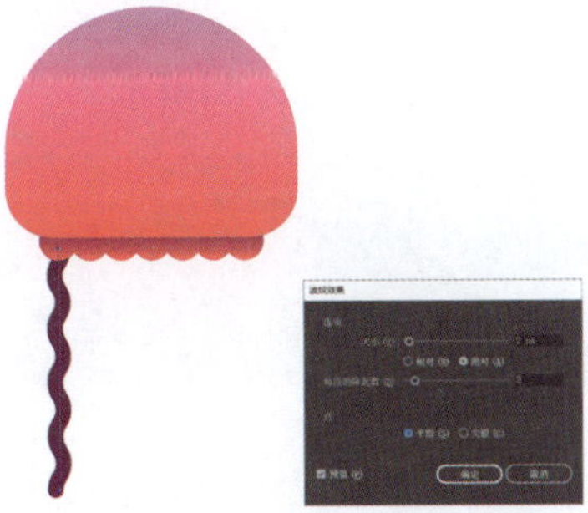

图 10-18

11 填充渐变色

选择“对象”→“扩展外观”菜单命令，随后选择“对象”→“扩展”菜单命令，将其转换为选区，然后填充渐变色，设置左侧滑块的颜色值为（R:0、G:181、B:212）、右侧滑块的颜色值为（R:170、G:0、B:104），效果及参数设置如图10-19所示。

图 10-19

敦煌莫高窟壁画

唐代金刚经图

4.宋元时期

宋元时期是中国历史上民族文化空前繁荣的时期，各种文学、医学、技术、艺术的兴起与繁荣促进了插画技术的较大发展。

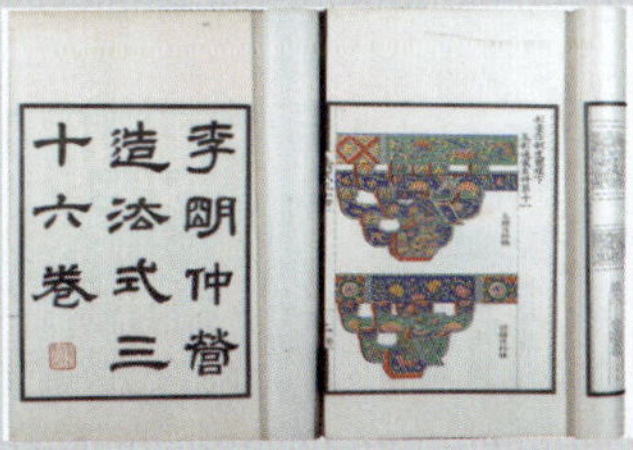

宋代《营造法式》插图

5.明朝时期

明代是中国插画艺术空前繁荣的时期，这一时期的插画不管是在技术上、形式上还是在风格上都有了全新的发展。在技术上，出现了套版彩色插画；在形式上，出现了双面连式、多面连式、月光式等多种形式；在风格上，开始运用散点透视，通过建筑剖面画法来组织画面，在这一时期还诞生了一种独具中国特色的民间插画——绣像。

12 制作其他线段

复制4个相同的直线段并利用【Ctrl+G】组合键进行编组，然后将其与圆角矩形“水平居中对齐”（），效果如图10-20所示。

13 制作高光

选中圆角矩形，选择“对象”→“路径”→“偏移路径”菜单命令，效果及参数设置如图10-21所示。

图 10–20

图 10–21

14 剪去多余部分

使用“剪刀工具”剪去新建路径的多余部分，效果如图10-22所示。

15 设置描边样式

关闭填充色，设置描边颜色值为（R:208、G:0、B:152）、描边粗细为“6pt”、端点为“圆头端点”，然后选择“对象”→“扩展”菜单命令，将其转换为选区，效果如图10-23所示。

图 10–22

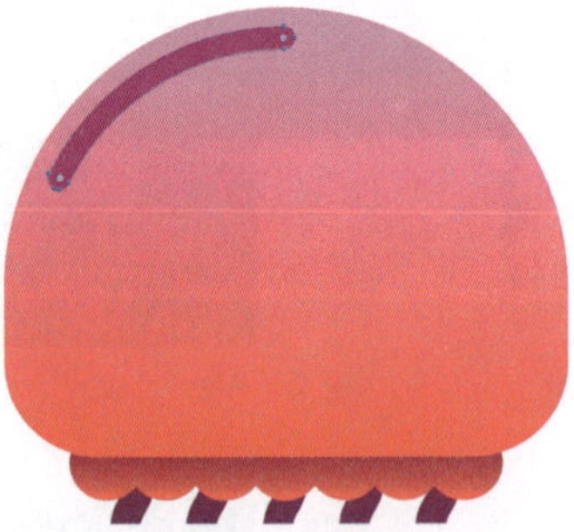
图 10–23

16 绘制圆点

选择“椭圆工具”，按住【Shift】键绘制两个大小不同的正圆，效果如图10-24所示。

图 10–24

明代绣像画

6.清朝时期

到了清代，版刻印刷开始由西方传入的石版印刷术代替。这一时期，民间盛行具有民俗风情的套色木版年画，尤其以苏州桃花坞、天津杨柳青、山东潍坊的杨家埠为代表。其特点是造型单纯明快、色彩搭配绚丽。

清代年画

7.清末民初时期

从清末到民国初期，在“西学东渐、中西并用”潮流的影响下，中国社会受到西方文化的影响，插画出现了西洋化特征，在表现手法和内容等方面开始从本土化向西方化转变，并且开始带有浓厚的商业色彩。

民国插画

17 绘制面部圆点

选择“椭圆工具”，按照前面的方法绘制面部其他圆点，并填充相应色值，效果及参数设置如图10-25所示。

18 使用形状生成器工具制作图形

绘制3个正圆，同时选中右上方的正圆和圆角矩形，使用“形状生成器工具”，按住【Alt】键单击圆角矩形外围的圆将其减去，得到的效果如图10-26所示。

图 10-25

图 10-26

19 设置不透明度

选中面部的所有高光点，设置“不透明度”为36%，效果如图10-27所示。

图 10-27

图 10-28

20 制作底边

选中圆角矩形及下方圆形，选择“对象”→“路径”→“偏移路径”菜单命令，效果及参数设置如图10-28所示。

21 修改路径形状

在“路径查找器”面板中单击“联集”，然后使用【Ctrl+[】组合键将其下移一层，并修改“不透明度”为36%，效果及参数设置如图10-29所示。

图 10-29

8.民国中后期

民国中后期，上海是一个与世界时尚同步的远东第一大都市，是中国现代设计的开端与发源地，更是中国广告商业插图的阶段性发展的黄金期。

民国上海有十几位著名的月份牌画家：郑梅清、周柏生、杭稚英、吴志广、谢之光、金肇光、金梅生、李慕白、戈湘岚、田清泉、杨俊生、郑午昌。

民国中后期月份牌

行业知识

插画的绘制风格

插画风格多种多样，所以这里只是简单地进行大体的分类。

1.日式卡通

在日本，动漫是全国第四大产业，比如最早的七龙珠、圣斗士等。随着发展，大量的日本漫画涌进我国市场，现在20~25岁的画师们多少都受到过影响。其风格也多种多样，如唯美的、暴力的、卡通的等。

日本风格的漫画

22 绘制头部高光

选择“椭圆工具”，在上方绘制一个白色椭圆，效果及参数设置如图10-30所示。

23 修改高光形状

同时选中圆角矩形和上方椭圆，使用“形状生成器工具”，按住【Alt】键单击圆角矩形外围的圆将其减去，并设置“不透明度”为15%，效果如图10-31所示。

图 10-30

图 10-31

24 绘制底色

选择“矩形工具”，设置填充颜色值为（R:37、G:10、B:55）、描边为无，在画板上单击，打开对话框，效果及参数设置如图10-32所示，使用【Ctrl+Shift+[】组合键，将图层置于底层。

25 制作波纹

选择“圆角矩形工具”，设置填充颜色值为（R:54、G:0、B:92）、描边为无，在画板上单击，打开对话框，效果及参数设置如图10-33所示。

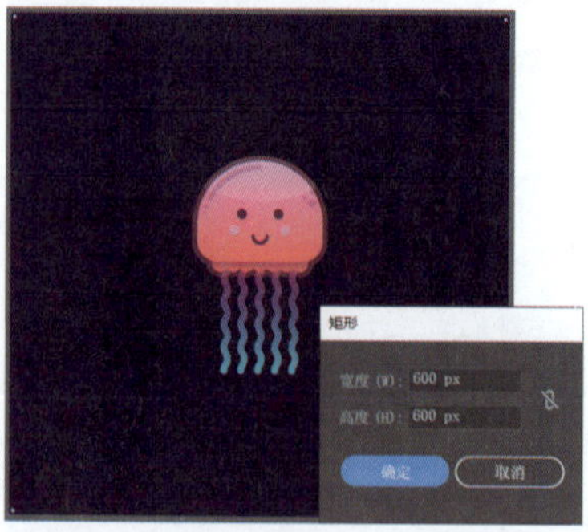

图 10-32

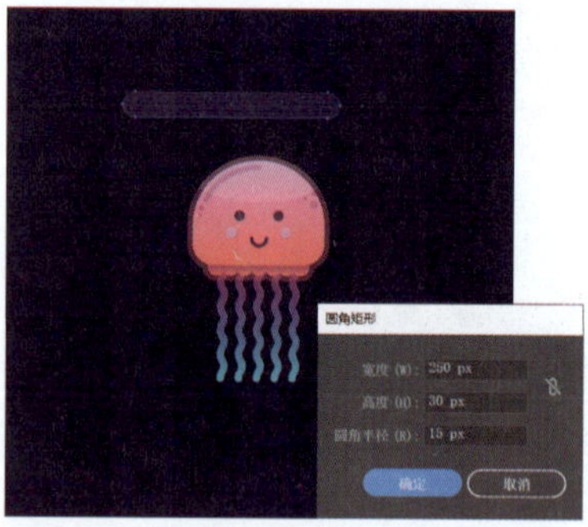

图 10-33

26 制作组合图形

复制3个相同的矩形，使用“形状生成器工具”制作相应图形，效果如图10-34所示。

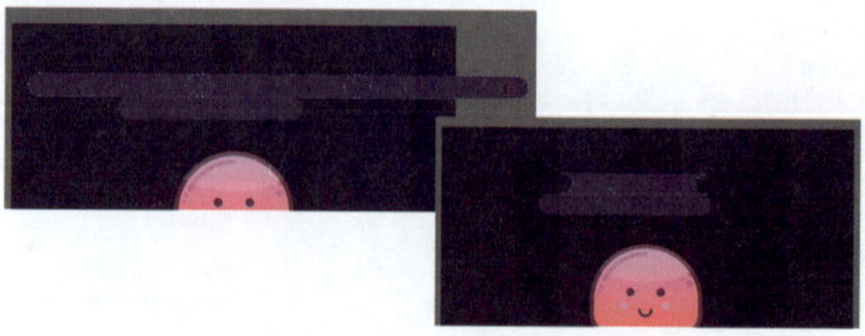

图 10-34

2.欧美漫画和插画

欧美的漫画十分讲究功底，很有魄力。欧美的漫画家和插画家大多数经过严格的专业训练，功底深厚，所以绘制出来的人物结构准确，场景透视到位，很值得我们学习。欧美插画大师的风格比较火辣，也比较开放，其作品也极具魅力，真的非常经典。

欧美风格的插画

3.韩国游戏插画

韩国作为后起之秀，CG行业的发展非常快。尤其在游戏方面，无论是人物还是场景，设定得都非常的细腻、唯美。另外，韩国的游戏、海报插画及三维CG片头都非常专业和认真。

韩国的游戏插画

4.中国插画

中国的插画产业还不成熟，虽然中国插画设计师们的作品都明显有日本和韩国风格的痕迹，但他们还在寻找着属于自己的产业之路。

中国插画

27 绘制其他图形

利用前面的方法，使用“圆角矩形工具”和“椭圆工具”制作其余图形并调整至相应位置，效果如图10-35所示。

28 完成波纹制作

使用【Ctrl+G】组合键将制作好的卡通图形编组并隐藏，再制作一组波纹图形，并调整位置及大小，效果如图10-36所示。

图 10-35

图 10-36

29 调整位置及图层顺序

调出卡通图形，并适当调整大小及位置，置于波纹图形上方，效果如图10-37所示。

30 绘制气泡圆点1

使用“椭圆工具”绘制多个气泡圆点，然后设置填充颜色值为（R:54、G:0、B:92），效果如图10-38所示。

图 10-37

图 10-38

31 绘制气泡圆点2

使用“椭圆工具”绘制多个气泡圆点，然后填充颜色值为（R:0、G:187、B:212），效果如图10-39所示。

32 绘制气泡圆点3

使用“椭圆工具”绘制多个气泡圆点，然后填充颜色值为（R:249、G:252、B:214），效果如图10-40所示。

行业知识

商业插画的表现形式

插画运用图案表现形象，是世界都能通用的语言，其设计在商业应用上通常分为人物形象、动物形象、商品形象。

1.人物形象

当插图以人物为题材时，容易与消费者相投合，因为人物形象最能表现出可爱感与亲切感的。人物形象的想象性创造空间是非常大的，首先塑造的比例是重点，生活中成年人的头身比为1∶7或1∶7.5，儿童的比例为1∶4左右，而卡通人常以1∶2或1∶1的大头形态出现，这样的比例可以充分利用头部面积来再现形象神态。

人物形象插画

2.动物形象

动物作为卡通形象的历史已相当久远，在现实生活中，有不少动物成了人们的宠物，这些动物作为卡通形象更受到公众的欢迎。在创作动物形象时，必须十分重视创造性，注重形象的拟人化手法，如动物与人类的差别之一就是表情上不显露笑容。但是，卡通形象可以通过拟人化手法赋予动物具有和人类一样的笑容，使动物形象具有人情味。运用人们生活中所熟知的、喜爱的动物，较容易被人们接受。

动物形象插画

图 10-39

图 10-40

33 设置高斯模糊

选择所有绘制好的气泡圆点，选择“效果”→“模糊”→“高斯模糊”菜单命令，在打开的对话框中设置“半径”为“6像素”，效果如图10-41所示。

34 绘制直线段

选择“直线段工具”，设置描边粗细为“5pt”、端点为“圆头端点”、颜色为（R:54、G:0、B:92）、填充颜色值为无，放置于相应位置，效果如图10-42所示。

图 10-41

图 10-42

35 设置直线段效果

选择“效果”→“扭曲和变换”→“波纹效果”菜单命令，设置“大小”为1、“每段的隆起数”为5、“点”为“平滑”，效果如图10-43所示。

图 10-43

图 10-44

3. 商品形象

商品形象是动物拟人化在商品领域中的扩展，经过拟人化的商品给人以亲切感。个性化的造型会给人耳目一新的感觉，从而加深人们对商品的直接印象。根据商品拟人化的构思，商品形象大致分为两类：完全拟人化和半拟人化。

- 完全拟人化：即夸张商品，运用商品本身的特征和造型结构进行拟人化的表现。
- 半拟人化：即在商品上添加与商品无关的手、足、头等，作为拟人化的特征元素。

商品形象插画

工具详解

模糊效果

模糊效果是Illustrator CC 2021的Photoshop效果中的第三组效果。模糊效果组包括：径向模糊、高斯模糊和特殊模糊三种。模糊效果可以使图像中过于清晰或对比度过于强烈的区域，产生模糊效果。它通过平衡图像中已定义的线条和遮蔽区域的清晰边缘旁边的像素，使变化显得柔和。

原图

36 绘制其他线段

利用上面绘制线段的方法，制作其他线段，效果如图10-44所示。

37 制作鱼身1

使用“椭圆工具”，绘制两个大小相同的正圆，效果及参数设置如图10-45所示。

38 制作鱼身2

使用“形状生成器工具”减掉多余图形，得到效果如图10-46所示。

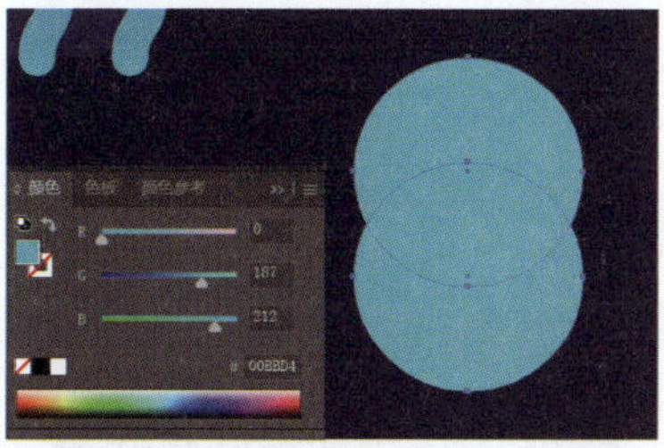

图 10-45

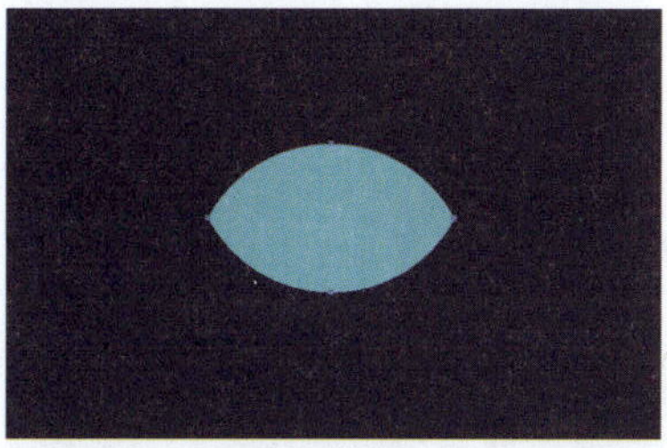

图 10-46

39 制作鱼尾1

选择“选择工具”调整图形，并复制图形制作鱼尾，效果如图10-47所示。

40 制作鱼尾2

使用“镜像工具”完成鱼尾的制作，效果及参数如图10-48所示。

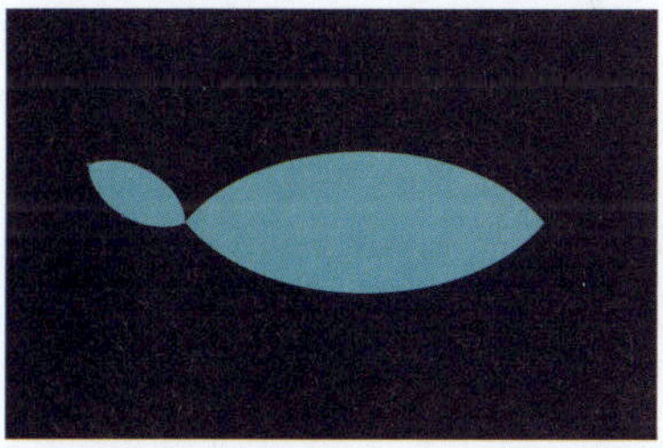

图 10-47

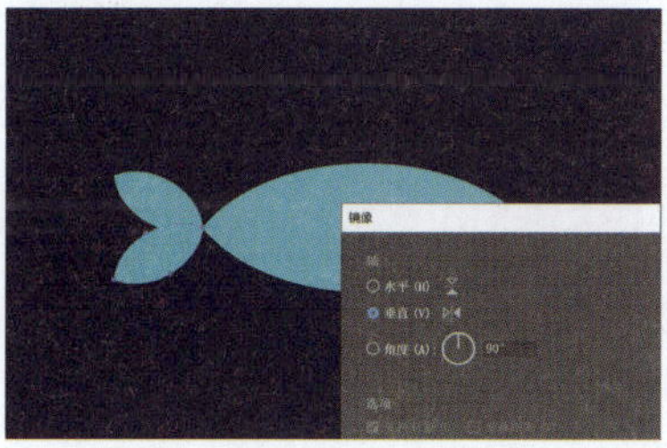

图 10-48

41 制作鱼头

使用“椭圆工具”，绘制一个正圆，效果如图10-49所示。

42 调整鱼头形状

使用“形状生成器工具”减掉多余图形，填充相应色值，并绘制鱼眼，效果如图10-50所示。

1.径向模糊

模拟前后移动相机或旋转相机所产生的模糊效果。

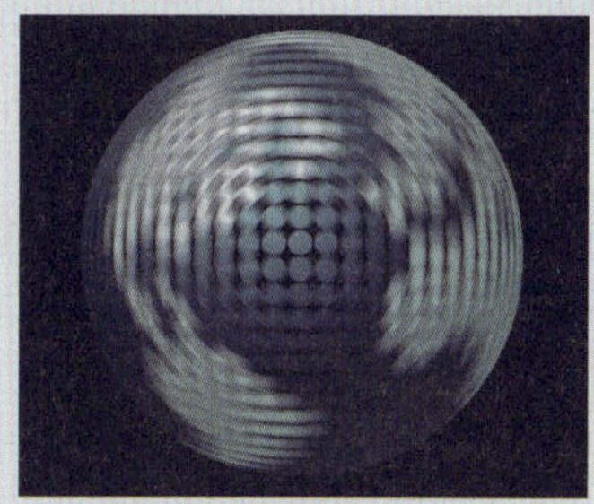

径向模糊：旋转

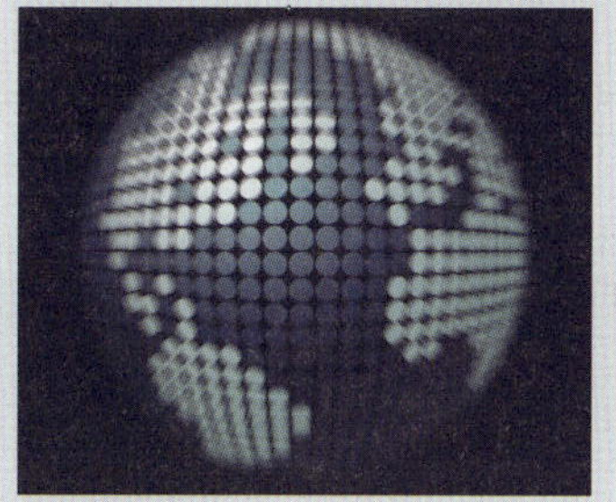

径向模糊：缩放

2.特殊模糊

特殊模糊效果可以产生一种清晰边界的模糊。该滤镜能够找到图像边缘并只模糊图像边界线以内的区域。

特殊模糊：正常

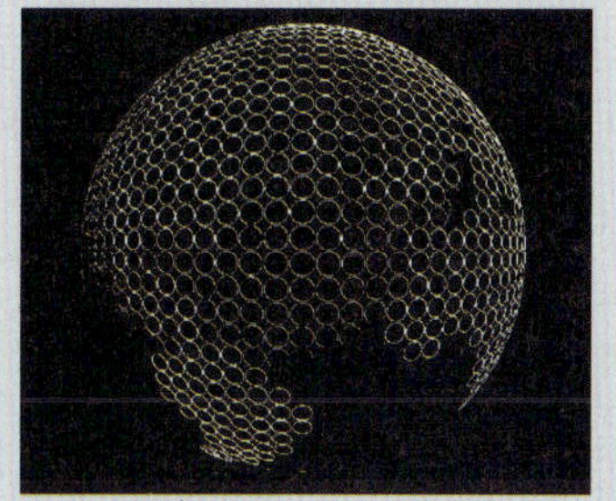

特殊模糊：仅限边缘

图 10-49

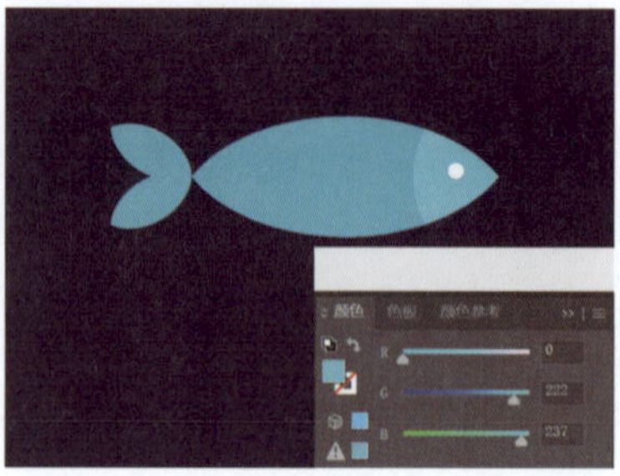

图 10-50

43 调整大小和位置

选择“选择工具”▶调整图形大小，复制多个鱼放置在相应位置，效果如图10-51所示。

44 制作其他图形

制作其他图形，调整颜色并放置在主体周围，最终效果如图10-52所示。

图 10-51

图 10-52

特殊模糊：叠加边缘

3.高斯模糊

高斯模糊效果能够把某一点周围的像素色值按高斯曲线统计起来，采用数学上加权平均的计算方法得到这条曲线的色值，最后能够留下人物的轮廓，即曲线。

高斯模糊

拓展训练——小狗插画设计

利用本节介绍的制作海洋动物的相关知识，按照本书配套资源中提供的素材文件制作卡通动物，最终效果如图10-53所示。

- 技术盘点：“钢笔工具”“渐变填充”。
- 素材文件：本书配套资源中的“素材与源文件\Chapter10\10.3\拓展训练\小狗插画设计.eps”。
- 制作分析：

图10-53

实践●提高

10.4 卡通插画设计

难易程度 ★★★★

项目创设

本案例将制作一个卡通插画。该插画具有丰富的内容和较强的层次感，最终效果如图10-54所示。

制作思路

首先利用“矩形工具”绘制背景，再利用“钢笔工具”绘制图形并填充渐变色，最后制作插画的整体图案。

图 10-54

素材文件：本书配套资源\素材与源文件\Chapter 10\10.4\素材

案例制作步骤

01 创建文档

选择“文件”→“新建”菜单命令，在打开的“新建文档”对话框中设置“名称”为“卡通插画设计”、画板大小为A4、全部“出血”为3mm、“颜色模式”为RGB，如图10-55所示，单击“确定”按钮，即可新建空白文档，如图10-56所示。

微课：卡通插画设计（1）

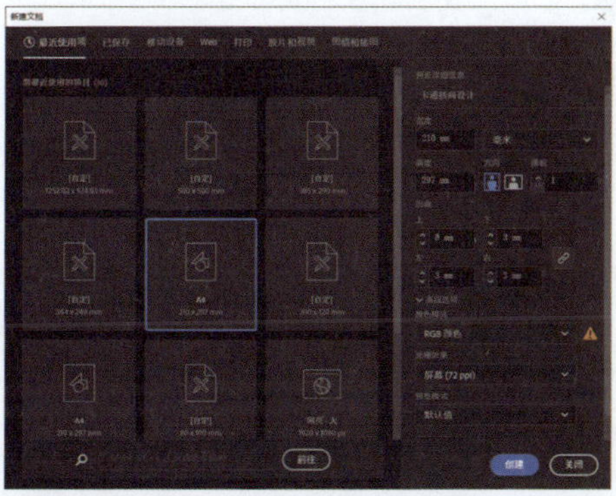

图 10-55

图 10-56

行业知识

插画设计的发展

插画运用图案表现形象，本着审美与实用相统一的原则，尽量使线条、形态清晰明快。

插画设计主要研究插画的风格与应用。本章对插画的现代运用进行了分类。由于现代经济的发展，插画的意义不再停留在说明图的层面，已经演化成为人们对世界的理解和表现的工具和手段。特别是由于印刷技术的发展，插画领域也得到了空前发展，且插画的内容和形式也体现了艺术性。人们已经不再满足于插画本身的设计，而是更多地追求个性的表达，有可爱型的插画，也有古怪型的插画，有时还

02 绘制矩形

选择工具箱中的“矩形工具”■，绘制一个与画板等大的矩形，然后选择“窗口”→“渐变”菜单命令，打开“渐变”面板，设置渐变类型为“径向”、渐变滑块的颜色值分别为（R:255、G:255、B:255）、（R:255、G:130、B:0）和（R:40、G:0、B:0），填充渐变色后的效果及参数设置如图10-57所示。

03 制作纹理效果

选择“效果”→“纹理”→“颗粒”菜单命令，在打开的对话框中设置颗粒“强度”为10、“对比度”为48、“类型”为“柔和”，效果如图10-58所示。

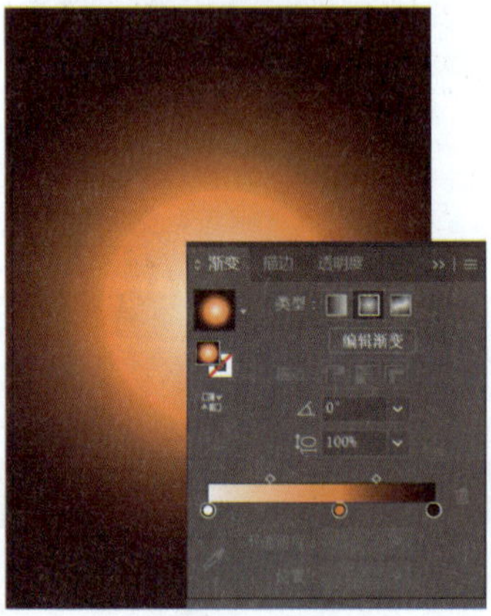

图 10-57

图10-58

04 制作光线

选择工具箱中的“钢笔工具”按钮，在画板上绘制出一个尖三角形，效果如图10-59所示。

05 填充渐变色

选中尖三角形，调出“渐变”面板，设置渐变类型为“径向”、两侧的渐变滑块均为白色、右侧渐变滑块的“不透明度”为0%，效果及参数设置如图10-60所示。

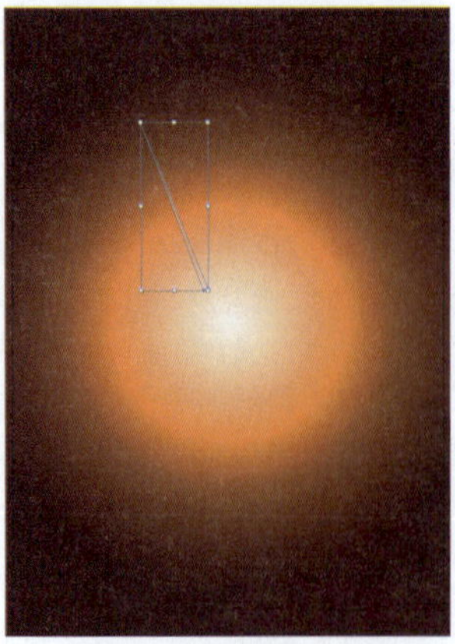

图 10-59

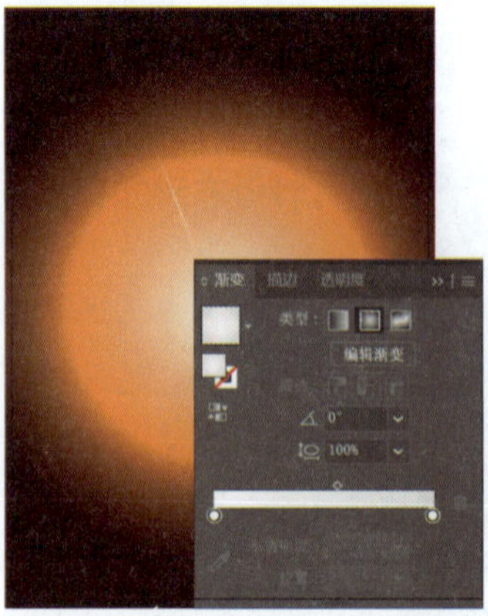

图 10-60

会出现丑恶型的插画。本章的插画突出了可爱的特点，正是由于这种可爱感，使插画风格在现在社会得到了广泛认同，这正是插画设计为什么越来越被人们重视的主要原因。

可爱型的卡通插画

插画画家经常为图形设计师绘制插图或直接为杂志、报纸等媒体配画。他们一般是职业插画画家或自由艺术家，像摄影师一样具有各自的表现题材和绘画风格。对新形式、新工具的职业敏感和渴望，使他们中的很多人开始利用计算机图形设计工具创作插画。计算机图形软件使他们的创作才能得到了更大的发挥，无论简洁还是复杂，无论传统媒介效果，还是数字图形无穷无尽的新变化、新趣味，都可以更方便、更快捷地完成。

行业知识

插画设计的要点

1. 插画的基本条件

插画的基本条件应该是在创作插

06 旋转复制

选择工具箱中的“旋转工具”，按住【Alt】键设置旋转中心，然后双击“旋转工具”按钮，在弹出的“旋转”对话框中设置旋转“角度”为10°，单击“确定”按钮，效果及参数设置如图10-61所示。

微课：卡通插画设计（2）

07 绘制山丘并进行调整

选择工具箱中的“钢笔工具”，绘制山丘的外形并利用“转换锚点工具”进行调节，打开“渐变”面板，设置渐变类型为“线性”、“角度”为15°，效果及参数设置如图10-62所示。

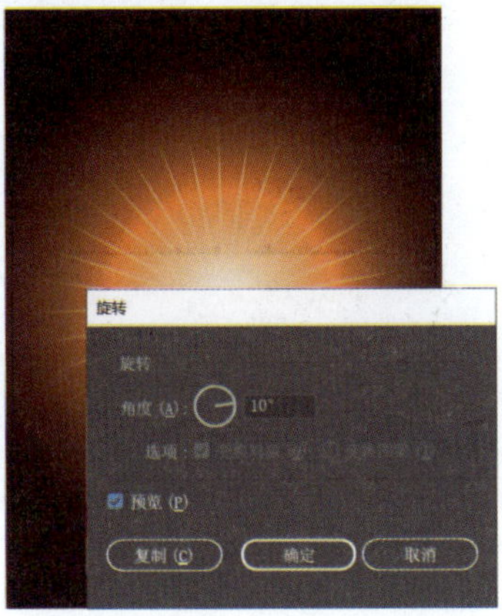

图 10-61

图 10-62

08 添加纹理

选择“效果”→“纹理”→“颗粒”菜单命令，在打开的对话框中设置颗粒“强度”为6、“对比度”为48、“类型”为“柔和”，效果如图10-63所示。

09 制作山丘顶上效果

选择工具箱中的“钢笔工具”，绘制山丘顶上的花形并利用“转换锚点工具”进行调节，然后填充颜色值为（R:171、G:172、B:146），设置“不透明度”为30%，效果如图10-64所示。

图 10-63

图 10-64

画前应该了解的，其中包括了观念（造型的点线面）、工具（插画用具的认识）、笔法（线条的变化）。

- 观念：主要介绍造型的基本要素，以造型学将点、线、面进行定义，对形态及变化等内容进行说明，在创作插画时融入设计理念，可使插画更灵活。
- 工具：应了解插画用具的特性及需要注意的地方，使工具物尽其用，发挥用具最大的功能，把失误败笔的几率降至最低。
- 笔法：了解不同的笔触及特性，进行概念上的分析，运用不同的运笔方式，从而描绘出格调不同的线条。

了解这些基本知识，对插图的绘制有绝对的帮助。

点、线、面的运用

2.插画的表现风格

插图的表现风格指的是插图的表现形式，也就是“画风”。同样的一个苹果会因每一位绘画者表现形式的差异而呈现出不同形貌，可以是写实的、抽象的、俏皮的或生硬冰冷的，这样千变万化的展现是由于表现风格的不同，也是绘画的独具魅力所在。把插图的表现风格从简到繁划分为圆形的应用，方形的应用，三角形的应用，圆、方、三角形的综合应用，造型化、卡通化、写实表现。设计师除掌握自己擅长的风格外，也应勇于尝试其他的展现，开拓自己的新领域。认识各种表现风格后，面临的另一个问题便是如何应用于制作上。其

10 制作左边的山丘

参照前面制作山丘的方法，绘制山丘和山丘顶的外形，然后填充颜色并添加纹理，效果如图10-65所示。

11 制作山丘顶上的笑脸

使用“钢笔工具”，绘制嘴巴的外形，如图10-66所示。

图 10-65

图 10-66

12 修剪图形

同时选中山丘顶和嘴巴，选择“窗口”→“路径查找器”菜单命令，在打开的“路径查找器”面板中单击“减去顶层”按钮，效果如图10-67所示。

13 制作眼睛

参照嘴巴的制作方法，绘制眼睛并修剪，效果如图10-68所示。

图 10-67

图 10-68

14 调整位置

按【Ctrl+[】组合键执行“向后一层”命令，将制作的笑脸山丘放置在后面，效果如图10-69所示。

15 绘制更多的山丘

参照前面绘制山丘的方法，用“钢笔工具”绘制各种山丘的外形，然后填充渐变色，效果如图10-70所示。

实只要在制作前掌握行业特征及诉求对象的年龄层，便很容易找出最适合的风格。

圆形的运用

方形的运用

三角形的运用

3. 色彩配置之色彩属性

人们在面对色彩时，心里会受到颜色的影响而产生变化，这些变化使人们有许多不同的情绪，如沉静、温暖、活泼、轻快、稳重等。但要特别注意的是，不同的种族、性别、年龄，或不同个性上的偏好，都会对颜色产生不一样的认定及反应。虽然如此，但色彩仍然具有一般性的共同感情，所以当人们应用色彩时，可以将这些色彩本身的特

图 10-69

图 10-70

16 绘制小河

使用“钢笔工具”绘制小河的曲线并利用“转换锚点工具”进行调节，使曲线变得圆滑，效果如图10-71所示。

微课：

卡通插画设计（3）

17 为小河设置渐变

调出“渐变”面板，设置渐变类型为“线性”、“角度”为-40°，效果及参数设置如图10-72所示。

图 10-71

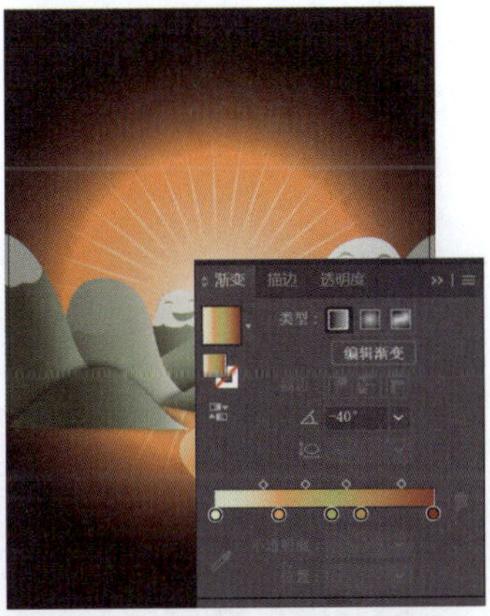

图 10-72

18 制作小河上的水流

使用“钢笔工具”在小河上绘制闭合的曲线，效果如图10-73所示。

19 设置渐变色

调出“渐变”面板，设置渐变类型为“线性”、“角度”为0°，左右两侧渐变滑块的“不透明度”分别为0°和47°，效果及参数设置如图10-74所示。

图 10-73

性融入画面中或特意营造的气氛感觉之中，引起观看者的感情效果。色彩具有3种重要的性质，即色相、明度、彩度，称为色彩的三属性。色相是色彩的相貌，如红、黄、蓝等颜色的名称。明度是色彩明暗的程度，以无彩色为例子，明度最高的是白色，最低的是黑色，再加上当中的灰色调，则构成明度系列，这是最容易认识明度变化的例子。彩度是指色彩饱和的程度或是纯粹度。任何颜色的纯色均为该色彩中彩度最高的颜色，一旦混合了其他颜色，则会降低其彩度。混色越多，彩度越低。

行业知识

插画中的颜色表情

颜色是有生命的，是有感情的。无论颜色在哪种物质上，人们的眼睛总是能最先感知颜色传达出的表情，插画中的颜色更加成为了插画的灵魂。每种色相、色调或混搭方式都阐述了不同的特征与意象，仿佛拥有呼吸的有机生命体。在当今高速发展的商品经济社会，无论是广告设计、包装设计、动画设计、服装设计，还是工业设计都有插画的影子。插画中的色彩设计显得尤为重要，丰富性、多样性、独特性一一体现。不同的色彩能触动人们不同的情感，不同的时代、不同的人对色彩有着不同的审美反应，观察色彩会引起多种感受和联想。

无论是有彩色还是无彩色，都有自己的表情特征，当每一种色相的纯度和明度发生变化，或者处于不同的颜色搭配关系时，颜色的表情也就随之改变了。因此 要想说出各种颜色的表情特征，就像要说出世界上每个人的性格特征一样困难。然而，对于典型的性格，人们还是可以作出一些描述的。

● 红色：是象征太阳、火、血的色彩，它能使肌肉的机能和血液循环加快。由于红色容易引起注意，所以在各种媒体中被广泛地利用。红色除了具有较佳的明视效

20 丰富水流曲线

参照步骤16～19制作的水流曲线，绘制另两条曲线，效果如图10-75所示。

图 10-74

图 10-75

21 绘制草坪

使用“钢笔工具”绘制草坪的外形并利用“转换锚点工具”进行调节，使曲线变得圆滑，效果如图10-76所示。

22 为草坪设置渐变

调出“渐变”面板，设置渐变类型为“线性”、“角度”为90°，效果及参数设置如图10-77所示。

图 10-76

图 10-77

23 绘制草坪上的山丘并添加效果

使用“钢笔工具”绘制山丘并填充渐变色，然后添加纹理颗粒效果，效果如图10-78所示。

24 绘制右边草坪和山丘

同绘制左侧的草坪和山丘一样，绘制右侧的草坪和山丘，效果如图10-79所示。

果之外，还被用来传达有活力、积极、热诚、温暖、前进等含义的企业形象与精神。另外，红色也常用来作为警告，作为危险、禁止、防火等标示用色，人们在一些场合或物品上看到红色标示时，常不必仔细看内容，便能了解警告危险之意。在工业安全用色中，红色是警告、危险、禁止、防火的指定色。

大红色一般较醒目，如红旗、万绿丛中一点红；浅红色一般较为温柔、幼嫩，如新房的布置、孩童的衣饰等；深红色一般可以作为衬托，给人比较深沉、热烈的感觉。在红色中加入少量的黄，会使其热量强盛，趋于躁动不安；加入少量的蓝，会使其热量减弱，趋于文雅、柔和；加入少量的黑，会使其性格沉稳，趋于厚重、朴实；加入少量的白，会使其性格变温柔，趋于含蓄、羞涩、娇嫩。

红色概念

- 橙色：是欢快、活泼的光辉色彩，是暖色系中最温暖的色，可使人联想到金色的秋天。丰硕的果实，是一种富足、快乐而幸福的颜色。橙色稍稍混入黑色或白色，会变成一种稳重、含蓄而又明快的暖色。若混入较多的黑色，就成为一种烧焦的色；橙色中加入较多的白色，会给人一种甜腻的感觉。

橙色明视度高，在工业安全用色中，橙色即是警戒色，如火车头、登山服装、背包、救生衣等。橙色一般可作为喜庆的颜色，同时也可作为富贵色，如皇宫里的许多装饰都是橙色的。橙色可作为餐厅的布置色，据说，在餐厅里多用橙色可以增加食欲。橙色与浅绿色和浅蓝

图 10-78

图 10-79

25 绘制叶子

使用“钢笔工具”绘制叶子的外形，然后填充渐变色，效果及渐变设置如图10-80所示。

微课：卡通插画设计（4）

26 绘制叶子的暗部

使用“钢笔工具”沿着叶子的下半部分绘制一个形状，然后填充渐变色，效果及渐变设置如图10-81所示。

图 10-80

图 10-81

27 为叶子添加纹理

选择绘制好的叶子，添加纹理颗粒效果，效果如图10-82所示。

28 绘制更多叶子

用同样的绘制方法，绘制不同方向的叶子并调节前后和明暗关系，效果如图10-83所示。

图 10-82

色相配，可以构成最响亮、最欢乐的色彩。橙色与淡黄色相配有一种很舒服的过渡感。橙色一般不能与紫色或深蓝色相配，这将给人一种不干净、晦涩的感觉。由于橙色非常明亮刺眼，有时会使人有负面、低俗的意象，这种状况尤其容易发生在服饰的运用上，所以在运用橙色时，要注意选择搭配的色彩和表现方式，从而把橙色明亮、活泼、具有口感的特性发挥出来。

橙色概念

● 黄色：黄色灿烂、辉煌，有着太阳般的光辉，象征着照亮黑暗的智慧之光。黄色有着金色的光芒，象征着财富和权力，它是骄傲的色彩。在工业用色上，黄色常用来警告危险或提醒注意，如交通标志上的黄灯、工程用的大型机器、学生用雨衣、雨鞋等都使用黄色。黄色在黑色和紫色的衬托下可以使力量无限扩大，淡淡的粉红色也可以像少女一样将黄色这骄傲的王子征服。黄色与绿色相配，显得很有朝气，有活力；黄色与蓝色相配，显得美丽、清新；淡黄色与深黄色相配显得最为高雅。淡黄色几乎能与所有的颜色相配，如果要突出醒目，便不能放在其他浅色上，尤其是白色，因为它将使人们什么也看不见。深黄色一般不与深红色及深紫色相配，也不适合与黑色相配，因为它会使人产生晦涩和垃圾箱的感觉。

黄色概念

29 为画面添加小树

选择“窗口”→“符号”菜单命令，在打开的“符号”面板上单击“符号库菜单”按钮，选择“自然”选项，然后将需要的树木图案拖到画板中并调整位置，效果及“自然”面板如图10-84所示。

图 10-83

图 10-84

30 绘制卡通猫

使用“矩形工具”绘制一个矩形并填充黑色，作为卡通猫的底色，然后使用“钢笔工具”绘制卡通猫的身子，接着使用“转换锚点工具”进行细致的调节，效果如图10-85所示。

微课：卡通插画设计（5）

31 创建网格图形

选择工具箱中的“网格工具”，在绘制的卡通猫身体左侧单击，创建网格，效果如图10-86所示。

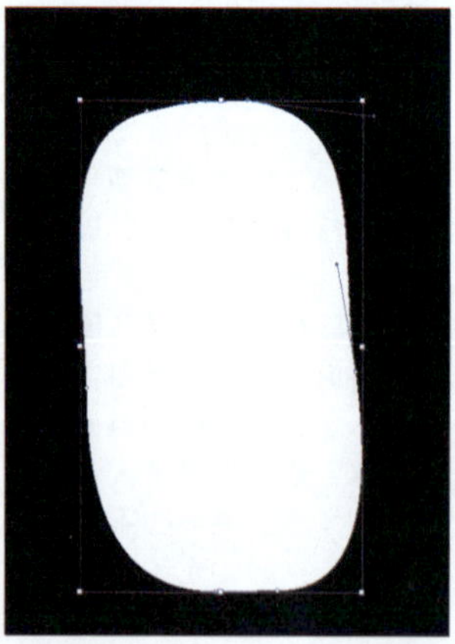

图 10-85

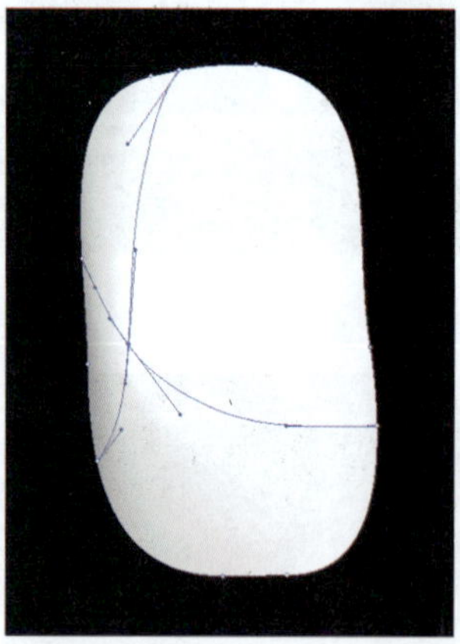

图 10-86

32 调节锚点

将鼠标指针移到锚点上进行调节，效果如图10-87所示。

33 为锚点填充颜色

使用“直接选择工具”，按住【Shift】键选择左侧边上的锚点并填充颜色值为（R:178、G:178、B:178），效果如图10-88所示。

- 绿色：在商业设计中，绿色可传达出清爽、理想、希望、生长的含义，符合了服务业、卫生保健业的诉求。在工厂中，为了避免操作时眼睛疲劳，许多工作的机械是绿色的。一般的医疗机构场所，也常采用绿色作为空间色彩规划，即标示医疗用品。鲜艳的绿色是一种非常美丽、优雅的颜色，它生机勃勃，象征着生命。绿色宽容、大度，几乎能容纳所有的颜色。绿色的用途极为广阔，无论是童年、青年、中年，还是老年，使用绿色决不失其活泼、大方。在各种绘画、装饰中都离不开绿色。绿色还可以作为一种休闲的颜色。绿色中渗入黄色为黄绿色，它单纯、年轻；绿色中渗入蓝色为蓝绿色，它清秀、豁达。含灰的绿色是一种宁静、平和的色彩，就像暮色中的森林或晨雾中的田野。深绿色和浅绿色相配有一种和谐、安宁的感觉；绿色与白色相配，显得很年轻；浅绿色与黑色相配，显得美丽、大方。绿色与浅红色相配，象征着春天的到来。但深绿色一般不与深红色及紫红色相配，那样会有杂乱、不洁之感。

绿色概念

- 蓝色：蓝色可以体现神秘自然界的能量感，是与大海和天空相同的色彩。由于蓝色与水有着非常密切的联系，所以它象征广阔、无穷、永恒、活力和生命。它可以使人放松和平静，也被认为是一种冰爽、洁净的颜色。在中国古代，蓝色代表东方，表示仁善、神圣和不朽。在西方，蓝色是贵族的色彩，意味着名门血统。蓝色又具有寂寞、悲伤、冷酷的意义，“蓝色的音乐”即为悲伤的音乐。在蓝色中加入少量的红成为深蓝色，其性格就趋于

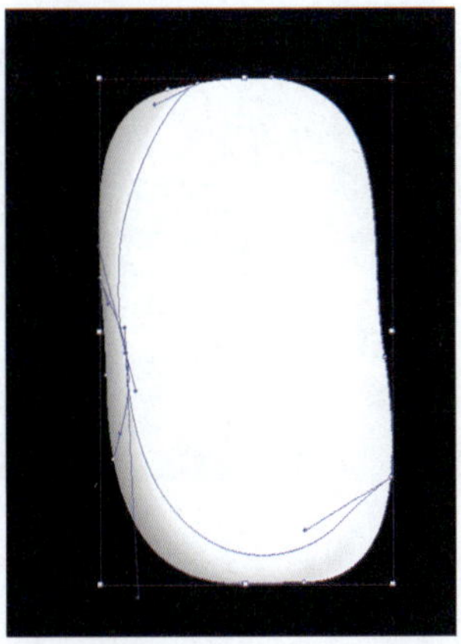

图 10-87

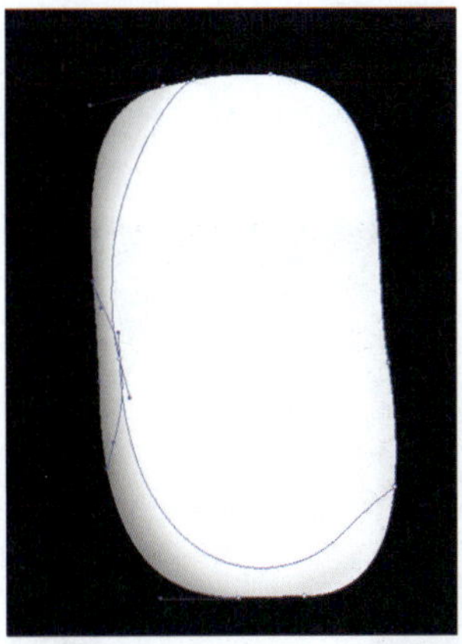

图 10-88

34 绘制卡通猫的眼睛

使用“椭圆工具”，按住【Shift】键绘制两个正圆并填充黑色，作为卡通猫的眼睛，效果如图10-89所示。

35 绘制卡通猫的耳朵

使用“钢笔工具”绘制卡通猫耳朵和内部结构的造型，然后填充颜色，效果如图10-90所示。

图 10-89

图 10-90

36 制作模糊效果

选择耳朵的内部结构，选择“效果”→“模糊”→“高斯模糊”菜单命令，在打开的对话框中设置“半径”为“0.5像素”，效果如图10-91所示。

图 10-91

37 复制耳朵

双击工具箱中的“镜像工具”按钮，在打开的“镜像”对话框中选择“垂直”单选按钮，然后单击“复制”按钮，将复制的耳朵调整位置，效果如图10-92所示。

沉静、理智，体现一种稳定、安全和责任感；在蓝色中加入少量的绿，其性格就趋于灵性、神秘；在蓝色中加入少量的白，其性格就趋于青春、平静。

蓝色概念

● 紫色：紫色是大自然中比较稀少的颜色。紫色是一种高贵的颜色，由暖色调的红色与冷色调的蓝色混合调配而成，是一种权威性的颜色，象征着忠诚、高贵和庆典。它的积极含义通常指智慧与启发，其消极含义通常指残忍与傲慢。紫色是一种既可以帮助人们寻求心理的慰藉，又可以使人们感到头脑冷静与心灵平和的色彩。紫色的明度在有彩色的色料中是最低的，紫色的低明度给人一种沉闷、神秘的感觉。若紫色中的红色成分较多，便具有成熟感、压抑感、威胁感。在紫色中加入少量的黑色，其感觉就趋于沉闷、伤感和恐怖。在紫色中加入白色，沉闷的性格会消失，变得优雅、娇气、青春，并充满女性的魅力。

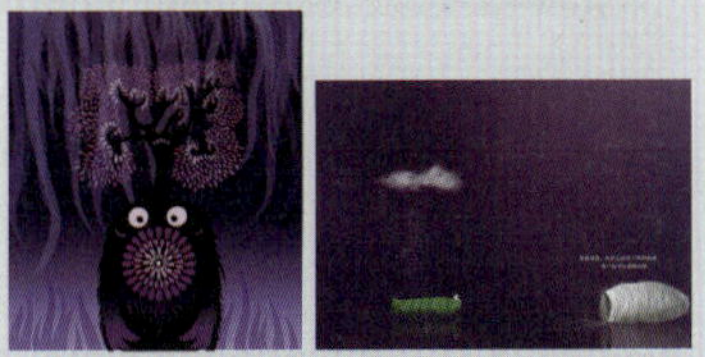

紫色概念

● 棕色：棕色是一种中性的色彩，具有务实感。棕色通常用来表现一种自然、户外生活和家庭安全的感觉。但是，如果应用不当，会让人产生肮脏、污垢的感觉。

38 绘制卡通猫的嘴巴

使用“钢笔工具”绘制嘴巴的外形，然后填充黑色，效果如图10-93所示。

图 10-92

图 10-93

39 绘制卡通猫的手

使用“钢笔工具”绘制卡通猫手的外形，然后填充渐变色，效果及渐变设置如图10-94所示。

40 绘制卡通猫的脚

使用“钢笔工具”绘制卡通猫脚的外形，然后填充渐变色，效果如图10-95所示。

图 10-94

图 10-95

41 绘制围巾

使用“钢笔工具”绘制围巾，然后填充渐变色，效果及渐变设置如图10-96所示。

42 绘制围巾缠绕的效果

使用“钢笔工具”绘制围巾缠绕的穿插结构，然后填充渐变色，效果及渐变设置如图10-97所示。

棕色概念

● 黑色：黑色是最深暗的色，可使人联想到万籁俱寂的黑夜。黑色表示生命将到终极，表现虚无和泯灭的思想。黑色代表黑暗、寂寞、沉默、苦难、恐怖、罪恶、灭亡、神秘莫测，诸如所谓黑名单、黑社会、黑帮等，是邪恶的象征。大部分国家与民族将黑色作为丧色。黑色又具有庄严、肃穆、高贵、超俗、渊博、沉静的意义。黑色与其他颜色相比，更显出一种专有感与充裕感，所以一些奢侈品都采用黑色。黑色本身是消极的中性色彩，可是它与其他鲜明色彩相比时，鲜明之色将充分发挥其性格活力，因为几乎任何图像都需要深色来突出自己。所以，在艺术设计中，黑色是最受欢迎的色彩之一。

黑色概念

● 白色：白色是最明亮的颜色，可使人联想到白天、白雪。白色象征纯洁、光明、神圣，具有轻快、朴素、清洁、卫生的性格。白色在设计中常被作为负的图形，和正形相辅相成，给人更多的联想空间。白色明度最高，能与具有强个性的色彩相配。将各种色彩掺进白色，都可提高明度

图 10-96

图 10-97

43 添加羽化效果

选择“效果”→“风格化”→“羽化”菜单命令，在打开的“羽化”对话框中设置“半径”为1.5mm，然后单击“确定”按钮，效果及参数设置如图10-98所示。

44 制作围巾暗部效果

使用“钢笔工具”绘制一块弯曲的图形，然后填充黑色，效果如图10-99所示。

图 10-98

图 10-99

45 为图形制作模糊效果

选择“效果”→“模糊”→“高斯模糊”菜单命令，在打开的对话框中设置“半径”为“2.6像素”、“不透明度”为33%，效果如图10-100所示。

46 绘制下坠的围巾

使用“钢笔工具”绘制下坠围巾的外形并填充红色，效果如图10-101所示。

图 10-100

成浅色调，都具有高雅、柔和、抒情、恬美的情调。大面积的白色容易使人产生空虚、单调、凄凉、虚无、飘忽的感觉。白色的色感光明，性格朴实、纯洁、快乐。白色具有不容侵犯性，在白色中加入其他任何色，都会影响其纯洁性，使其性格变得含蓄。在白色中混入少量的红，成为粉色，变得鲜嫩而充满诱惑。在白色中混入少量的黄，成为一种乳黄色，给人一种香腻的印象；在白色中混入少量的蓝，给人冷清、洁净的感觉；在白色中混入少量的橙，有一种干燥的气氛；在白色中混入少量的绿，给人一种稚嫩、柔和的感觉；在白色中混入少量的紫，可诱导人们联想到淡淡的芳香。

白色概念

色彩本是没有灵魂的，它只是一种物理现象，但人们却能够感受到色彩的情感，这是因为人们长期生活在一个色彩的世界中，积累了许多视觉经验，当知觉经验与外来色彩刺激产生一定的呼应时，就会在人的心理上引出某种情绪。

行业知识

肌理效果的应用

肌理作为一种具有特质美感的绘画语言，被艺术家们广泛地运用到绘画中。在艺术创作的过程中，画面肌理的构成是绘画语言风格及体现绘画材质美的不可回避的重要环节。好的肌理结构能够充分表现出画面的特点，体现画面魅力是绘画创作中塑造形象的重要艺术手段，是画面美的重要因素。

肌理作为视觉艺术的一种基本语言形式，同色彩、线条一样具有造型和表达情感的功能。绘画语言是

1
2
3
4
5
6
7
8
9
10

47 制作暗部效果

参照前面制作围巾暗部的方法制作下坠围巾的暗部效果，如图10-102所示。

图 10-101

图 10-102

48 将卡通猫放置画面中

通过调整图层顺序，将卡通猫放置在左下角的叶子中，效果如图10-103所示。

微课：
卡通插画设计（6）

49 复制卡通猫并进行调整

按住【Alt】键拖动绘制好的卡通猫，将其复制一个，并放置在右侧草地上，然后使用“直接选择工具”对其变形，让卡通猫坐在草地上，效果如图10-104所示。

图 10-103

图 10-104

50 改变卡通猫围巾的颜色

选择围巾然后填充为蓝色，效果如图10-105所示。

51 制作投影

使用“椭圆工具”绘制一个椭圆并填充黑色，然后选择“效果”→“模糊”→“高斯模糊”菜单命令，效果如图10-106所示。

传达作者思想、表露情感的重要手段和媒介。而肌理作为绘画艺术语言的一种，它的重要性自不必说。肌理是物质与精神碰撞的产物，是画家内心情感的再现。在当今各种绘画学科的相互渗透和影响下，人们的绘画观念也在不断更新，逐渐对肌理材料产生了兴趣，在绘画作品中对它的运用便广泛起来。绘画艺术的美离不开画面肌理材料之美。所谓肌理，是指美术作品表面的质感，是作者使用不同的工具材料和技法所呈现的一种凹凸的纹理效果。具体地讲，就是美术作品表面的纹理，由触觉和视觉所感受到的起伏、平展、光滑、粗糙、精细的程度。根据肌理的物理表象可将其分为视觉肌理和触觉肌理。视觉肌理主要体现在纹理形状、色彩感觉、光洁度等视觉因素带来的心理反应上；触觉肌理主要体现在细腻粗糙、疏松坚实、舒展紧密等触觉因素带来的生理和心理感觉上。肌理能使画面产生可触摸的艺术效果，是平涂着色难以达到的。它包括画布的纹理、粗糙的底子、笔触的变化、刮刀的应用及添加物的使用。

肌理的展现

肌理的展现

肌理作为一种绘画语言，是艺术家情感的载体，一旦被艺术家所选择，就变得具有了某一种特定的表征和含义，成为他们想要表达自己的艺术观念的语言。现代的艺术家们从多个方面寻求和利用肌理，去表现种种图像、色彩

图 10–105

图 10–106

52 再次复制卡通猫

再复制一个卡通猫，然后改变围巾的颜色并缩小，放置在远处的草地上并制作投影，效果如图10-107所示。

53 制作水里的卡通猫

将远处的卡通猫复制一个并放置在小河中，然后使用“椭圆工具”在卡通猫头部绘制一个椭圆，效果如图10-108所示。

图 10–107

图 10–108

54 剪去卡通猫的下半身

将椭圆和卡通猫一起选中，然后右击，在弹出的快捷菜单中选择“建立剪切蒙版”命令，效果如图10-109所示。

图 10–109

55 制作头部的投影

使用“镜像工具”向下复制头部，然后填充灰色，设置“不透明度”为50%，效果如图10-110所示。

56 制作波纹

使用“椭圆工具”绘制两个椭圆，如图10-111所示。

和质感。

艺术家经常运用多种工具、材料、媒介及很多方法来寻找肌理语言的可能性，并产生了一批有影响力的绘画作品。例如，张大千“泼墨、泼彩”手法的新颖、大气磅礴的效果是现代肌理运用的范例；赵无极万千气象的山水画，也运用了自己独特的处理手法；刘国松创造性地发明了纸筋法，并别出心裁地采用撕纸的手法表现岩石，使肌理效果丰富而独到；何家英在画面上采用迥然不同的立粉法，用“立粉”的肌理表现质地不同的服装质感及密密丛丛的春花，使画面生动、细腻、清新；江宏伟画中“洗、擦、拓”的肌理运用，为花鸟画赋予了深厚的人文内涵；曹文侃的作品《春雨》画面中出现了大面积的水色流淌痕迹，由上而下，似树、似雨、似雾、似影，在似与不似之中，营造出了无穷灵动的肌理语言，达到了神似的境界；漆德琰的作品《土墙》中的墙面斑斑的肌理表现，是这幅画的关键所在，在画面左侧和上方水色往下流淌的痕迹，看似天然形成，实则是作者独具匠心的营造，那充满情趣的痕迹，既丰富了画面，又使自然之像与审美情趣的传达达到高度统一；坎勒的作品《来自森林的报告》运用玻璃卡纸作画，形成了丰富、细腻、厚重的肌理效果。人们不难看出，在现代的绘画艺术中，肌理这种绘画语言越来越被更多的艺术家所追求和探索，探寻一种和自身审美情趣相结合的肌理语言必将使自身的艺术作品形成个性化的艺术风格。

肌理所承载的情感

图 10-110

图 10-111

57 修剪图形

选中两个椭圆，调出“路径查找器”面板，单击“剪去顶层”按钮，效果如图10-112所示。

58 为圆环填充颜色

为圆环填充一个浅黄色，然后设置“不透明度”为50%，并置于头部下方，效果如图10-113所示。

图 10-112

图 10-113

59 绘制石头

使用“钢笔工具”绘制水中石头的外形，然后填充渐变色，效果如图10-114所示。

60 制作纹理和凹凸效果

为绘制的石头添加纹理颗粒效果，然后使用“钢笔工具”绘制一个尖角的弧形并填充深灰色，设置“不透明度”为63%，再使用“钢笔工具”绘制一个半圆弧，填充浅灰色，设置“不透明度”为53%，效果如图10-115所示。

61 为石头制作投影和波纹

参照制作水中猫的投影和波纹制作石头的投影和波纹，效果如图10-116所示。

工具详解

“钢笔工具”的使用

在Illustrator 2021中，绘制任意图形最常用的工具是“钢笔工具”。使用“钢笔工具”可绘制直线路径和曲线路径，然后通过“添加锚点工具”“删除锚点工具”“转换锚点工具”对曲线进行调节，最终得到目的图形。

1.工具介绍

● 钢笔工具：在画板上直接单击即可创建直角路径，单击并拖动可创建曲线。

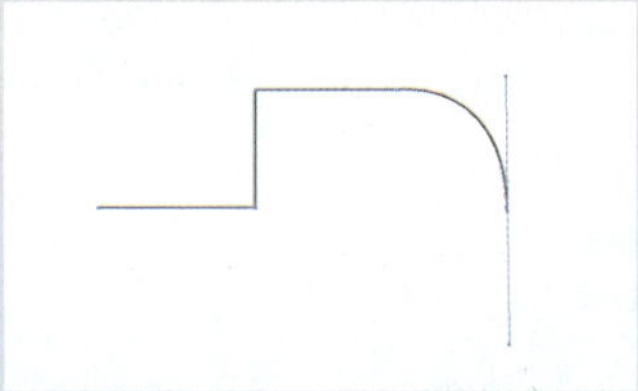

● 添加锚点工具：在路径上单击即可增加锚点。

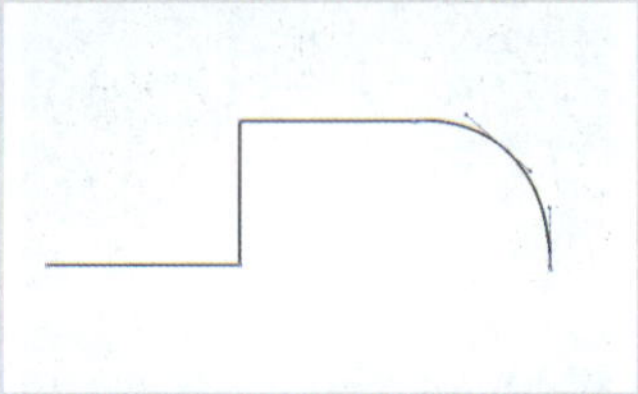

● 删除锚点工具：单击路径上的锚点，可以移除锚点。

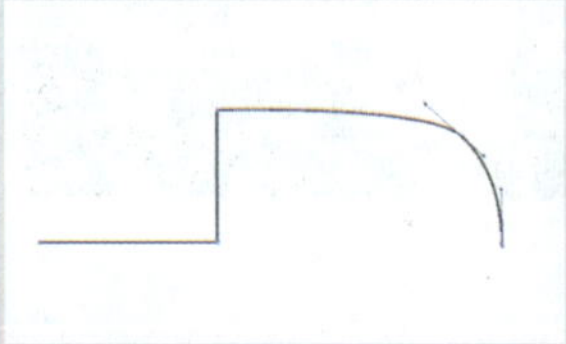

● 转换锚点工具：单击并拖动可以调节锚点。

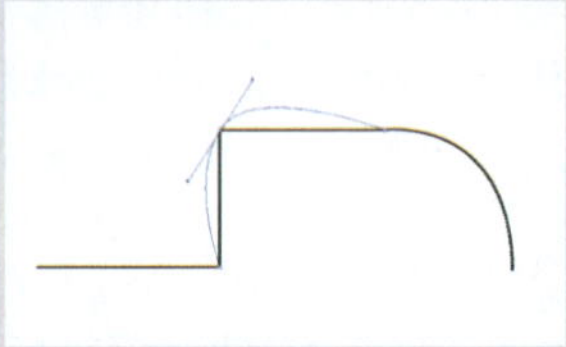

2.快捷键介绍

● 选择“钢笔工具”【P】。

● 选择“添加锚点工具”【+】。

● 选择“删除锚点工具”【-】。

62 复制石头并调整

按住【Alt】键将制作好的石头效果复制一个并缩小，然后放置在水中，效果如图10-117所示。

图 10-114

图 10-115

图 10-116

图 10-117

63 制作水流的波纹

使用“钢笔工具”绘制河流的曲线形，调出“渐变”面板，设置渐变色，效果及渐变设置如图10-118所示。

微课：
卡通插画
设计（7）

64 制作草地的暗面和亮面

参照步骤63再制作一条波纹，然后使用“钢笔工具”绘制草地与水的交界处并填充颜色，效果如图10-119所示。

65 绘制气球

使用“椭圆工具”绘制一个椭圆形，调出“渐变”面板，设置渐变色，效果及渐变设置如图10-120所示。

图 10-118

● 选择“转换锚点工具”【Shift + C】。

3. 编辑路径的鼠标操作

● 鼠标指针放置在锚点上：切换为“删除锚点工具”。

● 鼠标指针放置在路径上：切换为“添加锚点工具”。

● 鼠标指针放置在路径的末端点（必须是开放路径）：切换为“转换锚点工具”。

4. 键盘操作

● 创建或编辑锚点、贝塞尔曲线柄时按住【Shift】键可进行45°角倍数的操作。

● 用“直接选择工具”选择锚点并按【Delete】键，可以把锚点及邻边的路径删除，将源路径变成两条路径。

● 钢笔工具+Alt键：切换为“转换锚点工具”。

● 将“钢笔工具”放置在贝赛尔曲线柄上并按【Ctrl】键：对贝塞尔曲线进行编辑。

● 当用“钢笔工具”绘制贝赛尔曲线时按住【Alt】键：解除贝赛尔曲线柄的锁定（两个柄可以独立操作）。

● 将“钢笔工具”放在贝赛尔曲线柄上时按住【Alt】键：解除贝赛尔曲线柄的锁定。

● 添加锚点工具+Alt键：切换为“删除锚点工具”。

● 删除锚点工具+Alt键：切换为“添加锚点工具”。

工具详解

“直线段工具”和“弧形工具”

1. 直线段工具

使用“直线段工具”可以自由地绘制各种方向的直线，也可以在“直线段工具选项”对话框中通过设定直线的长度和角度绘制出精确直线。双击“直线段工

图 10-119

图 10-120

66 绘制气球结扎口

使用“钢笔工具”绘制不规则的口形，然后填充颜色，效果如图10-121所示。

微课：
卡通插画
设计（8）

67 绘制气球绳

使用“直线段工具”在结扎口处绘制3条直线，在工具属性栏中设置描边为3pt、描边色为白色，然后绘制一条垂直的线到卡通猫手的位置，再使用“弧形工具”在卡通猫手的位置绘制一条曲线，设置描边为2pt、描边色为白色，效果如图10-122所示。

图 10-121

图 10-122

68 为气球制作光晕

使用“椭圆工具”在气球上绘制两个椭圆，然后填充渐变色并改变不透明度，效果如图10-123所示。

69 绘制云朵

使用“钢笔工具”绘制云朵的形状，然后填充颜色并改变不透明度，效果如图10-124所示。

70 绘制更多的云朵

参照步骤69绘制云朵的方法绘制更多的云朵，并通过填充不同的颜色和改变不透明度来调节层次关系，效果如图10-125所示。

具”，将弹出“直线段工具选项”对话框。

在“长度”文本框中输入“95mm”，在“角度”文本框中输入“350°”，单击“确定”按钮，即可得到精确的线段。

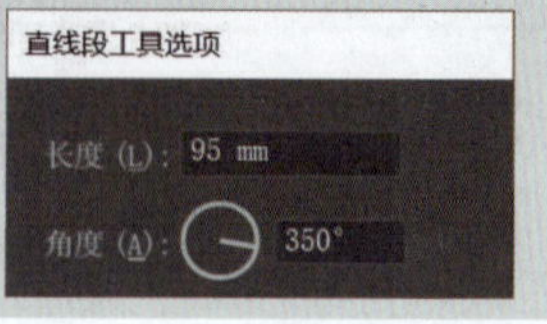

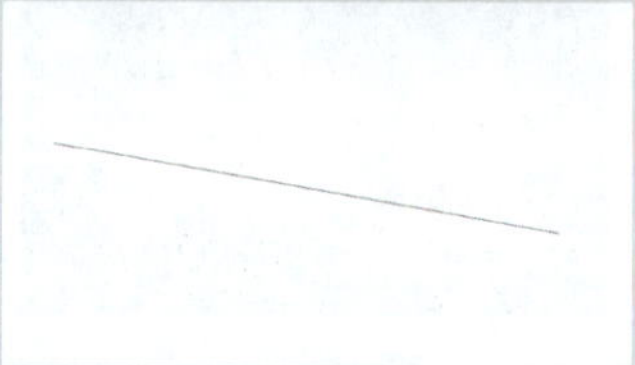

● 要直接绘制直线，选择“直线段工具”，在页面上单击并拖曳鼠标，在希望线段终止的地方释放鼠标即可。

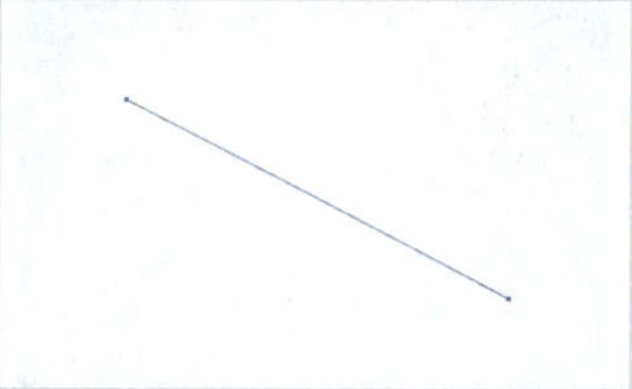

● 在绘制过程中按住【Shift】键，可以沿45°角倍数绘制直线。

● 在绘制过程中按住空格键，就可以移动直线的位置。

● 在绘制过程中按住【~】键，拖动鼠标可绘制出多条线段。

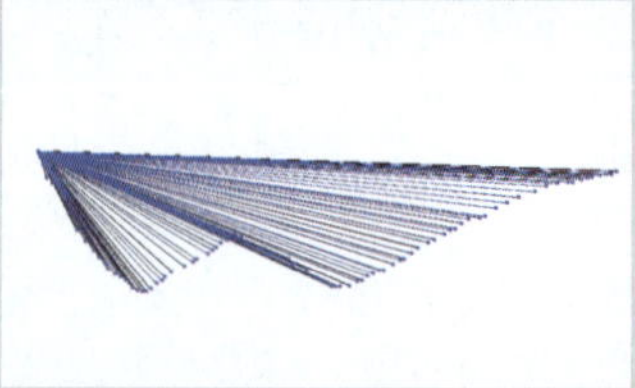

2.弧形工具

使用“弧形工具”可以自由地绘制各种类型的弧线，也可以通过设置“弧形工具选择框”中的各种参数，精确绘制弧线。双击“弧形工具”，将弹出“弧线段工具选项”对话框，在“X轴长度”文本框中输入“10mm”，在“Y轴长度”文本框中输入

71 绘制飞艇

使用“钢笔工具”绘制飞艇的外形，然后填充颜色，效果如图10-126所示。

图 10-123

图 10-124

图 10-125

图 10-126

72 创建网格并填充颜色

使用“网格工具”在飞艇上单击，创建网格，然后对锚点填充颜色，效果如图10-127所示。

微课：卡通插画设计（9）

73 绘制飞艇上的格线

使用“弧形工具”绘制飞艇上的格线并填充颜色，效果如图10-128所示。

74 绘制飞艇的商标

使用“钢笔工具”绘制一段弧形并填充白色，设置“不透明度”，然后绘制商标的形状并填充红色，效果如图10-129所示。

图 10-127

“35mm”，在“类型”下拉列表中选择“开放”选项，在“基线轴”下拉列表中选择“Y轴”选项，在“斜率”文本框中输入“90”，单击“确定”按钮，即可得到精确弧线。

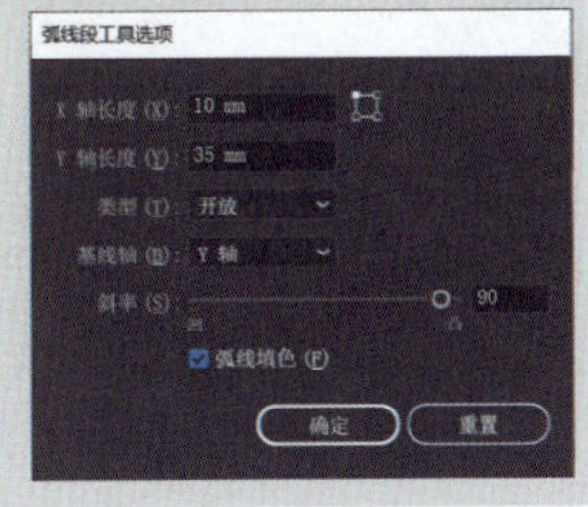

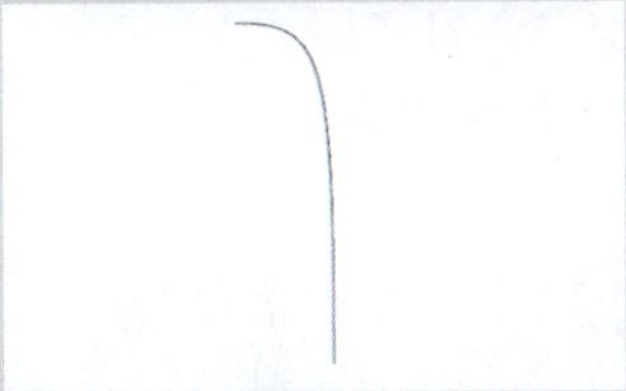

- 选择“弧形工具”，在页面上单击并拖曳鼠标，即可绘制出弧线。
- 在绘制过程中按住【F】键，可以改变弧线的方向。
- 在绘制过程中按住【C】键，可以改变弧线的类型，使弧线在开放和闭合路径之间切换。
- 在绘制过程中按住【X】键，可以镜像弧线。
- 在绘制过程中按住【Shift】键，可以绘制出X轴、Y轴长度相等的正弧线。
- 在绘制过程中按住空格键，就可以移动弧线的位置。
- 在绘制过程中按住【~】键，拖动鼠标可绘制出多条弧线。
- 在绘制过程中按【↑】键，可增加弧线的曲率半径。
- 在绘制过程中按【↓】键，可减少弧线的曲率半径。

设计师经验

现代插画的需求

插画设计作为视觉艺术中的一种形式，具体地说作为实用美术中的一分子，有着自身的审美特征。其

1
2
3
4
5
6
7
8
9
10

图 10-128

图 10-129

75 绘制吊舱

使用“直线段工具”绘制吊线并填充颜色，使用“钢笔工具”绘制吊舱的外形，效果如图10-130所示。

76 制作吊舱上的格线

为吊舱填充颜色，然后使用“弧形工具”绘制横竖的曲线并填充颜色，效果如图10-131所示。

图 10-130

图 10-131

77 放置卡通猫

复制红围巾和蓝围巾的卡通猫，然后缩小并放置在吊舱上，效果如图10-132所示。

78 复制飞艇

使用“镜像工具”将制作好的飞艇垂直复制一个，然后缩小并放置在画面中，此时得到最终效果。

图 10-132

中，最为显而易见的有以下几种：目的性与制约性、实用性与通俗性、形象性与直观性、审美性与趣味性、创造性与艺术想象、多样化、多元化。现代插画由于媒体、内容、表现手法、诉求对象的多样性，使它的审美标准也具有多样化、多元化的特征。

现代插画的属性决定它所传递的商业信息、商业活动信息必须准确。由于其大众化、实用化的特征，因此需要忠实地表现客观的事物。特别是在关于产品形象的宣传中，写实技法被大量采用。它可让人们在包装或广告上看到具体的直观形象，确认它的真实性，以达到确实可信的效果。

写实手法主要有两种手段：一种是绘画；一种是摄影。两者有时互相独立，有时相互渗透。

在绘画手段中，根据不同的设计意图可以有不同的切入点、形象、颜色、质感、肌理。

超级写实手法目前运用得比较普遍，它融汇了照相现实主义和超现实主义的手法，借助摄影、喷绘等手段，能够取得十分“真实”的视觉效果，为视觉传达开拓了一个崭新的空间。

超级写实手法主要运用以下4种法则。

- 移动聚焦：把不同距离的物体摆在同一个平面上。
- 微观放大：缩短观察的距离，展现奇妙的微观世界。
- 色彩提纯：将色彩对比和纯度提高，借鲜明的色彩、强烈的对比来加强视觉冲击力。
- 意念时空：将图像按二维、三维、多维的空间展开，以奇异的造型和时间错位取胜。

这些法则的共同点是抓住事物的某一特点并尽量扩大，充分表现这一局部特点，使其非常逼真，使整体处理充满主观色彩。

拓展训练——路边咖啡座设计

利用本节介绍的制作卡通插画的相关知识，按照本书配套资源中提供的素材文件制作路边的咖啡座，最终效果如图10—133所示。

图10—133

- 技术盘点：“钢笔工具”“渐变填充”“高斯模糊”。
- 素材文件：本书配套资源中的“素材与源文件\Chapter 10\10.4\拓展训练\路边咖啡座设计.ai”。
- 制作分析：

10.5 知识与技能梳理

在插画设计元素中，色彩能最直接地触动人的反应，直接吸引欣赏者的眼球。在插画设计中运用色彩时应考虑到色彩的象征性及心理反应、宜人性以及民族欣赏习惯。

- 重要工具：“钢笔工具”“转换锚点工具”“椭圆工具”“渐变填充”。
- 核心技术：利用“图形绘制工具”“转换锚点工具”和“渐变填充”等调整制作出各种可爱样式的插画。
- 实际运用：卡通动漫类插画、风景观赏类插画、图书示例类插画等。

数字影像处理职业技能等级标准

数字影像处理职业技能等级分为初级、中级、高级，3个级别依次递进，高级别涵盖低级别职业技能要求。

数字影像处理（初级）：能够采集来自不同介质的数字影像，可对数字影像进行管理、备份和安全存储。能对数字影像进行初步校正和修饰，能分离和重组影像内容元素，能增强图像视觉效果，能输出符合不同介质规范要求的图像文档。可面向电商展示、网络媒体、企业宣传、影视动漫、平面设计、界面设计、游戏美术等图像处理领域。

数字影像处理（中级）：能够熟练掌握影像处理的技术要领，清晰识别不同商业应用领域的标准要求，熟练应用美学及处理规范，精确把握对象形态，深度处理图像的光感、质感和色感，有效营造图像的影调风格，大幅提升图像的整体观感。可面向广告宣传、时尚媒介、人物写真、电商展示、网络媒体、企业宣传、影视动漫、平面设计、界面设计、游戏美术等图像处理领域。

数字影像处理（高级）：能够清晰突出主体调性，精准合成虚拟场景，有效组织创作要素，熟练控制创作过程，全面提升画面的表现力和精致度，并具备处理大型商业项目的综合能力。可面向品牌宣传、数字合成、艺术创作、VR、广告宣传、时尚媒介、人物写真、电商展示、网络媒体、企业宣传、影视动漫、平面设计、界面设计、游戏美术等图像处理领域。

本标准主要面向数字艺术设计行业、摄影及平面设计领域的数字影像处理职业岗位，主要完成各类媒体图像处理、企业宣传图像处理、电商宣传图像处理、平面设计图像处理、广告产品图像处理、各类商业人像图像处理、广告合成、游戏场景合成、3D贴图制作、商业图库修图、数字图像修复等工作。

参加数字影像处理职业技能等级水平考核，成绩合格，可核发数字影像处理职业技能等级证书。

登录“良知塾”官网，了解1+X数字影像处理相关课程。

良知塾1+X职业技能课程介绍